“十四五”职业教育国家规划教材

ZHUANGSHI GONGCHENG JILIANG YU JIJIA

装饰工程计量与计价

（第4版）

主　编 / 纪传印

副主编 / 潘正伟　范浩生

参　编 / 张兰兰　张传芹　郝风田

张卫伟　纪秉卓　曹留峰

主　审 / 郭起剑

重庆大学出版社

内容提要

本书为“十四五”职业教育国家规划教材，共5章，首先介绍了装饰工程的有关概念、装饰工程造价的构成及计价程序；其次介绍了装饰工程消耗量定额的应用方法；然后从装饰工程定额计价及工程量清单计价两方面对装饰工程造价成果文件的编制进行了详细介绍，并且提供了大量的实例计算题，对定额计价方法、工程量清单及工程量清单计价编制方法均提供了综合案例的计算实例；最后一章介绍了装饰工程结算的概念、作用、内容及编制与审核的方法等。

本书可作为高等职业教育工程造价、装饰工程技术专业的教学用书，也可作为从事建筑装饰工程造价的人员的参考用书。

图书在版编目(CIP)数据

装饰工程计量与计价 / 纪传印主编. --4版. --重庆：重庆大学出版社，2023.8(2024.8重印)
高等职业教育建设工程管理类专业系列教材
ISBN 978-7-5624-8233-8

Ⅰ.①装… Ⅱ.①纪… Ⅲ.①建筑装饰—计量—高等职业教育—教材②建筑装饰—工程造价—高等职业教育—教材 Ⅳ.①TU723.3

中国版本图书馆CIP数据核字(2021)第263702号

高等职业教育建设工程管理类专业系列教材
装饰工程计量与计价
（第4版）
主　编　纪传印
副主编　潘正伟　范浩生
策划编辑：刘颖果　林青山
责任编辑：刘颖果　　版式设计：刘颖果
责任校对：刘志刚　　责任印制：赵　晟
*
重庆大学出版社出版发行
出版人：陈晓阳
社址：重庆市沙坪坝区大学城西路21号
邮编：401331
电话：(023) 88617190　88617185(中小学)
传真：(023) 88617186　88617166
网址：http://www.cqup.com.cn
邮箱：fxk@cqup.com.cn（营销中心）
全国新华书店经销
重庆亘鑫印务有限公司印刷
*
开本：787 mm×1092 mm　1/16　印张：20.5　字数：513千
2014年8月第1版　2023年8月第4版　2024年8月第14次印刷
印数：39 001—42 000
ISBN 978-7-5624-8233-8　定价：59.00元

前言

随着我国改革开放的不断深入，在社会主义市场经济的推动下，我国工程造价行业不断发展与完善，工程造价的计价方法也得到不断革新与完善。

本书于2015年7月入选第二批“十二五”职业教育国家规划教材。本书在修订过程中，贯彻党的二十大精神，坚持产教融合、强化素质教育，加强思政教育、筑牢思想根基，落实立德树人根本任务，精心打造、创新方法，融入了近年来国家在工程计价方面的诸多改革成果，以及“高水平”高职学校和专业群的建设成果及经验。

本书又于2023年6月入选首批“十四五”职业教育国家规划教材。本书的编写特点如下：

一是加强思政教育。深入领会党的二十大精神，将专业精神、职业精神和工匠精神融入教材内容中，提升学生的职业素养。

二是内容新。教材根据现行的国家计价规范及计量规范、地区计价定额及“营改增”后的费用定额等近年来国家改革发展的最新成果进行编写。

三是可操作性强。教材紧扣实际工作的需要，按照工程计价实践中先进的方法组织内容编写，并提供了大量的实际工程案例及解决办法。

四是结构严谨、内容精炼、重点突出。教材架构环环相扣，层次分明，一目了然。在文字上力求精炼、流畅，易教易学。全书突出计量与计价内容，简单明了地叙述工程量计算规则及套用定额说明，不仅提供综合实例及解决方案，还提供大量典型案例供练习使用。

五是方法及表现形式的创新。计量与计价内容在提炼实际工作需求的基础上，创新性地提出新的思路与解决方案。同时，为易于阅读及理解，以创新的表现形式对提供的工程实例给予较详细的解答。这种创新的表述思路及形式，使学生更容易接受，同时传授给学生灵活的学习方法及创新思想。

全书的编写思路清晰，层次分明，重点突出，实践应用性强。在内容编排上，按照“计量与计价概述”“定额应用”“计价定额计价与清单计价”“工程结算”4个方面组稿。对定额计价法与清单计价法的计量与计价内容作了重点介绍。全书按照“定额计价”“清单计价”两种计价模式，“计量”“计价”两个层次，“定额计量规则”“清单计量规则”两套标准来组织内容，既表达出内在的联系，又体现了区别。

六是数字资源丰富。书中提供了重点内容的微课视频讲解，读者扫描二维码即可观看。另外，本书配套了教学PPT、习题答案等资源，可在工程造价教学交流群（QQ:238703847）下载。

本书由江苏建筑职业技术学院纪传印担任主编；江苏博智工程咨询有限公司潘正伟及徐州市建设工程造价管理处范浩生担任副主编；江苏建筑职业技术学院张兰兰、张传芹、郝风田、张卫伟，南京航空航天大学纪秉卓，江苏工程职业技术学院曹留峰参编。全书由纪传印统稿，由江苏建筑职业技术学院郭起剑担任主审。

在本书编写过程中，参考和借鉴了有关文献资料等成果，得到了有关专家、技术人员及同行的大力支持和帮助，在此一并表示诚挚的感谢！

我国工程造价的理论在实践中得到不断发展，新材料、新技术、新工艺、创新思想不断涌现，加之作者的水平有限，书中难免有疏漏与不妥之处，恳请读者给予批评指正。

编　者

目录

1 装饰工程计量与计价概述

〖知识目标〗

(1)了解装饰工程的一般概念;

(2)了解装饰工程的内容;

(3)了解装饰工程费用标准;

(4)熟悉装饰工程计价方法、依据;

(5)熟悉装饰工程计价文件的类型;

(6)掌握装饰工程造价的费用构成;

(7)掌握装饰工程取费标准的确定方法;

(8)掌握装饰工程计价程序。

〖能力目标〗

(1)能够根据费用标准进行装饰工程费用的计算;

(2)能够判断土建工程与单独装饰工程的区别。

〖素质目标〗

(1)能够严格按照费用标准计算装饰工程费用,培养学生遵守标准、规范,以及遵守职业道德操守的意识。

(2)在团队共同完成项目任务的过程中,培养学生的团队协作意识,以及与人沟通的能力。

1.1 一般概念

建筑装饰
工程概述

建筑是技术和艺术相结合的产物,建筑又被称为“凝固的音乐”。建筑装饰是在建筑实体上进行美化、修饰、点缀等活动,从而形成满足美观及使用功能的新的建筑实体。

1)装饰

建筑装饰简称装饰。装饰是建筑建造过程的延伸,是对建筑物的外表和内部进行美化、修饰处理,以及不改变结构条件下的改建等过程的统称。装饰具有保护建筑主体、改善功能、美化空间和渲染环境的作用。各类城市建筑只有在经过各种装饰艺术处理之后,才能获得美化城市、渲染生活环境、展现时代风貌、宣扬民族风格的效果。

装饰以美学原理为依据,运用各种现代装饰材料,通过美学和现代科学相结合的规划、设计、施工等过程,最终形成人们期望的“艺术作品”,满足人们对工作、生活环境不断增长的使用和审美需要。这个“艺术作品”就称为装饰工程。

在日常生活中,关于建筑装饰还有多种不同的称谓,如装修、装饰、装潢等。

装修一词通常理解为改变房屋的使用功能,不改变承重结构及保证房屋使用条件所做的改建活动。装修通常理解为不含装饰的功能。装饰是在装修基础上的升华,不影响房屋的使用功能,为了美化建筑物,体现个性化,在满足居住、办公、购物、娱乐、休息等要求下,为环境舒适所作的装修、设置、饰品装点等,装饰含有装修的功能。装潢可以理解为对装饰的深加工和精细包装,代表较精细的工艺和文化底蕴。装潢即装饰加潢裱,“潢裱”范围广,在其他行业中也代表高工艺。

二次装饰又称精装,一般来说是指在房屋主体结构上做一些简单的功能性装修(即初装)的基础上,第二次对房屋进行的装饰、装潢。如购买商品房时,开发商交付给业主的商品房是毛坯房,即墙面只做简单的打底抹灰,最多再刮一遍腻子,地面只做一遍找平层。其他均需要业主进行二次装饰。

2)装饰工程

装饰工程是建筑工程的重要组成部分。它是在建筑主体结构工程完成之后,为保护建筑物主体结构、完善建筑物的使用功能和美化建筑物,采用装饰材料或饰物,对建筑物的内外表面及空间进行装修、装饰、装潢,从而形成保护及美化建筑物的新产品,以满足人们对建筑产品的物质要求和精神需要。从建筑学上讲,装饰工程是一种建筑艺术形式,是艺术创作活动得到的艺术品,是建筑物三大基本要素之一。

一个艺术效果好的装饰工程,不仅取决于一个好的设计方案,还取决于优良的施工质量。为满足艺术造型与装饰效果的要求,还要涉及其结构构造、环境渲染、材料选用、工艺美术、声像效果和施工工艺等诸多问题。因此,从事装饰设计的人员必须视野开阔、经验丰富、美术功底好、设计能力强,才能设计出好的装饰作品;而从事装饰工程施工的人员必须深刻领会设计意图,详细阅读施工图纸,精心制订施工方案,并认真付诸实施,确保工程质量,才能使装饰作品获得理想的装饰艺术效果。

3)装饰行业

(1)装饰行业的概念

装饰行业是指围绕建筑装饰工程,从事管理、设计、施工、饰材制造、商业营销、中介服务及教育、科研、出版、信息咨询、外贸等,集文化、艺术、技术于一体的综合性新兴行业。

我国装饰行业,确切而言应称之为现代装饰行业。“现代”二字是为了区别于过去传统的装饰行业,略去“现代”两字,简称为装饰行业,隶属该行业的施工企业称为装饰企业。装饰行业是建筑业的三个大类之一。

(2)装饰行业的特点

装饰行业就其专业而言,具有以下主要特点:

①综合性强。装饰行业集文化、艺术、技术于一体,包括建筑工程六面体、空间和室内外环境的装饰艺术处理。

②高附加值。装饰行业为智力、技术、管理密集型行业,它采用高新技术,倡导资源节约、环境保护、优质优价,实现和提高其产值及利润。它是以创造性的室内设计为前提,以选择性更强的饰材为基础,通过高水准、精致化的装饰施工,使装饰作品的文化、艺术、技术含量有显著升华,且具有优良的质量、完善的功能、新颖的造型和稳定的性能,以弘扬中华民族文化精神

和提高装饰工程作品的原值。

③逐步形成主导产业。装饰行业从行业上划分隶属建筑业,从产业上划分属第二产业。该行业既能为社会创造财富,为国家提供积累,又能促进消费结构的调整,美化环境,提高人民生活质量;同时,还能带动建材、轻工、纺织、冶金、旅游、房地产、金融、贸易等多个行业的发展,推进建筑业成为支柱产业。

我国房地产业,特别是旅游业、娱乐业、商业、餐饮业的兴起与发展,也是装饰行业启动、形成与发展的直接动力;而人民物质生活和精神生活品质的不断提升,则是该行业繁荣发展的根本源泉。

④我国装饰行业具有新兴行业特征。确定一个行业的产业属性,关键是确定该行业的产业特征。我国装饰行业的产业特征是为生产和生活服务的新兴行业。其服务半径主要覆盖两大领域:一是以楼堂馆所为代表的商业建筑装饰;二是以家居装饰为代表的住宅建筑装饰。其中,家居装饰更能直接体现其为生产和生活服务的特征。

4)装饰工程造价

装饰工程造价是指通过装饰活动形成一项装饰工程预期开支或实际开支的全部固定资产投资费用,或者预计,或者实际在多个市场所形成的装饰工程的价格。

装饰工程造价的确定需要多次计价。根据建设阶段的不同,装饰工程造价的表现形式分别有装饰工程投资估算、装饰工程初步设计概算、装饰工程修正概算(扩大初步设计概算)、装饰工程施工图预算、装饰工程施工预算、装饰工程结算。

1.2 装饰工程内容

建筑装饰的设计、施工与管理水平,不仅反映一个国家的经济发展水平,而且还反映这个国家的文化艺术和科学技术水平,同时还是民族风格、民族特色的集中体现。因此,建筑装饰工程设计与施工既不是单纯的设计绘图,也不是简单的材料堆积,它的全过程是一系列相关工作的组合。

建筑装饰的内容是广泛的、多方面的,可有多种分类方法。

1)按装饰装修部位分类

按装饰装修部位的不同,建筑装饰可分为室内装饰(或内部装饰)、室外装饰(或外部装饰)和环境装饰等。

(1)内部装饰

内部装饰是指对建筑物室内所进行的建筑装饰。通常包括:楼地面;墙柱面、墙裙、踢脚线;天棚;室内门窗(包括门窗套、贴脸、窗帘盒、窗帘及窗台等);楼梯及栏杆(板);室内装饰设施(包括给排水与卫生设备、电气与照明设备、暖通设备、用具、家具,以及其他装饰设施)。

内部装饰的主要作用:一是保护墙体及楼地面;二是改善室内使用条件;三是美化内部空间,创造美观舒适、整洁的生活、工作环境。

(2)外部装饰

外部装饰也称室外建筑装饰。通常包括:外墙面、柱面、外墙裙(勒脚)、腰线;屋面、檐口、檐廊;阳台、雨篷、遮阳篷、遮阳板;外墙门窗,包括防盗门、防火门、外墙门窗套、花窗、老虎窗等;台阶、散水、落水管、花池(或花台);其他室外装饰,如楼牌、招牌、装饰条、雕塑等外露部分的装饰。

外部装饰的主要作用:一是保护房屋主体结构;二是保温、隔热、隔声、防潮等;三是增加建筑物的美观,点缀环境,美化城市。

(3)环境装饰

室外环境装饰包括围墙、院落大门、灯饰、假山、喷泉、水榭、雕塑小品、院内(或小区)绿化以及各种供人们休闲小憩的凳椅、亭阁等装饰物。室外环境装饰和建筑物内外装饰有机融合,形成居住环境、城市环境和社会环境的协调统一,营造一个幽雅、美观、舒适、温馨的生活和工作氛围。因此,环境装饰也是现代建筑装饰的重要组成内容。

2)按装饰材料和施工做法分类

按装饰材料和施工做法,建筑装饰划分为一级建筑装饰、二级建筑装饰和三级建筑装饰三个等级。

建筑装饰等级与建筑物的类型有关,建筑物的等级越高,装饰等级也越高。表1.1是建筑装饰等级与建筑物类型的对照,供参考。

表1.1　建筑装饰等级

建筑装饰等级	建筑物类型
一级装饰	大型博览建筑,大型剧院,纪念性建筑,大型邮电、交通建筑,大型商贸建筑,大型体育馆,高级宾馆,高级住宅
二级装饰	广播通信建筑,医疗建筑,商业建筑,普通博览建筑,邮电、交通、体育建筑,旅馆建筑,高教建筑,科研建筑
三级装饰	居住建筑,生活服务性建筑,普通行政办公楼,中、小学建筑

表1.2、表1.3和表1.4分别为一级、二级、三级装饰等级的建筑物门厅、走道、楼梯,以及房间的内、外装饰标准。

表1.2　一级装饰标准

装饰部位	内装饰材料及做法	外装饰材料及做法
墙　面	大理石、各种面砖、塑料墙纸(布)、织物墙面、木墙裙、喷涂高级涂料	天然石材(花岗岩)、饰面砖、装饰混凝土、高级涂料、玻璃幕墙
楼地面	彩色水磨石、天然石料或人造石板(如大理石)、木地板、塑料地板、地毯	—
天　棚	铝合金装饰板、塑料装饰板、装饰吸音板、塑料墙纸(布)、玻璃顶棚、喷涂高级涂料	外廊、雨篷底部参照内装饰
门　窗	铝合金门窗、一级木材门窗、高级五金配件、窗帘盒、窗台板、喷涂高级油漆	各种颜色玻璃铝合金门窗、钢窗、遮阳板、卷帘门窗、光电感应门
设　施	各种花饰、灯具、空调、自动扶梯、高档卫生设备	—

表 1.3　二级装饰标准

装饰部位		内装饰材料及做法	外装饰材料及做法
墙　面		装饰抹灰、内墙涂料	各种面砖、外墙涂料、局部天然石材
楼地面		彩色水磨石、大理石、地毯、各种塑料地板	—
天　棚		胶合板、钙塑板、吸音板、各种涂料	外廊、雨篷底部参照内装饰
门　窗		窗帘盒	普通钢、木门窗，主要入口铝合金门
卫生间	墙面	水泥砂浆、瓷砖内墙裙	—
	地面	水磨石、马赛克	
	天棚	混合砂浆、纸筋灰浆、涂料	—
	门窗	普通钢、木门窗	—

表 1.4　三级装饰标准

装饰部位	内装饰材料及做法	外装饰材料及做法
墙　面	混合砂浆、纸筋灰、石灰浆、大白浆、内墙涂料、局部油漆墙裙	水刷石、干粘石、外墙涂料、局部面砖
楼地面	水泥砂浆、细石混凝土、局部水磨石	—
天　棚	直接抹水泥砂浆、水泥石灰浆、纸筋石灰浆或喷浆	外廊、雨篷底部参照内装饰
门　窗	普通钢、木门窗，铁质五金配件	—

3）工程量计算规范中的项目分类

在《房屋建筑与装饰工程工程量计算规范》（GB 50854—2013）中，可以把附录 H、L、M、N、P、Q 6 个分部工程归于装饰工程，分别为门窗工程，楼地面装饰工程，墙、柱面装饰及隔断、幕墙工程，天棚工程，油漆、涂料、裱糊工程，其他装饰工程等。每一个分部都包括项目编码、项目特征、计量单位、工程量计算规则、工程内容说明等。

4）其他分类

根据习惯，常见装饰工程项目内容有：

①楼地面：块料面层、木地板、地毯、现制彩色艺术水磨石、踢脚线和台阶等。

②墙面：玻璃幕墙、块料面层、木墙面、复合材料面层、布料、墙纸、喷涂等。

③吊顶：木龙骨、轻钢龙骨、铝合金龙骨架、面层封板装饰（石膏板、矿棉板、吸音板、多层夹板、铝合金扣板、挂板、格栅、不锈钢板、玻璃镜面）等。

④门：高级木门、铝合金门、无框玻璃门、自动感应玻璃门、转门、卷帘门、自动防火卷帘门等。

⑤窗:木花式窗、铝合金窗、玻璃柜窗等。

⑥隔断:木隔断,轻钢龙骨石膏板、铝合金、玻璃隔断等。

⑦零星装饰:暖气罩、窗帘盒、窗帘轨、窗台板、筒子板、门窗贴脸、风口、挂镜线等。

⑧卫生间和厨房:顶棚、墙面、地面、卫生洁具、排气扇及其配套的镜、台、盒、棍、帘等。

⑨灯具装饰:吊灯、吸顶灯、筒灯、射灯、壁灯、台灯、床头灯、地灯及各种插座、开关等。

⑩消防:喷淋、烟感、报警等。

⑪空调:风机、管道、设备等。

⑫音响:扬声器、线路、设备等。

⑬家具:柜、橱、台、桌、椅、凳、茶几、沙发、床、架、窗帘等。

⑭其他:艺术雕塑、庭院美化等。

1.3 装饰工程计价

计价,就是指计算造价或价格。装饰工程的价格由成本、利润及税金组成,这与一般工业产品是相同的。但两者的价格确定方法大不相同,一般工业产品的价格是批量价格,单件价格与成百上千该规格型号产品的价格是相同的,甚至全国一个价;而装饰工程作为建筑产品之一,其价格不能批量确定,都必须单独定价,这是由其生产特点决定的。

装饰工程具有建筑产品特有的特点,即建设地点的固定性、施工的流动性、产品的单件性、施工周期长、涉及部门广等。每个产品都必须单独设计和独立施工才能完成,即使使用同一套图纸,也会因建设地点和时间的不同,建造合同的约定不同,最终形成不同的建造价格。因为这些因素会造成人材机单价、费用标准(管理费、利润、总价措施、规费、税金等)、其他项目费的约定等不同。

因此,装饰工程价格必须由特殊的定价方式来确定,那就是每个装饰工程必须单独定价。当然,在市场经济条件下,施工企业的管理水平不同、竞争获取中标的目的不同,也会影响装饰工程价格。装饰工程的价格最终是由市场竞争形成的。

1)装饰工程计价方法

我国目前有两种装饰工程计价模式,分别是定额计价模式和工程量清单计价模式。两种计价模式对应两种计价方法,即定额计价法与工程量清单计价法。

(1)定额计价

定额计价是我国在计划经济时期及计划经济向市场经济转型时期,所采用的一种行之有效的工程造价计价方法。在当前社会主义市场经济条件下依然离不开定额计价。

按定额计价模式确定工程造价,充分发挥了预算定额和费用定额的作用。早期的定额计价,预算定额的消耗量及单价都是确定造价的依据;费用定额确定了各项费用标准。定额计价在一定程度上防止了高估冒算和压级压价,体现了工程造价的规范性、统一性和合理性。但对市场竞争起到抑制作用,不利于促进施工企业改进技术、加强管理、提高劳动效率。现阶段的定额计价是依据定额的消耗量、实际的人材机单价以及费用定额进行计价，定额单价都需要根据实际单价进行替换。

(2)工程量清单计价

工程量清单计价是为了适应市场经济的需要，从国际上学习来的一种新模式，我国在2003年之后开始采用。这种计价模式在招标过程中，招标人提供“五统一”的工程量清单(统一项目编码、项目名称、项目特征、计量单位和工程量计算规则)，由各投标人在投标报价时根据企业自身情况自主报价，在市场竞争中形成建筑产品价格。

工程量清单计价模式的实施，实质上是建立了一种强有力而行之有效的竞争机制。施工企业在投标竞争中必须报出合理低价才能中标，因此对促进施工企业改进技术、加强管理、提高劳动效率等起到了积极的推动作用。

2)装饰工程计价依据

在确定装饰工程造价时，必须依据真实可靠、合法有效的计价依据才能完成。计价依据是多方面的，不同类型的计价文件其计价依据会有所不同。装饰工程计价依据主要有以下方面：

①装饰工程设计文件及相关标准图集；

②与装饰工程有关的技术规范、技术标准等；

③装饰工程施工组织设计或施工方案；

④装饰工程计价定额、费用定额及国家或地区相关计价文件；

⑤《建设工程工程量清单计价规范》及《房屋建筑与装饰工程工程量计算规范》；

⑥装饰工程人工、材料、机械台班的单价；

⑦装饰工程施工合同、招标文件等；

⑧其他计价依据。

上述所列的其他计价依据主要包括：

①双方的事先约定；

②工程所在地的政治、经济及自然环境；

③市场竞争情况等。

3)装饰工程造价成果文件类型

在建设过程的不同阶段编制不同的装饰工程造价成果文件，具体包括：

①装饰工程投资估算；

②装饰工程初步设计概算；

③装饰工程修正概算；

④装饰工程施工图预算；

⑤装饰工程招标标底、最高投标限价、投标报价；

⑥装饰工程价款结算(进度结算)；

⑦装饰工程竣工结算。

1.4 装饰工程计量

1)工程量计算的基本原则

(1)工作内容(工程内容)必须一致

要计算清单项目的工程量,其前提是列项准确。也即所列项目的工作内容和范围必须与工程量计算规范中的对应项目一致,以避免重复列项和漏项。同理,预算定额项目也一样。

(2)工程量计量单位必须一致

在计算工程量时,首先要弄清楚工程量计算规范(或预算定额)中的计量单位。一般工程量计算规范中的计量单位为本位,而预算定额的计量单位有时为扩大10倍、100倍后的单位,如以"10 m^2"为计量单位。

(3)工程量计算规则要一致

在按施工图纸计算工程量时,必须与工程量计算规范(或预算定额)的工程量计算规则一致,这样才能有统一的计算标准,防止错算。由于工程量清单项目与定额项目的划分不同,因此工程量计算规范中的清单项目与预算定额中的定额项目的工程量计算规则会有所不同。按工程量计算规范中的计算规则计算出的工程量为"清单工程量",按预算定额中的计算规则计算出的工程量为"定额工程量",这一点在后几章的学习中一定要注意区分。

(4)工程量计算式要力求简单明了,按一定次序排列

工程量计算表一般不随造价文件装订,但是为了便于工程量的核对,在计算工程量时有必要在计算式中简明扼要地进行标注,如注明层数、部位、节点、轴线、门窗编号、图号等。工程量计算式一般按长、宽、厚的顺序排列,如计算面积时按长×宽(高),计算体积时按长×宽×高等。

(5)工程量计算结果要符合设定的精确度要求

在计算工程量过程中,按照规定的计量单位(如m,m^2,m^3等)得出的计算结果一般可保留二位小数,其后第三位则四舍五入。但是在遇到预算定额中扩大计量单位时,如以"10 m^2"为计量单位时,其工程量应保留三位小数。钢材通常以"t"为计量单位,木材以"m^3"为计量单位,其计算结果一般保留三位小数;其他以自然计量单位(如个、只、把、盏等)计算工程量时,一般取整数。

2)工程量的计算顺序

工程量计算是一项繁杂而细致的工作,为了达到既快又准确、防止重复或错漏的目的,合理安排计算顺序是非常重要的。工程量的计算顺序一般有以下几种方法:

(1)按顺时针方向计算

装饰工程在计算地面、天棚工程量时,一般先从平面图左上角开始,按顺时针方向环绕一周后回到左上角止。

(2)按先横后竖、先上后下、先左后右的顺序计算

装饰工程在计算内墙装饰工程量时,按先横后竖、先上后下、先左后右的顺序,首先计算横

墙,然后再计算竖墙。

(3)按图纸编号顺序计算

对于图纸上注明了部位和构件编号的,工程量计算时可以按这些标注的顺序进行,如计算门、窗等工程量时,可以按照门、窗的编号顺序计算。

(4)按轴线编号顺序计算

按图纸所标注的轴线编号顺序依次计算轴线所在位置的工程量,如可按图中轴线编号的顺序分别计算横向和竖向墙面等工程量。

(5)按施工先后顺序计算

使用这种方法要求对实际的施工过程比较熟悉,否则容易出现漏项情况。例如,计算天棚工程量时可按照吊筋、龙骨、面层的顺序分别计算。

(6)按工程量计算规范或预算定额中的章节顺序计算

在计算工程量时,对照施工图纸,参照工程量计算规范或预算定额中的章节顺序,以及项目排列顺序进行计算。采用这种方法要求熟悉图纸,有较全面的设计基础知识。由于目前的装饰工程设计从造型到节点形式都千变万化,尤其是新材料、新工艺层出不穷,无法从工程量计算规范或预算定额中找到现成的项目供使用,因此在计算工程量时,最好将这些项目列出来编制成补充项目,以避免漏项。

1.5 装饰工程造价构成

装饰工程
造价构成

按照定额计价与清单计价的需要来归类,装饰工程造价由分部分项工程费(实体项目费)、措施项目费、其他项目费、规费和税金五部分组成。但是,各部分包含的内容,不同地区稍微会有一些不同。下面根据某省费用定额的要求分别介绍。

1)分部分项工程费(实体项目费)

××省建设
工程费用定额

分部分项工程费是指各专业工程的分部分项工程应予列支的各项费用,由人工费、材料费、施工机具使用费、企业管理费和利润构成。

(1)人工费

人工费是指按工资总额构成规定,支付给从事建筑安装工程施工的生产工人和附属生产单位工人的各项费用。内容包括:

①计时工资或计件工资:是指按计时工资标准和工作时间或对已做工作按计件单价支付给个人的劳动报酬。

②奖金:是指对超额劳动和增收节支支付给个人的劳动报酬,如节约奖、劳动竞赛奖等。

③津贴补贴:是指为了补偿职工特殊或额外的劳动消耗和因其他特殊原因支付给个人的津贴,以及为了保证职工工资水平不受物价影响支付给个人的物价补贴,如流动施工津贴、特殊地区施工津贴、高温(寒)作业临时津贴、高空津贴等。

④加班加点工资:是指按规定支付的在法定节假日工作的加班工资和在法定日工作时间外延时工作的加点工资。

⑤特殊情况下支付的工资:是指根据国家法律、法规和政策规定,因病、工伤、产假、计划生育假、婚丧假、事假、探亲假、定期休假、停工学习、执行国家或社会义务等原因按计时工资标准或计时工资标准的一定比例支付的工资。

(2)材料费

材料费是指施工过程中耗费的原材料、辅助材料、构配件、零件、半成品或成品、工程设备的费用。内容包括:

①材料原价:指材料、工程设备的出厂价格或商家供应价格。

②运杂费:指材料、工程设备自来源地运至工地仓库或指定堆放地点所发生的全部费用。

③运输损耗费:指材料在运输装卸过程中不可避免的损耗。

④采购及保管费:指为组织采购、供应和保管材料、工程设备的过程中所需要的各项费用,包括采购费、仓储费、工地保管费、仓储损耗。

工程设备是指房屋建筑及其配套的构成或计划构成永久工程一部分的机电设备、金属结构设备、仪器装置等建筑设备,包括附属工程中电气、采暖、通风空调、给排水、通信及建筑智能等为房屋功能服务的设备,不包括工艺设备。具体划分标准见《建设工程计价设备材料划分标准》(GB/T 50531—2009)。明确由建设单位提供的建筑设备,其设备费用不作为计取税金的基数。

(3)施工机具使用费

施工机具使用费是指施工作业所发生的施工机械、仪器仪表使用费或其租赁费。包含以下内容:

①施工机械使用费:以施工机械台班耗用量乘以施工机械台班单价表示。施工机械台班单价应由下列七项费用组成:

a. 折旧费:指施工机械在规定的使用年限内,陆续收回其原值的费用。

b. 大修理费:指施工机械按规定的大修理间隔台班进行必要的大修理,以恢复其正常功能所需的费用。

c. 经常修理费:指施工机械除大修理以外的各级保养和临时故障排除所需的费用。包括为保障机械正常运转所需替换设备与随机配备工具附具的摊销和维护费用,机械运转中日常保养所需润滑与擦拭的材料费用及机械停滞期间的维护和保养费用等。

d. 安拆费及场外运费:安拆费指施工机械(大型机械除外)在现场进行安装与拆卸所需的人工、材料、机械和试运转费用以及机械辅助设施的折旧、搭设、拆除等费用;场外运费指施工机械整体或分体自停放地点运至施工现场或由一施工地点运至另一施工地点的运输、装卸、辅助材料及架线等费用。

e. 人工费:指机上司机(司炉)和其他操作人员的人工费。

f. 燃料动力费:指施工机械在运转作业中所消耗的各种燃料及水、电等。

g. 税费:指施工机械按照国家规定应缴纳的车船使用税、保险费及年检费等。

②仪器仪表使用费:指工程施工所需使用的仪器仪表的摊销及维修费用。

(4)企业管理费

企业管理费是指施工企业组织施工生产和经营管理所需的费用。内容包括:

①管理人员工资:是指按规定支付给管理人员的计时工资、奖金、津贴补贴、加班加点工资及特殊情况下支付的工资等。

②办公费:指企业管理办公用的文具、纸张、账表、印刷、邮电、书报、办公软件、监控、会议、水电、燃气、采暖、降温等费用。

③差旅交通费:指职工因公出差、调动工作的差旅费、住勤补助费,市内交通费和误餐补助费,职工探亲路费,劳动力招募费,职工退休、退职一次性路费,工伤人员就医路费,工地转移费以及管理部门使用的交通工具的油料、燃料等费用。

④固定资产使用费:指企业及其附属单位使用的属于固定资产的房屋、设备、仪器等的折旧、大修、维修或租赁费。

⑤工具用具使用费:指企业施工生产和管理使用的不属于固定资产的工具、器具、家具、交通工具和检验、试验、测绘、消防用具等的购置、维修和摊销费,以及支付给工人自备工具的补贴费。

⑥劳动保险和职工福利费:指由企业支付的职工退职金、按规定支付给离休干部的经费,集体福利费、夏季防暑降温、冬季取暖补贴、上下班交通补贴等。

⑦劳动保护费:指企业按规定发放的劳动保护用品的支出。如工作服、手套、防暑降温饮料、高危险工作工种施工作业防护补贴以及在有碍身体健康的环境中施工的保健费用等。

⑧工会经费:指企业按《中华人民共和国工会法》规定的全部职工工资总额比例计提的工会经费。

⑨职工教育经费:指按职工工资总额的规定比例计提,企业为职工进行专业技术和职业技能培训、专业技术人员继续教育、职工职业技能鉴定、职业资格认定以及根据需要对职工进行各类文化教育所发生的费用。

⑩财产保险费:指企业管理用财产、车辆的保险费用。

⑪财务费:指企业为施工生产筹集资金或提供预付款担保、履约担保、职工工资支付担保等所发生的各种费用。

⑫税金:指企业按规定缴纳的房产税、车船使用税、土地使用税、印花税等。

⑬意外伤害保险费:指企业为从事危险作业的建筑安装施工人员支付的意外伤害保险费。

⑭工程定位复测费:指工程施工过程中进行全部施工测量放线和复测工作的费用。建筑物沉降观测由建设单位直接委托有资质的检测机构完成,费用由建设单位承担,不包含在工程定位复测费中。

⑮检验试验费:指施工企业按规定进行建筑材料、构配件等试样的制作、封样、送达和其他为保证工程质量进行的材料检验试验工作所发生的费用。不包括新结构、新材料的试验费,对构件(如幕墙、预制桩、门窗)做破坏性试验所发生的试样费用及根据国家标准和施工验收规范要求对材料、构配件和建筑物工程质量检测检验发生的第三方检测费用,对此类检测发生的费用,由建设单位承担,在工程建设其他费用中列支。但对施工企业提供的具有合格证明的材料进行检测不合格的,该检测费用由施工企业支付。

⑯非建设单位所为四小时以内的临时停水停电费用。

⑰企业技术研发费:建筑企业为转型升级、提高管理水平所进行的技术转让、科技研发、信息化建设等费用。

⑱其他:业务招待费、远地施工增加费、劳务培训费、绿化费、广告费、公证费、法律顾问费、审计费、咨询费、投标费、保险费、联防费、施工现场生活用水电费等。

⑲附加税:国家税法规定的应计入建筑安装工程造价内的城市建设维护税、教育费附加及地方教育附加。

(5)利润

利润是指施工企业完成所承包工程获得的盈利。

2)措施项目费

措施项目费是指为完成建设工程施工,发生于该工程施工前和施工过程中的技术、生活、安全、环境保护等方面的费用。根据现行工程量清单计算规范,措施项目分为单价措施项目和总价措施项目。

(1)单价措施项目

单价措施项目是指在现行工程量清单计算规范中有对应工程量计算规则,按人工费、材料费、施工机具使用费、管理费和利润组成综合单价的措施项目。装饰工程的单价措施项目费包括:脚手架工程;混凝土模板及支架(撑);垂直运输;超高施工增加;大型机械设备进出场及安拆;施工排水、降水;二次搬运费等。

单价措施项目工程量清单的项目设置、项目特征、计量单位、工程量计算规则及工作内容均按现行工程量清单计算规范执行。

(2)总价措施项目

总价措施项目是指在现行工程量清单计算规范中无工程量计算规则,以总价(或计算基础乘费率)计算的措施项目。其中各专业都可能发生的通用的总价措施项目如下:

①安全文明施工:是指为满足施工安全、文明、绿色施工以及环境保护、职工健康生活所需要的各项费用。本项为不可竞争费用。

a. 环境保护包含范围:现场施工机械设备降低噪声、防扰民措施费用;水泥和其他易飞扬细颗粒建筑材料密闭存放或采取覆盖措施等费用;工程防扬尘洒水费用;土石方、建渣外运车辆冲洗、防洒漏等费用;现场污染源的控制、生活垃圾清理外运、场地排水排污措施的费用;其他环境保护措施费用。

b. 文明施工包含范围:“五牌一图”的费用;现场围挡的墙面美化(包括内外粉刷、刷白、标语等)、压顶装饰费用;现场厕所便槽刷白、贴面砖,水泥砂浆地面或地砖费用,建筑物内临时便溺设施费用;其他施工现场临时设施的装饰装修、美化措施费用;现场生活卫生设施费用;符合卫生要求的饮水设备、淋浴、消毒等设施费用;生活用洁净燃料费用;防煤气中毒、防蚊虫叮咬等措施费用;施工现场操作场地的硬化费用;现场绿化费用、治安综合治理费用、现场电子监控设备费用;现场配备医药保健器材、物品费用和急救人员培训费用;用于现场工人的防暑降温费,电风扇、空调等设备及用电费用;其他文明施工措施费用。

c. 安全施工包含范围:安全资料、特殊作业专项方案的编制,安全施工标志的购置及安全宣传的费用;“三宝”(安全帽、安全带、安全网),“四口”(楼梯口、电梯井口、通道口、预留洞口)，“五临边”(阳台围边、楼板围边、屋面围边、槽坑围边、卸料平台两侧)，水平防护架、垂直防护架、外架封闭等防护的费用；施工安全用电的费用，包括配电箱三级配电、两级保护装置要求、外电防护措施；起重机、塔吊等起重设备(含井架、门架)及外用电梯的安全防护措施(含警示标志)费用及卸料平台的临边防护、层间安全门、防护棚等设施费用；建筑工地起重机械的检验检测费用；施工机具防护棚及其围栏的安全保护设施费用；施工安全防护通道的费用；工人的安全防护用品、用具购置费用；消防设施与消防器材的配置费用；电气保护、安全照明设施费；其他安全防护措施费用。

d. 绿色施工包含范围：建筑垃圾分类收集及回收利用费用；夜间焊接作业及大型照明灯具的挡光措施费用；施工现场办公区、生活区使用节水器具及节能灯具增加费用；施工现场基坑降水储存使用、雨水收集系统、冲洗设备用水回收利用设施增加费用；施工现场生活区厕所化粪池、厨房隔油池设置及清理费用；从事有毒、有害、有刺激性气味和强光、噪声施工人员的防护器具费用；现场危险设备、地段、有毒物品存放地安全标识和防护措施费用；厕所、卫生设施、排水沟、阴暗潮湿地带定期消毒费用；保障现场施工人员劳动强度和工作时间符合国家职业卫生标准《工作场所物理因素测量　体力劳动强度分级》(GBZ/T 189.10—2007)的增加费用等。

安全文明施工费中的省级标化工地增加费按不同星级计列。

安全文明施工费中增列扬尘污染防治增加费：

a. 根据《国务院关于印发打赢蓝天保卫战三年行动计划的通知》(国发〔2018〕22 号)要求，从 2018 年 6 月 27 日起，在费用定额的安全文明施工费用中增列扬尘污染防治增加费，该费用为不可竞争费用。调整后的安全文明施工费用包括基本费、标化工地增加费、扬尘污染防治增加费三部分费用。

××省住房和城乡建设厅〔2018〕24号文

b. 扬尘污染防治增加费用与采取移动式降尘喷头、喷淋降尘系统、雾炮机、围墙绿植、环境监测智能化系统等环境保护措施所发生的费用，其他扬尘污染防治措施所需费用包含在安全文明施工费的环境保护费中。

②夜间施工：规范、规程要求正常作业而发生的夜班补助、夜间施工降效、夜间照明设施的安拆、摊销、照明用电以及夜间施工现场交通标志、安全标牌、警示灯安拆等费用。

③二次搬运：由于施工场地限制而发生的材料、成品、半成品等一次运输不能到达堆放地点，必须进行的二次或多次搬运费用。二次搬运也可以按单价措施项目计算。

④冬雨季施工：在冬雨季施工期间所增加的费用，包括冬季作业、临时取暖、建筑物门窗洞口封闭及防雨措施、排水、工效降低、防冻等费用；不包括设计要求混凝土内添加防冻剂的费用。

⑤地上、地下设施、建筑物的临时保护设施：在工程施工过程中，对已建成的地上、地下设施和建筑物进行的遮盖、封闭、隔离等必要保护措施。在园林绿化工程中，还包括对已有植物的保护。

⑥已完工程及设备保护费：对已完工程及设备采取的覆盖、包裹、封闭、隔离等必要保护措施所发生的费用。

⑦临时设施费：施工企业为进行工程施工所必须的生活和生产用的临时建筑物、构筑物和其他临时设施的搭设、使用、拆除等费用。

a. 临时设施包括：临时宿舍、文化福利及公用事业房屋与构筑物、仓库、办公室、加工场等。

b. 建筑、装饰工程规定范围内(建筑物沿边起 50 m 以内,多幢建筑两幢间隔 50 m 内)围墙、临时道路、水电、管线和轨道垫层等。

建设单位同意在施工就近地点临时修建混凝土构件预制场所发生的费用,应向建设单位结算。

⑧赶工措施费:在现行工期定额滞后的情况下,施工合同约定工期比某省现行工期定额提前超过 30%,施工企业为缩短工期所发生的费用。如施工过程中,发包人要求实际工期比合同工期提前时,由发承包双方另行约定。

⑨工程按质论价:施工合同约定质量标准超过国家规定,施工企业完成工程质量达到经有权部门鉴定或评定为优质工程所必须增加的施工成本费。

a. 工程按质论价费用按国优工程、国优专业工程、省优工程、市优工程、市级优质结构工程 5 个等次计列。

Ⅰ. 国优工程:包括中国建设工程鲁班奖、中国土木工程詹天佑奖、国家优质工程奖。

Ⅱ. 国优专业工程:包括中国建筑工程装饰奖、中国钢结构金奖、中国安装工程优质奖(中国安装之星)等。

Ⅲ. 省优工程:指江苏省优质工程奖“扬子杯”。

Ⅳ. 市优工程:包括由各设区市建设行政主管部门评定的市级优质工程,如“金陵杯”优质工程奖。

Ⅴ. 市级优质结构工程:包括由各设区市建设行政主管部门评定的市级优质结构工程。

b. 工程按质论价费用取费标准详见“1.6 装饰工程取费标准及计价程序”。

c. 工程按质论价费用作为不可竞争费用,用于创建优质工程。依法必须招标的建设工程,最高投标限价按招标文件提出的创建目标足额计列工程按质论价费用;投标报价按照招标文件要求的工程质量创建目标足额计取工程按质论价费用。依法不招标项目根据施工合同中明确的工程质量创建目标计列工程按质论价费用。

d. 建设工程达到合同约定的质量创建目标时,按照达到的质量等次计取按质论价费用;未达到合同约定的质量创建目标时,按照实际获得的质量等次计取按质论价费用;超出合同约定的创建目标时,合同有明确约定的,根据合同的约定确定是否按照实际获得的质量等次计取按质论价费用;合同未明确约定的,由发承包双方协商确定。

e. 除按质论价费用外,工程质量奖惩条款由发承包双方另行约定。

⑩特殊条件下施工增加费:地下不明障碍物、铁路、航空、航运等交通干扰而发生的施工降效费用。

⑪建筑工人实名制费用:包含封闭式施工现场的进出场门禁系统和生物识别电子打卡设备,非封闭式施工现场的移动定位、电子围栏考勤管理设备,现场显示屏,实名制系统使用以及管理费用等。

总价措施项目中,除通用措施项目外,建筑与装饰工程还包括:

a. 非夜间施工照明:为保证工程施工正常进行,在如地下室、地宫等特殊施工部位施工时所采用的照明设备的安拆、维护、摊销及照明用电等费用。

b. 住宅工程分户验收:按《住宅工程质量分户验收规程》(DGJ32/TJ103—2010)的要求对

住宅工程进行专门验收(包括蓄水、门窗淋水等)发生的费用。室内空气污染测试不包含在住宅工程分户验收费用中,由建设单位直接委托检测机构完成,由建设单位承担的费用。

3)其他项目费

(1)暂列金额

暂列金额是建设单位在工程量清单中暂定并包括在工程合同价款中的一笔款项。用于施工合同签订时尚未确定或者不可预见的所需材料、工程设备、服务的采购,施工中可能发生的工程变更、合同约定调整因素出现时的工程价款调整以及发生的索赔、现场签证确认等的费用。由建设单位根据工程特点,按有关计价规定估算;施工过程中由建设单位掌握使用,扣除合同价款调整后如有余额,归建设单位。

(2)暂估价

暂估价是建设单位在工程量清单中提供的用于支付必然发生但暂时不能确定价格的材料的单价以及专业工程的金额,包括材料暂估价和专业工程暂估价。材料暂估价在清单综合单价中考虑,不计入暂估价汇总。

(3)计日工

计日工是指在施工过程中,施工企业完成建设单位提出的施工图纸以外的零星项目或工作所需的费用。

(4)总承包服务费

总承包服务费是指总承包人为配合、协调建设单位进行的专业工程发包,对建设单位自行采购的材料、工程设备等进行保管以及施工现场管理、竣工资料汇总整理等服务所需的费用。总包服务范围由建设单位在招标文件中明示,并且发承包双方在施工合同中约定。

4)规费和税金

(1)规费

规费是指有权部门规定必须缴纳的费用。规费包括如下内容:

①环境保护税(原“工程排污费”):包括废气、污水、固体、扬尘及危险废物和噪声排污费等内容。

依据《中华人民共和国环境保护税法实施条例》规定,从 2018 年 1 月 1 日起,不再征收“工程排污费”,改征“环境保护税”,建设工程费用定额中的“工程排污费”名称相应调整为“环境保护税”。

“环境保护税”仍按照工程造价中的规费计列。因各设区市“环境保护税”征收方法和征收标准不同,具体在工程造价中的计列方法,由各设区市建设行政主管部门根据本行政区域内环保和税务部门的规定执行。

②社会保险费:是指企业应为职工缴纳的养老保险、医疗保险、失业保险、工伤保险和生育保险等五项社会保障方面的费用。为确保施工企业各类从业人员社会保障权益落到实处,省、市有关部门可根据实际情况制定管理办法。

③住房公积金:企业应为职工缴纳的住房公积金。

（2）税金

一般计税方法，税金是指根据建筑服务销售价格，按规定税率计算的增值税销项税额。但是，目前仍有部分工程在一定时间期限内要采用简易计税方法，其税金包含增值税应纳税额、城市建设维护税、教育费附加及地方教育附加。

1.6 装饰工程取费标准及计价程序

首先应明确，根据某地区规定：单独装饰工程不分工程类别；幕墙工程按照单独装饰工程取费。

××省费用定额营改增后调整内容

下面根据某地区最新建筑与装饰工程费用定额来介绍装饰工程取费标准。

本取费标准是为配套清单计价及定额计价制定的，装饰工程造价由分部分项工程费、措施项目费、其他项目费、规费和税金组成。分部分项工程费、措施项目费和其他项目费均以综合单价计算，其综合单价包括人工费、材料费、机械使用费、企业管理费、利润。

装饰工程计价程序

1）企业管理费、利润取费标准

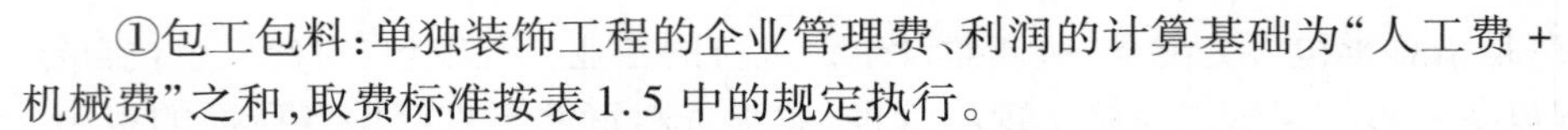

①包工包料：单独装饰工程的企业管理费、利润的计算基础为“人工费＋机械费”之和，取费标准按表1.5中的规定执行。

②包工不包料、点工：其管理费和利润包含在工资单价中。

表1.5 企业管理费和利润取费标准

项目名称	简易计税		一般计税	
	计算基础	费率/%	计算基础	费率/%
企业管理费	含税人工费＋含税机械费	42	除税人工费＋除税机械费	43
利润	含税人工费＋含税机械费	15	除税人工费＋除税机械费	15

2）措施项目费取费标准

①根据现行工程量清单计算规范，措施项目费分为单价措施项目费与总价措施项目费。

②单价措施项目费：按工程量乘以综合单价计取。

③总价措施项目费：以总价计算，以分部分项工程费及单价措施项目费之和作为计算基础，乘以费率计算。

常见总价措施项目及其取费标准见表1.6至表1.10，表中一般计税方法与简易计税方法的计算基础略有不同。

表 1.6 总价措施项目取费标准

<table>
<tr><th rowspan="2">项目名称</th><th colspan="2">计算基础</th><th rowspan="2">费率/%</th></tr>
<tr><th>一般计税</th><th>简易计税</th></tr>
<tr><td>现场安全文明施工措施费</td><td rowspan="10">分部分项工程费＋单价措施项目费－除税工程设备费</td><td rowspan="10">分部分项工程费＋单价措施项目费－工程设备费</td><td>（见表 1.7、表 1.8）</td></tr>
<tr><td>夜间施工增加费</td><td>0～0.1</td></tr>
<tr><td>非夜间施工照明</td><td>0.2</td></tr>
<tr><td>冬雨季施工增加费</td><td>0.05～0.1</td></tr>
<tr><td>已完工程及设备保护</td><td>0～0.1</td></tr>
<tr><td>临时设施费</td><td>0.3～1.3</td></tr>
<tr><td>赶工措施费</td><td>0.5～2.2</td></tr>
<tr><td>按质论价费</td><td>（见表 1.9、表 1.10）</td></tr>
<tr><td>住宅分户验收</td><td>0.1</td></tr>
<tr><td>建筑工人实名制费用</td><td>0.03</td></tr>
</table>

表 1.6 中现场安全文明施工措施费的基本费、省级标准化增加费、扬尘污染防治增加费以及工程按质论价费需要根据具体情况分类计取，详见表 1.7 至表 1.10。

表 1.7 现场安全文明施工措施费、省级标准化增加费取费标准

<table>
<tr><th rowspan="2">项目名称</th><th colspan="2">计算基础</th><th colspan="3">费率/%</th></tr>
<tr><th>一般计税</th><th>简易计税</th><th>一星级</th><th>二星级</th><th>三星级</th></tr>
<tr><td>现场安全文明施工措施费基本费</td><td rowspan="2">分部分项工程费＋单价措施项目费－除税工程设备费</td><td rowspan="2">分部分项工程费＋单价措施项目费－工程设备费</td><td colspan="3">1.7</td></tr>
<tr><td>省级标准化增加费</td><td>0.40</td><td>0.44</td><td>0.48</td></tr>
</table>

注：对于开展市级建筑安全文明施工标准化示范工地创建活动的地区，市级标化工地增加费按对应省级费率乘以系数 0.7 执行。市级不区分星级时，按一星级省级标化增加费费率乘以系数 0.7 执行。

表 1.8 扬尘污染防治增加费取费标准

<table>
<tr><th rowspan="2">项目名称</th><th colspan="2">一般计税</th><th colspan="2">简易计税</th></tr>
<tr><th>计算基础</th><th>费率/%</th><th>计算基础</th><th>费率/%</th></tr>
<tr><td>扬尘污染防治增加费</td><td>分部分项工程费＋单价措施项目费－除税工程设备费</td><td>0.22</td><td>分部分项工程费＋单价措施项目费－工程设备费</td><td>0.2</td></tr>
</table>

表 1.9　工程按质论价费取费标准(一般计税)

项目名称	计费基础	费率/%				
		国优工程	国优专业工程	省优工程	市优工程	市级优质结构
按质论价	分部分项工程费＋单价措施项目费－除税工程设备费	1.3	1.2	1.1	0.8	—

表 1.10　工程按质论价费取费标准(简易计税)

项目名称	计费基础	费率/%				
		国优工程	国优专业工程	省优工程	市优工程	市级优质结构
按质论价	分部分项工程费＋单价措施项目费－工程设备费	1.2	1.1	1.0	0.7	—

注:①国优专业工程按质论价费用仅以获得奖项的专业工程作为取费基础;

②获得多个奖项时,按可计列的最高等次计算工程按质论价费用,不重复计列。

3)其他项目费标准

暂列金额、暂估价、总承包服务费中均不包括增值税可抵扣进项税额。

①暂列金额、暂估价按发包人给定的标准计取。

②计日工由发承包双方在合同中约定。

③总承包服务费应根据招标文件列出的内容和向总承包人提出的要求,参照下列标准计算:

a.建设单位仅要求对分包的专业工程进行总承包管理和协调时,按分包的专业工程估算造价的1%计算;

b.建设单位要求对分包的专业工程进行总承包管理和协调,并同时要求提供配合服务时,根据招标文件中列出的配合服务内容和提出的要求,按分包专业工程估算造价的2%~3%计算。

4)规费取费标准

①环境保护税:因各设区市"环境保护税"的征收方法和征收标准不同,具体在工程造价中的计列方法,由各设区市建设行政主管部门根据本行政区域内环保和税务部门的规定执行。

②社会保险费及住房公积金:按表1.11标准计取。

表 1.11　社会保险费及住房公积金取费标准

工程类别	计算基础		费率/%
	一般计税	简易计税	
社会保险费	分部分项工程费＋单价措施项目费－除税工程设备费	分部分项工程费＋单价措施项目费－工程设备费	2.40
住房公积金			0.42

注:①社会保险费包括养老保险费、失业保险费、医疗保险费、工伤保险费、生育保险费。

②点工和包工不包料的社会保险费和住房公积金已经包含在人工工资单价中。

③社会保险费费率和公积金费率将随着社会保障部门要求和建设工程实际参保率的增加,适时调整。

5)税金计算标准

(1)一般计税

税金含义是指根据建筑服务销售价格,按规定税率计算的增值税销项税额。一般计税法中的税金以除税工程造价为计取基础,费率目前为9%。

(2)简易计税

税金包含增值税应纳税额、城市建设维护税、教育费附加及地方教育附加。

①增值税应纳税额 = 包含增值税可抵扣进项税额的税前工程造价×适用税率,税率:3%。

②城市建设维护税 = 增值税应纳税额×适用税率,税率:市区7%,县镇5%,乡村1%。

③教育费附加 = 增值税应纳税额×适用税率,税率:3%。

④地方教育附加 = 增值税应纳税额×适用税率,税率:2%。

以上四项合计,以包含增值税可抵扣进项额的税前工程造价为计费基础,税金费率为:市区3.36%,县镇3.30%,乡村3.18%。如各市另有规定的,按各市规定计取。

6)装饰工程计价程序

(1)一般计税方法(表1.12)

表1.12　工程量清单法计算程序(包工包料)

<table>
<tr><th>序号</th><th colspan="2">费用名称</th><th>计算公式</th></tr>
<tr><td rowspan="6">一</td><td colspan="2">分部分项工程费</td><td>清单工程量×除税综合单价</td></tr>
<tr><td rowspan="5">其中</td><td>1. 人工费</td><td>人工消耗量×人工单价</td></tr>
<tr><td>2. 材料费</td><td>材料消耗量×除税材料单价</td></tr>
<tr><td>3. 施工机具使用费</td><td>机械消耗量×除税机械单价</td></tr>
<tr><td>4. 管理费</td><td>(1+3)×费率或(1)×费率</td></tr>
<tr><td>5. 利润</td><td>(1+3)×费率或(1)×费率</td></tr>
<tr><td rowspan="3">二</td><td colspan="2">措施项目费</td><td></td></tr>
<tr><td rowspan="2">其中</td><td>单价措施项目费</td><td>清单工程量×除税综合单价</td></tr>
<tr><td>总价措施项目费</td><td>(分部分项工程费+单价措施项目费-除税工程设备费)×费率或以项计费</td></tr>
<tr><td>三</td><td colspan="2">其他项目费</td><td></td></tr>
<tr><td rowspan="4">四</td><td colspan="2">规费</td><td></td></tr>
<tr><td rowspan="3">其中</td><td>1. 环境保护税</td><td rowspan="3">(一+二+三-除税工程设备费)×费率</td></tr>
<tr><td>2. 社会保险费</td></tr>
<tr><td>3. 住房公积金</td></tr>
<tr><td>五</td><td colspan="2">税金</td><td>[一+二+三+四-(除税甲供材料费+除税甲供设备费)/1.01]×费率</td></tr>
<tr><td>六</td><td colspan="2">工程造价</td><td>一+二+三+四-(除税甲供材料费+除税甲供设备费)/1.01+五</td></tr>
</table>

(2)简易计税方法(表1.13)

表1.13　工程量清单法计算程序(包工包料)

序号	费用名称		计算公式
一	分部分项工程费		清单工程量×综合单价
	其中	1. 人工费	人工消耗量×人工单价
		2. 材料费	材料消耗量×材料单价
		3. 施工机具使用费	机械消耗量×机械单价
		4. 管理费	(1+3)×费率或(1)×费率
		5. 利润	(1+3)×费率或(1)×费率
二	措施项目费		
	其中	单价措施项目费	清单工程量×综合单价
		总价措施项目费	(分部分项工程费+单价措施项目费-工程设备费)×费率或以项计费
三	其他项目费		
四	规费		
	其中	1. 环境保护税	(一+二+三-工程设备费)×费率
		2. 社会保险费	
		3. 住房公积金	
五	税金		[一+二+三+四-(甲供材料费+甲供设备费)/1.01]×费率
六	工程造价		一+二+三+四-(甲供材料费+甲供设备费)/1.01+五

(3)包工不包料

包工不包料工程(清包工工程),可按简易计税法计税,其计价程序见表1.14。

表1.14　工程量清单法计算程序(包工不包料)

序号	费用名称		计算公式
一	分部分项工程费中人工费		清单人工消耗量×人工单价
二	措施项目费中人工费		
	其中	单价措施项目中人工费	清单人工消耗量×人工单价
三	其他项目费用		
四	规费		
	其中	环境保护税	(一+二+三)×费率
五	税金		(一+二+三+四)×费率
六	工程造价		一+二+三+四+五

【拓展与讨论】

党的二十大报告强调要“广泛践行社会主义核心价值观”。“富强、民主、文明、和谐”是国家层面的价值目标,“自由、平等、公正、法治”是社会层面的价值取向,“爱国、敬业、诚信、友善”是公民个人层面的价值准则,这24个字是社会主义核心价值观的基本内容。

做有职业道德的好建设者

扫码学习“做有职业道德的好建设者”，结合“爱国、敬业、诚信、友善”的基本道德规范，请你谈一谈在进行装饰工程造价时应该怎么做。

本章小结

本章主要对装饰工程的一般概念、装饰工程的内容、装饰工程造价的构成及费用计算规则等作了比较全面的介绍。现就其基本概念及基本要点归纳如下：

①装饰是建筑物、构筑物建造活动中不可缺少的一部分。它是以美学原理为依据，以各种现代装饰材料为基础，并通过对建筑物或构筑物的内部空间和外部环境进行美化修饰、精工细作等建造活动而实现的艺术作品。装饰工程是通过对具体工程项目的装饰设计、施工与管理等一系列建造活动而获得理想装饰艺术效果的实施全过程。它既不是单纯的设计绘图，也不是简单的装饰材料堆积，而是一系列与装饰工程活动相关工作的组合。装饰行业是指围绕装饰工程项目而从事设计、施工、管理、饰材、营销等多种业务的综合性行业。它是建筑业的重要组成部分，隶属于该行业的各类企业称为装饰企业。

②我国装饰行业由国家住房和城乡建设部及各地住建厅(局)实行归口管理。其管理内容主要包括：对装饰工程的设计、施工、饰材及市场的管理；统一对装饰设计单位、施工企业的资审定级及年检的管理；制定和颁布装饰工程质量标准、定额、施工及验收规范的管理等。

③装饰工程造价的构成及计价方法适应我国社会主义市场经济发展的需要，采用工程量清单计价，实行营业税改增值税。

④本章介绍的装饰工程造价构成与计价程序是学习的重点，要求认真学习和掌握这些基本知识，以便为学好本课程奠定基础。

复习思考题

1.1 什么是装饰？什么是二次装饰？

1.2 什么是装饰工程？它包括哪些主要内容？

1.3 什么是装饰行业？它有何特点？

1.4 什么是装饰工程造价？装饰工程造价有哪些内容组成？其计算基础是什么？

1.5 请根据地区规定，按照计价程序计算某一装饰工程的工程造价。

1.6 装饰工程类别是如何划分的？装饰工程管理费及利润的取费标准是如何确定的？

1.7 简述装饰工程计量原则及工程量计算顺序。

1.8 简述一般计税法与简易计税法的主要区别。

2 装饰工程定额应用

〖知识目标〗

(1)了解装饰工程消耗量定额的内容;

(2)了解定额项目表的构成及样式;

(3)熟悉装饰工程消耗量定额的换算类型;

(4)掌握装饰工程消耗量定额的应用方法及常用换算方法。

〖能力目标〗

(1)能够熟练掌握消耗量定额的换算类型;

(2)能够结合工程实际做法,正确使用消耗量定额。

〖素质目标〗

(1)通过装饰工程消耗量定额基础知识的学习,培养学生收集和处理信息的能力,在学习过程中引导学生树立自信心,达到积极的自我认识和自我评价;

(2)通过装饰工程消耗量定额应用的学习,培养学生的规则意识和规范意识。

2.1 装饰工程消耗量定额

·2.1.1 装饰工程消耗量定额组成·

装饰工程消耗量定额是编制装饰工程预算定额的基础资料,以下以《房屋建筑与装饰工程消耗量定额》(TY01-31—2015)为例介绍装饰工程消耗量定额的结构和内容。

1)定额组成

《房屋建筑与装饰工程消耗量定额》(TY01-31—2015)由下述几部分组成:

①目录:这是定额的索引地图,可以起到快速定位的作用。

②总说明:是对整本定额的编制原则、依据、作用等方面的总说明。

③定额章节:定额章节是定额的主体,具体包括分章说明、工程量计算规则、定额项目表三部分内容。

④附录:一般编在定额手册的最后,主要提供编制定额的有关数据及参考资料等。

2)定额项目表

定额项目表是定额的最重要内容,表2.1至表2.8是《房屋建筑与装饰工程消耗量定额》(TY01-31—2015)中几个定额项目表的摘录。

表 2.1　楼地面铺贴陶瓷地面砖

工作内容：清理基层、试排弹线、锯板修边、铺抹结合层、铺贴饰面、清理净面。　　计量单位：100 m^2

定额编号				11-30	11-31	11-32	11-33
项　目				陶瓷地面砖			
				0.10 m^2 以内	0.36 m^2 以内	0.64 m^2 以内	0.64 m^2 以外
名　称			单位	消耗量			
人工	合计工日		工日	20.609	20.176	20.900	21.843
	其中	普工	工日	4.122	4.035	4.180	4.369
		一般技工	工日	7.213	7.062	7.315	7.645
		高级技工	工日	9.274	9.079	9.405	9.829
材料	地砖 300×300		m^2	103.000	—	—	—
	地砖 600×600		m^2	—	103.000	—	—
	地砖 800×800		m^2	—	—	104.000	—
	地砖 1 000×1 000		m^2	—	—	—	104.000
	干混地面砂浆 DS M20		m^3	2.040	2.040	2.040	2.040
	白水泥		kg	10.200	10.200	10.200	10.200
	胶黏剂 DTA 砂浆		m^3	0.103	0.100	0.100	0.102
	棉纱头		kg	1.000	1.000	1.000	1.025
	锯木屑		m^3	0.600	0.600	0.600	0.600
	水		m^3	2.300	2.300	2.300	2.300
	石料切割锯片		片	0.302	0.302	0.302	0.302
	电		kW·h	9.060	9.060	9.060	9.060
机械	干混砂浆罐式搅拌机		台班	0.340	0.340	0.340	0.340

表 2.2　墙面粘贴石材面板

工作内容：1. 清理、修补基层表面、调运砂浆、砂浆打底、铺抹结合层（刷黏结剂）。

2. 选料、面层粘贴、清洁表面。　　计量单位：100 m^2

定额编号				12-35	12-36
项　目				粘贴石材	
				预拌砂浆（干混）	粉状型建筑胶贴剂
名　称			单位	消耗量	
人工	合计工日		工日	42.792	43.554
	其中	普工	工日	8.559	8.711
		一般技工	工日	14.977	15.244
		高级技工	工日	19.256	19.599

续表

名称		单位	消耗量	
材料	石材(综合)	m^2	102.000	102.000
	干混抹灰砂浆 DP M10	m^3	1.978	1.288
	粉状型建筑胶黏剂	kg	—	682.500
	YJ-Ⅲ胶	kg	42.000	—
	白水泥	kg	15.450	15.450
	硬白蜡	kg	2.783	2.783
	草酸	kg	1.050	1.050
	棉纱	kg	1.050	1.050
	塑料薄膜	m^2	26.775	26.775
	石料切割锯片	片	1.394	1.394
	水	m^3	0.939	0.766
	电	kW·h	24.600	24.600
机械	干混砂浆罐式搅拌机	台班	0.330	0.215

表 2.3 装配式 T 形铝合金天棚龙骨(不上人型)

工作内容:1. 定位、弹线、射钉、膨胀螺栓及吊筋安装。

2. 选料、下料组装。

3. 安装龙骨及吊配附件、临时加固支撑。

4. 预留空洞、安封边龙骨。

5. 调整、校正。

计量单位:100 m^2

定额编号				13-46	13-47	13-48	13-49
项目				装配式 T 形铝合金天棚龙骨(不上人型)			
				规格/mm			
				300×300		450×450	
				平面	跌级	平面	跌级
名称			单位	消耗量			
人工	合计工日		工日	10.397	11.552	9.174	10.910
	其中	普工	工日	2.079	2.311	1.835	2.183
		一般技工	工日	3.639	4.043	3.211	3.815
		高级技工	工日	4.679	5.198	4.128	4.909
材料	铝合金龙骨不上人型(平面)300×300		m^2	105.000	—	—	—
	铝合金龙骨不上人型(跌级)300×300		m^2	—	105.000	—	—
	铝合金龙骨不上人型(平面)450×450		m^2	—	—	105.000	—
	铝合金龙骨不上人型(跌级)450×450		m^2	—	—	—	105.000

续表

名称		单位	消耗量			
材料	吊杆	kg	31.600	35.600	31.600	35.600
	六角螺栓	kg	1.610	1.700	1.580	1.630
	膨胀螺栓 M8×60	套	125.995	125.995	125.995	125.995
	射钉	10 个	15.200	14.800	15.200	14.800
	合金钢钻头	个	0.650	0.650	0.650	0.650
	铁件(综合)	kg	—	5.410	—	5.410
	角钢(综合)	kg	—	122.000	—	122.000
	杉木板	m^3	—	0.040	—	0.040
	电	kW·h	16.124	17.913	14.227	16.915

表 2.3　装配式 T 形铝合金天棚龙骨(不上人型)(续表)

工作内容:1. 定位、弹线、射钉、膨胀螺栓及吊筋安装。
2. 选料、下料组装。
3. 安装龙骨及吊配附件、临时加固支撑。
4. 预留空洞、安封边龙骨。
5. 调整、校正。

计量单位:100 m^2

定额编号				13-50	13-51	13-52	13-53
项目				装配式 T 形铝合金天棚龙骨(不上人型)			
				规格/mm			
				600×600		>600×600	
				平面	跌级	平面	跌级
名称			单位	消耗量			
人工	合计工日		工日	8.563	9.626	7.951	8.985
	其中	普工	工日	1.713	1.925	1.590	1.797
		一般技工	工日	2.997	3.369	2.783	3.145
		高级技工	工日	3.853	4.332	3.578	4.043
材料	铝合金龙骨不上人型(平面)600×600		m^2	105.000	—	—	—
	铝合金龙骨不上人型(跌级)600×600		m^2	—	105.000	—	—
	铝合金龙骨不上人型(平面)600×600 以上		m^2	—	—	105.000	—
	铝合金龙骨不上人型(跌级)600×600 以上		m^2	—	—	—	105.000
	吊杆		kg	31.600	35.600	31.600	35.600
	铁件(综合)		kg	40.000	45.360	40.000	45.360
	六角螺栓		kg	2.100	2.380	2.100	2.380
	膨胀螺栓 M8×60		套	125.995	125.995	125.995	125.995
	射钉		10 个	15.200	14.800	15.200	14.800
	合金钢钻头		个	0.650	0.650	0.650	0.650
	角钢(综合)		kg	—	122.000	—	122.000
	杉木板		m^3	—	0.040	—	0.040
	电		kW·h	13.279	14.928	12.330	13.933

表 2.4　天棚基层

工作内容:安装天棚基层。　　　　计量单位:100 m²

定额编号				13-79	13-80	13-81
项　目				胶合板基层		石膏板天棚基层
				5 mm	9 mm	
名　称			单位	消耗量		
人工	合计工日		工日	5.113	5.428	6.986
	其中	普工	工日	1.022	1.085	1.397
		一般技工	工日	1.790	1.900	2.445
		高级技工	工日	2.301	2.443	3.144
材料	胶合板 δ5		m²	105.000	—	—
	胶合板 δ9		m²	—	105.000	—
	纸面石膏板		m²	—	—	105.000
	自攻螺钉		100 个	23.676	23.676	23.676

表 2.5　天棚面层

工作内容:安装天棚面层。　　　　计量单位:100 m²

定额编号				13-82	13-83	13-84	13-85	13-86
项　目				板条	漏风条	胶合板	水泥木丝板	薄板天棚面层
				天棚面层				厚 15 mm
名　称			单位	消耗量				
人工	合计工日		工日	7.877	8.118	5.156	5.345	6.103
	其中	普工	工日	1.575	1.624	1.031	1.069	1.221
		一般技工	工日	2.757	2.841	1.805	1.871	2.136
		高级技工	工日	3.545	3.653	2.320	2.405	2.746
材料	板条 1000×30×8		百根	27.358	—	—	—	—
	杉木板		m³	—	1.080	—	—	1.908
	胶合板 δ9		m²	—	—	105.000	—	—
	木丝板		m²	—	—	—	105.000	—
	镀锌薄钢板 δ0.55		kg	—	—	—	3.612	—
	圆钉		kg	5.744	4.794	1.844	4.280	3.829
	松木板枋材		m³	0.020	—	—	—	—

表 2.5 天棚面层(续表)

定额编号				13-87	13-88	13-89	13-90
项目				胶压刨花木屑板	埃特板	玻璃纤维板(搁放型)	宝丽板
				天棚面层		天棚面板	
名称			单位	消耗量			
人工	合计工日		工日	5.300	7.322	5.294	9.791
	其中	普工	工日	1.060	1.464	1.058	1.958
		一般技工	工日	1.855	2.563	1.853	3.427
		高级技工	工日	2.385	3.295	2.383	4.406
材料	刨花板 1 830×915×4		m^2	105.000	—	—	—
	埃特板		m^2	—	105.000	—	—
	玻璃纤维板		m^2	—	—	105.000	—
	宝丽板		m^2	—	—	—	105.000
	圆钉		kg	11.758	—	—	1.844
	镀锌薄钢板 δ0.55		kg	1.623	—	—	—
	自攻螺钉		100 个	—	23.352	—	—
	胶粘剂		kg	—	—	—	32.550

表 2.6 塑钢成品窗安装

工作内容:开箱、解捆、定位、画线、吊正、找平、安装、框周边塞缝等。 计量单位:100 m^2

定额编号				8-73	8-74	8-75	8-76
项目				塑钢成品窗安装			
				推拉	平开	内平开下悬	阳台封闭
名称			单位	消耗量			
人工	合计工日		工日	14.872	18.450	22.871	22.943
	其中	普工	工日	4.462	5.535	6.861	6.883
		一般技工	工日	8.923	11.070	13.723	13.766
		高级技工	工日	1.487	1.845	2.287	2.294
材料	塑钢推拉窗(含 5 mm 玻璃)		m^2	94.530	—	—	—
	塑钢平开窗(含 5 mm 玻璃)		m^2	—	94.590	—	—
	塑钢内平开下悬窗(含 5 mm 玻璃)		m^2	—	—	94.590	—
	塑钢阳台封闭窗		m^2	—	—	—	100.000
	铝合金门窗配件固定连接铁件(地脚) 3×30×300		个	580.124	714.555	714.555	452.662

续表

名称		单位	消耗量			
材料	聚氨酯发泡密封胶(750 mL/支)	支	142.719	151.372	151.372	98.894
	硅酮耐候密封胶	kg	98.717	102.242	102.242	65.863
	塑料膨胀螺栓	套	585.868	721.630	721.630	457.144
	电	kW·h	7.000	7.000	7.000	7.000
	其他材料费	%	0.200	0.200	0.200	0.200

表 2.6 塑钢成品窗安装(续表)

工作内容:安装、校正纱窗、五金配件等。 计量单位:100 m²

定额编号				8-77	8-78
项目				塑钢窗纱窗安装	
				推拉	平开
名称			单位	消耗量	
人工	合计工日		工日	10.022	9.746
	其中	普工	工日	3.007	2.923
		一般技工	工日	6.013	5.848
		高级技工	工日	1.002	0.975
材料	塑钢推拉纱窗扇		m²	100.000	—
	塑钢平开纱窗扇		m²	—	100.000

表 2.7 木扶手及木线条刷聚酯色漆

工作内容:清扫、打磨、满刮腻子一遍、刷底漆两遍、聚酯色漆二遍等。 计量单位:100 m

定额编号				14-81	14-82	14-83	14-84
项目				木扶手	木线条(宽度)		
				不带托板	≤50 mm	≤100 mm	≤150 mm
				满刮腻子、底漆二遍、聚酯色漆二遍			
名称			单位	消耗量			
人工	合计工日		工日	3.496	1.620	2.792	3.954
	其中	普工	工日	0.699	0.324	0.558	0.791
		一般技工	工日	1.224	0.567	0.977	1.384
		高级技工	工日	1.573	0.729	1.257	1.779
材料	聚酯色漆		kg	1.462	0.700	1.144	1.653
	聚酯底漆		kg	1.715	0.820	1.342	1.937
	聚酯固化剂		kg	1.590	0.761	1.245	1.798

续表

名称		单位	消耗量			
材料	高级聚酯漆稀释剂	kg	3.212	1.536	2.514	3.631
	聚酯透明腻子	kg	0.933	0.446	0.730	1.055
	水砂纸	张	6.330	3.030	4.950	7.150
	其他材料费	%	2.000	2.000	2.000	2.000

表 2.7 木扶手及木线条刷聚酯色漆(续表)

工作内容:清扫、打磨、刷聚酯色漆一遍等。

计量单位:100 m

定额编号				14-85	14-86	14-87	14-88
项目				木扶手	木线条(宽度)		
				不带托板	≤50 mm	≤100 mm	≤150 mm
				每增加一遍聚酯色漆			
名称			单位	消耗量			
人工	合计工日		工日	0.760	0.357	0.603	0.860
	其中	普工	工日	0.152	0.071	0.121	0.172
		一般技工	工日	0.266	0.125	0.211	0.301
		高级技工	工日	0.342	0.161	0.271	0.387
材料	聚酯色漆		kg	0.726	0.347	0.567	0.820
	聚酯固化剂		kg	0.364	0.174	0.285	0.412
	高级聚酯漆稀释剂		kg	0.735	0.353	0.576	0.832
	水砂纸		张	0.580	0.280	0.450	0.650
	其他材料费		%	2.000	2.000	2.000	2.000

表 2.8 踢脚线

工作内容:清理基层,安装踢脚线。

计量单位:100 m^2

定额编号				11-63	11-64	11-65	11-66
项目				塑料板	木踢脚线	金属踢脚线	防静电踢脚线
名称			单位	消耗量			
人工	合计工日		工日	23.800	25.130	26.250	25.725
	其中	普工	工日	4.760	5.025	5.249	5.145
		一般技工	工日	8.330	8.796	9.188	9.004
		高级技工	工日	10.710	11.309	11.813	11.576

续表

名　称		单位	消耗量			
材料	泡沫塑料板踢脚线 100 ×5	m^2	105.000	—	—	—
	硬木踢脚线 120 ×15	m^2	—	105.000	—	—
	金属踢脚线(综合)	m^2	—	—	105.000	—
	防静电踢脚线	m^2	—	—	—	105.000
	板枋材　杉木	m^3	—	0.525	—	—
	圆钉	kg	—	8.540	—	—
	塑料黏结剂	kg	49.500	—	—	—
	棉纱头	kg	2.200	2.000	—	—

从上述几张定额项目表可以看到,定额项目表包括 4 个方面的内容,即工作内容、计量单位、子目表、必要的注脚(附注)。现以表 2.1 楼地面铺贴陶瓷地面砖定额项目表为例,说明表式的构成和内容。

定额项目表的左上方是“工作内容”,表示完成表中各子目(分项工程)必须要完成的工序或工作过程。定额项目表的右上方是“计量单位”,表示表中各子目(分项工程)的法定计量单位。另外,定额项目表下面经常会有“注”,是对该表中相关项目的注释性说明,主要是套用定额的注意事项或换算的说明,也是减少定额子目的一种有效的方式。

定额项目表中的第一行是“定额编号”。每个编号表示一个分项工程,如“11-30”表示在楼地面上用干混地面砂浆及黏结剂 DTA 砂浆粘贴陶瓷地面砖,这是一个“分项工程”。定额中又根据面层规格的不同分别列出不同的子目。

定额项目表中的第二行是“项目”,既表示横行所标的各子目,“项目”主体为粘贴陶瓷地面砖,又根据面层规格的不同分为 0.1 m^2 以内、0.36 m^2 以内、0.64 m^2 以内、0.64 m^2 以外,这样就形成了 4 个子目。该“项目”又表示竖列所标的定额项目构成要素,这些要素包括人工、材料和机械台班消耗量。例如,定额编号 11-30 分项中的人工分为普工、一般技工、高级技工,还有合计工日,以工日为单位表示,指完成该子项定额规定之计量单位和工作内容所需用 3 种用工的工日数,其消耗量分别为 4.122,7.213,9.274 工日/100 m^2。

材料栏中,定额列出主要和次要材料的名称、规格(种类)、计量单位、用量(常称为定额含量)。零星材料(指用量很少,占材料费比重很小的那些材料)一般不详细列出,合并在“其他材料费”内,以材料费的百分比表示,如表 2.6、表 2.7 所示。

机械栏中,定额同样反映出各类机械的名称、规格、台班用量和代码。此外,机械栏中未列出垂直运输机械,垂直运输机械另行单列定额项目供使用。

子目表最重要的内容是规定了完成一定计量单位的合格的分项工程(子目)需要消耗的人工、材料和机械台班的数量标准。它是计算分项工程综合单价的重要依据。

了解并熟悉定额表中各栏目及数据间关系,对正确使用定额至关重要。

· 2.1.2 装饰工程消耗量定额的应用 ·

装饰工程消耗量定额应用包括两个方面：一是计算工程单价（目前为“综合单价”）；二是计算完成该工程所需的消耗量（人工、材料、机械台班的数量）。

计算工程单价，首先是计算工程（分项工程或结构构件）数量，套用定额的人工、材料、机械台班消耗量，汇总出完成该工程所需的人、材、机数量，利用采集到的人、材、机单价，计算出定额项目的工料单价，再计算出综合单价。

计算完成该工程所需的消耗量，是取消上述计算过程中采集人、材、机单价这一过程，通过汇总即可得出，为装饰装修工程组织人力和准备机械、材料提供依据。

一般来说，定额应用的方法可归纳为直接套用定额、定额换算、编制补充定额 3 种情况。

装饰装修工程消耗量定额中各章、各子目的设置是按照常见的装饰构造、装饰材料、施工工艺和施工操作确定的，这些项目可供大多数装饰装修工程使用。随着新材料、新构造、新工艺的不断涌现，就会出现与定额子目不太相符，甚至完全不同的情况。下面简述经常碰到的几种情况。

1）直接套用定额

当设计图纸项目与定额子目的工作内容、材料、做法相同或变化不大时，可以直接套用该定额子目。即直接套用定额中的人工工日含量、材料含量、机械台班含量。在使用定额时，多数项目属于直接套用定额的情况。

定额直接套用的条件：项目的工作内容和材料、做法与定额子目完全一致，或虽然有少许不一致的地方，但考虑影响不大，为了方便使用，定额规定不得换算，直接套用该定额项目。当直接套用时，定额中规定的人工、材料、机械台班的消耗量不需要修改。

【例 2.1】 某办公室地面贴 800 mm×800 mm 地砖，工程量 160.00 m^2，试确定每平方米地面地砖需要的人工、材料和机械台班消耗量，以及该办公室总共需要人工、材料、机械的数量。

【解】 直接套用定额的选套步骤一般是：

①查阅定额目录，确定所属分项工程所在章、节，确认定额编号；

②按实际工作内容及条件与定额子目对照，确认项目名称、做法、用料及规格是否一致；

③查出定额子目中人工、材料、机械台班消耗量；

④计算分项工程合计人工、材料、机械消耗数量。

根据本例的要求，查阅《房屋建筑与装饰工程消耗量定额》（TY01-31—2015）可知，其定额编号 11-32 子目与本例条件一致，直接套用定额，定额计量单位是 100 m^2，则该教学楼门厅地面的人工、材料、机械台班的相关数值如表 2.9 所示。

表 2.9　陶瓷地砖地面工料机计算表［工程量 160.00/100 = 1.60（100 m^2）］

<table>
<tr><th colspan="3" rowspan="2">项目名称</th><th rowspan="2">单位</th><th rowspan="2">定额含量</th><th colspan="2">合计用量</th></tr>
<tr><th>计算过程</th><th>结果</th></tr>
<tr><td rowspan="5">人工</td><td colspan="2">合计工日</td><td>工日</td><td>20.609</td><td rowspan="15">定额含量 ×1.60</td><td>32.974</td></tr>
<tr><td rowspan="4">其中</td><td>普工</td><td>工日</td><td>4.122</td><td>6.595</td></tr>
<tr><td>一般技工</td><td>工日</td><td>7.213</td><td>11.541</td></tr>
<tr><td>高级技工</td><td>工日</td><td>9.274</td><td>14.838</td></tr>
<tr><td></td><td></td><td></td><td></td></tr>
<tr><td rowspan="9">材料</td><td colspan="2">地砖 800 mm × 800 mm</td><td>m^2</td><td>103.000</td><td>164.800</td></tr>
<tr><td colspan="2">干混地面砂浆 DS M20</td><td>m^3</td><td>2.040</td><td>3.264</td></tr>
<tr><td colspan="2">白水泥</td><td>kg</td><td>10.200</td><td>16.320</td></tr>
<tr><td colspan="2">胶黏剂 DTA 砂浆</td><td>m^3</td><td>0.103</td><td>0.165</td></tr>
<tr><td colspan="2">棉纱头</td><td>kg</td><td>1.000</td><td>1.600</td></tr>
<tr><td colspan="2">锯木屑</td><td>m^3</td><td>0.600</td><td>0.960</td></tr>
<tr><td colspan="2">水</td><td>m^3</td><td>2.300</td><td>3.680</td></tr>
<tr><td colspan="2">石料切割锯片</td><td>片</td><td>0.302</td><td>0.483</td></tr>
<tr><td colspan="2">电</td><td>kW · h</td><td>9.060</td><td>14.496</td></tr>
<tr><td>机械</td><td colspan="2">干混砂浆罐式搅拌机</td><td>台班</td><td>0.340</td><td>0.544</td></tr>
</table>

另外，某些项目，定额中没有列出相应或相近子目名称，这种情况往往定额有所交代，应按定额规定的子目执行。这种情况也属于直接套用。略举几例如下：

①铝合金门、窗制作、安装项目，不分现场或施工企业附属加工厂制作，均执行《房屋建筑与装饰工程消耗量定额》（TY01-31—2015）。

②油漆、涂料工程中规定，定额中的刷涂、刷油采用手工操作；喷塑、喷涂采用机械操作。操作方法不同时不予调整。

③油漆的浅、中、深各种颜色，已综合在定额内，颜色不同，不予调整。

④在暖气罩分项工程中，规定半凹半凸式暖气罩按明式定额子目执行。

2）**定额换算**

当项目内容（包括构造、材料、做法等）与定额相应子目内容不完全符合时，且定额规定允许换算，则应在规定范围内对项目人工工日、材料、机械台班用量进行换算。具体换算方法详见下面相关内容。

（1）定额换算的条件

定额换算有两个条件：一是项目内容与定额子目规定内容部分不相符，而不是完全不相符，这是能否换算的第一个条件；二是定额规定允许换算。

同时满足上述这两个条件，才能进行定额换算。将装饰预算定额项目内容与设计图纸项目内容一致的过程,称为定额项目的换算。

定额换算的实质就是按定额规定的换算范围、内容和方法,对某些定额项目中的人工、材料、机械台班含量进行调整的过程。

定额是否允许换算,应按定额说明执行。这些说明主要包括3个方面:定额“总说明”、各分部工程(章)的“说明”、各分项工程定额表的“附注”。此外,还有定额管理部门关于定额应用问题的解释。

(2)定额换算的基本思路

定额换算的基本思路,就是针对拟套用的项目内容(包括构造、材料、做法等),将对应定额子目的内容进行调整,使得相一致的过程。换句话说,参照拟套用的项目内容,将定额子目中不一致、不需要的内容扣除,增加拟套用项目要求的内容。这样就使得换算后定额子目的内容与要求一致,就可以套用了。

上述换算的基本思路可用数学表达式描述如下:

换算后的材料消耗量 = 定额消耗量 − 应换出材料数量 + 应换入材料数量

(3)编制补充定额

当项目内容与定额完全不符时,即设计采用了新结构、新材料、新工艺等,定额中尚未编制相应子目,也无类似定额子目可供套用。在这种情况下,应编制补充定额,经建设方和施工方共同认可,或报请工程造价管理部门审批后执行。

2.2 装饰工程定额换算方法

1)基本项和增减项换算

在定额换算中,按定额的基本项和增减项进行换算的项目比较多,如油漆喷、涂刷遍数按每增减一遍子目换算。

【例2.2】 某工程中设计硬木扶手(不带托板),工程量100.00 m,油漆做法为:满刮腻子一遍、刷底漆二遍、刷聚酯色漆三遍。请计算人工及材料消耗量。

【解】 经查2015版消耗量定额,本例中的硬木扶手(不带托板)油漆应执行定额子目14-81和14-85(详见表2.7)。人工及材料消耗量计算结果见表2.10。

表2.10 硬木扶手油漆人工、材料消耗量

<table>
<tr><td colspan="3" rowspan="2">项目名称</td><td rowspan="2">计量单位</td><td>14-81</td><td>14-85</td><td>(14-84)+(14-85)</td><td rowspan="2">工程量</td><td rowspan="2">计算结果</td></tr>
<tr><td>定额含量/100 m</td><td>定额含量/100 m</td><td>定额含量/100 m</td></tr>
<tr><td colspan="3">A</td><td>B</td><td>C</td><td>D</td><td>E = C + D</td><td>F</td><td>G = F × E</td></tr>
<tr><td rowspan="4">人工</td><td colspan="2">合计工日</td><td>工日</td><td>3.496</td><td>0.760</td><td>4.256</td><td rowspan="4">100 m/100
=1.00(100 m)</td><td>4.256</td></tr>
<tr><td rowspan="3">其中</td><td>普工</td><td>工日</td><td>0.699</td><td>0.152</td><td>0.851</td><td>0.851</td></tr>
<tr><td>一般技工</td><td>工日</td><td>1.224</td><td>0.266</td><td>1.490</td><td>1.490</td></tr>
<tr><td>高级技工</td><td>工日</td><td>1.573</td><td>0.342</td><td>1.915</td><td>1.915</td></tr>
</table>

续表

项目名称		计量单位	14-81	14-85	(14-84)+(14-85)	工程量	计算结果
			定额含量/100 m	定额含量/100 m	定额含量/100 m		
A		B	C	D	E = C + D	F	G = F × E
材料	聚酯色漆	kg	1.462	0.726	2.188	100 m/100 =1.00(100 m)	2.188
	聚酯底漆	kg	1.715		1.715		1.715
	聚酯固化剂	kg	1.590	0.364	1.954		1.954
	高级聚酯漆稀释剂	kg	3.212	0.735	3.947		3.947
	聚酯透明腻子	kg	0.933		0.933		0.933
	水砂纸	张	6.330	0.580	6.910		6.910
	其他材料费	%	2.000	2.000	4.000		4.000

2)材料品种不同的换算

这类换算主要是用工程项目设计用材料代替定额中的相应材料,换算材料价格,含量不变。

2015 版消耗量定额的总说明规定:定额所采用的材料、半成品、成品的品种、规格型号与设计不符时,可按各章规定调整。

【例 2.3】 某工程室内装饰,踢脚线用 150 mm × 20 mm 柚木实木做成,请计算制作 86.86 m^2 踢脚线的柚木用量。

【解】 定额取定的木踢脚线材质品种未注明,规格为 120 mm × 15 mm,与设计 150 mm × 20 mm 不同。按定额规定,实际使用的材质、规格与取定不符,可作换算,但其含量不变。

因此,该项目踢脚线的柚木用量如下:详见表 2.8 中 11-64。

$$柚木实木踢脚线(直形)=86.86/100 \times 105.000 = 91.203(m^2)$$

3)材料规格不同的换算

材料规格与定额取定不同的换算,如铝合金门窗型材规格设计与定额取定不同时,换算的方法是:按设计图纸要求计算铝型材长度,乘以所用铝材对应系列的线密度,再加 6% 的损耗即为项目所用铝型材重量。

4)按比例换算法

按比例换算是定额换算中广泛使用的一种方法,其基本做法是以定额取定值为基准,随设计的增减而成比例地增加或减小材料用量。例如,墙柱面装饰抹灰厚度与定额取定不同时,就可按比例调整定额含量。

【例 2.4】 某工程地面铺贴 300 mm × 300 mm 地砖面层,要求干混地面砂浆 DS M20 厚度为 25 mm。地面工程量为 166.66 m^2。请计算该地面中干混地面砂浆 DS M20 的材料用量。

【解】 该地面铺贴地砖面层与定额子目 11-30 基本相符,唯干混地面砂浆的厚度不同,定额取定厚度为 20 mm。按定额规定含量的计算公式如下：

调整后材料含量 =（设计厚度/定额取定厚度）× 定额含量

将相关数据代入，可求得水泥砂浆调整后的消耗量，即：

25 mm 厚干混地面砂浆 DS M20 的含量 = (25/20) × 2.040 = 2.550(m^3)

则 166.66 m^2 该地面铺贴地砖中干混地面砂浆 DS M20 的材料用量为：

166.66/100 × 2.550 = 4.250(m^3)

5）系数调整法

系数调整法也是一种按比例换算法，只是比例系数是确定不变的。系数调整法是按定额规定的增减系数调整定额人工、材料或机械台班费。例如，圆弧形、锯齿形、复杂不规则的墙面抹灰或镶贴块料面层，就可按其面积部分套用相应的直线形定额子目，人工乘以系数 1.15，即人工增加 15%，材料乘以系数 1.05，即材料用量增加 5%。

用系数换算法进行调整时，只要将定额基本项目的定额含量乘以定额规定的系数即可。但在大多数情况下，定额规定的系数不是对整个项目而言，只是对项目中的用工、用料（或部分用料）或机械台班规定系数，因此只能按规定把需要换算的人工、材料、机械台班按系数计算后，将其增减部分的工、料并入基本项目内。用公式可表示为：

调整含量 = 人工 × 系数 + 材料 × 系数 + 机械台班 × 系数

【例 2.5】 某建筑物内小会议室铝合金龙骨吊顶天棚，设计龙骨为不上人型装配式 T 形铝合金龙骨，单层结构（大、中龙骨底面在同一平面上）；天棚面层规格为 450 mm × 450 mm，平面型。请问此龙骨项目执行哪个子目，定额含量有无变化。

【解】 根据工程设计情况，应执行定额子目 13-48，但设计龙骨为单层结构，按规定人工乘以系数 0.85，其他材料、机械消耗量不变，即定额中综合人工含量由 9.174 工日/100 m^2，换算为 9.174 工日/100 m^2 × 0.85 = 7.798 工日/100 m^2，其他材料、机械含量不变。

6）数值增减法

所谓数值增减法，是指按定额规定增减的数量（或比例）调整人工、材料、机械台班的方法。定额中直接列出应增减的人工工日、材料数量、机械台班或增减金额（元），换算时，只要用定额给出的增减工日、材料、机械台班数量增减到基本项的含量中即可。

7）砂浆配合比换算

设计砂浆配合比与定额取定不同，必然会引起价格的变化，定额规定应进行换算的，则应换算配合比。

砂浆配合比的换算不是要计算配合比，而是根据各地区装饰预算定额附录中所列砂浆配合比表，按装饰项目设计要求选用砂浆的配合比。重点是将定额中的砂浆配合比改为设计砂浆的配合比，以便准确地计算砂浆价格和综合单价。

【拓展与讨论】

党的二十大报告提出“稳步扩大规则、规制、管理、标准”等制度型开放，截至 2022 年 5 月，我国已有 189 项标准提案成为 ISO 的国际标准，特别是在高铁、核电、通信、汽车等领域，我国在国际标准上实现了从跟随到引领的跨越。结合党的二十大精神，谈谈你对“中国标准”的认识。

本章小结

本章装饰工程定额部分共分两节内容，分别介绍了装饰工程消耗量定额的内容、应用方法，以及装饰工程消耗量定额换算的类型。本章内容是装饰工程造价编审的基础，对装饰工程消耗量定额的掌握程度直接影响到装饰工程造价的质量。这部分内容要求学习时达到熟悉程度。

复习思考题

2.1　装饰工程消耗量定额的结构包括哪些内容？

2.2　装饰工程定额的套用方法有几种？分别是什么？

2.3　请查阅本地区装饰工程计价定额，看看对于木门窗框、扇用料是如何换算的。

3 装饰工程定额计价

〖知识目标〗

(1)了解装饰工程造价文件类型及使用的计价定额类型;

(2)了解施工图预算的编制依据,熟悉施工图预算的编制方法、步骤及预算书的内容组成、装订顺序和表格样式;

(3)掌握装饰工程实体项目、措施项目、其他项目、规费及税金项目的计量与计价方法;

(4)掌握装饰工程人工、材料、机械台班单价的确定方法。

〖能力目标〗

(1)能根据本省房屋建筑与装饰工程计价定额及相关规范、图集、施工方案等资料计算工程项目的定额工程量,选套正确的定额子目进行组价;

(2)能根据相关文件正确调整人工工日单价、材料单价、机械台班单价,选用正确的费率,计算出规费及税金,最后汇总计算出最高投标限价。

〖素质目标〗

(1)通过不同计价定额类型的学习,让学生了解定额的发展历程,增强民族自豪感和社会责任感;

(2)通过学习施工图预算的编制步骤,培养学生的质量意识和规范意识;

(3)通过小组合作完成装饰工程各项费用的计算,培养学生的集体意识,以及精益求精的工匠精神。

3.1 定额计价概述

随着信息化技术的普及,工程造价的计量与计价手段已经发生了革命性的改变,因此工程造价的理论与实践也在不断发展与完善。现阶段的定额计价与早期的理论与方法相比有很大变化。当前社会主义市场经济条件下的定额计价,主要是根据国家、行业、地区计价定额及其工程量计算规则,先列项并计算出各分项工程的工程量,套用计价定额的消耗量后,输入采集到的人工、材料、机械台班的单价(市场价、指导价等),再按照地区的费用定额、计价程序及有关计价规定,计算出工程造价的一种方法。我国推行工程量清单计价后,定额计价方法的原理仍然贯穿其中。

1)造价成果文件与计价定额

工程造价成果文件在建设过程的不同阶段其表现形式各不相同。例如,在初步设计与技术设计阶段编制设计概算,在施工图设计阶段编制施工图预算。后者也是我们研究的重点,根据用途不同,还有不同的变化。例如,同样是在施工图设计阶段编制施工图预算,如果采用招标投标方式,那么作为招标人要编制标底或最高投标限价,作为投标人要编制投标报价。这不仅是称谓的变化,其计价依据和作用也有很大的不同。当然,无论是招标人编制最高投标限价还是投标人编制投标报价,采用定额计价方法编制,其编制步骤大体相同。

工程造价成果文件的主要表现形式有设计概算、施工图预算、施工预算、工程结算等,但是具体每一种类型又可能表现出不同的形式。不同类型的造价文件需要采用不同的计价定额,主要有如下几种:

(1)设计概算

在初步设计、扩大初步设计(技术设计)阶段编制的造价成果文件分别称为初步设计概算和修正概算,编制方法有概算指标法和概算定额法两种,分别依据概算指标与概算定额进行编制。它们与预算定额的主要区别是定额项目划分更粗。

(2)施工图预算

施工图设计阶段编制的造价成果文件称为施工图预算,所用的定额统称为预算定额。目前的预算定额主要表现为全国统一定额及地区定额,其表现形式有两种:一种是定额中不含价,称为消耗量定额,另一种是定额中含价。预算定额在实际工作中的称谓也不相同,估价表、计价定额、消耗量定额、预算定额、计价定额等,包括全国统一的基础定额均属于预算定额范畴。

(3)施工预算

在施工阶段,施工单位为了内部经济核算的需要,编制的造价成果文件称为施工预算。其所用定额为企业自编的,称为企业定额。

(4)工程结算

工程结算包括施工过程的价款结算和竣工结算。价款结算主要是在施工阶段进行的工程价款的进度结算(中间结算);竣工结算是在竣工验收后完成的。但其编制原理基本相同,工程结算应以施工合同为依据,编制方法可以是定额计价方法,也可以是清单计价方法。无论哪种方法编制工程结算,我国目前大多数情况下都使用地区编制的定额。在施工图设计阶段招标的工程,使用地区预算定额;在初步设计或技术设计阶段招标的工程,使用概算定额。

2)编制施工图预算

施工图预算是施工图设计阶段编制的工程造价成果文件,其表现形式最为丰富,用途和目的也不同,但是编制的方法和过程大体一致。施工图预算是实际工作中最常见的一种计价成果文件,下面就其编制依据、内容、方法与步骤分别做简单介绍,以便于区别工程量清单计价法的相关内容。

(1)编制依据

对于采用招投标方式的工程,招标人编制标底或最高投标限价,以及投标人编制投标报价,它们的编制依据有一定的差别,具体详见《建设工程工程量清单计价规范》(GB 50500—2013),这里不再赘述。编制施工图预算的主要依据如下:

①《建设工程工程量清单计价规范》;

②国家或省级、行业建设主管部门颁发的计价办法;

③地区装饰工程计价定额及其配套的费用定额;

④装饰工程施工图纸及标准图集;

⑤施工现场情况、工程特点及拟订的施工组织设计或施工方案；

⑥与工程相关的标准、规范等技术资料；

⑦装饰工程人工、材料、机械台班的单价（指导价、市场价）；

⑧施工合同；

⑨其他相关资料。

（2）施工图预算内容

施工图预算的编制对象是单位工程，单位工程造价再汇总成单项工程造价及建设项目总造价。单位工程施工图预算的具体内容及装订顺序如下：

①封面。封面所能表现的信息大体包括建设单位名称、建设项目名称、单项工程名称、单位工程名称、单位工程编号、工程类别、工程造价、建筑面积、技术经济指标、编制单位名称、单位负责人、编制人、编制日期、审核人、审核日期、审批单位、预算书编号等，可根据实际需要确定。

②编制说明。编制说明主要是表达一些在预算表中无法体现，而又需要使用单位及审核单位等相关人员必须了解的内容。它一般包括以下内容：

a. 工程概况及编制范围。工程概况可参照工程量清单计价规范相关内容；编制范围主要指本预算书所包括的范围。

b. 编制依据。详见上面所述。

c. 其他说明。如果不作说明，预算书使用者无法直接了解的一些情况。具体包括：施工现场与施工图纸不符的情况；对建设单位提供的材料与半成品预算价格的处理；施工图纸的重大修改；对施工图纸不明确之处的处理意见；个别工艺的特殊处理；特殊项目及特殊材料补充单价的编制依据与计算说明；经甲乙双方协商同意编入施工图预算的项目说明；未定事项及其他应予以说明的问题。

③单位工程造价汇总表。本表主要包括分部分项工程费、措施项目费、其他项目费、规费和税金等费用的汇总过程，同时还可以计算出技术经济指标等。

④分部分项工程费计算表。本表是用来计算构成工程实体的分部分项工程费用，它占施工图预算造价的比重最大。表格内容包括序号、定额编号、项目名称、计量单位、工程数量、综合单价、合价等。

⑤措施项目费计算表。它是用来计算未构成工程实体的各项措施项目费用的表格。它由两种表格组成：一是单价措施项目费计算表，与上述分部分项工程费计算表类似，或与分部分项工程费计算表合并成“分部分项工程费及单价措施费计算表”；二是总价措施项目费计算表，其内容包括序号、项目名称、计算基础、费率、计算过程、金额等。

⑥其他项目费用计算表。根据《建设工程工程量清单计价规范》（GB 50500—2013），其内容包括暂列金额、暂估价、计日工、总承包服务费。具体表格见计价规范。

⑦人工、材料、机械台班汇总表。本表是用来汇总单位工程所需的各种人工、材料、机械台班消耗数量的表格。其内容包括序号、编码、名称、规格、计量单位、数量、单价、合价、备注等。同时还可以在表中列出每种人工、材料、机械台班的单价及合价。

⑧人工、材料、机械台班分析表及综合单价分析表。人工、材料、机械台班分析表是对单位工程所需人工、材料、机械台班数量进行计算统计的一种表格。其内容包括定额编号、工程名称、计量单位、工程量、定额消耗数量及相应的合计消耗数量等。由于工程计价软件已全面普

及,造价人员使用造价软件进行计算及统计十分方便,无须人工计算,因此实际工作中已淘汰这种表格,一般使用综合单价分析表,表中显示工程项目的人材机数量及单价。

综合单价分析表主要对分部分项工程项目及单价措施项目的综合单价进行分析、统计,内容包括综合单价的各项组成内容(费用组成及人材机组成)的数量、单价及合价。

⑨定额子目换算表、补充定额子目表及简要编制过程。在套用预算定额过程中,会遇到大量的子目换算,或编制补充定额子目。预算编制者应将定额子目的简要换算过程写出来。如有编制补充子目,也应将简要编制过程写出来,供使用者参考。

⑩工程量计算表。本表是计算分部分项工程项目及单价措施项目工程量的一种表格。它是编制施工图预算书、确定预算造价的重要基础数据。其内容包括序号、项目名称、计量单位、工程数量和详细的计算过程。但是钢筋、铁件的工程量计算往往使用专门的计算表格。在使用算量软件时,输出的计算过程数据往往十分庞大,施工图预算成果文件中一般不提供工程量计算表。

⑪封底。封底主要是为了保护预算书,可以不提供。

(3)编制方法与步骤

施工图预算的编制方法一般总结为单价法与实物法,在把定额中的预算单价作为计算某些费用的计算基础时,二者区别明显。但目前来说,各地区基本上均采用按实调整定额中的预算单价,也就是定额中的预算单价不影响工程造价的计算。因此,从这个角度来说,两种方法区别不大。目前实际工作中编制施工图预算的步骤如下:

①准备工作。包括熟悉图纸、熟悉预算定额、了解施工现场情况和施工组织设计资料、收集有关市场价格信息等工作。

②列项及计算工程量。包括分部分项工程项目(含钢筋、铁件)及单价措施项目。首先要列项;其次是对列出的每一个项目依据工程量计算规则计算出工程量。这是耗费时间最多的一项工作,也是最重要的工作之一,是计算造价的最重要的基础数据。

③套用预算定额。套用方法有直接套用、换算套用、套用补充定额子目。在套用定额前要完成两项工作:一是确定管理费率及利润率;二是采集人、材、机单价。这样才能计算出实际的综合单价。

④人工、材料、机械台班数量分析与汇总。计算并汇总出单位工程所用的各种人工、材料、机械台班的数量,可以用于编制施工组织设计,安排劳动力、机械、材料计划,内部经营管理,分析造价指标等。使用计价软件编制预算时,计算过程可以忽略,计价软件随时能够生成所需要的数据结果。

确定管理费率依据工程类别,确定利润率依据工程专业类别,这些都需要一个判断、决策的过程。

采集到的人工、材料、机械台班的单价需要输入计价软件中,可以逐项手工输入;也可以调用地区指导价文件批量输入,但需要逐项检查。

⑤确定其他项目费。其他项目费往往依据约定或招标要求进行计价。

⑥确定各项费率、税率。在经过上述的操作过程之后,紧接着需要确定本工程能够计取哪些总价措施项目,确定规费项目及税金项目,依据费用定额及实际情况确定取费标准,即费率及税率。当然总价措施项目如有合同约定的按约定计取。

⑦填写编制说明(总说明)、封面、扉页。按规定及实际情况填写。

⑧检查、复核。这是一项十分重要的环节,必须认真履行程序,最大限度地防止错误。在

整个编制程序中应反复多次进行。

⑨打印、装订、签章。在打印、装订、签章后形成最终预算成果文件，仍然需要履行检查及复核这一程序。

练一练

【练习1】 施工图预算编制的内容有哪些？

【练习2】 施工图预算编制的步骤是什么？

【练习3】 计价定额的种类有哪些？

3.2 装饰工程分部分项工程项目计量与计价

分部分项工程项目属于实体项目，计算分部分项工程费有两个非常关键的环节：一是列项及计算工程量；二是套用定额。二者都必须依据预算定额才能完成。下面依据装饰工程定额分部工程的顺序分别进行叙述。

·3.2.1 楼地面工程计量与计价·

1)楼地面工程内容

楼地面工程的主要内容包括如下几方面：

①垫层。主要包括灰土、砂、砂石、碎石、碎砖、混凝土等项目。

②找平层。主要包括水泥砂浆、细石混凝土、沥青砂浆等项目。

③整体面层。主要包括水泥砂浆、水磨石、自流平地面及抗静电地面等项目。

④块料面层(图3.1)。主要包括石材块料面板、石材块料面板多色图案、缸砖、马赛克、凹凸假麻石块、地砖、橡胶塑料板、玻璃、镶嵌铜条、镶贴面酸洗打蜡等项目。

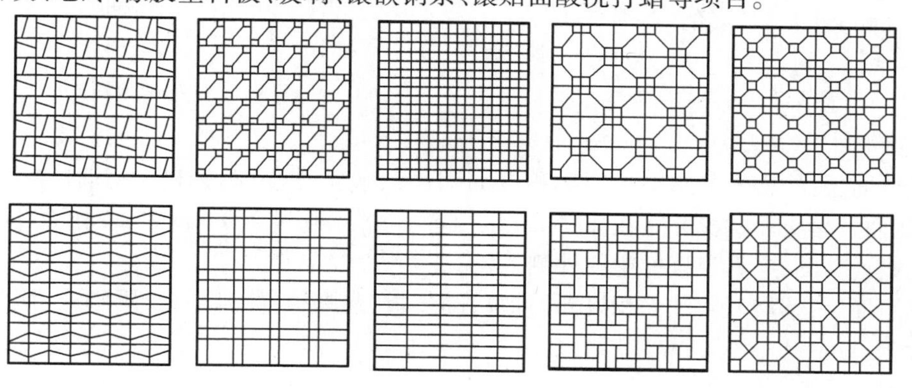

图3.1 陶瓷锦砖常见的拼花图案

⑤木地板、栏杆、扶手、踢脚线。主要包括木地板、踢脚线、抗静电活动地板、地毯、栏杆、扶手等项目。

⑥散水、斜坡、明沟。

2)工程量计算规则

(1)楼地面垫层

按室内主墙间净面积乘以设计厚度以 m^3 计算,应扣除凸出地面的构筑物、设备基础、室内铁道、地沟等所占体积,不扣除柱、垛、间壁墙、附墙烟囱及面积在 0.3 m^2 以内孔洞所占体积,但门洞、空圈、暖气包槽、壁龛的开口部分亦不增加。

整体楼地面计量与计价

(2)楼地面整体面层、找平层

①楼地面:整体面层、找平层均按主墙间净空面积以 m^2 计算,应扣除凸出地面建筑物、设备基础、地沟等所占面积,不扣除柱、垛、间壁墙、附墙烟囱及面积在 0.3 m^2 以内的孔洞所占面积,但门洞、空圈、暖气包槽、壁龛的开口部分亦不增加。

块料楼地面计量与计价

木楼地面计量与计价

②看台台阶、阶梯教室地面:其整体面层按展开后的净面积计算。

(3)地板及块料面层(图 3.2 和图 3.3)

按图示尺寸实铺面积以 m^2 计算,应扣除凸出地面的构筑物、设备基础、柱、间壁墙等不做面层的部分,0.3 m^2 以内的孔洞面积不扣除。门洞、空圈、暖气包槽、壁龛的开口部分的工程量另增并入相应的面层内计算。

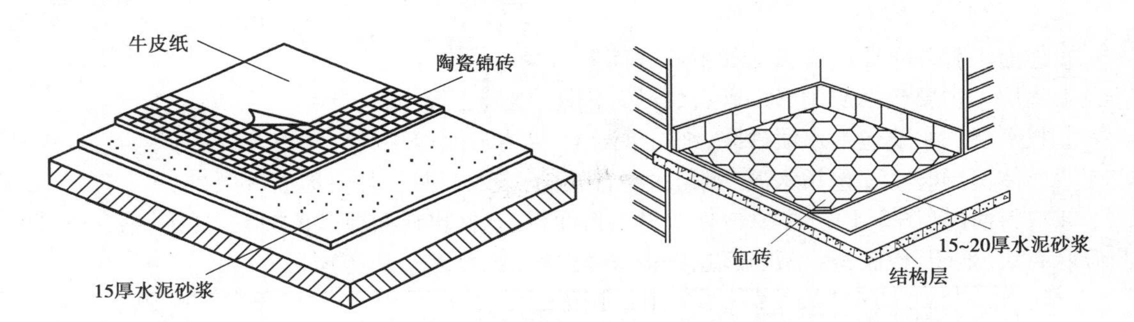

图 3.2　陶瓷锦砖构造　　　　图 3.3　缸砖地面构造

(4)楼梯面层(图 3.4)

①整体面层:按楼梯的水平投影面积以 m^2 计算,包括踏步、踢脚板、中间休息平台、踢脚线、梯板侧面及堵头。楼梯井宽在 200 mm 以内者不扣除,超过 200 mm 者,应扣除其面积。楼梯间与走廊连接的,应算至楼梯梁的外侧。

②块料面层:按展开实铺面积以 m^2 计算,踏步板、踢脚板、休息平台、踢脚线、堵头工程量应合并计算。

(5)台阶面层(图 3.5 和图 3.6)

①整体面层(包括踏步及最上一步踏步口外延 300 mm):按水平投影面积以 m^2 计算。

②块料面层:按展开(包括两侧)实铺面积以 m^2 计算。

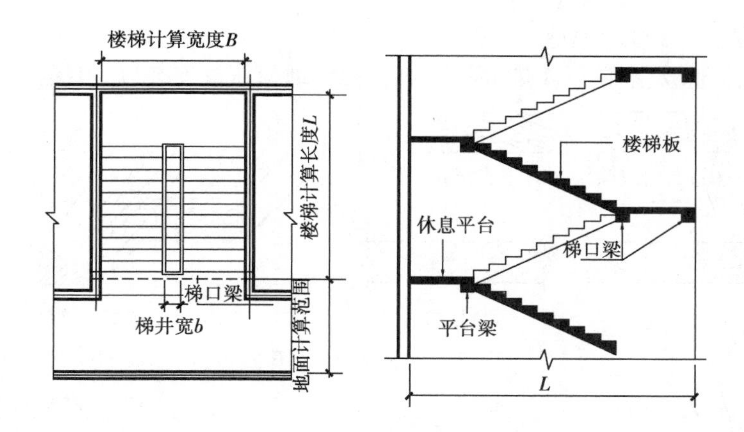

图 3.4　楼梯面层计算范围

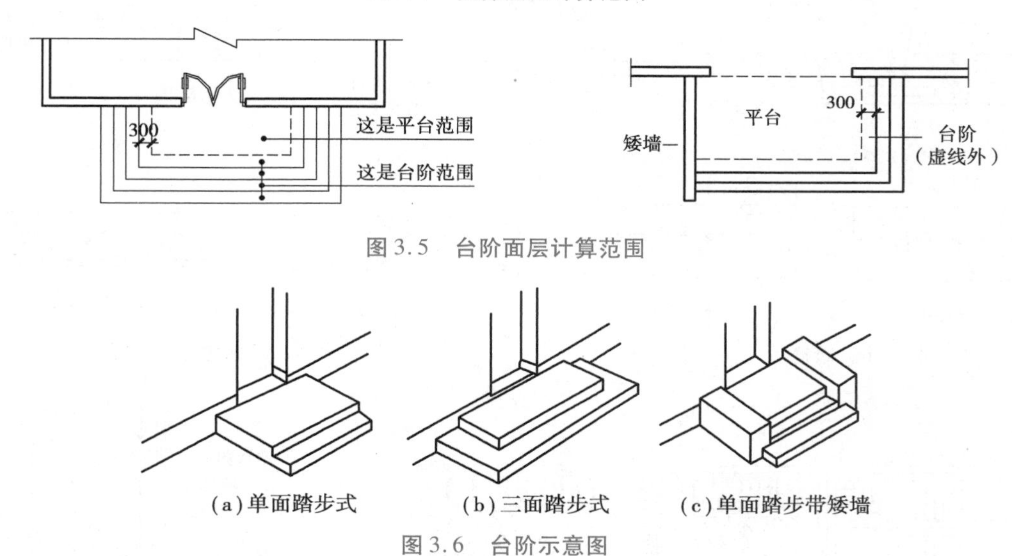

图 3.5　台阶面层计算范围

图 3.6　台阶示意图

(6)踢脚线(图 3.7)

水泥砂浆、水磨石按延长米计算。其洞口、门口长度不予扣除,但洞口、门口、垛、附墙烟囱等侧壁也不增加。块料面层踢脚线,按图示尺寸以实贴延长米计算,门洞扣除,侧壁另加。

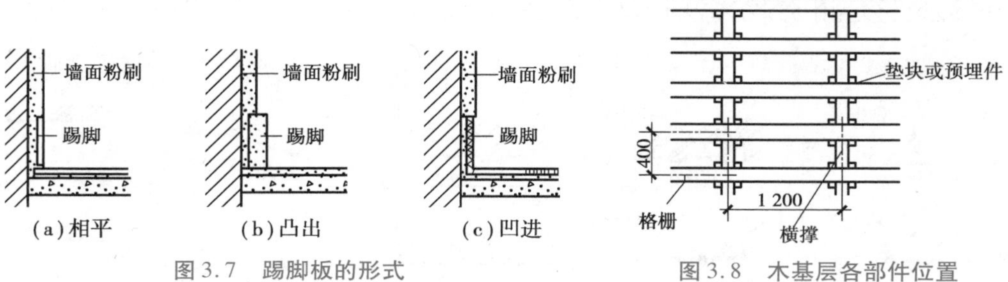

图 3.7　踢脚板的形式

图 3.8　木基层各部件位置

(7)多色简单、复杂图案镶贴石材块料面板

①按镶贴图案的矩形面积计算。

②成品拼花石材铺贴按设计图案的面积计算。

③计算简单、复杂图案之外的面积,扣除简单、复杂图案面积时,也按矩形面积扣除。

(8)楼地面铺设木地板、地毯(图 3.8 至图 3.15)

楼地面铺设木地板、地毯以实铺面积计算。楼梯地毯压棍安装以套计算。

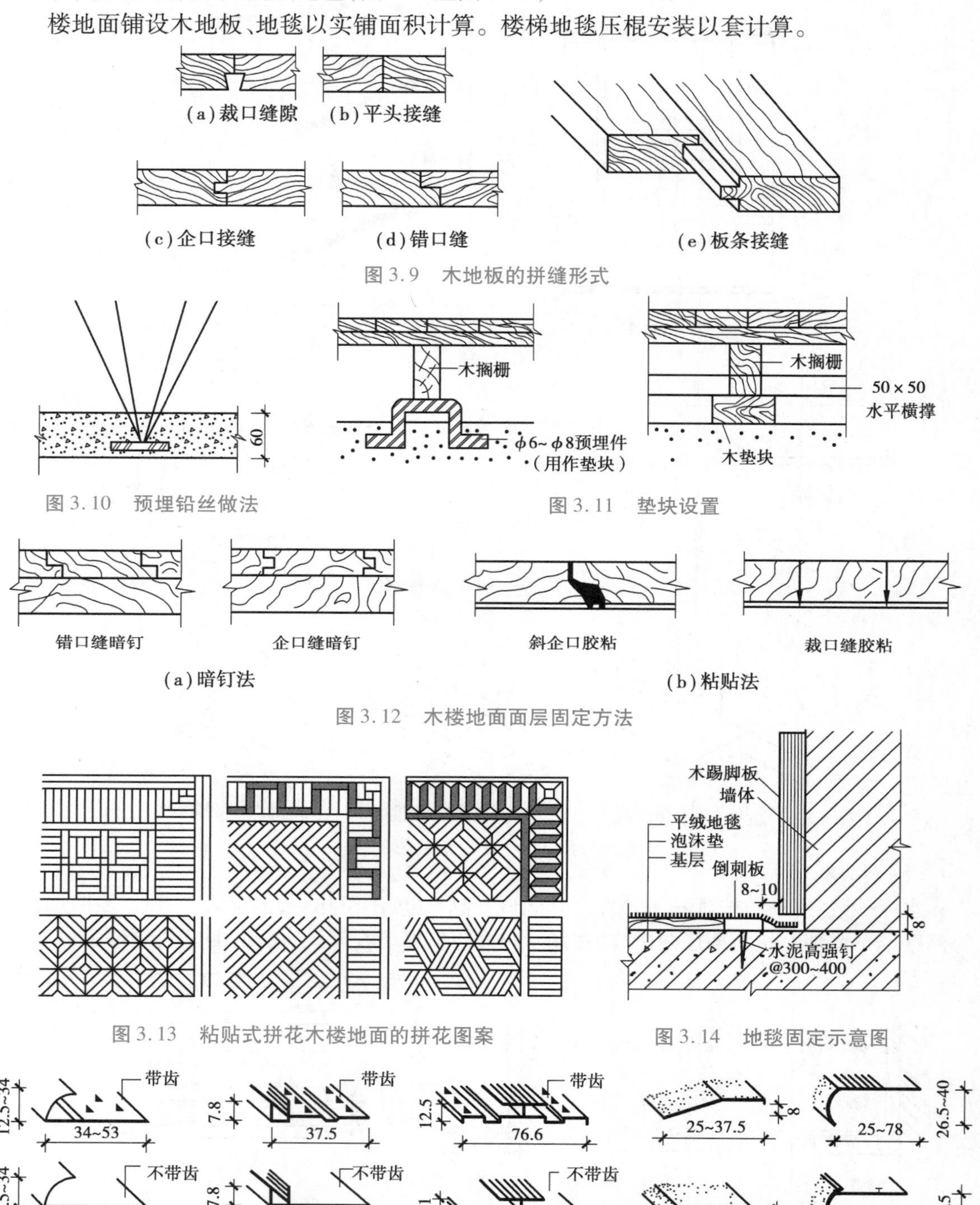

图 3.9 木地板的拼缝形式

图 3.10 预埋铅丝做法

图 3.11 垫块设置

图 3.12 木楼地面面层固定方法

图 3.13 粘贴式拼花木楼地面的拼花图案

图 3.14 地毯固定示意图

图 3.15 成品铝合金挂毯条

(9)其他

①栏杆、扶手、扶手下托板均按扶手的延长米计算,楼梯踏步部分的栏杆与扶手应按水平投影长度乘以系数 1.18。

②斜坡、散水、搓牙均按水平投影面积以 m^2 计算。明沟与散水连在一起,应分开计算,明沟按宽 300 mm 计,其余为散水。散水、明沟应扣除踏步、斜坡、花台等的长度。

③明沟按图示尺寸以延长米计算。

④地面、石材面嵌金属和楼梯防滑条均按延长米计算。

3)套用定额说明

①各种混凝土、砂浆强度等级、抹灰厚度,设计与定额规定不同时,可以换算。

②整体面层子目中均包括基层与装饰面层。找平层砂浆设计厚度不同,按每增、减 5 mm 找平层调整。黏结层砂浆厚度与定额不符时,按设计厚度调整。地面防潮层按防水工程有关项目执行。常见地面构造示例如图 3.16 至图 3.21 所示。

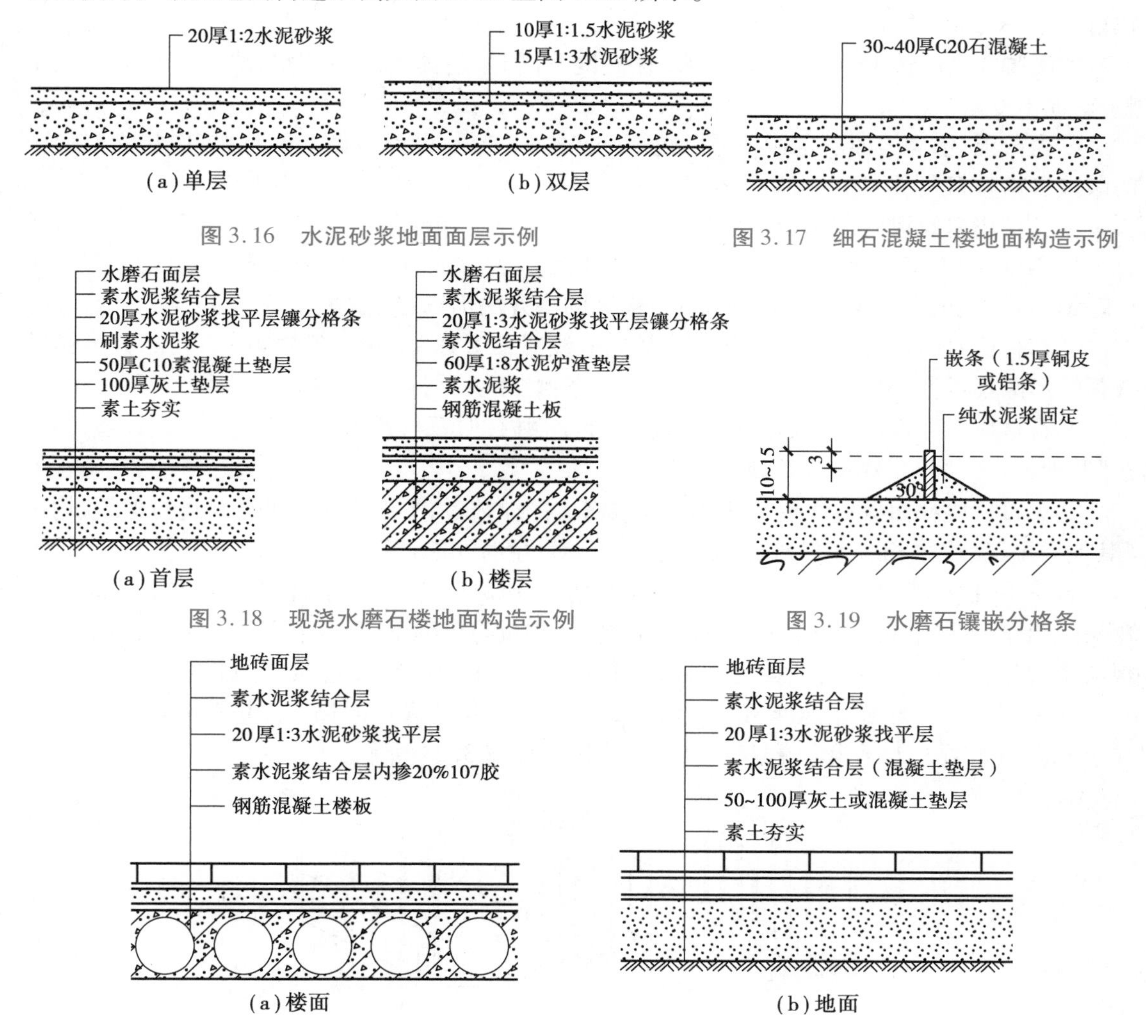

图 3.16 水泥砂浆地面面层示例

图 3.17 细石混凝土楼地面构造示例

图 3.18 现浇水磨石楼地面构造示例

图 3.19 水磨石镶嵌分格条

图 3.20 地砖楼地面构造示例

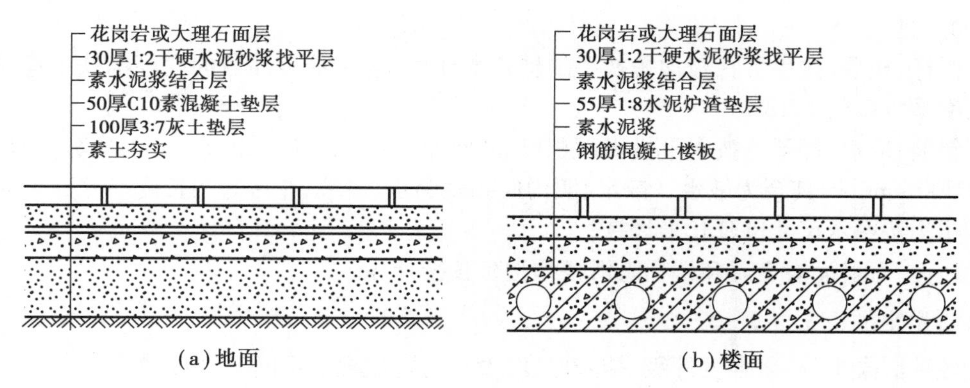

图 3.21　花岗岩楼地面构造示例

③整体面层、块料面层中的楼地面项目,均不包括踢脚线工料;水泥砂浆、水磨石楼梯包括踏步、踢脚板、踢脚线、平台、堵头,不包括楼梯底抹灰(楼梯底抹灰另按天棚工程的相应项目执行)。

④踢脚线高度按 150 mm 编制,如设计高度不同时,整体面层不调整,块料面层按比例调整,其他不变。

⑤菱苦土、水磨石面层定额项目已包括酸洗打蜡工料,设计不做酸洗打蜡,应扣除定额中的酸洗打蜡材料费及人工 0.51 工日/10 m^2,其余项目均不包括酸洗打蜡,应另列项目计算。

⑥石材块料面板镶贴不分品种、拼色均执行相应定额。包括镶贴一道墙四周的镶边线(阴、阳角处含 45°角),设计有两条或两条以上镶边者,按相应定额子目人工乘以系数 1.10(工程量按镶边的工程量计算),矩形分色镶贴的小方块仍按定额执行。

⑦石材块料面板局部切除并分色镶贴成折线图案者称“简单图案镶贴”。切除分色镶贴成弧线形图案者称“复杂图案镶贴”,该两种图案镶贴应分别套用定额。

⑧石材块料面板镶贴及切割费用已包括在定额内,但石材磨边未包括在内。设计磨边者,按“其他零星工程”中相应项目执行。

⑨对石材块料面板地面或特殊地面要求需成品保护者,不论采用何种材料进行保护,均按“其他零星工程”中相应项目执行,但必须是实际发生时才能计算。

⑩扶手、栏杆、栏板适用于楼梯、走廊及其他装饰栏杆、栏板、扶手,栏杆定额项目中包括了弯头的制作、安装。设计栏杆、栏板的材料、规格、用量与定额不同,可以调整。定额中栏杆、栏板与楼梯踏步的连接是按预埋件焊接考虑的。设计用膨胀螺栓连接时,每 10 m 另增人工 0.35 工日、M10×100 膨胀螺栓 10 只、铁件 1.25 kg、合金钢钻头 0.13 只、电锤 0.13 台班。楼梯金属栏杆如图 3.22 所示。楼梯栏杆与踏步连接如图 3.23 所示。

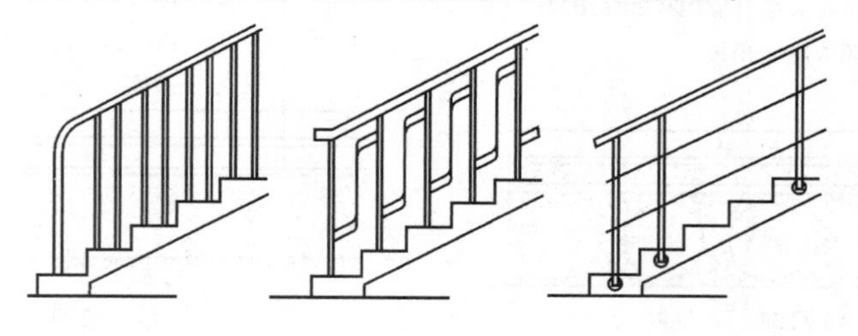

图 3.22　楼梯金属栏杆

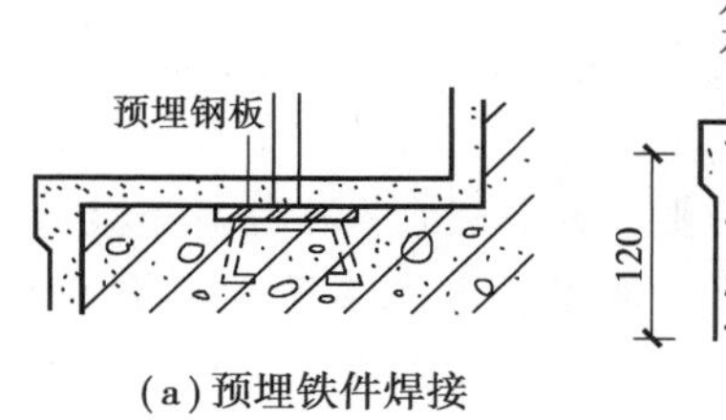

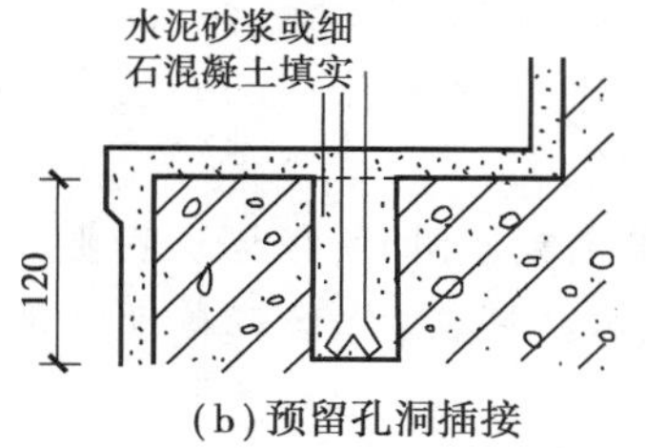

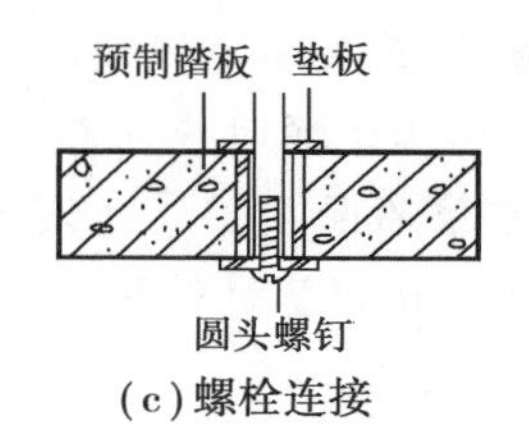

图 3.23 楼梯栏杆与踏步连接

⑪楼梯、台阶不包括防滑条,设计用防滑条者(图 3.24),按相应定额执行。螺旋形、圆弧形楼梯贴块料面层按相应项目的人工乘以系数 1.20,块料面层材料乘以系数 1.10,其他不变。现场锯割石材块料面板粘贴在螺旋形、圆弧形楼梯面,按实际情况另行处理。

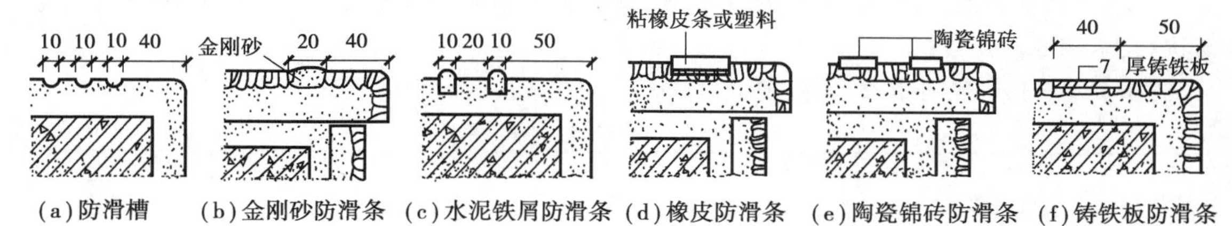

图 3.24 防滑条构造

⑫斜坡、散水、明沟按地区标准图集编制的,均包括挖(填)土、垫层、砌筑、抹面。采用其他图集时,材料含量可以调整,其他不变。

⑬通往地下室车道的土方、垫层、混凝土、钢筋混凝土按相应章节项目执行。

⑭楼地面工程定额子目中不含铁件,如发生另行计算,按金属结构工程中相应项目执行。

下面所有例题中,为简化计算、突出重点,除题目说明之外,人工、材料、机械按定额预算价不调整;管理费率、利润率按定额执行不调整;题目未注明者不考虑垂直运输及超高费用。

【例 3.1】 试计算如图 3.25 所示某门卫室内普通水磨石地面的工程量,并套用定额(图中墙厚均为 240 mm)。水磨石地面做法为:80 mm 厚碎石,60 mm 厚 C15 混凝土(不分格),20 mm 厚 1∶3 水泥砂浆找平,12 mm 厚 1∶2 水泥白石子浆面层,嵌玻璃条,酸洗打蜡。水磨石踢脚线 120 mm 高。

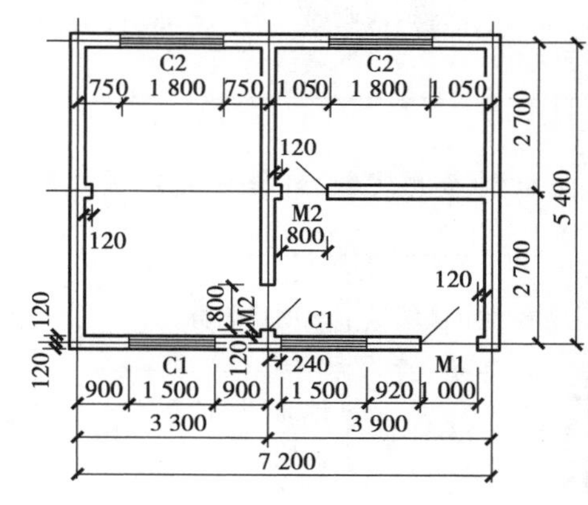

图 3.25 门卫平面图

【分析要点】 (1)本例为普通的地面一般装饰工程,可以用于家装,也可以用于工装。如果是家装,应在背景中注明,本例没有在背景中注明,按工装计算。

(2)列项时注意:

①水磨石面层定额子目中包含了 20 mm 厚 1∶3 水泥砂浆找平层,因此找平层不再单独列项。

②踢脚线不包括在整体面层内,应单独列项。

③水磨石面层定额子目中包括了嵌玻璃条及酸洗打蜡的费用,不再单独列项。

(3)计算工程量时应注意:

①楼地面整体面层的工程量不扣除墙垛所占的面积，不增加门洞开口部分的面积。

②整体面层踢脚线按延长米计算，不扣除门洞的长度，但洞口侧壁也不增加。

(4)套用定额时应注意：

①水磨石面层的厚度设计与定额不同时，根据说明要求的材料(水泥白石子浆)按厚度每增(减)1 mm 调整材料费，人工、机械不变，但磨耗厚度不调整。水泥石子浆的配合比不同应按实换算。

②水磨石面层定额子目中包含的水泥砂浆找平层的厚度设计与定额不同时，材料按比例调整。水泥砂浆的配合比不同应按实换算。

③整体面层踢脚线的高度设计与定额不同时，不调整。

④混凝土垫层的混凝土强度等级设计与定额不同时应按实换算。

⑤根据题目要求，为简化计算、突出重点，题目未注明时管理费、利润、人材机单价均按定额执行，不调整。

【解】 (1)列项，计算工程量，见表3.1。

表3.1 工程量计算表

序号	项目名称	计量单位	工程量	计算公式	备注
1	地面水磨石面层	m^2	33.80	(3.3 −0.24)×(5.4 −0.24)+(3.9 −0.24)×(2.7 −0.24)×2 =33.80	$S_{面层}$
2	地面碎石垫层	m^3	2.70	$S_{面层}$ ×0.08 =2.70	面积同上
3	地面C15混凝土垫层	m^3	2.03	$S_{面层}$ ×0.06 =2.03	
4	水磨石踢脚线	m	40.92	房间1:[(3.3 −0.24)+(5.4 −0.24)]×2 =16.44 房间2:[(3.9 −0.24)+(2.7 −0.24)]×2×2 =24.48 合计:40.92	不扣洞口

(2)套用定额，计算分部分项工程费，见表3.2。

表3.2 分部分项工程费计算表

序号	定额编号	项目名称	计量单位	工程量	综合单价/元	合价/元	综合单价换算依据及过程
1	13-31 换	地面水磨石面层	10 m^2	3.380	858.69	2 902.37	13-31 换 ①换算依据：水磨石面层包括找平层砂浆在内，面层厚度设计与定额不符时，水泥白石子浆每增减1 mm增减 0.01 m^3，其余不变。 ②面层厚度减少 3 mm，综合单价如下： 870.63 − 0.01 × 3 × 397.84 =858.69
2	13-9	地面碎石垫层	m^3	2.700	171.45	462.92	
3	13-11	地面 C15混凝土垫层	m^3	2.030	395.95	803.78	
4	13-34	水磨石踢脚线	10 m	4.092	269.15	1 101.36	
		小 计				5 270.43	

【拓展与思考】

(1)装饰工程计价定额是按何种装饰标准编制的?

(2)若【例3.1】为家装,与上述计算结果会有哪些不同?请按家装重新计算本题。

【例3.2】 将图3.25中的面层改为300 mm×300 mm地砖,做法:在20 mm厚1∶3水泥砂浆找平层上用5 mm厚1∶2水泥砂浆黏结地砖,同质地砖踢脚线高度150 mm。请计算地砖地面的工程量并套用综合单价(已知面砖市场单价为5.00元/块)。

【分析要点】 (1)本例为普通的地面一般装饰工程,可以用于家装,也可以用于工装。如果是家装,应在背景中注明,本例没有在背景中注明,按工装计算。

(2)列项时注意:

①地砖面层定额子目中包含了20 mm厚1∶3水泥砂浆找平层,还有1∶2水泥砂浆结合层。

②踢脚线不包括在地砖面层内,应单独列项。

(3)计算工程量时应注意:

①地砖面层的工程量应扣除墙垛所占的面积,门洞开口部分的面积应增加。

②同质地砖踢脚线按延长米计算,扣除门洞的长度,门洞口侧壁也应增加。

(4)套用定额时应注意:

①地砖面层包括砂浆黏结层及找平层,其厚度及砂浆配合比不同时应换算。

②块料面层踢脚线的高度设计与定额不同时,按比例换算,其他不变。

【解】 (1)列项,计算工程量,见表3.3。

表3.3 工程量计算表

序号	项目名称	计量单位	工程量	计算公式	备注
1	地面地砖面层	m^2	34.40	房间地面净面积同上33.80 扣垛:0.12×0.24=0.028 8 增门洞开口部分:(M1 1.0+M2 0.8×2)×0.24=0.624 合计:33.80-0.028 8+0.624=34.40	实铺
2	地面碎石垫层	m^3	2.70	33.80×0.08=2.70	面积同找平层或整体面层计算规则
3	地面C15混凝土垫层	m^3	2.03	33.80×0.06=2.03	
4	地砖踢脚线	m	37.96	未扣洞口的长度:40.92 扣洞口:M1 1.0+M2 0.8×2×2=4.2 增洞口侧壁:M1 0.1×2+M2 0.1×4×2=1.0 增垛侧壁:0.12×2=0.24 合计:40.92-4.2+1.0+0.24=37.96	按门框宽度为80 mm居中计算

(2)套用定额,计算分部分项工程费,见表3.4。

表 3.4　分部分项工程费计算表

<table>
<tr><th>序号</th><th>定额编号</th><th>项目名称</th><th>计量单位</th><th>工程量</th><th>综合单价/元</th><th>合价/元</th><th>综合单价换算依据及过程</th></tr>
<tr><td>1</td><td>13-83 换</td><td>地面地砖面层</td><td>10 m²</td><td>3.440</td><td>1 036.03</td><td>3 563.94</td><td rowspan="5">1. 地面地砖面层:13-83 换
①换算依据:定额中的材料单价需按实计取。
②地砖单价:5.00/0.09 = 55.56(元/m²)[每块地砖的面积 0.3 × 0.3 = 0.09(m²)]
③综合单价:979.32 + 10.2 × (55.56 − 50) = 1 036.03
2. 地砖踢脚线:13-95 换
①换算依据:踢脚线高度与定额取定相同,不需要换算,只需要换算地砖单价。
②综合单价:205.37 + 1.53 × (55.56 − 50) = 213.88</td></tr>
<tr><td>2</td><td>13-9</td><td>地面碎石垫层</td><td>m³</td><td>2.700</td><td>171.45</td><td>462.92</td></tr>
<tr><td>3</td><td>13-11</td><td>地面 C15 混凝土垫层</td><td>m³</td><td>2.030</td><td>395.95</td><td>803.78</td></tr>
<tr><td>4</td><td>13-95 换</td><td>地砖踢脚线</td><td>10 m</td><td>3.796</td><td>213.88</td><td>811.89</td></tr>
<tr><td></td><td></td><td>小　计</td><td></td><td></td><td></td><td>5 642.53</td></tr>
</table>

【拓展与思考】

(1)【例 3.1】和【例 3.2】均没有明确是否为单独装饰工程,例题解答中因突出重点的需要,没有调整人工、材料的单价及管理费和利润。那么在什么情况下可以执行单独装饰的取费标准呢?

(2)若【例 3.2】为家装,请重新计算本题。

【例 3.3】　某单独装饰工程,其中餐厅室内大理石楼面镶贴如图 3.26 所示(门洞开口部分、踢脚线不考虑)。请计算餐厅大理石镶贴的分部分项工程费。

做法:20 mm 厚 1∶3水泥砂浆找平,8 mm 厚 1∶1水泥砂浆粘贴大理石面层,贴好后酸洗打蜡,成品保护。

已知:人工 110 元/工日,黑色大理石 220 元/m²,白色大理石 200 元/m²,红色大理石 260 元/m²,其他不变。

【分析要点】　(1)本例一般在中高档装饰标准中采用,可以用于家装,也可以用于中档工装及高档工装。如果是家装或高档工装应在背景中注明,本例应按中档工装计算。

(2)本题中涉及楼面大理石镶贴、大理石镶边以及简单图案 3 个问题。列项时应注意:

①石材块料面板镶贴不分品种、拼色均执行相应定额,包括镶贴一道墙四周的镶边线(阴、阳角处含 45°角)。但单价不同的石材可以分别列项计算,以方便换算。

②石材块料面板局部切除并分色镶贴成折线图案者为“简单图案镶贴”。

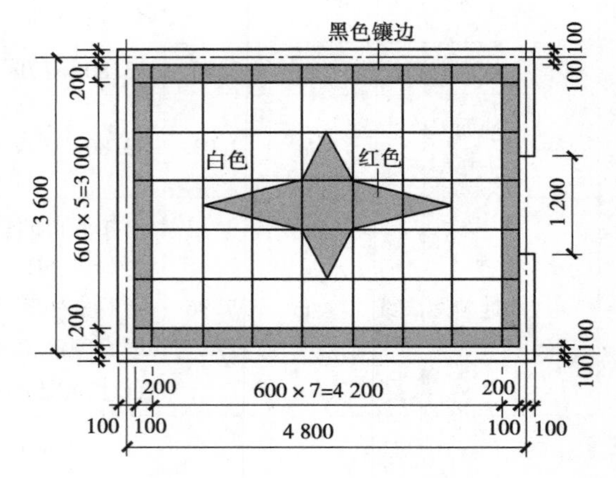

图 3.26　餐厅大理石楼面

③酸洗打蜡、成品保护单独列项计算。

(3)计算工程量时应注意:

①石材块料面层的工程量应按实铺面积计算,门洞开口部分的面积应增加。

②多色简单图案镶贴石材块料面板,按镶贴图案的矩形面积计算。计算复杂图案之外的面积,扣除复杂图案面积时,也按矩形面积扣除。

(4)套用定额时应注意:

①石材块料面层包括黏结砂浆及砂浆找平层,厚度及砂浆配合比不同时应换算。

②石材块料面板镶贴及切割费用已包括在定额内。

③定额综合单价中的管理费及利润率是按25%、12%计算的,单独装饰工程的管理费及利润率分别为43%、15%,应调整。

④本题中仅给出人工及石材的价格,为简化计算,其他材料按定额单价不调整。

【解】 (1)列项,计算工程量,见表3.5。

表3.5 工程量计算表

序号	项目名称	计量单位	工程量	计算公式	备注
1	地面黑色大理石镶边	m^2	3.04	房间净面积:(4.8 − 0.1 × 2) × (3.6 − 0.1 × 2) = 15.64 镶边之外的面积:(4.8 − 0.3 × 2) × (3.6 − 0.3 × 2) = 12.60 黑色镶边合计:15.64 − 12.60 = 3.04	一道镶边
2	地面大理石简单图案	m^2	5.40	3.0 × 1.8 = 5.4	矩形
3	地面白色大理石面层	m^2	7.20	12.60 − 5.40 = 7.20	扣矩形面积
4	酸洗打蜡	m^2	15.64	(4.8 − 0.1 × 2) × (3.6 − 0.1 × 2) = 15.64	同室内净面积
5	成品保护	m^2	15.64	同上	

(2)套用定额,计算分部分项工程费,见表3.6。

表3.6 分部分项工程费计算表

序号	定额编号	项目名称	计量单位	工程量	综合单价/元	合价/元
1	13-47 换	黑色大理石镶边	10 m^2	0.304	3 010.43	915.17
2	13-47 换	白色大理石	10 m^2	0.720	2 806.43	1 970.11
3	13-55 换	简单图案	10 m^2	0.540	3 460.89	1 868.88
4	13-110 换	酸洗打蜡	10 m^2	1.564	81.67	127.73
5	18-75 换	成品保护	10 m^2	1.564	21.19	33.14
		小 计				4 915.03

续表

综合单价换算依据及过程	1. 黑色大理石地面:13-47 换 ①换算依据:人、材、机单价应按实计取,管理费、利润应按规定费率计取。 ②综合单价:(3.80×110.00+8.63)×(1+43%+15%)+2 642.35+10.2×(220.00−250.00)=3 010.43
	2. 白色大理石地面:13-47 换 ①换算依据同上。 ②综合单价:(3.80×110.00+8.63)×(1+43%+15%)+2 642.35+10.2×(200.00−250.00)=2 806.43
	3. 简单图案:13-55 换 ①换算依据:a. 同上;b. 局部切除并分色镶贴成折线图案者其损耗率为10%;c. 石材定额含量11.00 m^2(红色与白色之和),需要按比例分解。 ②换算过程: a. 简单图案的工程量为5.40 m^2,由两种颜色石材组成,其中: 红色石材:1/2×0.6×0.6×2+1/2×0.6×1.2×2+0.6×0.6=1.44(m^2) 白色石材:5.40−1.44=3.96(m^2) 或:1/2×0.3×0.6×4+1/2×0.3×1.2×4+0.6×0.6×8=3.96(m^2) b. 计算两种颜色石材的用量占简单图案(工程量为5.40 m^2)的比例:(注意二者之和等于1.00) 红色石材:占1.44/5.40　　白色石材:占3.96/5.40 ③综合单价:(5.29×110.00+24.62)×(1+43%+15%)+2 876.59−11.00×250.00+红色10.00×1.44/5.4×(1+10%)×260.00+白色10.00×3.96/5.4×(1+10%)×200.00=3 460.89
	4. 酸洗打蜡:13-110 换 综合单价:(人工费0.43×110.00+机械费0.00)×(1+43%+15%)+材料费6.94=81.67
	5. 成品保护:18-75 换 综合单价:(人工费0.05×110.00+机械费0.00)×(1+43%+15%)+材料费12.50=21.19

【拓展与思考】

(1)图3.26中最中间的一块红色石材以及四角各一块白色石材,是否可以不计入图案中?为什么?如何计算?

(2)若【例3.3】是四星级宾馆餐厅,需要事先约定好什么问题?计价定额是如何规定的?应如何计算本题?

【例3.4】　某单独装饰工程,其中卫生间室内全瓷地砖楼面如图3.27所示。请计算该地砖楼面费用。

做法:20 mm厚1:3水泥砂浆找平,5 mm厚1:2水泥砂浆粘贴地砖面层,贴好后酸洗打蜡,成品保护。已知:人工110元/工日,米黄色地砖8元/块,黑色地砖10元/块,红色地砖12元/块,其他不变。(复杂图案由规格300 mm×300 mm地砖做成,门洞开口部分不考虑,踢脚线不计)

【分析要点】　(1)本例一般在中高档装饰标准中采用,可以用于家装,也可以用于中档工装及高档工装。如果是家装或高档工装,应在背景中注明,本例应按中档工装计算。

(2)列项时应注意:

①由于地砖单价不同,除圆形图案外,楼地面地砖及一道墙四周的镶边线,可以分别列项计算,以方便换算;同时,注意按单块地砖面积0.4 m^2 为界限列项。

②局部切除并分色镶贴成弧线形图案者为“复杂图案镶贴”。

③酸洗打蜡、成品保护单独列项计算。

(3)计算工程量时应注意：

①地砖面层的工程量应按实铺面积计算，门洞开口部分的面积应增加。

②多色复杂图案镶贴，按镶贴图案的矩形面积计算。计算复杂图案之外的面积，扣除复杂图案面积时，也按矩形面积扣除。

(4)套用定额时应注意：

①地砖面层定额子目中包括黏结砂浆及砂浆找平层，厚度及砂浆配合比不同时应换算。

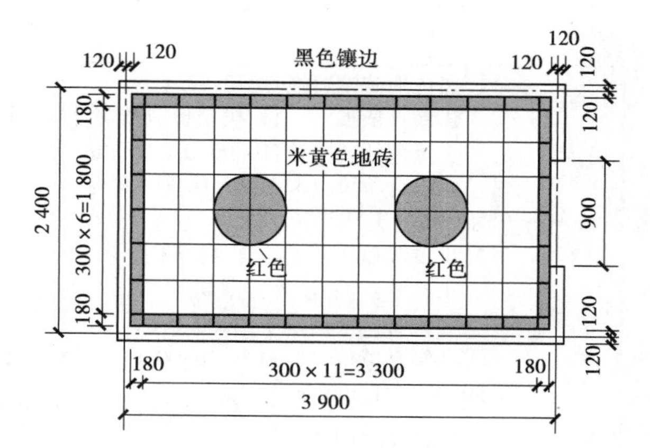

图 3.27　卫生间地砖楼面

②地砖镶贴及切割费用已包括在定额内。

③多色复杂图案(弧线形)镶贴，人工乘以系数1.2，其弧形部分的地砖损耗可按实调整。

④定额综合单价中的管理费及利润率是按25%、12%计算的，单独装饰工程的管理费及利润率分别为43%、15%，应调整。

⑤本题中仅给出人工及地砖的价格，应按实调整。为简化计算，其他材料按定额单价不调整。

【解】　(1)列项，计算工程量，见表3.7。

表 3.7　工程量计算表

序号	项目名称	计量单位	工程量	计算公式	备注
1	地面黑色地砖镶边	m^2	1.97	大矩形减小矩形：(3.9－0.12×2)×(2.4－0.12×2)－(3.9－0.3×2)×(2.4－0.3×2)＝1.97	一道镶边
2	地面地砖复杂图案	m^2	0.72	0.60×0.60×2＝0.72	矩形
3	地面米黄色地砖面层	m^2	5.22	(3.9－0.3×2)×(2.4－0.3×2)－0.72＝5.22	扣矩形面积
4	酸洗打蜡	m^2	7.91	(3.9－0.12×2)×(2.4－0.12×2)＝7.91	室内净面积
5	成品保护	m^2	7.91		

(2)套用定额，计算分部分项工程费，见表3.8。

表 3.8　分部分项工程费计算表

序号	定额编号	项目名称	计量单位	工程量	综合单价/元	合价/元
1	13-83 换	黑色地砖镶边	10 m^2	0.197	1 793.26	353.27
2	13-83 换	米黄色地砖	10 m^2	0.522	1 566.59	817.76
3	13-88 换	复杂图案	10 m^2	0.072	3 223.41	232.09
4	13-110 换	酸洗打蜡	10 m^2	0.791	81.67	64.60
5	18-75 换	成品保护	10 m^2	0.791	21.19	16.76
		小　计				1 484.48

续表

综合单价换算依据及过程	1. 黑色地砖镶边换算:13-83 换 ①换算依据:人、材、机单价应按实计取,管理费、利润应按规定费率计取。 ②黑色地砖单价:10.00/0.09 元/m^2 ③综合单价:(3.31 ×110.00 +3.68) ×(1 +43% +15%) +588.83 +10.2 ×(10.00/0.09 −50.00) =1 793.26
	2. 米黄色地砖地面换算:13-83 换 ①换算依据:换算依据同上。 ②米黄色地砖单价:8.00/0.09 元/m^2 ③综合单价:(3.31 ×110.00 +3.68) ×(1 +43% +15%) +588.83 +10.2 ×(8.00/0.09 −50.00) =1 566.59
	3. 红色复杂图案换算:13-88 换 ①换算依据:同上;局部切除并分色镶贴成弧线图案者其损耗率为 10%。 ②复杂图案的工程量为 0.72 m^2,由两种颜色地砖组成,其中: 红色:需要 4 ×2 =8(块),面积为 0.3 ×0.3 ×8 =0.72(m^2)。 米黄色:需要 2 ×2 =4(块),面积为 0.3 ×0.3 ×4 =0.36(m^2)。 ③计算红色地砖和米黄色地砖的用量占复杂图案(工程量为 0.72 m^2)的比例: 红色:0.72/0.72 (=100%) 米黄色:0.36/0.72 (=50%) ④地砖单价换算成每平方米单价: 红色地砖单价:12.00/0.09 元/m^2 米黄色地砖单价:8.00/0.09 元/m^2 ⑤综合单价:(5.64 ×1.2 ×110.00 +5.75) ×(1 +43% +15%) +592.49 −510.00(或 10.2 ×50) +红色 10 ×0.72/0.72(或 100%) ×(1 +10%) ×12.00/0.09 +米黄色 10 ×0.36/0.72(或 50%) ×(1 +10%) ×8.00/0.09 =3 223.41
	4. 酸洗打蜡、成品保护:同上例

【拓展与思考】

计价定额关于高档装饰标准是如何规定的? 若【例 3.4】改为高档装饰标准,请你设定一个在中档标准基础上增加的适当幅度值,并重新计算本题。

【例 3.5】 某单独装饰工程,其中 7 层会议室楼面镶贴成品购入的规格为 600 mm × 600 mm花岗岩板材,如图 3.28 所示。

做法:20 mm 厚 1∶3水泥砂浆找平,8 mm 厚 1∶1水泥砂浆粘贴大理石面层,贴好后酸洗打蜡,成品保护。要求对格对缝,施工单位现场切割,要考虑切割后剩余板材应充分使用,墙边用黑色板材镶边 180 mm 宽,具体分格如图 3.28 所示。门洞开口处不贴花岗岩。

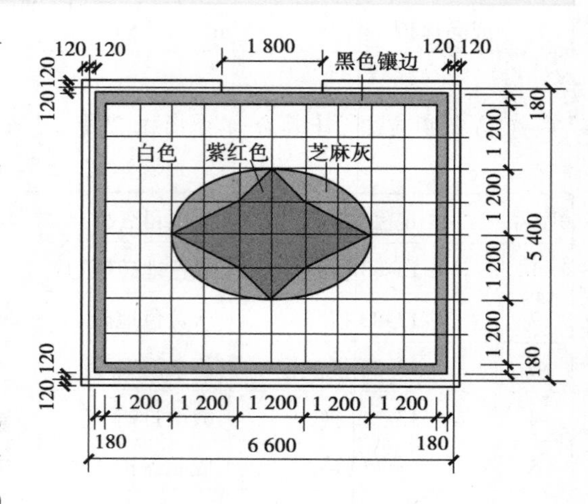

图 3.28 会议室楼面花岗岩镶贴

花岗岩市场价格:芝麻灰 120 元/m^2,紫红色 160 元/m^2,黑色 140 元/m^2,白色 100 元/m^2。不考虑其他材料的价差,不计算踢脚线。人工 110 元/工日,请按题意计算该地面的分部分项工程费。

【分析要点】 (1)本例一般在中高档装饰标准中采用,可以用于家装,也可以用于中档工装及高档工装。如果是家装或高档工装,应在背景中注明,本例应按中档工装计算。

(2)列项时应注意:

①除图案外,白色花岗岩楼面及一道墙四周的黑色镶边,由于花岗岩单价不同,可以分别列项计算,以方便换算。

②复杂图案中嵌接一个简单图案,是一个整体,按一个复杂图案计算。

③酸洗打蜡、成品保护单独列项计算。

(3)计算工程量时应注意:

①题目说明门洞开口不贴花岗岩。

②只计算一个多色复杂图案镶贴,按矩形面积计算。计算图案之外的面积,在扣除图案面积时,也按矩形面积扣除。

(4)套用定额时应注意:

①花岗岩地面定额子目中包括黏结砂浆及砂浆找平层,厚度及砂浆配合比不同时应换算。

②花岗岩板镶贴及切割费用已包括在定额内。

③多色复杂图案(弧线形)镶贴,人工乘以系数1.2,其弧形部分的地砖损耗可按实调整。

④本次装饰工程在7层楼上施工,查超高费定额19-19,人工降效系数为5%。

⑤定额综合单价中的管理费及利润率是按25%、12%计算的,单独装饰工程的管理费及利润率分别为43%、15%,应调整。

⑥本题中仅给出人工及石材的价格,应按实调整。为简化计算,其他材料按定额单价不调整。

【解】 (1)列项,计算工程量,见表3.9。

表3.9 工程量计算表

序号	项目名称	计量单位	工程量	计算公式	备注
1	楼面黑色花岗岩镶边	m^2	4.02	大矩形减小矩形:$(6.6-0.12\times2)\times(5.4-0.12\times2)-(6.6-0.3\times2)\times(5.4-0.3\times2)=4.02$	一道镶边
2	楼面花岗岩复杂图案	m^2	8.64	$3.6\times2.4=8.64$	矩形
3	楼面白色花岗岩	m^2	20.16	$(6.6-0.3\times2)\times(5.4-0.3\times2)-8.64=20.16$	扣矩形面积
4	酸洗打蜡	m^2	32.82	$(6.6-0.12\times2)\times(5.4-0.12\times2)=32.82$	室内净面积
5	成品保护	m^2	32.82		

(2)套用定额,计算分部分项工程费,见表3.10。

表3.10 分部分项工程费计算表

序号	定额编号	项目名称	计量单位	工程量	综合单价/元	合价/元
1	13-47换	黑色花岗岩镶边	10 m^2	0.402	2 227.45	895.44
2	13-47换	白色花岗岩	10 m^2	2.016	1 819.45	3 668.01
3	13-55换	复杂图案	10 m^2	0.864	3 075.60	2 657.32
4	13-110换	酸洗打蜡	10 m^2	3.282	85.41	280.32
5	18-75换	成品保护	10 m^2	3.282	21.62	70.96
		小 计				7 572.05

续表

<table>
<tr><td rowspan="5">综合
单价
换算
依据
及过程</td><td>1. 黑色花岗岩镶边换算:13-47 换
①换算依据:
a. 人、材、机单价应按实计取,管理费、利润应按规定费率计取;
b. 装饰工程在 7 层楼上施工,查超高费定额 19-19,人工降效系数为 5%;
c. 一道镶边不涉及人工含量的换算。
②综合单价:(3.80×1.05×110.00+8.63)×(1+43%+15%)+2 642.35+10.20×(140.00−250.00)=2 227.45</td></tr>
<tr><td>2. 楼面白色花岗岩换算:13-47 换
①换算依据:a. 和 b. 同上。
②综合单价:(3.80×1.05×110.00+8.63)×(1+43%+15%)+2 642.35+10.20×(100.00−250.00)=1 819.45</td></tr>
<tr><td>3. 复杂图案换算:13-55 换
①换算依据:
a. 和 b. 同上;
c. 查计价定额附录中的损耗率表,石材镶贴:地面多色带图案的损耗率为 10%。
②换算过程:
a. 复杂图案的工程量为 8.64 m^2,由 3 种颜色石材组成,其中:
• 紫红色石材。为局部切除镶贴成折线图案,属于“简单图案”,用量可按照图案面积计算:1/2×1.2×0.6×2+1/2×1.2×1.2×2+1.2×1.2=3.6(m^2)。[若对图案试拼测算,需要 10 块,面积为 0.6×0.6×10=3.60(m^2),与按图形计算相同]
• 芝麻灰石材。为局部切除镶贴成弧线图案,属于“复杂图案”,用量需要对图案进行试拼测算,试算结果需要 3×4=12(块),面积为 0.6×0.6×12=4.32(m^2)。
• 白色石材。为局部切除镶贴成弧线图案,试算结果需要 2×4=8(块),面积为 0.6×0.6×8=2.88(m^2)。
b. 计算 3 种颜色石材的用量占复杂图案(工程量为 8.64 m^2)的比例:紫红色石材占 3.6/8.64;芝麻灰石材占 4.32/8.64;白色石材占 2.88/8.64。
c. 综合单价:(5.29×复杂图案系数 1.2×超高人工降效系数 1.05×110.00+24.79)×(1+43%+15%)+2 867.99−11.00×250.00+紫红色 10×3.6/8.64×(1+10%)×160.00+芝麻灰 10×4.32/8.64×(1+10%)×120.00+白色 10×2.88/8.64×(1+10%)×100.00=3 075.60</td></tr>
<tr><td>4. 酸洗打蜡:13-110 换
综合单价:(0.43×1.05×110.00+0.00)×(1+43%+15%)+6.94=85.41</td></tr>
<tr><td>5. 成品保护:18-75 换
综合单价:(0.05×1.05×110.00+0.00)×(1+43%+15%)+12.50=21.62</td></tr>
</table>

【拓展与思考】

(1)【例 3.5】图 3.28 中最中间的 4 块紫红色石材是否可以不计入图案中?为什么?如何计算?

(2)若【例 3.5】改为高档装饰标准,请你设定一个在中档标准基础上增加的适当幅度值,并重新计算本题。

【例 3.6】 某单独装饰工程,会议室现浇混凝土楼板上做木地板楼面,如图 3.29 所示。成品硬木踢脚线 100 mm 高,钉在砖墙上。门洞开口部分不铺木地板,压口钉 50 mm×2 mm 成品铜条。木地板块铺设完成后做成品保护。

已知免漆免刨实木地板 300 元/m^2,成品木踢脚线 25 元/m,成品铜条 40 元/m,M8×70 膨胀螺栓 1.5 元/套,人工 110 元/工日,其他未作说明的均按计价定额规定,不做调整。请根据计价定额列项计算木地板铺设的分部分项工程费。

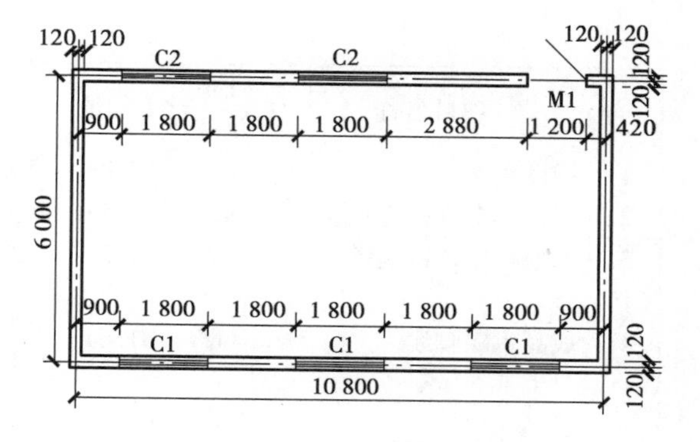

图 3.29 某会议室房间建筑平面图

木地板具体做法如下:

①实木地板铺设,成品保护;

②50 mm×40 mm 木龙骨 400 mm 中距,40 mm×30mm 横撑 800 mm 中距,木龙骨与现浇楼板用 M8×80 膨胀螺栓固定@400×800;

③30 mm×100 mm×100 mm 木垫块与木龙骨钉牢,400 mm 中距;

④混凝土楼板。

注:木龙骨、横撑、垫块均满涂氟化钠防腐漆。

【分析要点】 (1)本例一般在中高档装饰标准中采用,可以用于家装,也可以用于中档工装及高档工装。如果是家装或高档工装,应在背景中注明,本例应按中档工装计算。

(2)列项时应注意:

①木龙骨与木地板分别列项,垫木、防腐均包括在定额子目中。

②膨胀螺栓在木龙骨项目中增加,不再单独列项。

③踢脚线、压口钉铜条、成品保护单独列项计算。

(3)计算工程量时应注意:

①铺设木龙骨、木地板以实铺面积计算。

②木踢脚线、钉铜条按实贴长度计算。

(4)套用定额时应注意:

①计价定额中木龙骨是按苏 J01-2005-14/3 和 15/3 中的龙骨编制:木龙骨 60 mm×50 mm 中距 400 mm,横撑 40 mm×50 mm 中距 800 mm,30 mm×100 mm×100 mm 木垫块与木龙骨钉牢,中距 400 mm。

13-112 定额子目中每 10 m^2 所含木成材合计为 0.135 m^3,附注中说明:其中楞木 0.082 m^3,横撑 0.033 m^3,木垫块 0.02 m^3。设计与定额不符,按比例调整用量,不设木垫块应扣除。

②13-112 定额子目附注说明:如果木楞与混凝土楼板用膨胀螺栓连接,按设计用量另增膨胀螺栓数量及电锤 0.4 台班(定额编制是按土建提前预埋 10 号镀锌铁丝双道考虑的,不计镀锌铁丝材料费)。

③龙骨、木垫块的防腐费用均包括在定额子目中,如果木板背面需要刷防腐油应另计。

④本题除了人工及给出单价的材料外,其他单价均按计价定额。

⑤定额综合单价中的管理费及利润率是按 25%、12% 计算的。根据费用定额,单独装饰工程的管理费及利润率分别为 43%、15%,应调整。

【解】 (1)列项,计算工程量,见表 3.11。

表 3.11　工程量计算表

序号	项目名称	计量单位	工程量	计算公式	备注
1	铺设木楞	m^2	60.83	$(10.8-0.12\times2)\times(6.0-0.12\times2)=60.83$	门洞处不计
2	铺设免漆免刨实木地板	m^2	60.83	同上	与龙骨相同
3	木地板压口钉铜条	m	1.2	1.2	门洞宽
4	成品木踢脚线	m	31.64	$[(10.8-0.12\times2)+(6.0-0.12\times2)]\times2-1.2+0.1\times2=31.46$	按门框宽度 80 mm 居中计算
5	成品保护	m^2	60.83	同 1 和 2	

(2)套用定额，计算分部分项工程费，见表 3.12。

表 3.12　分部分项工程费计算表

序号	定额编号	项目名称	计量单位	工程量	综合单价/元	合价/元
1	13-112 换	楼面铺设木楞	10 m^2	6.083	372.62	2 266.65
2	13-117 换	铺设免漆免刨实木地板	10 m^2	6.083	4 009.75	24 391.31
3	13-118 换	木地板压口钉铜条	10 m	0.12	513.15	61.58
4	13-130 换	贴成品木踢脚线	10 m	3.164	323.34	1 023.05
5	18-75 换	成品保护	10 m^2	6.083	21.19	128.90
		小　计				27 871.49

综合单价换算依据及过程

1. 楼面铺设木楞换算：13-112 换

(1)换算依据

定额中木材含量按每 10 m^2，其中楞木 0.082 m^3、横撑 0.033 m^3、木垫块 0.02 m^3(合计 0.135 m^3)。设计与定额不符，按比例调整用量，不设木垫块应扣除。

(2)换算过程

①楞木含量换算：龙骨与横撑间距同定额，断面不同，木垫块相同。

设计含量：$0.082\times\frac{50\times40}{60\times40}+0.033\times\frac{40\times30}{40\times50}+0.02=0.094\ 5(m^3/10\ m^2)$

龙骨及横撑的设计用量：$0.05\times0.04\times(6.0-0.12\times2)\times28$ 根 $+0.04\times0.03\times(10.8-0.12\times2)\times9$ 根 $=0.437(m^3)$。其中

a. 木龙骨 60 mm×50 mm 中距 400 mm 的根数：$(10.8-0.12\times2)/0.4+1=27.4\approx28$(根)

b. 横撑 40 mm×50 mm 中距 800 mm 的根数：$(6.0-0.12\times2)/0.8+1=8.2\approx9$(根)

因此，每 10 m^2 的楞木、横撑、垫块的含量：(房间面积合计为 60.83 m^2)

$0.437/60.83\times10\times(1+5\%)+0.02=0.095\ 4(m^3/10\ m^2)$

二者每 10 m^2 相差 $0.095\ 4-0.094\ 5=0.000\ 9(m^3)$，基本相同。

②膨胀螺栓含量：

a. 横向中距 400 mm：需要 $(10.8-0.12\times2)/0.4+1\approx28$(套)

b. 纵向中距 800 mm：需要 $(6.0-0.12\times2)/0.8+1\approx9$(套)

合计：$28\times9=252$(套)。

c. 含量：$252/60.83\times10\times(1+2\%)=42.26$(套/10 m^2)

③增加电锤 0.4 台班，查计价定额：台班单价 = 8.34 元/台班。

④综合单价换算：[人工含量 0.59×110.00 +(机械费 14.77 + 电锤 0.4×8.34)]$\times(1+43\%+15\%)$ + 材料费 235.04 − 定额成材费 $0.135\times1\ 600$ + 设计成材费 $0.099\ 4\times1\ 600$ + 膨胀螺栓 $42.26\times1.50=372.62$

续表

综合单价换算依据及过程	2. 楼面铺设免漆免刨实木地板换算:13-117 换 综合单价:(4.33 ×110.00 +2.49) ×(1 +43% +15%) +2 728.26 +10.5 ×(300.00 −250.00) = 4 009.75
	3. 木地板压口钉铜条换算:13-118 换 综合单价:(0.48 ×110.00 +2.61) ×(1 +43% +15%) +373.10 +10.5(40.00 −35.00) =513.15
	4. 贴成品木踢脚线:13-130 换 综合单价:(0.30 ×110.00 +0.61) ×(1 +43% +15%) +196.74 +10.5 ×(25.00 −18.00) =323.34
	5. 成品保护 18-75 换 综合单价:(0.05 ×110.00 +0.00) ×(1 +43% +15%) +12.50 =21.19

【拓展与思考】

(1)【例 3.6】中木龙骨与横撑按横向铺设和按纵向铺设是否会有不同? 技术结果是否一样? 为什么? 膨胀螺栓是否会受影响?

(2)若【例 3.6】改为高档装饰标准,请你设定一个在中档标准基础上增加的适当幅度值,并重新计算本题。

【例 3.7】 某单独装饰工程,其楼梯栏杆如图 3.30 所示,经计算工程量共 120.66 m。栏杆采用型钢栏杆,成品榉木扶手,设计要求栏杆 25 ×25 ×1.5 方钢管与楼梯按预埋件焊接。成品木扶手油漆、型钢栏杆油漆不计。人工 110 元/工日,成品榉木扶手价格 80 元/m,其余材料价格按照计价定额不变。请计算栏杆的费用。(注:理论质量 25 ×4 扁钢 0.79 kg/m,25 ×25 ×1.5方管 1.18 kg/m,损耗率 6%)

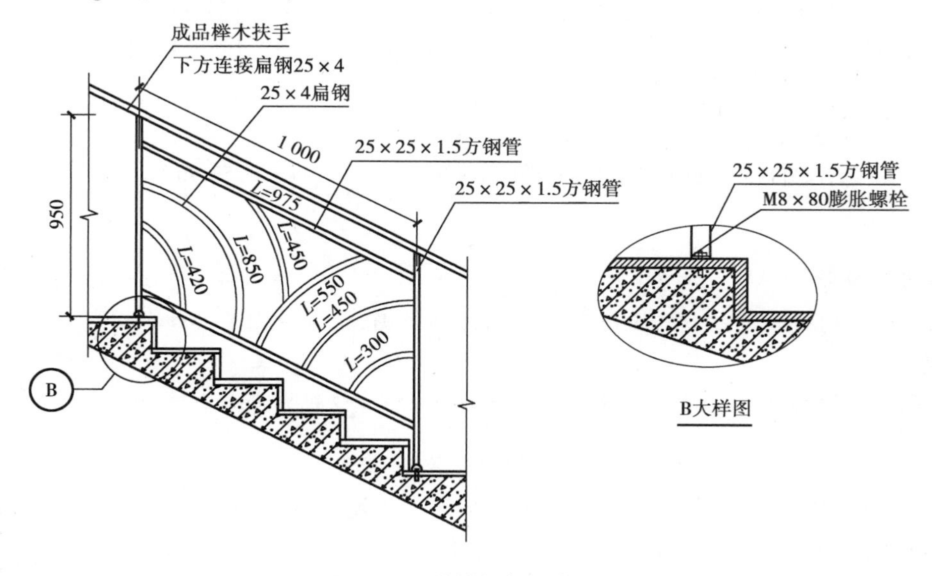

图 3.30 楼梯栏杆示意图

【分析要点】 本题主要考核栏杆的定额换算,应注意如下几点:

①本例一般在中档装饰标准中采用,或者随土建工程同时施工。可以用于家装,也可以用于中档工装。如果是家装,应在背景中注明,本例应按中档工装计算。

②根据图示尺寸计算型钢的用量,换算定额单价时应考虑损耗率。

③根据附注,设计成品木扶手安装,每 10 m 扣除制作人工 2.85 工日,定额中硬木成材扣除,按括号内的价格换算。

④硬木扶手制作是按苏 J05-2006 中 P24 ④—⑥(净料 150 ×50,扁铁按 40 ×4)编制的,弯头材积已包括在内(损耗为 12%)。设计断面不符,材积按比例换算。扁铁可调整(设计用量加 6% 损耗)。

【解】 (1)工程量在题目中已给出,为 120.66 m,应以 10 m 为单位。

(2)套用定额,计算分部分项工程费,见表 3.13。

表 3.13　分部分项工程费计算表

序号	定额编号	项目名称	计量单位	工程量	综合单价/元	合价/元
1	13-153 换	型钢栏杆成品木扶手安装	10 m	12.066	2 352.75	28 388.28
		小　计				28 388.28
综合单价换算依据及过程	型钢栏杆成品木扶手安装:13-153 换 ①换算依据:设计栏杆、栏板的材料、规格、用量与定额不同,可以调整。 ②换算过程: a. 根据图示尺寸计算 10 m 楼梯栏杆型钢用量: 25 ×4 扁钢:(1.00 +0.42 +0.85 +0.45 +0.55 +0.45 +0.30)(图示尺寸)×0.79(理论质量)×10 ×1.06(定额损耗量)=33.67(kg) 25 ×25 ×1.5 方钢管:(0.95 ×1 +0.975 ×2)(图示尺寸)×1.18(理论质量)×10 ×1.06(定额损耗量)=36.27(kg) M8 ×80 膨胀螺栓:1 ×10 ×(1 +2%)=10.02(套/10 m) b. 综合单价换算: 人工费:(7.74 −2.85)×110.00 =537.90 材料费:686.42 − 硬木成材 247.00 + 成品扶手 10 ×(1 +6%)×80.00 − 定额扁钢 203.15 + 设计扁钢 33.67 ×4.25 − 定额圆钢 217.02 + 设计方钢管 36.27 ×6.07 =1 230.51 机械费:172.38 元,未发生变化 管理费:(537.90 +172.38)×43% =305.42 利润:(537.90 +172.38)×15% =106.54 综合单价:537.90 +172.38 +1 230.51 +305.42 +106.54 =2 352.75					

【拓展与思考】

(1)【例 3.7】给出了按扶手 1 m 范围内的详细数据,是否会因为具体长度不同影响每米的含量?为什么?

(2)若【例 3.7】改为家装及按土建工程标准计价,请分别重新计算本题。

练一练

【练习 1】 某单独装饰工程,大厅内地面垫层上水泥砂浆镶贴花岗岩板,20 mm 厚 1∶3水泥砂浆找平层,8 mm 厚1∶1水泥砂浆结合层,如图 3.31 所示。

楼地面工程练一练参考答案

具体做法:中间为紫红色,紫红色外围为乳白色,花岗岩板现场切割,四周做两道宽200 mm黑色镶边,每道镶边内侧嵌铜条 4 mm ×10 mm,其余均为 600 mm ×900mm 芝麻黑规格板;门槛处不贴花岗岩;贴好后应酸洗打蜡,并进行成品保护。

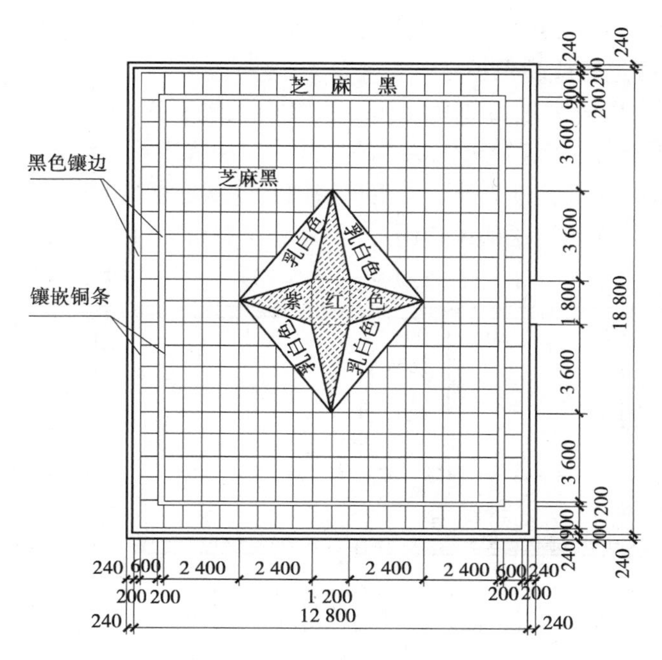

图 3.31 大厅地面镶贴花岗岩

材料市场价格:铜条 12 元/m,紫红色花岗岩 600 元/m^2,乳白色花岗岩 350 元/m^2,黑色花岗岩 300 元/m^2,芝麻黑花岗岩 280 元/m^2。请计算该大厅地面镶贴工程的分部分项工程费用。(其余未作说明的按计价定额规定不作调整)

【练习2】 某服务大厅内地面垫层上水泥砂浆铺贴大理石板,20 mm 厚 1∶3水泥砂浆找平层,8 mm 厚 1∶1水泥砂浆结合层。

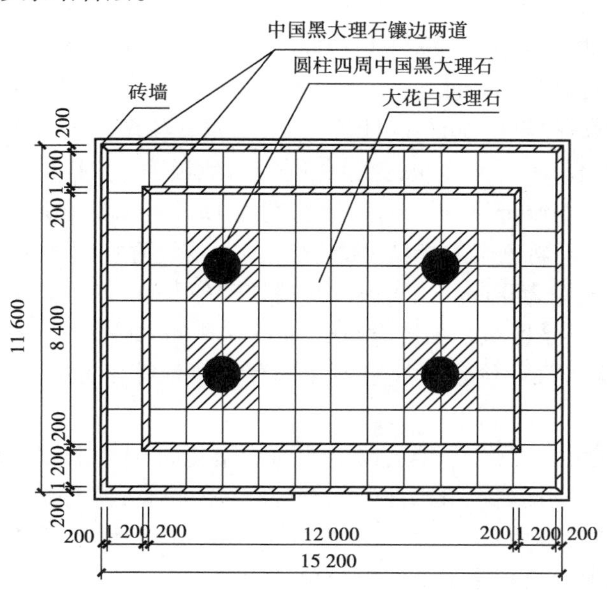

图 3.32 服务大厅地面镶贴大理石

具体做法如图 3.32 所示。1 200 mm ×1 200 mm 大花白大理石板,四周做两道宽200 mm 中国黑大理石板镶边,转弯处采用45°对角,大厅内有 4 根直径为 1 200 mm 圆柱,圆柱四周地面铺贴 1 200 mm×1 200 mm 中国黑大理石板，大理石板现场切割。门槛处不贴大理石板。铺贴结束后酸洗打蜡，并进行成品保护。

材料市场价格：中国黑大理石 260 元/m^2，大花白大理石 320 元/m^2。请计算该地面镶贴工程的分部分项工程费用。（其余未作说明的按计价定额规定不作调整）

【练习 3】 某家庭卧室及过道铺设固定单层丙纶簇绒地毯，如图 3.33 所示。地毯实际不拼接，单独装饰工程，请计算地毯铺设费用。（不调整材料价差，门口不铺）

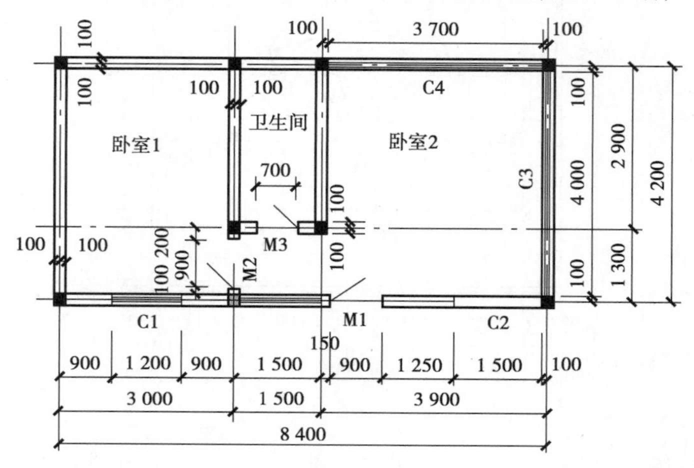

图 3.33 家庭卧室建筑平面图

若将地面做法改为：卫生间地面为 25 mm 厚 1∶3 水泥砂浆找平层，水泥砂浆铺贴 300 mm×300 mm 同质地砖面层；卧室地面直接在原水泥砂浆地面上粘贴硬木拼花企口地板。请根据计价定额的规定计算地面铺贴费用。

【练习 4】 某办公室建筑平面尺寸如图 3.34 所示，除卫生间内墙为 120 mm 厚外，其余墙体均为 240 mm 厚。门洞宽度：除进户门为 1 000 mm 外，其余均为 800 mm。

总经理办公室地面做法：断面为 60 mm×70 mm 木龙骨地楞（计价定额为 60 mm×50 mm），楞木间距及横撑的规格、间距同计价定额；木龙骨与现浇楼板用 M8×80 膨胀螺栓固定，螺栓设计用量为 50 套，不设木垫块；免漆免刨实木地板面层，实木地板价格为 160 元/m^2；硬木踢脚线毛料断面为 150 mm×20 mm，设计长度为 15.24 m，钉在墙面木龙骨上；踢脚线油漆做法为刷底油、刮腻子、刷色聚氨酯漆 4 遍。总工办及经理室为木龙骨基层复合木地板地面；卫生间采用水泥砂浆贴 250 mm×250 mm 防滑地砖（25 mm 厚 1∶2.5 防水砂浆找平层），防滑地砖价格 3.5 元/块；其余区域地面铺设 600 mm×600 mm 地砖。

其余未作说明的均执行计价定额规定不作调整。请计算该办公室地面铺贴分部分项工程费。

【练习 5】 某单独装饰工程，二楼会议室地面铺贴花岗岩，如图 3.35 所示。做法：20 mm 厚 1∶3 水泥砂浆找平层，8 mm 厚 1∶1 水泥砂浆结合层，需进行酸洗打蜡和成品保护。综合人工为 100 元/工日，管理费费率为 43%，利润率为 15%，其他按计价定额规定不作调整。请按有关规定和已知条件，编制该会议室地面分部分项工程费。

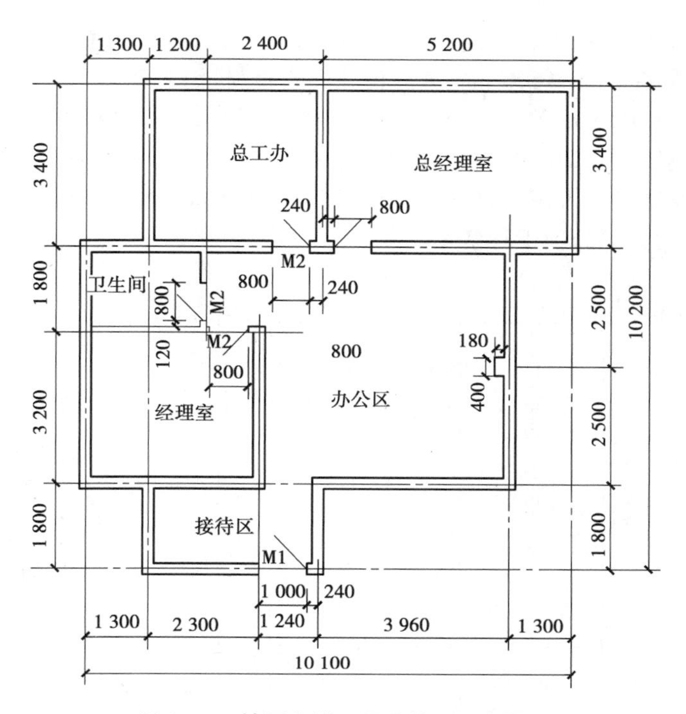

图 3.34　某写字楼三层建筑平面布置图

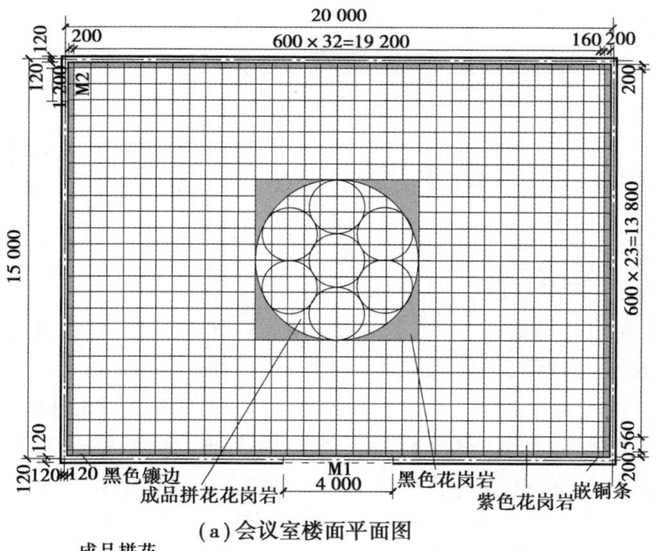

(a)会议室楼面平面图

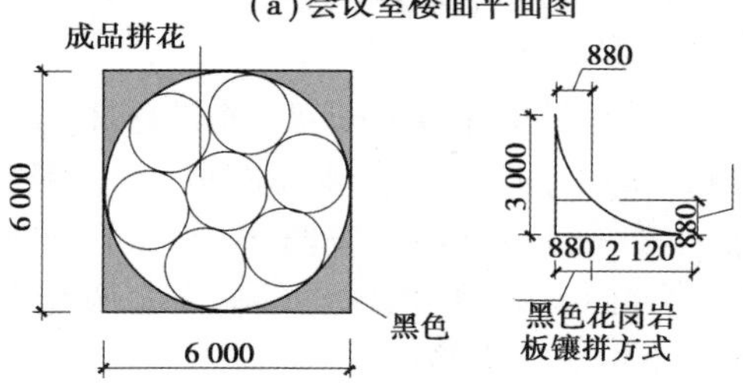

(b)成品拼花花岗岩

图 3.35　会议室楼面铺贴花岗岩

【练习6】 某会议室花岗岩地面如图3.36所示。已知地面做法如下:地面用1:3水泥砂浆找平,水泥砂浆贴600 mm×600 mm紫红色花岗岩板材,沿墙四边用黑色花岗岩板镶边,4块板相交处用200 mm×200 mm乳白色板材镶嵌。施工单位采购的材料单价为:黑色250元/m²,紫红色700元/m²,乳白色320元/m²。贴好后酸洗打蜡,并用木屑铺在上面直至交工前清除。除花岗岩板外,其他材料及机械台班均执行计价定额单价,管理费率为43%,利润率为15%。求该地面镶贴工程的分部分项工程费。

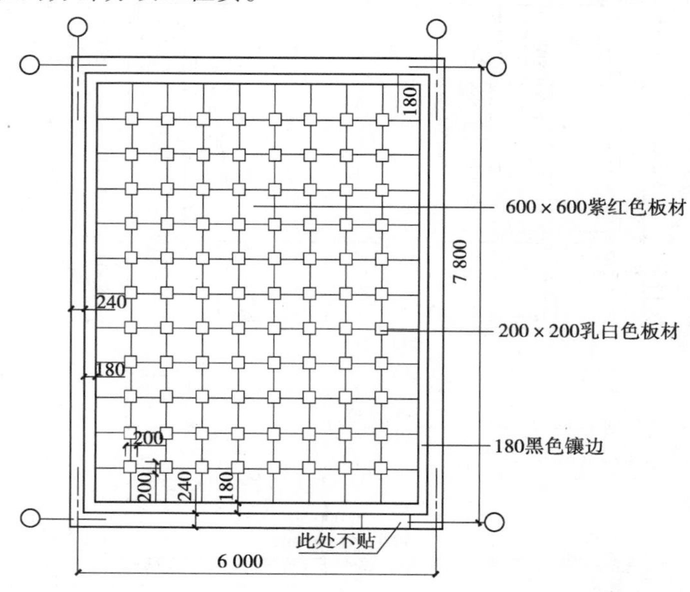

图3.36 会议室楼面铺贴花岗岩

·3.2.2 墙柱面工程计量与计价·

1)墙柱面工程主要内容

墙柱面工程的主要内容包括如下几方面:

①一般抹灰。主要包括石膏砂浆、水泥砂浆、保温砂浆及抗裂砂浆、混合砂浆、其他砂浆(水泥白石屑砂浆、水泥珍珠岩砂浆、黑板水泥砂浆、假面砖墙面水泥砂浆)、砖石墙面勾缝等项目。

②装饰抹灰。主要包括水刷石、干粘石、斩假石、嵌缝及其他等项目。

③镶贴块料面层及幕墙。主要包括瓷砖、外墙釉面砖、金属面砖、陶瓷锦砖、凹凸假麻石、波形面砖、劈离砖、文化石、石材块料面板(砂浆粘贴石材、干粉型粘贴石材、挂贴石材、拼碎石材块料面板、石材零星项目、圆柱面挂贴石材、圆柱面挂贴石材腰线、柱墩柱帽挂贴石材、钢骨架上干挂石材、钢骨架上背栓石材)、幕墙及封边等项目。

④木装修及其他。主要包括墙、梁、柱面木龙骨骨架,金属龙骨,墙、柱、梁面夹板基层,墙、柱、梁面各种面层[胶合板、切片板、多层木质及复合装饰面板、不锈钢镜面板、防火面板、铝塑板、切片皮、合成革软(硬)包、布艺软(硬)包、墙毯、玻璃、硬木板条、半圆竹片、石膏板、超细玻璃棉、水泥压力板、塑料扣板、铝合金扣板、岩棉吸音板、轻质多孔隔墙],凹凸假麻石块,地砖,橡胶塑料板,玻璃,镶嵌铜条,镶贴面酸洗打蜡等项目。

⑤网塑夹芯墙板、GRC板。主要包括3D网塑夹芯墙板(聚苯乙烯芯材)、GRC轻质多孔隔墙板等项目。

⑥彩钢夹芯板墙。

2)工程量计算规则

(1)内墙面抹灰

①内墙面抹灰面积应扣除门窗洞口和空圈所占的面积，不扣除踢脚线、挂镜线、0.3 m^2 以内的孔洞和墙与构件交接处的面积，但其洞口侧壁和顶面抹灰亦不增加。垛的侧面抹灰面积应并入内墙面工程量内计算。

内墙面抹灰长度以主墙间的图示净长计算，其高度按实际抹灰高度确定，不扣除间壁所占的面积。

墙面抹灰计量

②石灰砂浆、混合砂浆粉刷中已包括水泥护角线(图 3.37)，不另行计算。

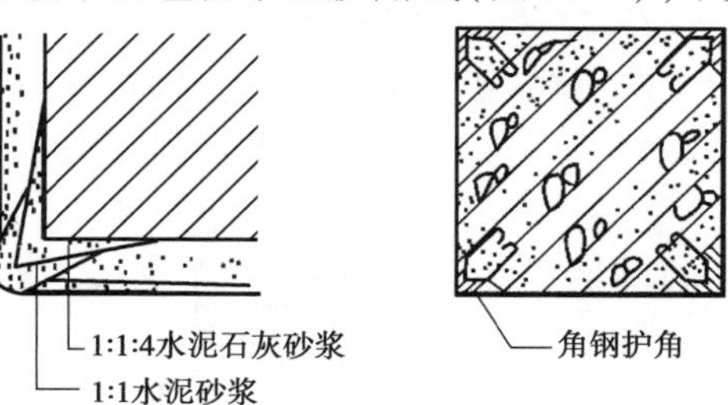

图 3.37　墙和柱的护角

③柱和单梁的抹灰按结构展开面积计算，柱与梁或梁与梁接头的面积不予扣除。砖墙中平墙面的混凝土柱、梁等的抹灰(包括侧壁)应并入墙面抹灰工程量内计算；凸出墙面的混凝土柱、梁面(包括侧壁)抹灰工程量应单独计算，按相应子目执行。

④厕所、浴室隔断抹灰工程量，按单面垂直投影面积乘以系数 2.3 计算。

(2)外墙面抹灰

①外墙面抹灰面积按外墙面的垂直投影面积计算，应扣除门窗洞口和空圈所占的面积，不扣除 0.3 m^2 以内的孔洞面积。但门窗洞口、空圈的侧壁、顶面及垛等抹灰，应按结构展开面积并入墙面抹灰中计算。外墙面不同品种砂浆抹灰应分别计算，按相应子目执行。

②外墙窗间墙与窗下墙均抹灰，以展开面积计算。

③挑檐、天沟、腰线、扶手、单独门窗套、窗台线、压顶等，均以结构尺寸展开面积计算。窗台线与腰线连接时，并入腰线内计算。

④外窗台抹灰长度，如设计图纸无规定时，可按窗洞口宽度两边共加 20 cm 计算。窗台展开宽度一砖墙按 36 cm 计算，每增加半砖宽则累增 12 cm。窗台构造如图 3.38 所示。

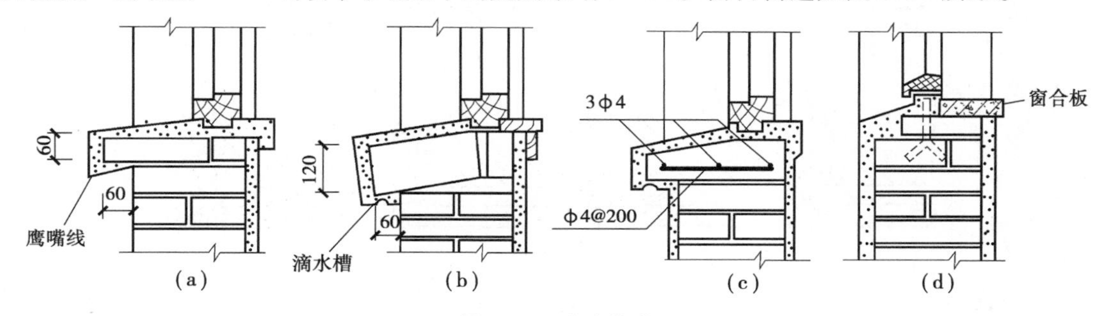

图 3.38　窗台构造

单独圈梁抹灰(包括门、窗洞口顶部)、附着在混凝土梁上的混凝土装饰线条抹灰均以展

开面积以 m^2 计算。

⑤阳台、雨篷抹灰按水平投影面积计算。定额中已包括顶面、底面、侧面及牛腿的全部抹灰面积。阳台栏杆、栏板、垂直遮阳板抹灰另列项目计算。栏板以单面垂直投影面积乘以系数2.1。

⑥水平遮阳板顶面、侧面抹灰按其水平投影面积乘以系数1.5,板底面积并入天棚抹灰内计算。

⑦勾缝按墙面垂直投影面积计算,应扣除墙裙、腰线和挑檐的抹灰面积,不扣除门窗套、零星抹灰和门窗洞口等面积,但垛的侧面、门窗洞侧壁和顶面的面积亦不增加。

(3)挂、贴块料面层

①内外墙面、柱梁面、零星项目镶贴块料面层均按块料面层的建筑尺寸(各块料面层+粘贴砂浆厚度=25 mm)面积计算。门窗洞口面积扣除,侧壁、附垛贴面应并入墙面工程量内。内墙面腰线花砖按延长米计算。

块料墙柱面计量与计价

②窗台、腰线、门窗套、天沟、挑檐、盥洗槽、池脚等块料面层镶贴,均以建筑尺寸的展开面积(包括砂浆及块料面层厚度)按零星项目计算。面砖阴阳角构造如图3.39所示。

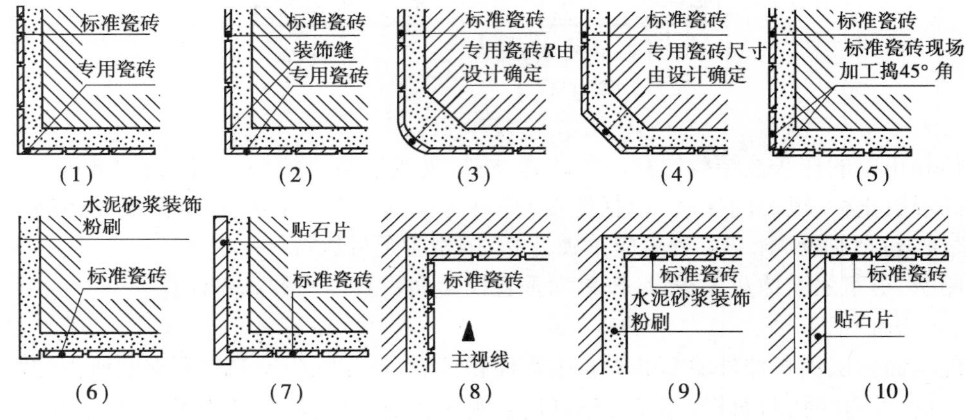

图3.39 面砖阴阳角构造

③石材块料面板挂、贴均按面层的建筑尺寸(包括干挂空间、砂浆、板厚度)展开面积计算。石材阴阳角构造如图3.40所示。挂贴花岗岩示意如图3.41所示。饰面板打眼示意如图3.42所示。

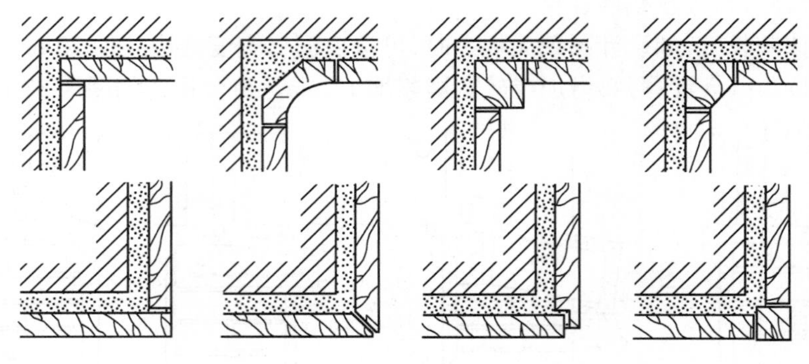

图3.40 石材阴阳角构造

④石材圆柱面(图3.43)按石材面外围周长乘以柱高(应扣除柱墩、帽高度)以 m^2 计算。石材柱墩、柱帽按石材圆柱面外围周长乘其高度以 m^2 计算。圆柱腰线按石材圆柱面外围周长计算。

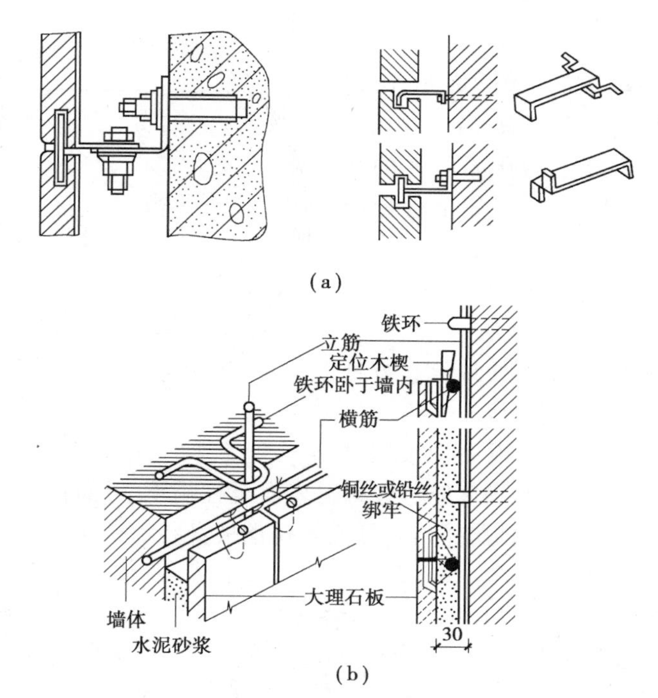

图 3.41 挂贴花岗岩示意图

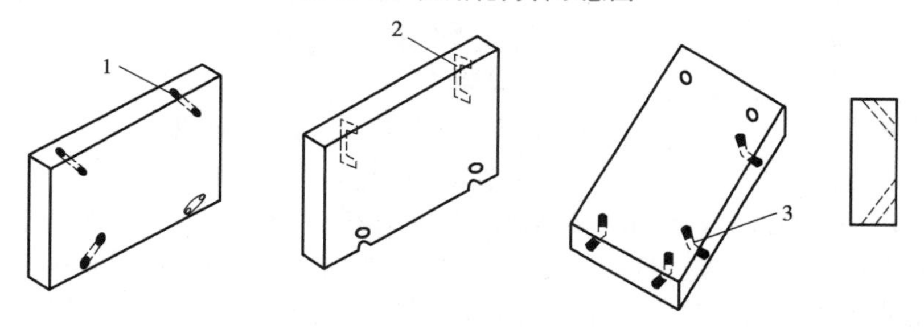

图 3.42 饰面板打眼示意图

1—打斜眼;2—打二面牛鼻子眼;3—打三面牛鼻子眼

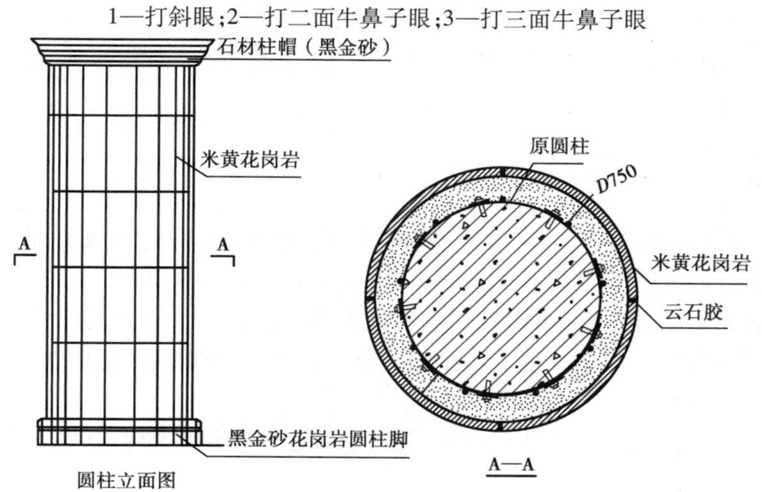

图 3.43 石材圆柱面

(4)墙、柱木装饰及柱包不锈钢镜面

①墙、墙裙、柱(梁)面。木装饰龙骨、衬板、面层及粘贴切片板按净面积计算,并扣除门、窗洞口及 0.3 m^2 以上的孔洞所占的面积,附墙垛及门、窗侧壁并入墙面工程量内计算。

单独门、窗套按相应章节的相应子目计算。

柱、梁按展开宽度乘以净长计算。方柱包圆形饰面如图 3.44 所示。

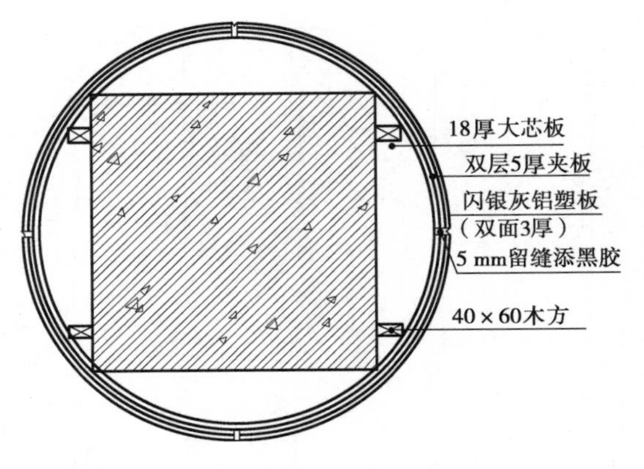

图 3.44　方柱包圆形饰面

②不锈钢镜面、各种装饰板面均按展开面积计算。有柱帽、柱脚时,则高度应从柱脚上表面至柱帽下表面计算。柱帽、柱脚按面层的展开面积以 m^2 计算,套柱帽、柱脚子目。柱面不锈钢板安装示意如图 3.45 所示。

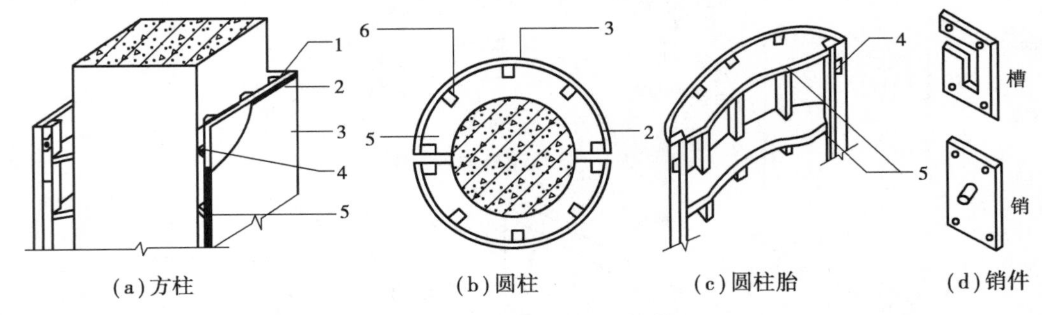

图 3.45　柱面不锈钢板安装

1—木骨架;2—胶合板;3—不锈钢板;4—销件;5—中密度板;6—木质竖筋

③幕墙以框外围面积计算。幕墙与建筑顶端、两端的封边按图示尺寸以 m^2 计算,自然层的水平隔离与建筑物的连接按延长米计算(连接层包括上、下镀锌钢板在内)。幕墙上下设计有窗者,计算幕墙面积时,窗面积不扣除,但每 10 m^2 窗面积另增加人工 5 个工日,增加的窗料及五金按实计算(幕墙上铝合金窗不再另外计算)。其中,全玻璃幕墙以结构外边按玻璃(带肋)展开面积计算,支座处隐藏部分玻璃合并计算。

板材类墙柱面计量与计价

3)套用定额说明

(1)一般规定

①墙柱面工程定额均按中级抹灰考虑,设计砂浆品种、饰面材料规格如与定额取定不同时,应按设计调整,但人工数量不变。抹灰类墙面构造如图 3.46 所示。

②外墙保温材料品种不同,可根据相应定额进行换算调整。地下室外墙粘贴保温板,可参照相应定额,材料可换算,其他不变。柱梁面粘贴复合保温板可参照墙面执行。外保温复合墙体构造如图 3.47 所示。

③墙柱面工程装饰均不包括抹灰脚手架费用,脚手架费用按脚手架相应子目执行。

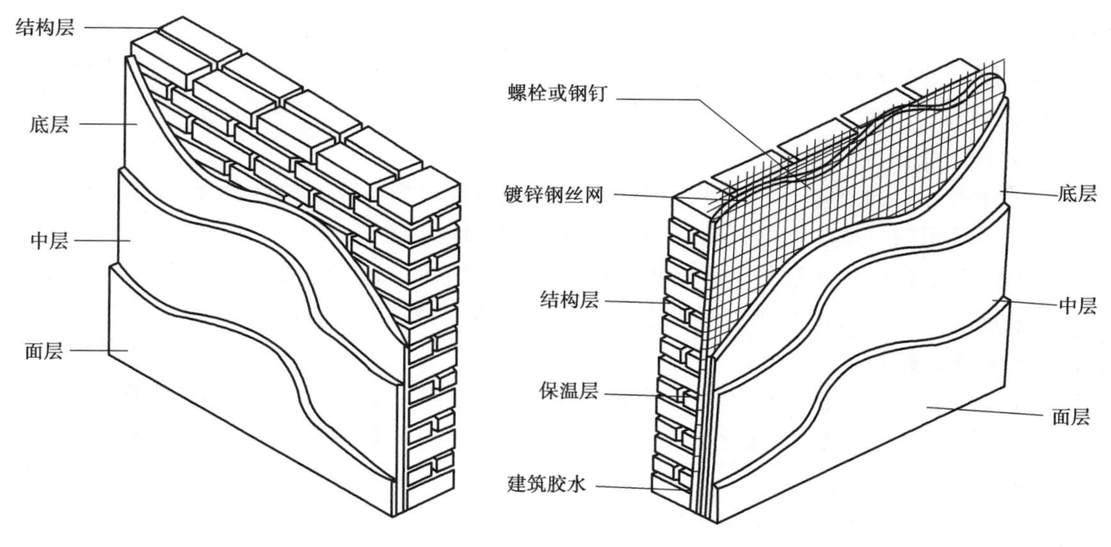

图 3.46 抹灰类墙面构造

图 3.47 外保温复合墙体构造

(2)墙柱面装饰

①墙、柱的抹灰及镶贴块料面层所取定的砂浆品种、厚度在装饰工程计价定额中注明。设计砂浆品种、厚度与定额不同均应调整。砂浆用量按比例调整。外墙面砖基层刮糙处理,如基层处理设计采用保温砂浆时,此部分砂浆作相应换算,其他不变。

②在圆弧形墙面、梁面抹灰或镶贴块料面层(包括挂贴、干挂石材块料面板),按相应定额子目人工乘以系数 1.18(工程量按其弧形面积计算)。块料面层中带有弧边的石材损耗,应按实调整,每 10 m 弧形部分,切贴人工增加 0.6 工日、合金钢切割片 0.14 片、石料切割机 0.6 台班。

③石材块料面板均不包括磨边,设计要求磨边或墙、柱面贴石材装饰线条者,按相应定额子目执行。设计线条重叠次数,套相应"装饰线条"次数。

④外墙面窗间墙、窗下墙同时抹灰,按外墙抹灰相应子目执行,单独圈梁抹灰(包括门、窗洞口顶部)按腰线子目执行,附着在混凝土梁上的混凝土线条抹灰按混凝土装饰线条抹灰子目执行。但窗间墙单独抹灰或镶贴块料面层,按相应人工乘以系数 1.15。

⑤门窗洞口侧边、附墙垛等小面粘贴块料面层时,门窗洞口侧边、附墙垛等小面排版规格小于块料原规格并需要裁剪的块料面层项目,可套用柱、梁、零星项目。

⑥内外墙贴面砖的规格与定额取定规格不符,数量应按下式确定:

$$\text{实际数量} = \frac{10\ \text{m}^2}{(\text{砖长} + \text{灰缝宽}) \times (\text{砖宽} + \text{灰缝宽})} \times (1 + \text{相应损耗率})$$

⑦高在 3.60 m 以内的围墙抹灰均按内墙面相应抹灰子目执行。

⑧石材块料面板上钻孔成槽由供应商完成的,扣除基价中人工的 10% 和其他机械费。墙柱面工程斩假石已包括底、面抹灰。

⑨混凝土墙、柱、梁面的抹灰底层已包括刷一道素水泥浆在内,设计刷两道,每增一道按相应子目执行。设计采用专用黏结剂时,可套用相应干粉型黏结剂粘贴子目,换算干粉型黏结剂材料为相应专用黏结剂。设计采用聚合物砂浆粉刷的,可套用相应定额,材料换算,其他不变。

⑩外墙内表面的抹灰按内墙面抹灰子目执行;砌块墙面的抹灰按混凝土墙面相应抹灰子

目执行。

⑪干挂石材及大规格面砖所用的干挂胶(AB 胶),每组的用量组成为:A 组 1.33 kg,B 组 0.67 kg。

(3)内墙、柱面木装饰及柱面包钢板

①设计木墙裙的龙骨与定额间距、规格不同时,应按比例换算木龙骨含量。定额仅编制了一般项目中常用的骨架与面层,骨架、衬板、基层、面层均应分开计算。

②木饰面子目的木基层均未含防火材料,设计要求刷防火涂料,按相应定额子目执行。

③装饰面层中均未包括墙裙压顶线、压条、踢脚线、门窗贴脸等装饰线,设计有要求时,应按相应定额子目执行。

④幕墙材料品种、含量,设计要求与定额不同时应调整,但人工、机械不变。所有干挂石材、面砖、玻璃幕墙、金属板幕墙子目中不含钢骨架、预埋(后置)铁件的制作安装费,另按相应定额子目执行。

⑤不锈钢、铝单板等装饰板块折边加工费及成品铝单板折边面积应计入材料单价中,不另计算。

⑥网塑夹芯板之间设置加固方钢立柱、横梁,应根据设计要求按相应定额子目执行。

⑦本定额未包括玻璃、石材的车边、磨边费用。石材车边、磨边按相应定额子目执行;玻璃车边费用按市场加工费另行计算。

⑧成品装饰面板现场安装,需做龙骨、基层板时,套用墙面相应子目。

下面所有例题中,为简化计算、突出重点,除题目说明之外,人工、材料、机械按定额预算价不调整;管理费率、利润率按定额执行不调整;题目未注明者不考虑垂直运输及超高费用。

【例3.8】 某传达室地面铺地砖,并用同质地砖贴120 mm 高踢脚线。墙体均采用黏土标准砖砌筑。内墙踢脚线以上采用混合砂浆抹面,做法:混合砂浆1:1:6打底12 mm 厚,混合砂浆1:0.3:3 面层6 mm 厚。内墙所有阳角处均做1.8 m 高水泥砂浆护角线。外墙干粘石抹面,做法:水泥砂浆 1:3打底 12 mm 厚,水泥砂浆 1:3罩面 6 mm 厚,上做干粘石。

已知室内地面标高为 ±0.00 m,平面图及北立面图如图 3.48 所示。人工、材料、机械台班单价以及管理费费率、利润率按计价定额不调整,其余未作说明的均按计价定额规定执行。

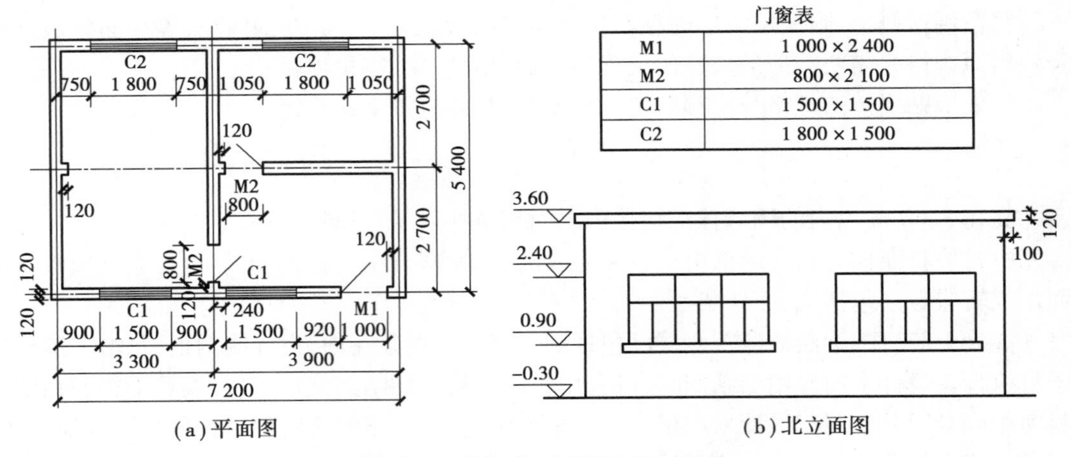

门窗表

M1	1 000 × 2 400
M2	800 × 2 100
C1	1 500 × 1 500
C2	1 800 × 1 500

图 3.48 传达室平面图及北立面图

【分析要点】 (1)本例为普通的内墙面一般抹灰、外墙面装饰抹灰工程,一般用于中低档的工装,也可以用于家装。如果是家装,应在背景中注明,本例应按中档工装计算。

(2)列项及工程量计算时应注意:

①本题主要考核内外墙抹灰工程量计算及定额换算,应列内墙抹灰、外墙抹灰及窗台线抹灰三项。

②计算内墙面抹灰时,洞口侧壁和顶面抹灰不增加,但垛的侧面抹灰面积应并入内墙面工程量内计算。另外,不扣除踢脚线所占面积。

③计算外墙面抹灰时,洞口侧壁、顶面及垛等抹灰应按结构展开面积并入墙面抹灰中计算。外墙面不同品种砂浆抹灰应分别计算,按相应子目执行。

④外窗台抹灰长度,如设计图纸无规定时,可按窗洞口宽度两边共加 20 cm 计算。窗台展开宽度一砖墙按 36 cm 计算,每增加半砖宽则累增 12 cm。

⑤混合砂浆粉刷中已包括水泥护角线,不另行计算。

(3)套用定额时应注意:

①抹灰定额均按中级抹灰考虑,设计砂浆品种、厚度与定额取定不同时,应按设计调整,砂浆用量按比例调整,但人工数量不变。

②内墙抹灰定额取定:混合砂浆 1:1:6打底 15 mm 厚,混合砂浆 1:0.3:3 面层 5 mm 厚。设计与定额不同应换算。

③外墙干粘石定额取定:水泥砂浆 1:3打底 12 mm 厚,水泥砂浆 1:3罩面 6 mm 厚。设计与定额相同不需换算。

【解】 (1)列项,计算工程量,见表 3.14。

表 3.14 工程量计算表

序号	项目名称	计量单位	工程量	计算公式	备注
1	内墙面抹混合砂浆	m^2	129.16	[(3.3 - 0.24) + (5.4 - 0.24) + 垛 0.12] × 2 × 3.60 = 60.05 [(3.9 - 0.24) + (2.7 - 0.24)] × 2 × 2 × 3.60 = 88.13 扣洞口:M1 1.0 × 2.4 × 1 + M2 0.8 × 2.1 × 4 + C1 1.5 × 1.5 × 2 + C2 1.8 × 1.5 × 2 = 19.02 合计:129.16	不增洞口侧壁
2	外墙面干粘石抹面	m^2	92.16	[(7.2 + 0.24) + (5.4 + 0.24)] × 2 × (3.60 + 0.30) = 102.02 扣洞口:M1 1.0 × 2.4 × 1 + C1 1.5 × 1.5 × 2 + C2 1.8 × 1.5 × 2 = 12.30 增洞口侧壁:M1(1.0 + 2.4 × 2) × 0.1 × 1 + C1(1.5 + 1.5 × 2) × 0.1 × 2 + C2(1.8 + 1.5 × 2) × 0.1 × 2 = 2.44 合计:92.16	增洞口侧壁
3	窗台线干粘石抹面	m^2	2.40	C1(1.5 + 0.2) × 0.36 × 2 + C2(1.8 + 0.2) × 0.36 × 2 = 2.66	

(2)套用定额,计算分部分项工程费,见表 3.15。

表 3.15 分部分项工程费计算表

序号	定额编号	项目名称	计量单位	工程量	综合单价/元	合价/元
1	14-38 换	内墙面混合砂浆	10 m^2	12.916	205.41	2 653.08
2	14-67	外墙面干粘石	10 m^2	9.216	407.77	3 758.01
3	14-70	窗台线干粘石	10 m^2	0.266	1 200.19	319.25
		小　计				6 730.34
综合单价换算依据及过程	内墙面混合砂浆:14-38 换 ①换算依据:抹灰定额均按中级抹灰考虑,设计砂浆品种、厚度与定额取定不同时,应按设计调整;砂浆用量按比例调整,但人工数量不变。 ②查定额附录中“抹灰分层厚度及砂浆种类表”,混合砂浆内墙面定额取定的砂浆种类及分层厚度分别为:1∶1∶6混合砂浆底层 15 mm 厚,1∶0.3∶3混合砂浆面层 5 mm 厚,合计 20 mm 厚。 ③换算过程: a. 按设计换算砂浆的种类及含量:砂浆品种一样,但厚度不同。 定额取定 1∶1∶6厚 15 mm 含量为 0.165 m^3/10 m^2,因此 12 mm 厚的含量为 0.165 ×12/15 m^3/10 m^2 定额取定 1∶0.3∶3厚 5 mm 含量为0.051 m^3/10 m^2,因此 6 mm 厚的含量为 0.051 ×6/5 m^3/10 m^2 b. 综合单价:原综合单价 209.95 − 1∶1∶6砂浆 35.62 + 0.165 ×12/15 ×215.85 − 1∶0.3∶3砂浆 12.95 +0.051 ×6/5 ×253.85 =205.41					

【拓展与思考】

(1)【例 3.8】在解答过程中因突出重点的需要,仅换算抹灰厚度,未调整人工、材料单价及管理费、利润。请思考单独装饰工程、装饰工程、土建工程的计价有何区别。

(2)若【例 3.8】为家装,与上述计算结果会有哪些不同?并按家装重新计算本题。

【例 3.9】 某居民家庭室内卫生间墙面装饰如图 3.49 所示,12 mm 厚 1∶3水泥砂浆底层、5 mm 厚素水泥浆结合层贴瓷砖,瓷砖规格为 200 mm ×300 mm ×8 mm,瓷砖价格为8 元/块,其余材料价格按计价定额不变。请计算该卫生间贴瓷砖的费用。

窗侧四周需贴瓷砖,阳角 45°磨边对缝;门洞处不贴瓷砖;门洞口尺寸 800 mm ×2 000 mm,窗洞口尺寸 1 200 mm ×1 400 mm;图示尺寸除大样图外,均为结构净尺寸。

人工 110.00 元/工日;管理费率 43%、利润率 15%。其余未作说明的均按计价定额规定执行。

【分析要点】 (1)本例为普通的内墙面贴瓷砖工程,一般用于中低档的工装及家装,也可用于使用高档墙砖镶贴的中高档装饰中。本例给出的条件是单独装饰工程,并明确是家装。

(2)列项时应注意:窗侧四周瓷砖阳角 45°磨边对缝,应单独列项。

(3)计算工程量时应注意:

①内外墙面、柱梁面、零星项目镶贴块料面层均按块料面层的建筑尺寸(各块料面层 + 粘贴砂浆厚度 =25 mm)面积计算。门窗洞口面积扣除,侧壁、附垛贴面应并入墙面工程量内。

②洞口侧壁宽度:100 mm。

③房间净空:结构尺寸 3 000 mm ×2 000 mm,贴面后的建筑尺寸为 2 950 mm ×1 950 mm。

(4)套用定额时应注意:

①墙面镶贴块料面层所取定的砂浆品种、厚度,设计与定额不同均应调整,砂浆用量按比

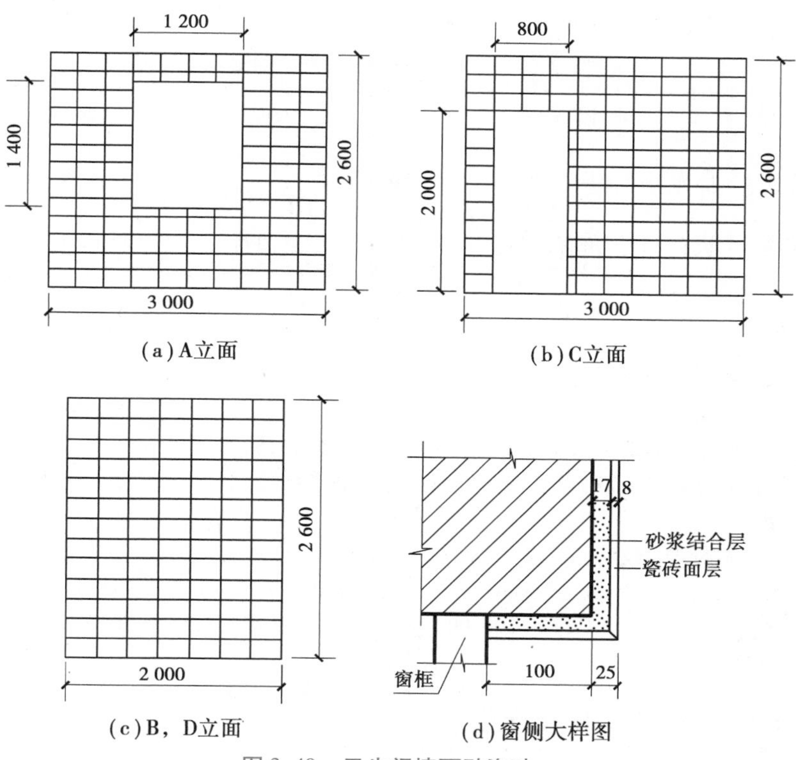

图 3.49 卫生间墙面贴瓷砖

例调整，其他不变。

②墙面瓷砖定额取定的砂浆：水泥砂浆 1∶3 打底 12 mm 厚，混合砂浆 1∶0.1∶2.5 黏结层 6 mm 厚。设计与定额不同应换算。

③计价定额的总说明中有规定：家庭室内装饰工程执行定额时人工乘以系数 1.15。

【解】 (1) 列项，计算工程量，见表 3.16。

表 3.16 工程量计算表

序号	项目名称	计量单位	工程量	计算公式	备注
1	墙面贴瓷砖	m^2	23.21 或 22.95	A 立面：3.00×2.60 − (1.4 − 0.05) × (1.2 − 0.05) + 0.125 × [(1.4 − 0.05) + (1.2 − 0.05)] × 2 = 6.87 或 2.95 × 2.6 − (1.4 − 0.05) × (1.2 − 0.05) + 0.125 × [(1.4 − 0.05) + (1.2 − 0.05)] × 2 = 6.74 B，D 立面：(2 − 0.05) × 2.6 × 2 = 10.14 C 立面：3 × 2.6 − 0.8 × 2 = 6.20 或 2.95 × 2.6 − 0.8 × 2 = 6.07 合计：23.21 或 22.95	瓷砖及砂浆厚度按 25 mm
2	地砖 45°倒角磨边抛光	m	10.00	[(1.4 − 0.05) × 2 + (1.2 − 0.05) × 2] × 2 = 10.0	

(2)套用定额,计算分部分项工程费,见表3.17。

表3.17　分部分项工程费计算表

<table>
<tr><th>序号</th><th>定额编号</th><th>项目名称</th><th>计量单位</th><th>工程量</th><th>综合单价/元</th><th>合价/元</th></tr>
<tr><td>1</td><td>14-80 换</td><td>墙面瓷砖面层</td><td>10 m^2</td><td>2.321
(2.295)</td><td>2 314.34</td><td>5 371.58
(5 311.4)</td></tr>
<tr><td>2</td><td>18-34 换</td><td>瓷砖45°倒角磨边抛光</td><td>10 m</td><td>1.00</td><td>118.28</td><td>118.28</td></tr>
<tr><td></td><td></td><td>小　计</td><td></td><td></td><td></td><td>5 489.86
(5 429.69)</td></tr>
<tr><td rowspan="2">综合单价换算依据及过程</td><td colspan="6">1.墙面瓷砖:14-80 换
①换算依据:
a.家庭室内装饰工程执行定额时人工乘以系数1.15;
b.附注说明:贴面砂浆用素水泥浆,基价中应扣除混合砂浆费用,增括号内的素水泥浆费用。
②换算过程:瓷砖8元/块,则8/0.06=133.33(元/m^2)。
综合单价:(4.39×1.15×110.00+机械费6.61)×(1+43%+15%)+材料费2 101.66+瓷砖差价10.25×(133.33-200.00)-扣1:0.1:2.5混合砂浆费用15.94+增括号中的素水泥浆费用24.11=2 314.34</td></tr>
<tr><td colspan="6">2.瓷砖45°倒角磨边抛光:18-34 换
综合单价:(0.55×1.15×110.00+机械费2.39)×(1+43%+15%)+材料费4.58=118.28</td></tr>
</table>

【拓展与思考】

(1)墙面块料镶贴中扣洞口、增洞口侧壁、阳角45°磨边对缝的工程量是按建筑尺寸还是结构尺寸计算?

(2)【例3.9】墙面镶贴块料面层的厚度对工程量计算是否有影响?

【例3.10】　某单独装饰工程,底层会议室有两个相同的混凝土圆柱,直径D=600 mm,全高3 500 mm,柱帽、柱墩密缝挂贴进口黑金砂花岗岩,柱身圆柱面挂贴六拼进口米黄花岗岩,板厚25 mm,灌缝1:1水泥砂浆50 mm厚,板缝打胶,贴好后酸洗打蜡。具体尺寸如图3.50所示。请计算圆柱镶贴花岗岩的费用。人工110元/工日,机械费、材料单价按计价定额不调整,其余未作说明的按计价定额规定执行。

【分析要点】　(1)本例为圆柱面镶贴石材工程,用于中高档的工装及家装。本例给出的条件是单独装饰工程,应按中档工装计算。

(2)列项时应注意:

①柱帽、柱墩、柱身镶贴分别列项计算。

②酸洗打蜡包括在相应定额中,不应单列项目计算。

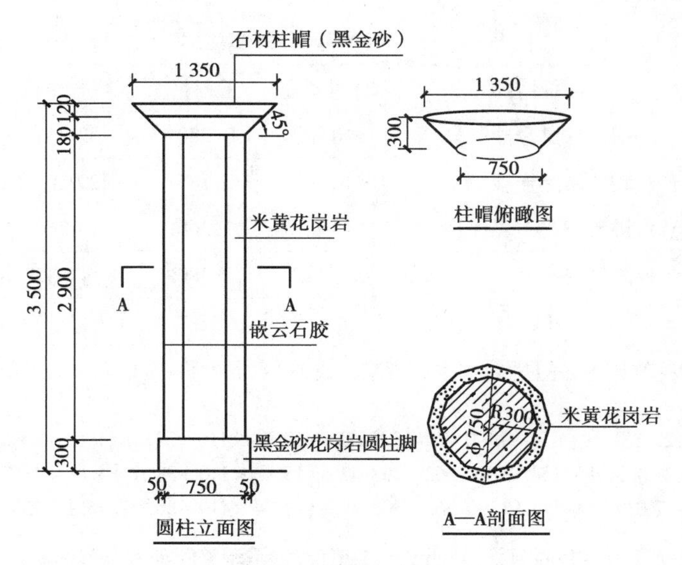

图3.50 圆柱镶贴花岗岩(六拼)

(3)计算工程量时应注意:

①石材圆柱面按石材面外围周长乘以柱高(应扣除柱墩、柱帽、腰线高度)以 m^2 计算。石材圆柱形柱墩、柱帽按石材圆柱面外围周长乘其高度以 m^2 计算。

②柱帽为圆台,其侧面积公式: $S=\pi\times$ 柱帽侧面斜长 $\times$(柱帽上底半径 + 柱帽下底半径)。

③六拼共6条缝。

(4)套用定额时应注意:

①灌缝砂浆50 mm厚,区别四拼与六拼选套。

②将1:2水泥砂浆换算成1:1水泥砂浆。

【解】 (1)列项,计算工程量,见表3.18。

表3.18 工程量计算表

序号	项目名称	计量单位	工程量	计算公式	备注
1	黑金砂柱帽	m^2	2.80	$\pi\times$ 柱帽侧面斜长尺寸 $0.4243\times(0.675+0.375)$(柱帽上、下底半径) $\times2$ 根柱 $=2.80$	圆台的外侧面积
2	黑金砂柱墩	m^2	1.85	侧面: $\pi\times0.85\times0.3\times2$ 根柱 $=1.6$ 上表面: $\pi\times(0.425^2-0.375^2)\times2$ 根柱 $=0.25$ 合计:1.85	侧面、顶面
3	六拼米黄柱身	m^2	13.66	$3.14\times0.75\times(3.5-0.3-0.3)\times2=13.66$	扣柱帽、墩
4	板缝嵌云石胶	m	34.80	$(3.5-0.3\times2)\times6\times2=34.8$	6道竖向缝

(2)套用定额,计算分部分项工程费,见表3.19。

表 3.19　分部分项工程费计算表

序号	定额编号	项目名称	计量单位	工程量	综合单价/元	合价/元
1	14-135 换	柱帽挂贴黑金砂	10 m^2	0.280	32 731.19	9 164.73
2	14-134 换	柱墩挂贴黑金砂	10 m^2	0.185	29 185.02	5 399.23
3	14-132 换	六拼米黄花岗岩柱身	10 m^2	1.366	19 260.58	26 309.95
4	18-38 换	板缝打胶	10 m	3.480	35.38	123.12
		小　计				40 997.04
综合单价换算依据及过程	下列三项换算内容：一是将 1∶2水泥砂浆换成 1∶1水泥砂浆；二是调整人工单价；三是调整管理费及利润率。 14-135 换：29 620.38 − 154.91 + 0.562 × 308.42 + (17.48 × 110 + 34.41) × (1 + 43% + 15%) = 32 731.19 14-134 换：26 423.78 − 154.91 + 0.562 × 308.42 + (15.43 × 110 + 38.66) × (1 + 43% + 15%) = 29 185.02 14-132 换：17 039.16 − 154.91 + 0.562 × 308.42 + (12.34 × 110 + 36.90) × (1 + 43% + 15%) = 19 260.58					
	下列一项换算内容共两项：一是调整人工单价；二是调整管理费及利润率。 18-38 换：5.83 + (0.17 × 110.00 + 0.00) × (1 + 43% + 15%) = 35.38					

【拓展与思考】

(1) 圆柱镶贴的石材均为定制加工，该加工费体现在造价中的哪个方面？在其他条件相同的情况下，四拼和六拼相比石材单价哪个会更高一些？

(2)【例 3.10】中柱墩和柱帽的工程量计算是否符合计价定额计算规则？你认为应该如何计算？

【例 3.11】　某单独装饰工程，宾馆底层公共大厅有一个混凝土独立圆柱，高 8 m，直径 $D = 600$ mm，采用木龙骨普通切片板包柱装饰，如图 3.51 所示。

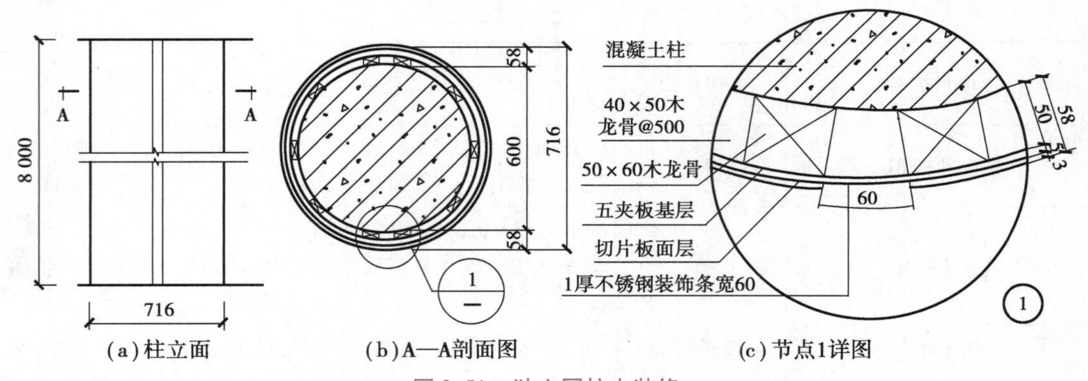

图 3.51　独立圆柱木装修

横向木龙骨断面 40 mm × 50 mm@500 mm，10 根竖向木龙骨断面 50 mm × 60 mm，采用膨胀螺栓固定，五夹板基层钉在木龙骨上，基层上贴普通切片三夹板和 2 根镜面不锈钢装饰条（$\delta = 1$ mm，宽 60 mm）。木龙骨刷防火漆 2 遍，五夹板基层刷防火漆不计。切片板面的油漆做法：润油粉、刮腻子、刷聚氨酯清漆 4 遍。切片板饰面油漆按展开面积套用其他木材面子目。请计算圆柱木装修的费用。

人工工资单价、材料单价、机械台班单价执行定额预算价，不作调整。

【分析要点】 (1)本例为圆柱面外钉装木饰面，用于中高档的工装及家装。本例给出的条件是单独装饰工程，应按中档工装计算。

(2)列项时应注意：龙骨、基层板、面板分别列项计算。另外，不锈钢装饰条、防火漆、面漆另计。

(3)计算工程量时应注意：

①木装饰龙骨、衬板、面层及粘贴切片板按净面积计算，并扣除门窗洞口及0.3 m^2 以上的孔洞所占的面积，附墙垛及门窗侧壁并入墙面工程量内计算。

②龙骨、基层板、面板的建筑尺寸各不相同，体现在半径不同。

③油漆与基层或面层的工程量相同。

(4)套用定额时应注意：

①题目没有给出胶合板的实际价格，执行定额预算价，查胶合板 2 440 mm ×1 220 mm × 5 mm，定额预算价为 15 元/m^2。

②定额中成品不锈钢板线条(展宽 50 mm) $\delta = 1.0$ mm，实际不同按比例换算。

③定额附注内容：定额中方形柱梁面、圆柱面、方柱包圆形木龙骨断面分别按 24 mm × 30 mm、40 mm ×45 mm、40 mm ×50 mm 考虑的，设计规格与定额不符时，应按比例调整(未设计规格者按计价定额执行)。定额中墙面、梁柱面木龙骨的损耗率为 5%。

④本题说明是单独装饰工程，故管理费按 43%、利润率按 15% 计算。

【解】 (1)列项，计算工程量，见表 3.20。

表 3.20 工程量计算表

序号	项目名称	计量单位	工程量	计算公式	备注
1	圆柱面木龙骨基层	m^2	17.58	$3.14 \times (0.6 + 0.1) \times 8 = 17.58$	
2	柱梁面五夹板基层钉在木龙骨上	m^2	17.84	$3.14 \times (0.7 + 0.005 \times 2) \times 8 = 17.84$	
3	圆柱普通切片板贴在夹板基层上	m^2	17.03	$[3.14 \times (0.7 + 0.008 \times 2) - 0.06 \times 2] \times 8 = 17.03$	
4	镜面不锈钢装饰条 60 mm	m	16.00	$8 \times 2 = 16.00$	
5	双向木龙骨刷防火漆 2 遍	m^2	17.58	同木龙骨基层	
6	柱面润油粉、刮腻子、刷聚氨酯清漆 4 遍	m^2	17.03	同切片板工程量	

(2)套用定额，计算分部分项工程费，见表 3.21。

表 3.21　分部分项工程费计算表

序号	定额编号	项目名称	计量单位	工程量	综合单价/元	合价/元
1	14-170 换	圆柱面木龙骨基层	10 m^2	1.758	822.61	1 446.15
2	14-187 换	柱梁面五夹板基层钉在木龙骨上	10 m^2	1.784	336.57	600.44
3	14-195 换	圆柱普通切片板贴在夹板基层上	10 m^2	1.703	506.91	863.27
4	18-17 换	镜面不锈钢装饰条 60 mm	100 m	0.16	2 808.83	449.41
5	17-96 换	双向木龙骨刷防火漆 2 遍	10 m^2	1.758	155.23	272.89
6	17-37 + 17-47 换	柱面润油粉、刮腻子、刷聚氨酯清漆 4 遍	10 m^2	1.703	761.10	1 296.15
		小　计				4 928.31
综合单价换算依据及过程	1. 柱面木龙骨基层:14-170 换 ①换算依据:定额中圆柱面木龙骨断面按 40 mm × 45 mm 考虑,设计规格与定额不符时,应按比例调整(未设计规格者按定额执行)。定额中墙面、梁柱面木龙骨的损耗率为 5%。 ②换算过程: 木龙骨设计用量:$(\pi \times 0.7 - 0.06 \times 10) \times (8/0.5 + 1) \times 0.04 \times 0.05 + 8 \times 10 \times 0.05 \times 0.06 = 0.294(m^3)$ 木龙骨每 10 m^2 的含量:$0.294 \times 1.05/17.58 \times 10 = 0.176(m^3/10\ m^2)$ 综合单价:(283.90 + 6.00) × (1 + 43% + 15%) + 154.97 − 72.00 + 0.176 × 1 600.00 = 822.61					
	2. 柱面夹板基层:14-187 换 综合单价:(110.50 + 0.41) × (1 + 43% + 15%) + 402.83 − 细木工板 399.00 + 五夹板 10.5 × 15.00 = 336.57					
	3. 柱面切片板面层:14-195 换 综合单价:(138.55 + 0.00) × (1 + 43% + 15%) + 288.00 = 506.91					
	4. 不锈钢装饰条:18-17 换 综合单价:(306.00 + 20.00) × (1 + 43% + 15%) + 1 915.75 − 1 890.00 + 含量 105.00 × 单价换算 18.00/50 × 60 = 2 808.83					
	5. 木龙骨防火漆:17-96 换 综合单价:(74.80 + 0.00) × (1 + 43% + 15%) + 37.05 = 155.23					
	6. 柱面聚氨酯清漆:17-37 + 17-47 换 综合单价:(335.75 + 46.75 + 0.00) × (1 + 43% + 15%) + 121.56 + 35.19 = 761.10					

【拓展与思考】

(1) 圆柱外木龙骨为 10 根纵向和间距 500 mm 的横向两种,【例 3.11】在计算龙骨含量时,10 根纵向龙骨完整计算,而横向龙骨则按其长度减去纵向龙骨所占宽度计算,你认为这样做是否恰当?为什么?

(2) 若【例 3.11】改为高档装修标准,请你设定一个在中档标准基础上增加的适当幅度值,并重新计算本题。

【例3.12】 某单独装饰工程，在2楼会议室内的一面墙上做2 100 mm高凹凸木墙裙，如图3.52所示。墙裙的木龙骨(包括踢脚线)截面为30 mm×50 mm，间距为350 mm×350 mm，木楞与主墙用木针固定，该木墙裙长11.00 m，采用9 mm厚多层夹板基层，其中底层夹板满铺，第二层夹板面积为10.66 m^2。在凹凸基层上用万能胶粘贴普通切片板合计面积22.44 m^2(不含踢脚线部分)，其中斜拼12.00 m^2。墙裙上口做50 mm×70 mm成品压顶线。

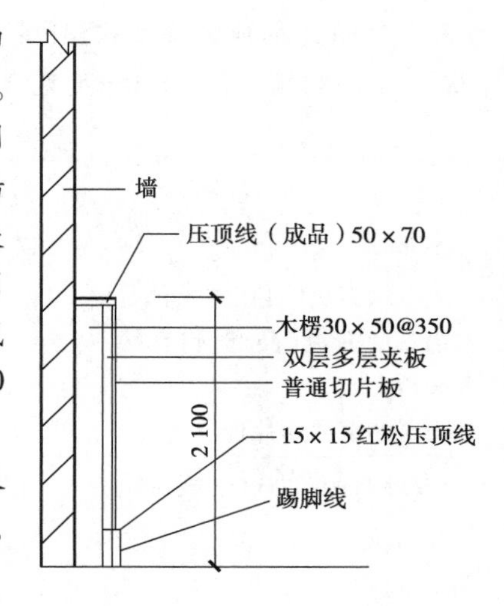

图3.52 墙裙剖面图

踢脚线150 mm高，在龙骨上钉18 mm厚细木工板基层，基层上用万能胶粘贴150 mm高普通切片板面层，踢脚线上口用15 mm×15 mm成品红松线条包阳角。

切片板面及压顶线条油漆：润油粉2遍，刮腻子，漆片硝基清漆，磨退出亮。

已知：50 mm×70 mm成品压顶线8.00元/m；15 mm×15 mm成品红松压顶线5.00元/m。根据已知条件计算该工程的分部分项工程费。(除题目给出的单价外，其他人工、材料、机械台班单价按定额预算价执行，不作调整)

【分析要点】 (1)本例为墙面铺设凹凸木墙裙工程，用于中高档的工装及家装。本例给出的条件是单独装饰工程，应按中档工装计算。

(2)列项时注意：

龙骨、基层板、面板分别列项计算。另外，踢脚线、压顶线条、油漆等另列项计算。

(3)计算工程量时应注意：

①木装饰龙骨、衬板、面层及粘贴切片板按净面积计算，并扣除门、窗洞口及0.3 m^2以上的孔洞所占的面积，附墙垛及门、窗侧壁并入墙面工程量内计算。

②踢脚线及压顶线按长度以延长米计算。

③查木材面油漆工程量计算规则，切片板油漆与基层或面层的工程量相同；压顶线条油漆套用木扶手油漆子目，其工程量应乘以如下系数：线条宽在150 mm内的为0.35，线条宽在150 mm外的为0.52。

(4)套用定额时应注意：

①墙面、墙裙木龙骨断面是按24 mm×30 mm、间距300 mm×300 mm考虑的，设计断面、间距与定额不符时，应按比例调整。龙骨与墙面固定不用木砖改用木针时，定额中普通成材应扣除0.04 m^3/10 m^2。

②在基层板上再做一层凸面夹板时，每10 m^2另加夹板10.5 m^2、人工1.90工日。

③设计踢脚线安装在墙面木龙骨上时，应扣除木砖成材0.009 m^3。踢脚线包阳角按木压顶线子目执行。

④在有凹凸基层夹板上镶贴切片板面层时，按墙面定额人工乘以系数1.30，切片板含量乘以系数1.05，其他不变。

⑤设计普通切片板斜拼纹者，每10 m^2斜拼纹按墙面定额人工乘以系数1.30，切片板含量乘以系数1.10，其他不变。

⑥本题说明是单独装饰工程,故管理费按43%、利润率按15%计算。

【解】 (1)列项,计算工程量,见表3.22。

表3.22 工程量计算表

序号	项目名称	计量单位	工程量	计算公式	备注
1	木龙骨	m^2	23.10	2.10×11.00=23.10	
2	第一层夹板(钉在木龙骨上)	m^2	21.45	(2.10−0.15)×11.00=21.45	
3	第二层夹板(凸起,钉在第一层夹板上)	m^2	10.66	题目给出10.66	
4	面层贴普通切片板	m^2	10.44	题目给出22.44−12.00=10.44	
5	面层贴普通切片板(斜拼)	m^2	12.00	题目给出12.00	
6	墙裙压顶线条	m	11.00	等于墙裙长11.00	
7	踢脚线	m	11.00	等于墙裙长11.00	
8	踢脚线包阳角木线条	m	11.00	等于墙裙长11.00	
9	切片板面油漆	m^2	22.44	同切片板面积22.44	
10	踢脚线油漆	m	11.00	11.00	
11	墙裙木压顶线油漆	m	3.85	11.00×0.35=3.85	
12	踢脚线阳角线条油漆	m	3.85	11.00×0.35=3.85	

(2)套用定额,计算分部分项工程费,见表3.23。

表3.23 分部分项工程费计算表

序号	定额编号	项目名称	计量单位	工程量	综合单价/元	合价/元
1	14-168换	墙裙木龙骨基层	10 m^2	2.310	475.83	1 099.17
2	14-185换	墙裙夹板基层(第一层)	10 m^2	2.145	340.73	730.87
3	14-185换	墙裙夹板基层(第二层)	10 m^2	1.066	433.67	462.29
4	13-131换	踢脚线	100 m	1.100	207.35	228.09
5	18-22换	墙裙压顶线条	100 m	1.100	1 219.58	1 341.54
6	18-22换	踢脚线包阳角木线条	100 m	1.100	889.58	978.54
7	14-193换	墙裙面普通切片板(3 mm)粘贴在凹凸夹板基层上	10 m^2	1.044	497.96	519.87
8	14-193换	墙裙面普通切片板(3 mm)斜拼粘贴在凹凸夹板基层上	10 m^2	1.200	580.66	696.79
9	17-79换	切片板油漆	10 m^2	2.244	1 239.12	2 780.59
10	17-80换	踢脚线油漆	10 m	1.100	214.43	235.87
11	17-78换	木压顶线油漆	10 m	0.385	397.30	152.96
12	17-78换	踢脚线阳角木线条油漆	10 m	0.385	397.30	152.96
		小 计				9 352.54

续表

<table>
<tr><td rowspan="11">综合单价换算依据及过程</td><td>1. 墙裙木龙骨:14-168 换
①换算依据:定额取定木龙骨断面是按 24 mm×30 mm、间距 300 mm×300 mm,设计断面为 30 mm×50 mm、间距 350 mm×350 mm,应按比例调整。龙骨与墙面固定不用木砖改用木针时,应扣除定额中普通成材 0.04 m^3/10 m^2。
②综合单价:(181.90 + 7.09) × (1 + 43% + 15%) + 180.95 − 177.60 + (0.111 − 0.04) × (30×50)/(24×30) × (300×300)/(350×350) ×1 600 = 475.83</td></tr>
<tr><td>2. 墙裙夹板基层(第一层):14-185 换
①换算依据:细木工板换成 9 mm 厚多层夹板,查 9 mm 厚多层夹板的定额单价为 17.00 元/m^2。
②综合单价:(101.15 + 0.24) × (1 + 43% + 15%) + 401.03 − 399.00 + 10.5 × 17.00 = 340.73</td></tr>
<tr><td>3. 墙裙夹板基层(第二层):14-185 换
①换算依据:
a. 根据附注,在基层板上再做一层凸面夹板时,每 10 m^2 另加夹板 10.5 m^2、人工 1.90 工日;
b. 细木工板换成 9 mm 厚多层夹板,查 9 mm 厚多层夹板的定额单价为 17.00 元/m^2。
②综合单价:1.9 × 85 × (1 + 43% + 15%) + 10.5 × 17.00 = 433.67</td></tr>
<tr><td>4. 木踢脚线:13-131 换
①换算依据:
a. 附注内容:设计踢脚线安装在墙面木龙骨上时,应扣除木砖成材 0.009 m^3;
b. 12 mm 厚细木工板换成 18 mm 厚细木工板,查 18 mm 厚的单价为 38.00 元/m^2。
②综合单价:(57.80 + 1.47) × (1 + 43% + 15%) + 118.62 − 0.009 × 1 600.00 + 1.58 × (38.00 − 32.00) = 207.35</td></tr>
<tr><td>5. 墙裙压顶木线条:18-22 换
综合单价:(175.95 + 15.00) × (1 + 43% + 15%) + 367.88 − 330.00 + 110.00 × 8.00 = 1 219.58</td></tr>
<tr><td>6. 踢脚线包阳角木线条:18-22 换
综合单价:(175.95 + 15.00) × (1 + 43% + 15%) + 367.88 − 330.00 + 110.00 × 5.00 = 889.58</td></tr>
<tr><td>7. 墙裙面普通切片板:14-193 换
①换算依据:在有凹凸基层夹板上镶贴切片板面层时,按墙面定额人工乘系数 1.30,切片板含量乘系数 1.05,其他不变。
②综合单价:(1.20 × 85.00 × 1.3 + 0.00) × (1 + 43% + 15%) + 10.5 × 1.05 × 18.00 + 90.00 = 497.96</td></tr>
<tr><td>8. 墙裙面普通切片板斜拼:14-193 换
①换算依据:设计普通切片板斜拼纹者,每 10 m^2 斜拼纹按墙面定额人工乘系数 1.30,切片板含量乘系数 1.10,其他不变。
②综合单价:(1.2 × 85 × 1.3 × 1.3 + 0.00) × (1 + 43% + 15%) + 10.5 × 1.05 × 1.1 × 18.00 + 90.00 = 580.66</td></tr>
<tr><td>9. 切片板油漆:17-79 换
综合单价:(678.30 + 0.00) × (1 + 43% + 15%) + 167.41 = 1 239.12</td></tr>
<tr><td>10. 踢脚线油漆:17-80 换
综合单价:(114.75 + 0.00) × (1 + 43% + 15%) + 33.12 = 214.43</td></tr>
<tr><td>11. 木线条油漆:17-78 换
综合单价:(222.70 + 0.00) × (1 + 43% + 15%) + 45.43 = 397.30</td></tr>
</table>

【拓展与思考】

(1)若【例 3.12】中木龙骨采用膨胀螺栓固定于墙上,该如何计算?本例中木踢脚线的龙骨与基层板的做法和墙裙相同,该如何计算?

(2)若【例 3.12】改为高档装修标准,请你设定一个在中档标准基础上增加的适当幅度值,并重新计算本题。

【例 3.13】 某单独装饰工程,外墙铝合金隐框玻璃幕墙工程如图 3.53 所示。室内地坪标高为 ±0.00,该工程的室内外高差为 1 m,主料采用 180 系列(180 mm×50 mm),边框料 180 mm×35 mm,6 mm 厚真空镀膜玻璃,①断面铝材综合质量 8.82 kg/m,②断面铝材综合质量 6.12 kg/m,③断面铝材综合质量 4.00 kg/m,④断面铝材综合质量 3.02 kg/m,顶端采用 8K 不锈钢镜面板厚 1.2 mm 封边,具体详见图 3.53。窗增加的铝型材净用量合计 10.67 kg,不考虑窗用五金,不考虑侧边与下边的封边处理。自然层连接仅考虑一层。施工合同约定人工单价按 120 元/工日执行。除项目注明外,材料、机械单价按定额预算单价执行,不作调整(封边处理及幕墙与建筑物自然层连接部分的造价含在幕墙的综合单价内)。请计算幕墙的分部分项工程费用。

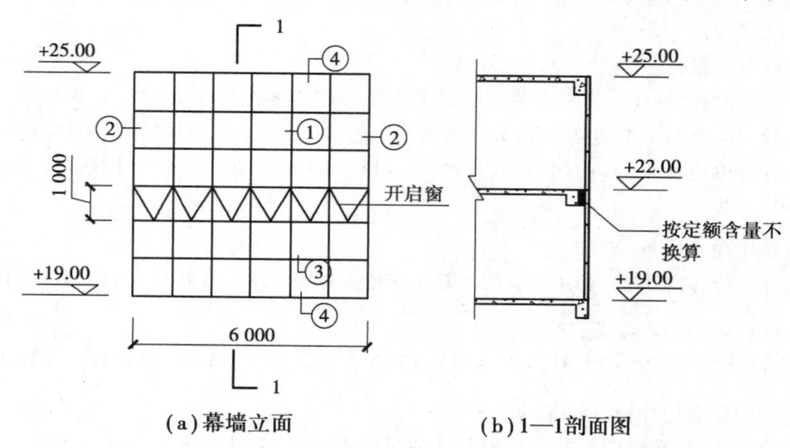

图 3.53 外墙铝合金隐框玻璃幕墙

【分析要点】 (1)本例为铝合金幕墙工程,用于中高档的工装。本例给出的条件是单独装饰工程,应按中档工装计算。

(2)列项时应注意:幕墙、封边分别列项计算。

(3)计算工程量时应注意:

①幕墙以框外围面积计算。

②幕墙与建筑顶端、两端的封边按图示尺寸以 m² 计算,自然层的水平隔离与建筑物的连接按延长米计算(连接层包括上、下镀锌钢板在内)。

③幕墙上下设计有窗者,计算幕墙面积时,窗面积不扣除,但每 10 m² 窗面积另增加人工 5 个工日,增加的窗料及五金按实计算(幕墙上铝合金窗不再另外计算)。其中,全玻璃幕墙以结构外边按玻璃(带肋)展开面积计算,支座处隐藏部分玻璃合并计算。

(4)套用定额时应注意:

①设计铝合金型材用量与定额不符时,应按设计用量加 7% 损耗调整含量。幕墙材料品种、含量,设计要求与定额不同时应调整,但人工、机械不变。

②自然层连接包括每层上下镀锌板,设计钢骨架、防火岩棉、防火胶泥、镀锌板的用量和做法与定额不符应调整。

③封边指幕墙端壁(两端与顶端)与墙面的封边,封边材料不同应调整。

④预埋(后置)铁件、钢骨架制作安装按设计用量另套相应子目。

⑤单独装饰工程超高部分人工降效分段增加系数:檐高 20 ~ 30 m 的系数为 5%。

【解】 (1)列项,计算工程量,见表 3.24。

表 3.24 工程量计算表

序号	项目名称	计量单位	工程量	计算公式	备注
1	铝合金隐框玻璃幕墙	m^2	36.00	6.00 ×6.00 =36.00	
2	幕墙与建筑物的封边 自然层连接	m	6.00	6.00	
3	幕墙与建筑物的封边 顶端、侧边不锈钢	m^2	3.00	0.5 ×6.00 =3.00	条件不全
4	铝材量	kg/10 m^2	144.44	①6 ×5 ×8.82 =264.60 ②6 ×2 ×6.12 =73.44 ③(6 −0.05 ×5 −0.035 ×2) ×4 ×5 =113.60 ④(6 −0.05 ×5 −0.035 ×2) ×3.02 ×2) =34.31 合计:485.95 含量:485.95 ×1.07/3.6 =144.4	
5	窗面积	m^2	6.00	1.00 ×6.00 =6.00	

(2)套用定额,计算分部分项工程费,见表 3.25。

表 3.25 分部分项工程费计算表

序号	定额编号	项目名称	计量单位	工程量	综合单价/元	合价/元
1	14-152 换	铝合金隐框玻璃幕墙	10 m^2	3.60	9 875.72	35 552.59
2	详见计算规则	窗增加部分	10 m^2	0.60	1 404.51	842.71
3	14-165 换	幕墙与建筑物的封边 自然层连接	10 m^2	0.60	830.82	498.49
4	14-166 换	幕墙与建筑物的封边 顶端、侧边不锈钢	10 m^2	0.30	2 779.33	833.80
		小 计				37 727.59
综合单价换算依据及过程	以下各项均按人工降效系数为 5% 计算。 1. 幕墙:14-152 换 ①换算依据:设计铝合金型材用量与定额不符时,应按设计用量加 7% 损耗调整含量,但人工、机械不变。 ②综合单价:(12.87 ×1.05 ×120.00 +217.55) ×(1 +43% +15%) + 材料费 6 652.92 − 型材定额合价2 788.55 +144.44 ×21.5 =9 875.72					

续表

<table>
<tr><td rowspan="3">综合单价换算依据及过程</td><td>2. 幕墙上窗：详见计算规则
①换算依据：幕墙上下设计有窗者，计算幕墙面积时，窗面积不扣除，但每 10 m^2 窗面积另增加人工 5 个工日，增加的窗料及五金按实计算（幕墙上铝合金窗不再另外计算）。
②综合单价：(5.00×1.05×120.00)×(1+43%+15%)+10.67×1.07/6×10×21.5=1 404.51</td></tr>
<tr><td>3. 幕墙与建筑物的封边 自然层连接：14-165 换
综合单价：(1.71×1.05×120.00+3.08)×(1+43%+15%)+485.53=830.82</td></tr>
<tr><td>4. 幕墙与建筑物的封边 顶端、侧边不锈钢：14-166 换
综合单价：(1.29×1.05×120.00+3.08)×(1+43%+15%)+2 517.65=2 779.33</td></tr>
</table>

【拓展与思考】

(1)【例 3.13】的自然层连接及封边所给条件不明确，否则需要按实调整含量，你觉得如果实际做法与定额不同是否可以调整人工含量？

(2)若【例 3.13】改为高档装修标准，请你设定一个在中档标准基础上增加的适当幅度值，并重新计算本题。

练一练

墙柱面工程练一练参考答案

【练习 1】 某办公室房间墙壁四周做木墙裙，墙裙做法如图 3.54 所示。

木墙裙高 1 200 mm，墙裙木龙骨截面 30 mm×40 mm、间距 350 mm×350 mm，木楞与主墙用木针固定，门朝外开，主墙厚均为 240 mm，门洞 2 000 mm×900 mm，窗台高 900 mm，门窗侧壁做法同墙裙（宽 200 mm，高度同墙裙，门窗洞口其他做法暂不考虑，窗台下墙裙同样有压顶线封边）。计算龙骨工程量时不考虑自身厚度，计算基层、面层工程量时仅考虑龙骨的厚度，踢脚线用细木工板钉在木龙骨上，外贴红榉木夹板，其他按计价定额规定。

踢脚线工程量为 14.74 m，墙裙压顶线工程量为 15.08 m，30 mm×50 mm 压顶线 4.74 元/m。人工单价、管理费费率、利润率按计价定额规定，不作调整。请按计价定额规定计算分部分项工程费。

【练习 2】 某办公室内东立面在钢骨架上做芝麻白微晶花岗岩干挂（密缝），2.4～2.7 m 高处做吊顶，如图 3.55 所示。

芝麻白微晶花岗岩 250 元/m^2，钢骨架、铁件损耗系数分别为 2% 和 1%，其他材料单价和损耗按计价定额规定执行。综合人工为 100 元/工日，管理费费率为 43%，利润费率为 15%。请按计价定额有关规定和已知条件，计算墙面挂贴花岗岩的分部分项工程费。角钢∟50×5质量为 4.0 kg/m，8#槽钢质量为 9 kg/m，200×150×10 钢板质量为 4.5 kg/块，50×50×5 钢板质量为 0.5 kg/块。

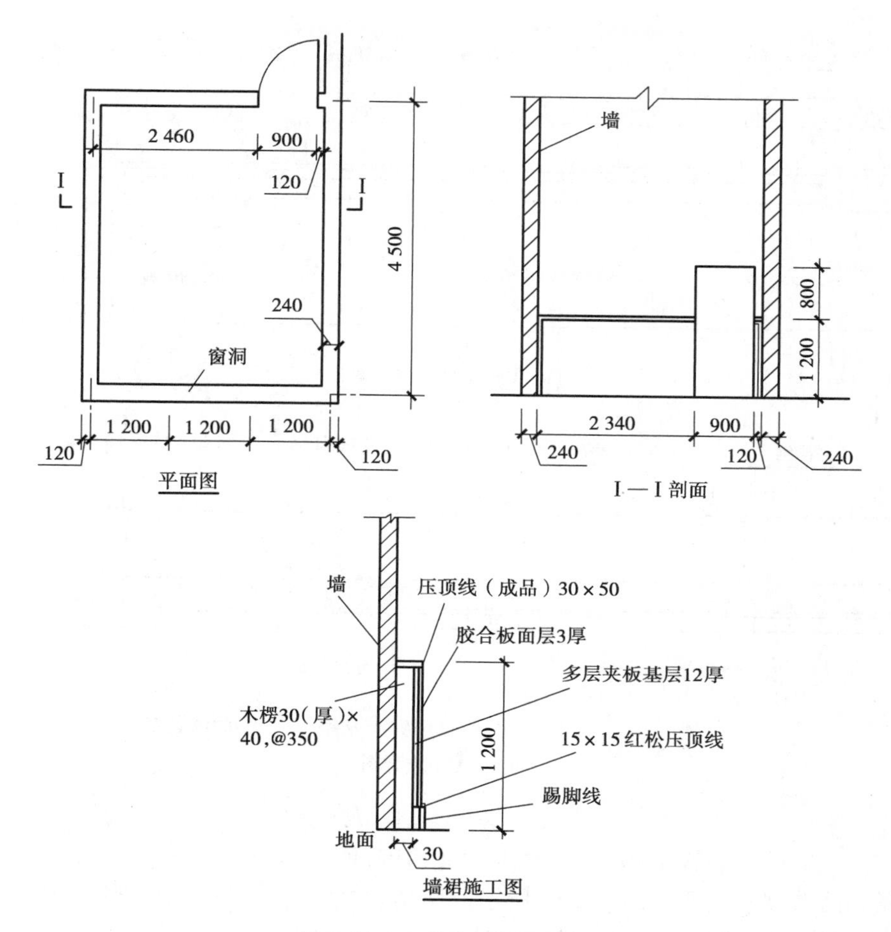

图3.54 办公室墙面木墙裙

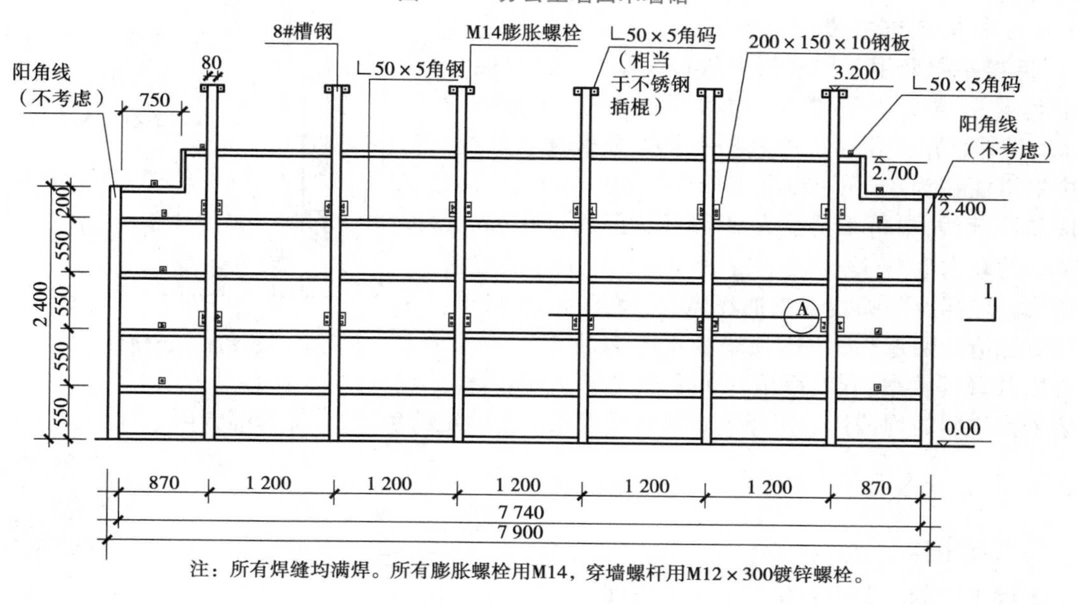

(a)钢骨架示意图

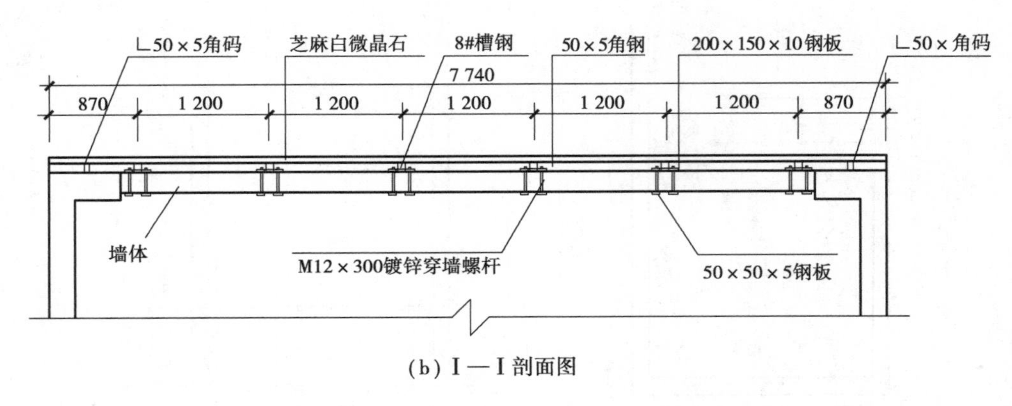

(b) Ⅰ—Ⅰ剖面图

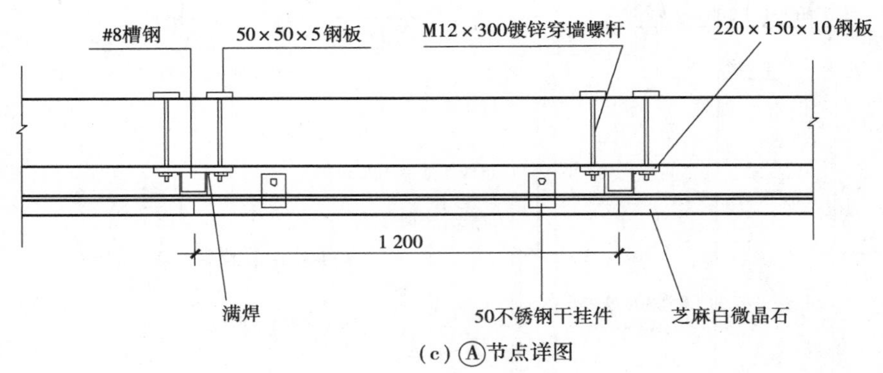

(c) Ⓐ节点详图

图 3.55　办公室墙面挂贴花岗岩

【练习 3】　某单独装饰工程，在一楼多功能房间的一侧墙面做凹凸造型木墙裙，如图 3.56 所示。墙裙（包括踢脚线）木龙骨断面 30 mm×40 mm、间距 400 mm×400 mm，木龙骨与主墙用木针固定，该段墙裙长度为 16 m，墙裙基层采用双层多层夹板（杨木芯十二厘板），其中底层多层夹板满铺，二层多层夹板造型面积为 16 m^2；墙裙面层采用在凹凸基层夹板上贴普通切片板，其中斜拼面积为 16 m^2；墙裙压顶采用 50 mm×80 mm 的成品压顶线，单价 15 元/m；踢脚线为断面 150 mm×20 mm 的硬木毛料，踢脚线上钉 15 mm×15 mm 的红松阴角线。墙裙及踢脚线处的油漆做法：润油粉、刮腻子、刷聚氨酯清漆两遍（墙裙压顶线处不考虑油漆）。人工单价以及管理费率、利润率按计价定额规定，不作调整。其余未作说明的均按计价定额规定执行。根据以上给定的条件，计算分部分项工程费。

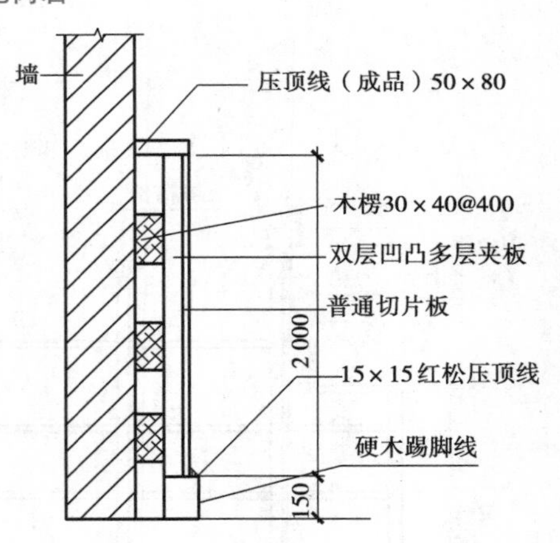

图 3.56　某房间木墙裙剖面图

· 3.2.3　天棚工程计量与计价 ·

1) 天棚工程主要内容

天棚工程的主要内容包括如下几方面：

①天棚龙骨。主要包括方木龙骨、轻钢龙骨、铝合金轻钢龙骨、铝合金方板

龙骨[铝合金(浮搁式)方板龙骨、铝合金(嵌入式)方板龙骨、铝合金轻型方板龙骨]、铝合金条板龙骨、天棚吊筋等项目。

②天棚面层及饰面。主要包括夹板面层、纸面石膏板面层、切片板面层、铝合金方板面层、铝合金条板面层、铝塑板面层、矿棉板面层、其他面层[铝合金微孔方板、防火板、水泥压力板、吸音板、半圆竹片、板条、薄板、钢板网、塑料扣板、金属饰面板、镜面玻璃、木方格吊顶天棚、搁放型灯片(塑料格栅、PS灯片)]等项目。

③雨篷。主要包括铝合金扣板雨篷、钢化夹胶玻璃雨篷等项目。

④采光天棚。主要包括铝结构采光天棚、钢结构采光天棚等项目。

⑤天棚检修道。主要包括天棚固定检修道(有吊杆、无吊杆)、活动走道板等项目。

⑥天棚抹灰。主要包括抹灰面层(纸筋石灰砂浆面、水泥砂浆面、混合砂浆面、石膏砂浆面)、贴缝及装饰线等项目。

2)工程量计算规则

①定额规定天棚饰面的面积按净面积计算,不扣除间壁墙、检修孔、附墙烟囱、柱垛和管道所占面积,但应扣除独立柱、0.3 m^2 以上的灯饰面积(石膏板、夹板天棚面层的灯饰面积不扣除)与天棚相连接的窗帘盒面积,整体金属板中间开孔的灯饰面积不扣除。

②天棚中假梁、折线、叠线等圆弧形、拱形、特殊艺术形式的天棚饰面,均按展开面积计算。

③天棚龙骨的面积按主墙间的水平投影面积计算。天棚龙骨的吊筋按每 10 m^2 龙骨面积套相应子目计算;全丝杆的天棚吊筋按主墙间的水平投影面积计算。

④圆弧形、拱形的天棚龙骨应按其弧形或拱形部分的水平投影面积计算,套用复杂型子目,龙骨用量按设计进行调整,人工和机械按复杂型天棚子目乘以系数 1.8。

⑤定额规定天棚每间以在同一平面上为准,设计有圆弧形、拱形时,按其圆弧形、拱形部分的面积:圆弧形面层人工按其相应定额乘以系数 1.15 计算,拱形面层的人工按相应定额乘以系数 1.5 计算。

⑥铝合金扣板雨篷、钢化夹胶玻璃雨篷均按水平投影面积计算。

⑦天棚面抹灰:

a. 天棚面抹灰按主墙间天棚水平面积计算,不扣除间壁墙、垛、柱、附墙烟囱、检查洞、通风洞、管道等所占的面积。

b. 密肋梁、井字梁、带梁天棚(图 3.57)抹灰面积,按展开面积计算,并入天棚抹灰工程量内。斜天棚抹灰按斜面积计算。

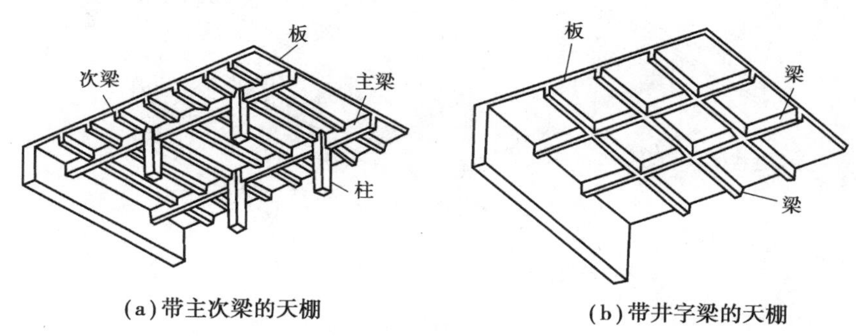

(a)带主次梁的天棚

(b)带井字梁的天棚

图 3.57 带梁的天棚

c. 天棚抹面如抹小圆角者，人工已包括在定额中，材料、机械按附注增加。如带装饰线者，其线分别按3道线以内或5道线以内，以延长米计算（线角的道数以每一个突出的阳角为一道线）。

d. 楼梯底面、水平遮阳板底面和檐口天棚，并入相应的天棚抹灰工程量内计算。混凝土楼梯、螺旋楼梯的底板为斜板时，按其水平投影面积（包括休息平台）乘以系数1.18；底板为锯齿形时（包括预制踏步板），按其水平投影面积乘以系数1.5计算。

3）套用定额说明

①定额中的木龙骨、金属龙骨是按面层龙骨的方格尺寸取定的，其龙骨断面的取定如下：

a. 木龙骨（图3.58和图3.59）断面搁在墙上，大龙骨50 mm×70 mm，中龙骨50×50 mm；吊在混凝土板下，大、中龙骨50 mm×40 mm。

b. U形轻钢龙骨（图3.60）。

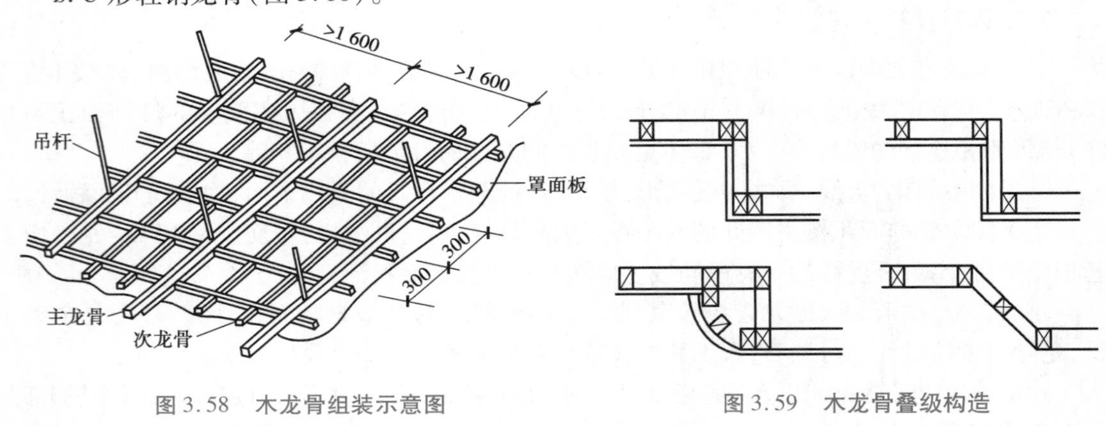

图3.58　木龙骨组装示意图

图3.59　木龙骨叠级构造

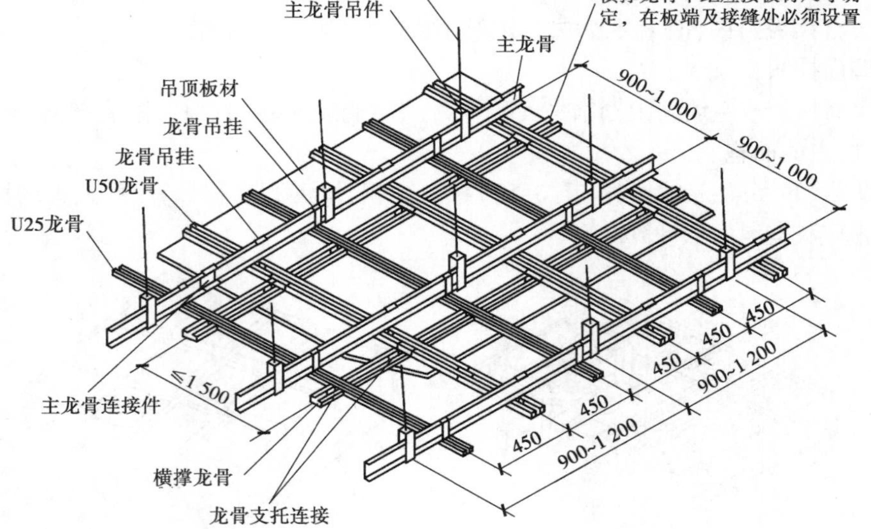

图3.60　U形轻钢龙骨组装示意图

●上人型

大龙骨 60 mm×27 mm×15 mm(高×宽×厚)；

中龙骨 50 mm×20 mm×0.5 mm(高×宽×厚)；

小龙骨 25 mm×20 mm×0.5 mm(高×宽×厚)。

●不上人型

大龙骨 50 mm×15 mm×1.2 mm(高×宽×厚)；

中龙骨 50 mm×20 mm×0.5 mm(高×宽×厚)；

小龙骨 25 mm×20 mm×0.5 mm(高×宽×厚)。

c. T形铝合金龙骨(图3.61至图3.65)

●上人型

轻钢大龙骨 60 mm×27 mm×15 mm(高×宽×厚)；

铝合金T形主龙骨 20 mm×35 mm×0.8 mm(高×宽×厚)；

铝合金T形副龙骨 20 mm×22 mm×0.6 mm(高×宽×厚)。

●不上人型

轻钢大龙骨 45 mm×15 mm×1.2 mm(高×宽×厚)；

铝合金T形主龙骨 20 mm×35 mm×0.8 mm(高×宽×厚)；

铝合金T形副龙骨 20 mm×22 mm×0.6 mm(高×宽×厚)。

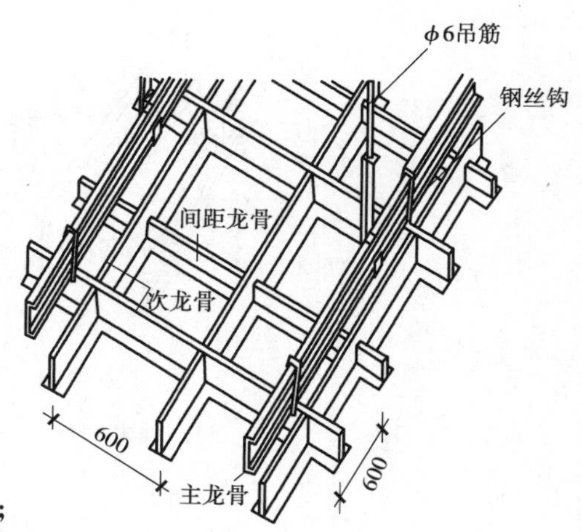

图3.61 有主龙骨的T形轻钢龙骨组装示意图

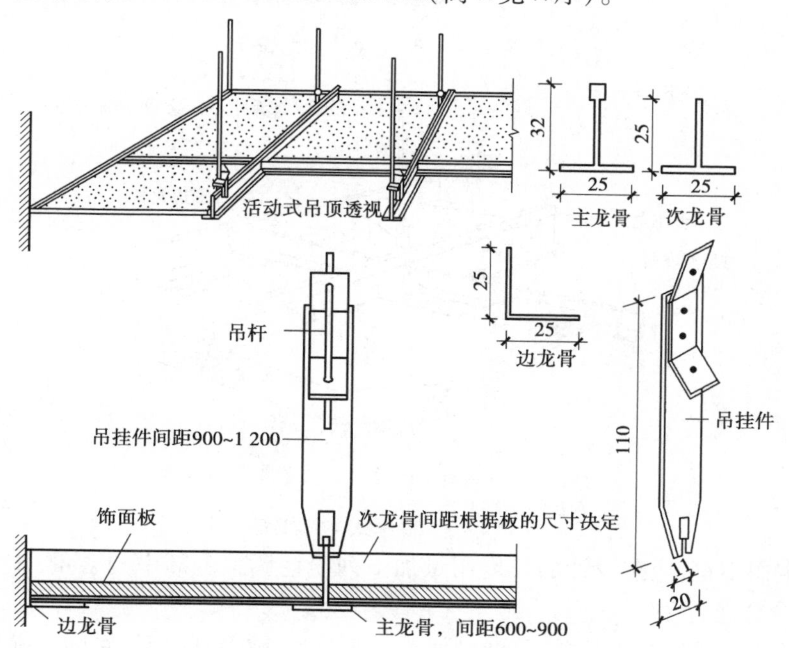

图3.62 无主龙骨的T形轻钢龙骨组装示意图

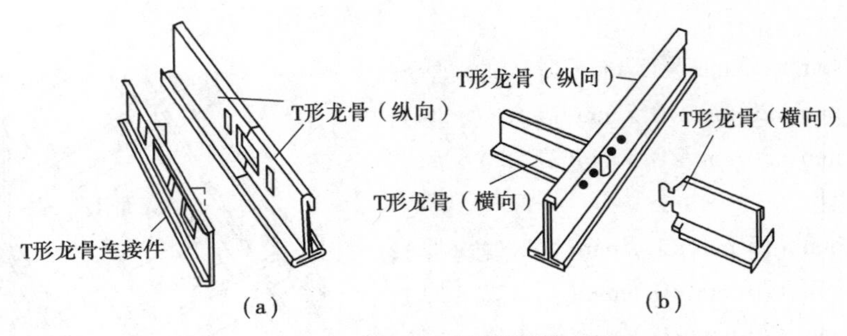

图 3.63　T 形轻钢龙骨的纵横连接

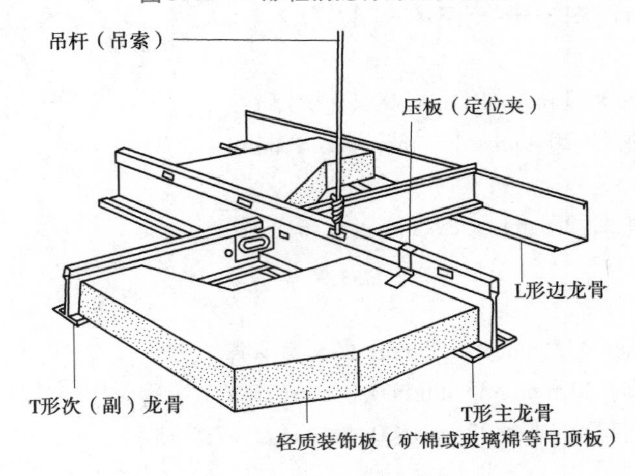

图 3.64　明框式 T 形龙骨

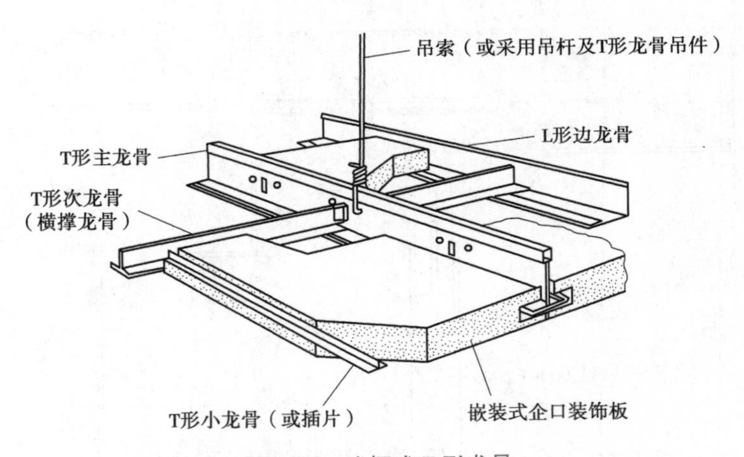

图 3.65　隐框式 T 形龙骨

设计与定额不符，应按设计的长度用量加下列损耗调整定额中的含量：木龙骨 6%、轻钢龙骨 6%、铝合金龙骨 7%。

②天棚的骨架基层分为简单、复杂型两种。简单型是指每间面层在同一标高的平面上；复杂型是指每一间面层不在同一标高平面上，其高差在 100 mm 以上（含 100 mm），但必须满足不同标高的少数面积占该间面积的 15% 以上。

③天棚吊筋、龙骨与面层应分开计算，按设计套用相应定额。叠级吊顶如图3.66所示。吊筋布置示意如图3.67所示。木龙骨常用吊杆如图3.68所示。吊筋与结构的连接如图3.69所示。

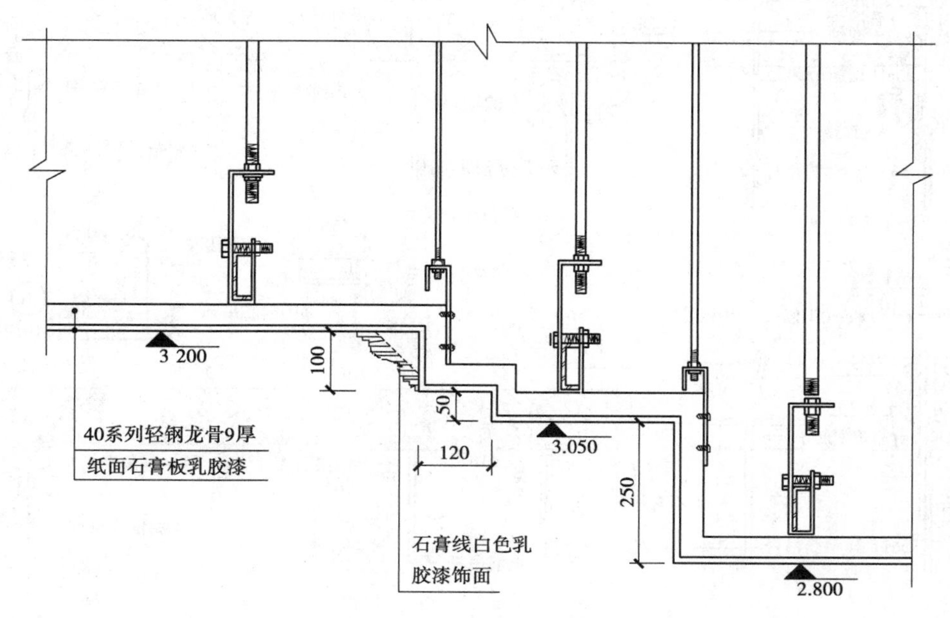

图3.66 叠级吊顶节点

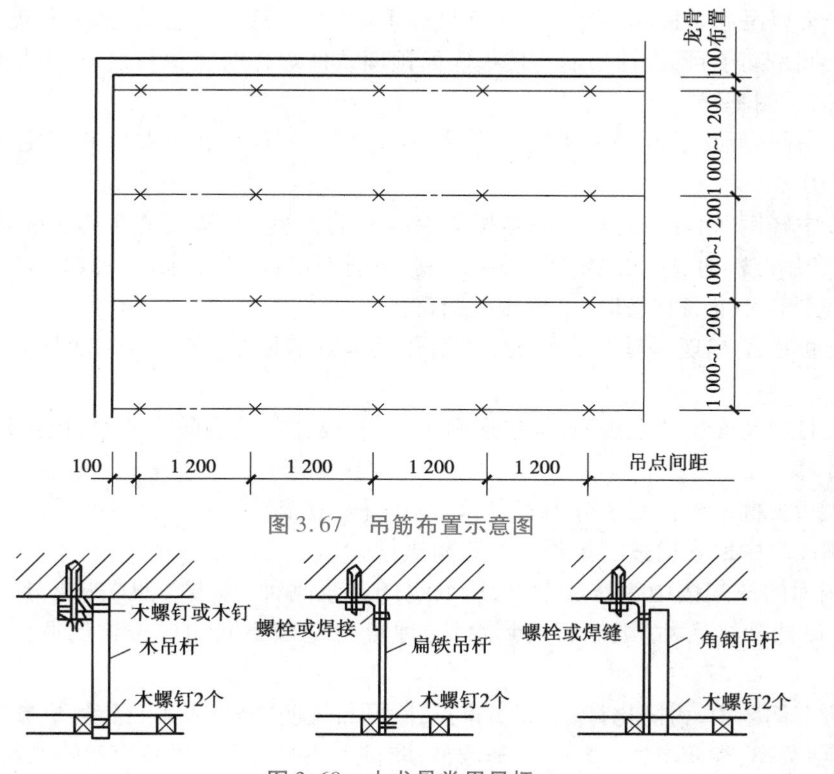

图3.67 吊筋布置示意图

图3.68 木龙骨常用吊杆

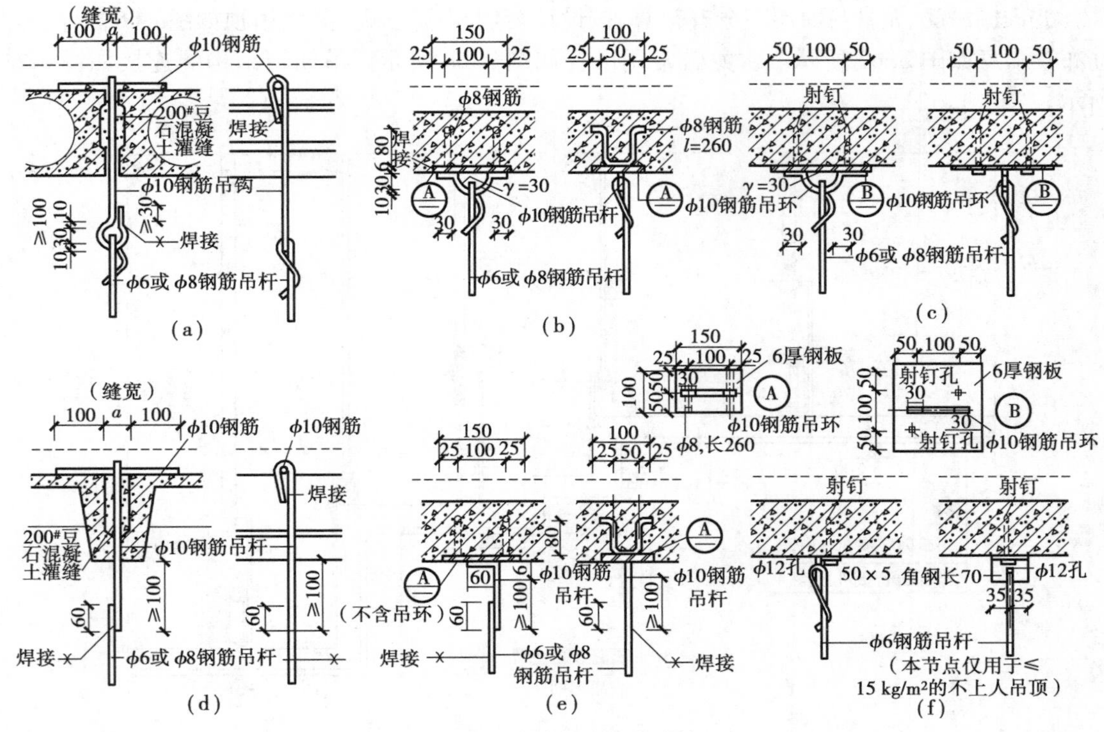

图 3.69　吊筋与结构的连接

定额中金属吊筋是按膨胀螺栓连接在楼板上考虑的，每副吊筋的规格、长度、配件及调整办法详见天棚吊筋子目，设计吊筋与楼板底面预埋铁件焊接时也执行定额。吊筋子目适用于钢、木龙骨的天棚基层。

设计小房间（厨房、厕所）内不用吊筋时，不能计算吊筋项目，并扣除相应定额中人工含量 0.67 工日/10 m^2。

④定额中轻钢、铝合金龙骨一般是按双层编制的，设计为单层龙骨（大、中龙骨均在同一平面上）在套用定额时，应扣除定额中的小（副）龙骨及配件，人工乘以系数 0.87，其他不变；设计小（副）龙骨用中龙骨代替时，其单价应调整。

⑤胶合板面层在现场钻吸音孔时，按钻孔板部分的面积，每 10 m^2 增加人工 0.64 工日计算。

⑥木质骨架及面层的上表面，未包括刷防火漆，设计要求刷防火漆时，应按油漆工程相应定额子目计算。

⑦上人型天棚吊顶检修道分为固定和活动两种，应按设计分别套用定额。

⑧天棚面层中回光槽按零星项目的定额执行。

⑨天棚面的抹灰按中级抹灰考虑，所取定的砂浆品种、厚度详见“抹灰分层厚度及砂浆种类表”。设计砂浆品种（纸筋石灰浆除外）厚度与定额不同均应按比例调整，但人工数量不变。

下面所有例题中，为简化计算、突出重点，除题目说明之外，人工、材料、机械按定额预算价不调整；管理费率、利润率按定额执行不调整；题目未注明者不考虑垂直运输及超高费用。

【例3.14】 某办公楼5层会议室天棚装饰工程做法如图3.70所示。钢吊筋连接,上人型装配式U形轻钢龙骨,面层规格为600 mm×400 mm,纸面石膏板面层,石膏板面批901胶白水泥腻子、刷乳胶漆3遍,自粘胶100 m。

人工、材料、机械单价以及管理费率、利润率按计价定额规定不作调整,其余未作说明的均按计价定额规定执行。请计算该吊顶工程的分部分项工程费。

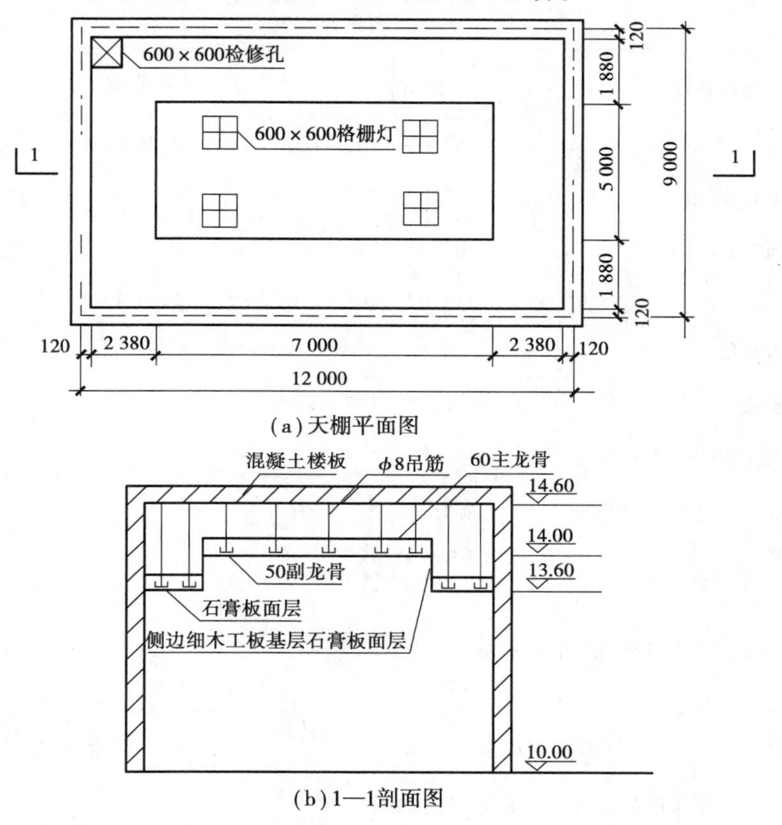

图3.70 某会议室上人型轻钢龙骨石膏板吊顶

【分析要点】 (1)本例为常见的天棚石膏板吊顶工程,吊顶选材经济实用,中低档的工装及家装都普遍适用。本例明确要求不调整人、材、机单价及管理费、利润,应按中档工装计算。

(2)列项时应注意:

①吊筋、龙骨、面层分别列项计算。

②吊筋高度不同,为方便换算,可以分别列项。

③检修孔、格栅灯孔、胶带、乳胶漆分别列项。

(3)工程量计算时应注意:

①吊筋、龙骨均按房间净空面积计算,面层应按展开面积计算。

②乳胶漆工程量同面层。

(4)套用定额时应注意:

①根据定额说明:本定额金属吊筋是按膨胀螺栓连接在楼板上考虑的,设计吊筋与楼板底面预埋铁件焊接时也执行本定额。吊筋子目适用于钢、木龙骨的天棚基层。

②根据定额附注:定额中吊筋是按天棚面层至楼板底按1.00 m高计算,设计高度不同,吊

筋按比例调整,其他不变。吊筋安装人工0.67工日/10 m^2 已经包括在相应项目龙骨安装的人工中。每10 m^2 吊筋实际用量与定额不符,其根数不得调整。设计 $\phi4$ 吊筋按14-33换算($\phi6$ 换 $\phi4$,其他不变)。

③石膏板面批腻子、刷乳胶漆按抹灰面执行,根据本题的实际应套用复杂天棚面。

【解】 (1)列项,计算工程量,见表3.26。

表3.26 工程量计算表

序号	项目名称	计量单位	工程量	计算公式	备注
1	吊筋高度1.00 m	m^2	68.02	$(12-0.24)\times(9-0.24)-7\times5=68.02$	
2	吊筋高度0.60 m	m^2	35.00	$5\times7=35.00$	
3	复杂吊顶龙骨	m^2	103.02	$11.76\times8.76=103.02$	
4	石膏板面层	m^2	112.62	$103.02+(7\times5)\times2\times0.4=112.62$	
5	细木工板基层	m^2	9.60	$(7+5)\times2\times0.4=9.6$	
6	天棚乳胶漆	m^2	112.62	112.62	
7	检修孔600 mm×600 mm	个	1.00	1	
8	格栅灯孔600 mm×600 mm	个	4.00	4	
9	自粘胶带	m	100.00	100	

(2)套用定额,计算分部分项工程费,见表3.27。

表3.27 分部分项工程费计算表

序号	定额编号	项目名称	计量单位	工程量	综合单价/元	合价/元
1	15-12	复杂装配式U形(上人型)轻钢龙骨面层规格400 mm×600 mm	10 m^2	10.302	665.08	6 851.65
2	15-34	吊筋规格(mm) $H=1\ 000$ mm $\phi8$	10 m^2	6.802	60.54	411.79
3	15-34换	吊筋规格(mm) $H=600$ mm $\phi8$	10 m^2	3.500	52.12	182.42
4	15-46	纸面石膏板天棚面层安装在U形轻钢龙骨上 凹凸	10 m^2	11.262	306.47	3 451.47
5	15-46换	细木工板基层安装U形轻钢龙骨上凹凸	10 m^2	0.960	605.47	581.25
6	17-175	天棚墙面板缝贴自粘胶带	10 m	10.000	77.11	771.10
7	17-179	天棚面乳胶漆3遍	10 m^2	11.262	296.83	3 342.90
8	18-62	格式灯孔	10个	0.400	132.89	53.16
9	18-60	检修孔600 mm×600 mm	10个	0.100	747.77	74.78
		小 计				15 720.51

续表

综合单价换算依据及过程	①ϕ8 吊筋 $H=1.00$ m:15-34 定额综合单价 60.54。 ②ϕ8 吊筋 $H=0.60$ m:15-34 换 a. 换算依据:定额中吊筋是按天棚面层至楼板底按 1.00 m 高计算,设计高度不同,吊筋按比例调整,其他不变。吊筋安装人工 0.67 工日/10 m^2 已经包括在相应项目龙骨安装的人工中。每 10 m^2 吊筋实际用量与定额不符,其根数不得调整。 b. 综合单价:$60.54+(600-1\ 000)/100\times0.102\times13$ 根 $\times0.395\times4.02=52.12$ ③复杂上人型龙骨 15-12:665.08 ④凹凸纸面石膏板面层 15-46:306.47 ⑤凹凸细木工板基层:15-46 换 18 mm 厚细木工板定额单价 38 元/m^2。 综合单价:$306.47-138.00+11.5\times38.00=605.47$ ⑥自粘胶带 17-175:77.11 ⑦天棚复杂面乳胶漆 3 遍 17-179:296.83 ⑧灯孔 18-62:132.89 ⑨检修口 18-60:747.77

【拓展与思考】

(1)吊筋套用定额需要注意的几个问题:吊顶高度与吊筋长度的区别,构成吊顶高度的是吊筋及螺杆(全丝吊筋不需另加螺杆),每 10 m^2 吊顶所含吊筋的数量为 13 根不允许调整,损耗率 2% 等。

(2)龙骨套用定额的难点是龙骨含量的调整。

(3)若【例 3.14】改为家装,请重新计算本题。

【例 3.15】 某工程底层餐厅装饰天棚吊顶如图 3.71 所示。采用 ϕ10 mm 吊筋(理论质量 0.617 kg/m),天棚面层至楼板底平均高度按 1.8 m 计算。该天棚为双层装配式 U 形(不上人型)轻钢龙骨,规格为 500 mm × 500 mm,经过计算,大龙骨(轻钢)设计总用量为 410 m,其余龙骨含量按计价定额,纸面石膏板面层。地面至天棚面高 3.7 m,拱高 1.3 m,接缝处不考虑粘贴自粘胶带。拱形面层的面积按水平投影面积增加 25% 计算,天棚面批 901 胶白水泥腻子、刷乳胶漆 3 遍。天棚与主墙相连处做断面为 120 mm × 60 mm 的石膏装饰线(单价为 10 元/m),拱形处做断面为 100 mm × 30 mm 的石膏装饰线。根据以上给定的条件,请根据计价定额规定计算出天棚吊顶的分部分项工程费用。人工单价以及管理费率、利润率按计价定额不调整,其余未作说明的均按计价定额规定执行。

【分析要点】 (1)本例是在上例的基础上把吊顶造型改成拱形,增加了难度,中高低档的工装及家装都适用。本例明确要求不调整人、材、机单价及管理费、利润,应按中档工装计算。

(2)列项及工程量计算时应注意:

①吊筋、龙骨、面层分别列项计算。

②拱形部分的龙骨、面层需要换算,需要单独计算出工程量或单独列项。

③装饰线条分天棚阴角、天棚上分别列项计算,以方便换算。

④天棚乳胶漆单独列项。

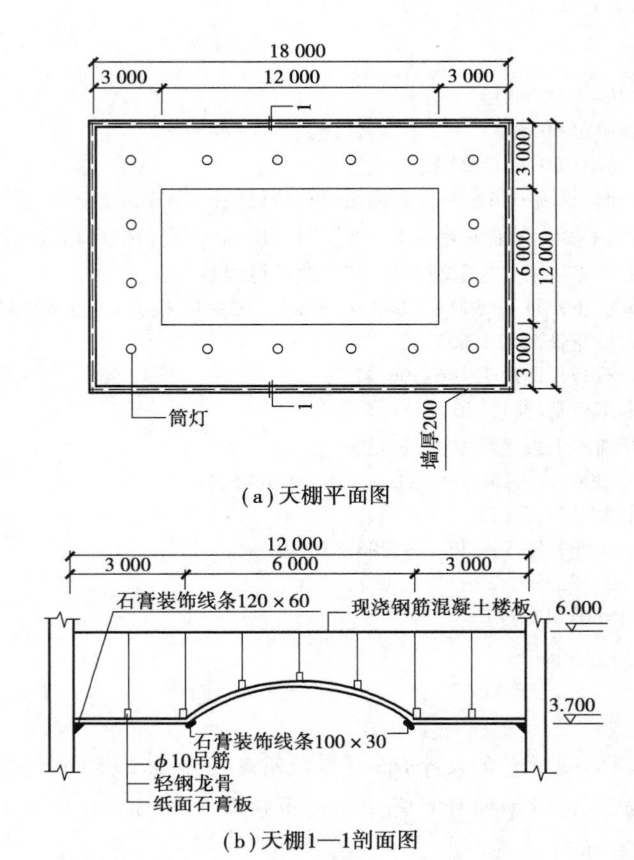

图3.71　餐厅天棚双层装配式U形(不上人型)轻钢龙骨纸面石膏板吊顶

(3)套用定额时应注意:

①根据定额说明:本定额金属吊筋是按膨胀螺栓连接在楼板上考虑的,设计吊筋与楼板底面预埋铁件焊接时也执行本定额。吊筋子目适用于钢、木龙骨的天棚基层。

根据定额附注:定额中吊筋是按天棚面层至楼板底按1.00 m高计算,设计高度不同,吊筋按比例调整,其他不变。吊筋安装人工0.67 工日/10 m^2 已经包括在相应项目龙骨安装的人工中。定额中每10 m^2 吊筋按13根考虑,设计根数不同时按比例调整定额基价。设计 $\phi4$ 吊筋按15-33换算($\phi6$ 换 $\phi4$,其他不变)。

②圆弧形、拱形的天棚龙骨应按其弧形或拱形部分的水平投影面积计算,套用复杂型子目,龙骨用量按设计进行调整,人工和机械按复杂型天棚子目乘以系数1.8。

③龙骨设计与定额不符,轻钢龙骨应按设计的长度用量加6%损耗调整定额中的含量。

④定额中天棚每间以在同一平面上为准,设计有圆弧形、拱形时,按其圆弧形、拱形部分的面积:圆弧形面层人工按其相应定额乘以系数1.15计算,拱形面层的人工按相应定额乘以系数1.5计算。

⑤定额中装饰线条安装为线条成品安装,定额均以安装在墙面上为准。设计安装在天棚面层时,按以下规定执行(但墙、顶交界处的角线除外):钉在钢龙骨基层上乘以系数1.68。设计装饰线条成品规格与定额不同时应换算,但含量不变。

⑥石膏板面批腻子、刷乳胶漆按抹灰面执行,根据本题的实际应套用复杂天棚面。

【解】 (1)列项,计算工程量,见表3.28。

表3.28 工程量计算表

序号	项目名称	计量单位	工程量	计算公式	备注
1	ϕ10吊筋	m^2	210.04	(12-0.2)×(18-0.2)=11.8×17.8=210.04	
2	复杂天棚龙骨	m^2	210.04	合计:210.04 大龙骨含量调整:410÷210.04×1.06×10=20.69(m/10 m^2) 其中:人工、机械乘以系数1.8的龙骨面积为6.00×12.00=72.00	
3	纸面石膏板	m^2	228.04	一般复杂型:210.04-72=138.04 拱形面层(人工乘1.5系数):72×1.25=90.00 合计:228.04	
4	120×60石膏阴角线	m	59.20	(11.8+17.8)×2=59.20	
5	100×30石膏装饰线拱形处	m	36.00	(6+12)×2=36.00	
6	筒灯孔	个	16.00	16	
7	天棚批腻子、乳胶漆3遍	m^2	228.04	138.04+90=228.04	

(2)套用定额,计算分部分项工程费,见表3.29。

表3.29 分部分项工程费计算表

序号	定额编号	项目名称	计量单位	工程量	综合单价/元	合价/元
1	15-35换	ϕ10吊筋	10 m^2	21.004	131.37	2 759.30
2	15-8换	拱形部分龙骨	10 m^2	7.200	852.55	6 138.36
3	15-8换	其余部分龙骨	10 m^2	13.804	653.20	9 016.77
4	15-46换	拱形部分面层	10 m^2	9.000	384.49	3 460.41
5	15-46	其余部分面层	10 m^2	13.804	306.47	4 230.51
6	18-26换	石膏装饰阴角线	100 m	0.592	1 510.35	894.13
7	18-26换	拱形处石膏装饰线	100 m	0.360	1 715.87	617.71
8	18-63	筒灯孔	10个	1.600	28.99	46.38
9	17-179	天棚面批腻子乳胶漆3遍	10 m^2	22.804	296.83	6 768.91
		小 计				33 932.49

续表

综合单价换算依据及过程	①ϕ10 吊筋:15-35 换 综合单价:105.06 + 13 根 ×(1 800 − 1 000)/100 × 0.102 × 0.617 × 4.02 = 131.37 ②拱形部分龙骨:15-8 换 综合单价:(178.50 + 3.40) × 1.8 × 1.37 + 390.66 + 大龙骨(20.69 − 18.64) × 6.50 = 852.55 ③其余部分龙骨:15-8 换 综合单价:639.87 + (20.69 − 18.64) × 6.5 = 653.20 ④拱形部分面层:15-46 换 综合单价:306.47 + 113.90 × (1.5 − 1) × 1.37 = 384.49 ⑤其余部分面层 15-46:306.47 ⑥石膏装饰阴角线:18-26 换 综合单价:1 455.35 + 110 × (10 − 9.50) = 1 510.35 ⑦拱形处石膏装饰线:18-26 换 综合单价:1 455.35 + 279.65 × (1.68 − 1) × 1.37 = 1 715.87 ⑧筒灯孔 18-63:28.99 ⑨乳胶漆 3 遍 17-179:296.83

【拓展与思考】

(1)【例 3.15】中吊顶中间凹进去的拱形部分,题中给出了明确的计算要求,大大减少了烦琐的计算。如果不给这个条件,你能把本题完整地计算出来吗?请你试一试。

(2)若【例 3.15】改为家装,请重新计算本题。

练一练

【练习 1】 某综合楼的某层会议室装饰天棚吊顶,如图 3.72 所示。室内净高 4.0 m,钢筋混凝土柱断面为 300 mm × 500 mm,200 mm 厚空心砖墙,天棚布置如图中所示,采用 ϕ10 吊筋(理论质量0.617 kg/m),双层装配式 U 形(不上人)轻钢龙骨,规格 500 mm × 500 mm,纸面石膏板面层(9.5 mm 厚);天棚面批 3 遍腻子、刷乳胶漆 3 遍,回光灯槽按计价定额执行(内侧不考虑批腻子、刷乳胶漆)。天棚与主墙相连处做断面为 120 mm × 60 mm 的石膏装饰线,石膏装饰线的单价为 10 元/m,回光灯槽阳角处贴自粘胶带。人工单价按 110 元/工日,管理费率按 43%,利润率按 15%。其余未作说明的按计价定额规定执行。请计算吊顶分部分项工程费。

天棚工程练一练参考答案

【练习 2】 某综合楼单独装饰工程,其某层会议室装饰天棚吊顶如图 3.73 所示。钢筋混凝土柱断面为 500 mm × 500 mm,200 mm 厚空心砖墙,天棚做法如图中所示,采用 ϕ8 吊筋(0.395 kg/m),单层装配式 U 形(上人型)轻钢龙骨,面层椭圆形部分采用 12 mm 厚纸面石膏板面层,规格为 600 mm × 600 mm,其余为防火板底铝塑板面层,天棚与墙交接处采用铝合金角线,规格为 30 mm × 25 mm × 3mm,单价为 5 元/m,纸面石膏板面层与铝塑板面层交接处采用自粘胶带并粘钉成品 60 mm 宽红松平线。纸面石膏板面层抹灰为清油封底,满批白水泥腻子、刷乳胶漆各 2 遍。木装饰线条油漆做法为润油粉、刮腻子、刷聚氨脂清漆两遍。其余未作说明的按计价定额规定执行。根据上述条件请计算天棚吊顶的分部分项工程费。

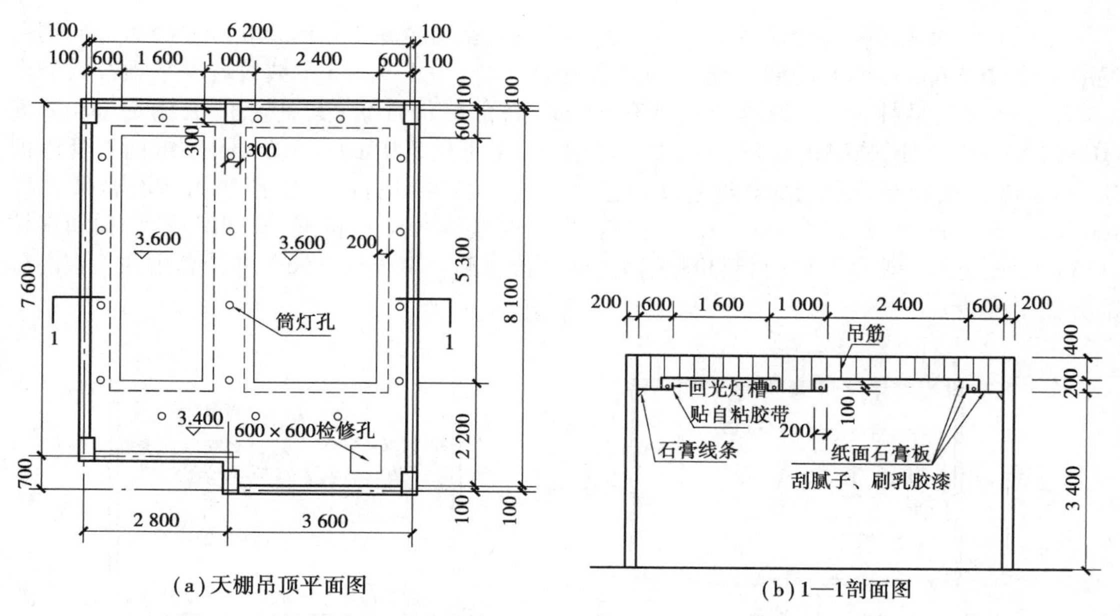

(a) 天棚吊顶平面图

(b) 1—1剖面图

图 3.72　某会议室天棚双层装配式 U 形(不上人型)轻钢龙骨石膏板吊顶

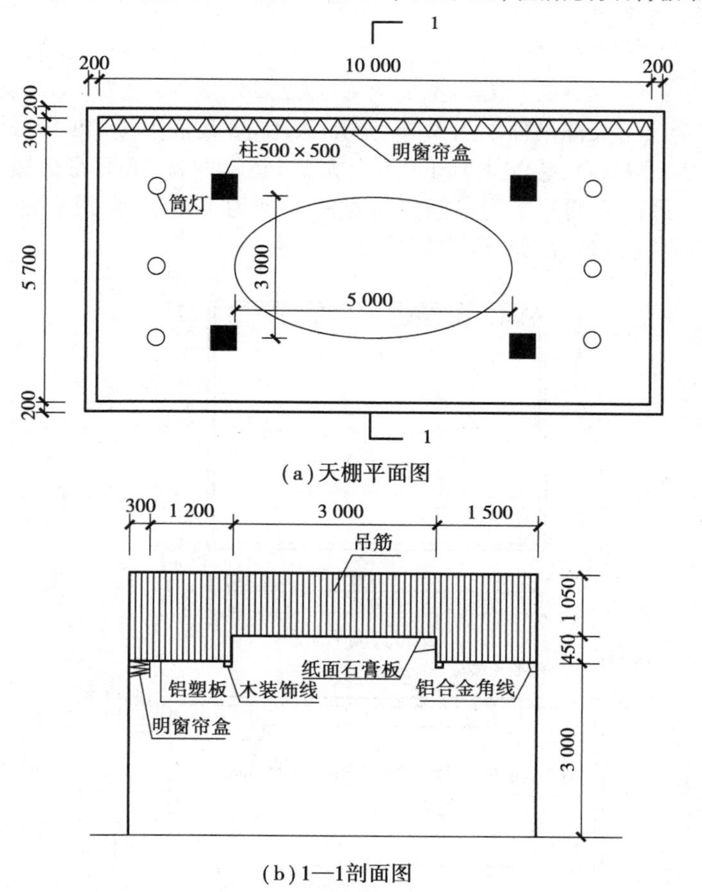

(a) 天棚平面图

(b) 1—1剖面图

图 3.73　某会议室单层装配式 U 形(上人型)轻钢龙骨石膏板吊顶

【练习3】 某综合楼会议室吊顶如图3.74所示，室内净高4.2 m，500 mm×500 mm钢筋混凝土柱，200 mm厚空心砖墙，天棚做法除图中所示外，中央9 mm厚波纹玻璃平顶及其配套的不锈钢吊杆、吊挂件、龙骨等暂按450元/m² 综合单价计价；其他部位天棚为$\phi8$吊筋（0.395 kg/m），双层装配式U形（不上人）轻钢龙骨（间距500 mm×500 mm），纸面石膏板面层，不考虑自粘胶带，刷乳胶漆两遍，回光灯槽按计价定额执行，天棚顶四周做石膏装饰线150 mm×50 mm，单价12元/m。人工、材料（除石膏装饰线外）、机械、管理费费率、利润率按计价定额规定不作调整，其他材料价格、做法同计价定额。请根据已知条件计算吊顶工程的分部分项工程费。

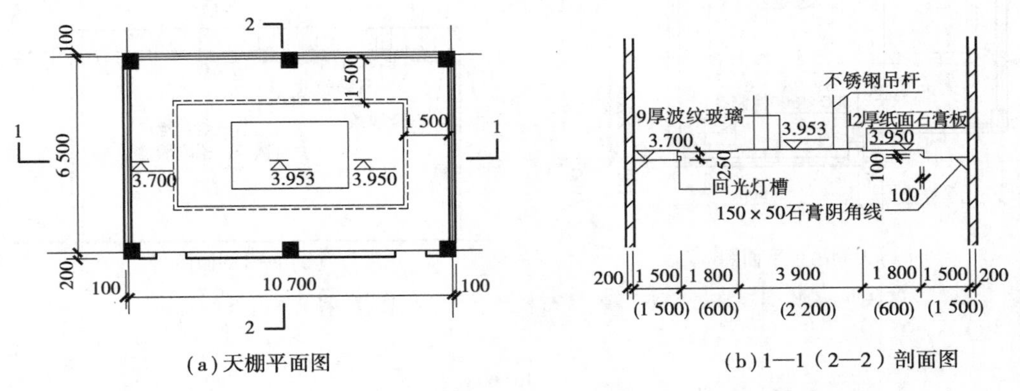

图3.74 某会议室双层装配式U形（不上人型）轻钢龙骨石膏板吊顶

【练习4】 某会议室天棚吊顶如图3.75所示，采用$\phi8$吊筋连接（每10 m² 天棚吊筋每增减100 mm调整含量为0.54 kg），装配式U形（不上人型）轻钢龙骨，纸面石膏板面层，面层规格为500 mm×500 mm。最低天棚面层到吊筋安装点的高度为1 m，石膏板面刷乳胶漆2遍（不考虑自粘胶带），线条刷润油粉、刮腻子、聚氨酯清漆2遍。

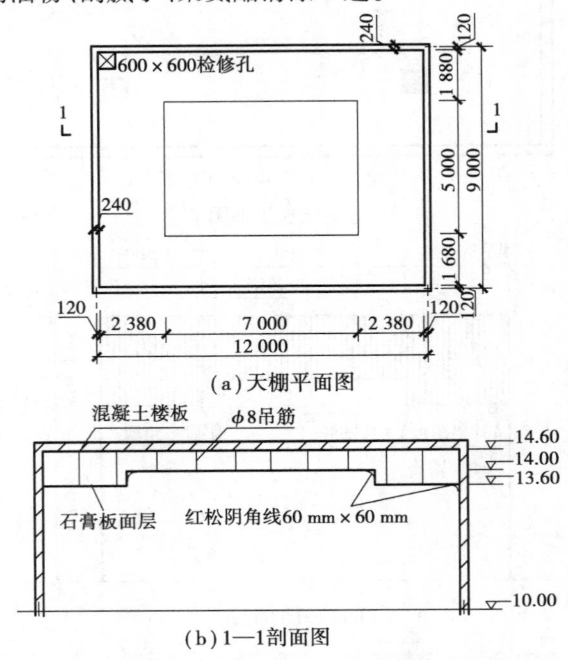

图3.75 某会议室装配式U形（不上人型）轻钢龙骨石膏板吊顶

人工单价、管理费费率、利润率按计价定额规定不作调整。请按计价定额有关规定和已知条件,计算吊顶工程的分部分项工程费。

【练习5】 某会议室平面如图3.76所示。地坪到板底高6.80 m,平顶采用400 mm×600 mmU形(上人型)轻钢龙骨双层,纸面石膏板面层,暗式窗帘盒为细木工板和五夹板,天棚装饰线见1—1剖面图,石膏板面满批腻子3遍、清油封底、刷乳胶漆3遍(不考虑贴自粘胶带),装饰线及窗帘盒刷聚氨酯清漆2遍,求吊顶工程分部分项工程费。

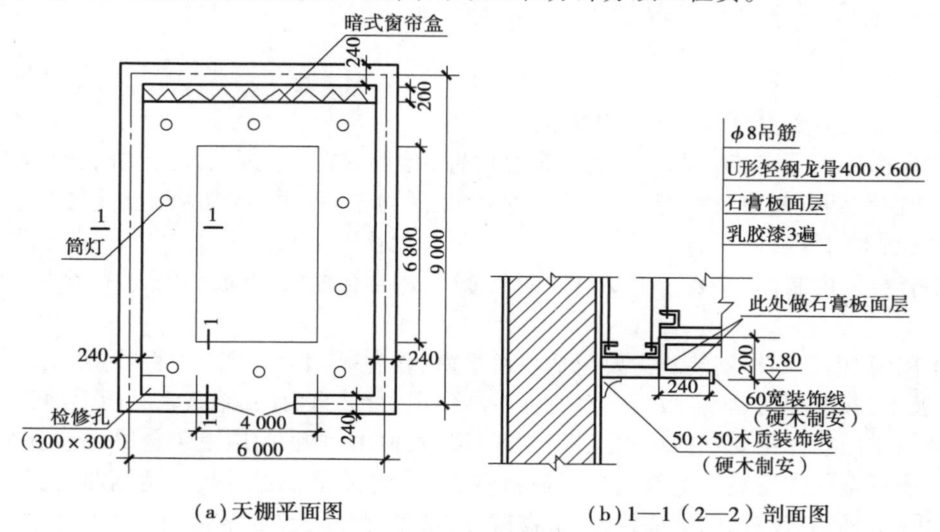

图3.76 某会议室装配式U形(不上人型)轻钢龙骨石膏板吊顶

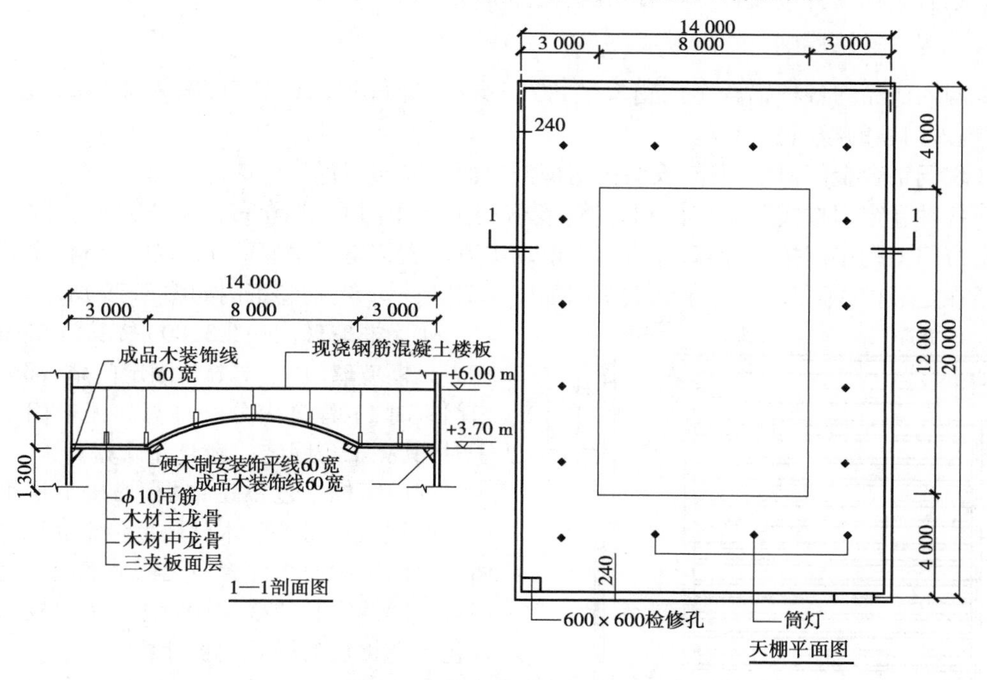

图3.77 木龙骨胶合板吊顶

【练习6】 某天棚吊顶如图3.77所示。$\phi 10$吊筋焊接在二层楼板底的预埋铁件上,吊筋平均高度按1.8 m计算。该天棚大、中龙骨均为木龙骨,经过计算,设计总用量为4.167 m^3,面层龙骨为400 mm×400 mm方格,中龙骨下钉胶合板(3 mm厚)面层,地面至天棚面高为+3.70 m,矢高1.3 m,接缝处不考虑粘贴自粘胶带,转角处的天棚面层标高均为+3.70 m。拱形面层的面积暂按水平投影面积增加25%计算,天棚面层用底油、色油刷清漆2遍,装饰线条刷聚氨脂清漆2遍。请计算该吊顶工程的分部分项工程费。

·3.2.4 门窗工程计量与计价·

1)门窗工程主要内容

门窗工程的主要内容包括如下几方面:

①购入构件成品安装。主要包括铝合金门窗(地弹簧门、平开门及推拉门、铝合金窗、防盗窗、百叶窗)、塑钢门窗及塑钢纱窗、铝合金纱窗、彩板门窗、电子感应门及旋转门、卷帘门、拉栅门、成品木门等项目。

②铝合金门窗制作、安装。主要包括铝合金门、铝合金窗、无框玻璃门扇、门窗框不锈钢板等项目。

③木门窗、框扇制作安装。主要包括普通木窗、纱窗扇、工业木窗、木百叶窗、无框窗扇、圆形窗、半玻木门、镶板门、胶合板门、企口板门、纱门扇、全玻自由门、半截百叶门等项目。

④装饰木门扇。主要包括细木工板实芯门扇、其他木门扇、门扇上包金属软包面等项目。

⑤门窗五金配件安装。主要包括门窗特殊五金[地弹簧、闭门器、不锈钢曲夹、门(屏风)上轨、执手锁、插销、铰链、门吸或门阻、防盗链、门视器、弹簧合页、全金属管子拉手、橱门抽屉拉手]、铝合金门窗五金配件、木门窗五金配件等项目。

2)工程量计算规则

①购入成品的各种铝合金门窗安装,按门窗洞口面积以m^2计算;购入成品的木门扇安装,按购入门扇的净面积计算。

②现场铝合金门窗扇制作、安装按门窗洞口面积以m^2计算。

③各种卷帘门按实际制作面积计算,卷帘门上有小门时,其卷帘门工程量应扣除小门面积。卷帘门上的小门按扇计算,卷帘门上电动提升装置以套计算,手动装置的材料、安装人工已包括在定额内,不另增加。手动卷帘门如图3.78所示。电动卷帘门如图3.79所示。

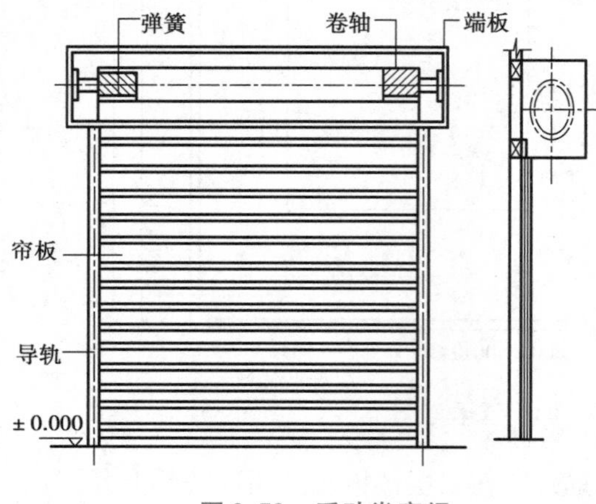

图3.78　手动卷帘门

④无框玻璃门(图3.80)按其洞口面积计算。无框玻璃门中,部分为固定门扇、部分为开启门扇时,工程量应分开计算。无框门上带亮子时,其亮子与固定门扇合并计算。

⑤门窗框上包不锈钢板,均按不锈钢板的展开面积以m^2计算,木门扇上包金属面或软包面均以门扇净面积计算。无框玻璃门上亮子与门扇之间的钢骨架横撑(外包不锈钢板),按横撑包不锈钢板的展开面积计算。

⑥门窗扇包镀锌铁皮,按门窗洞口面积以m^2计算;门窗框包镀锌铁皮、钉橡皮条、钉毛毡,按图示门窗洞口尺寸以延长米计算。

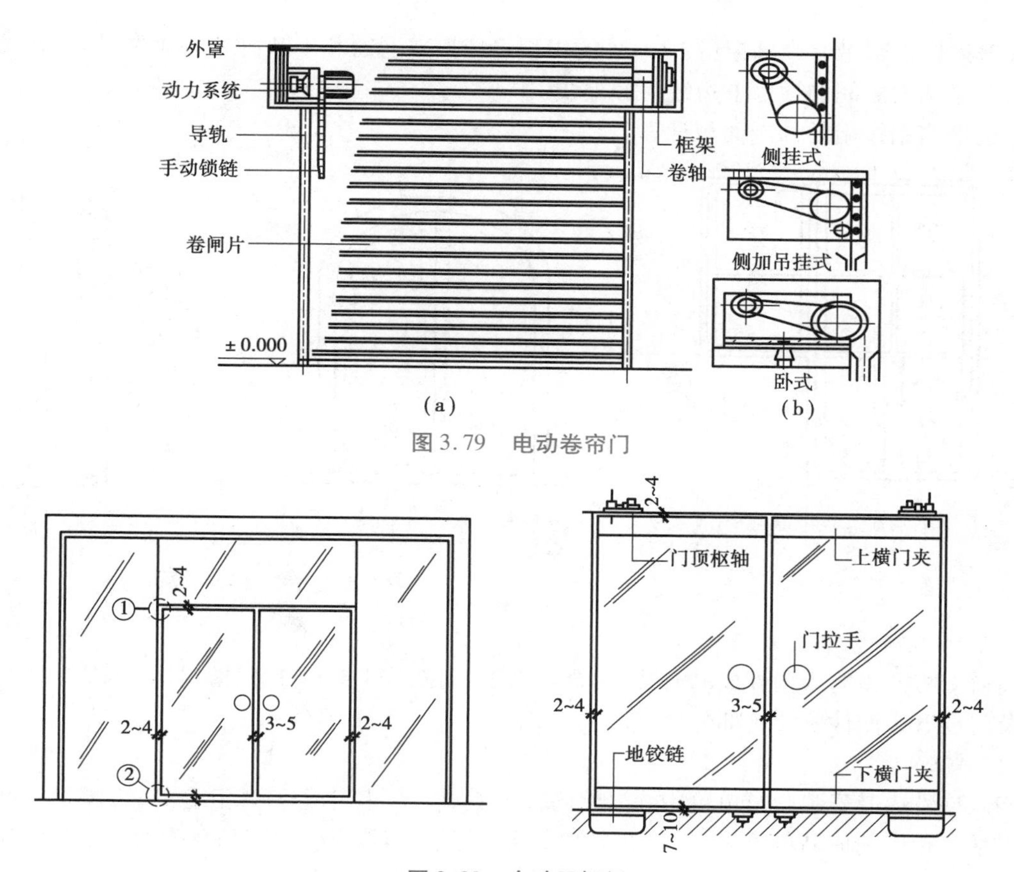

图3.79 电动卷帘门

图3.80 全玻无框门

⑦木门窗框、扇制作、安装工程量按以下规定计算：

a. 各类木门窗(包括纱门、纱窗)制作、安装工程量均按门窗洞口面积以 m^2 计算。木门如图3.81所示。

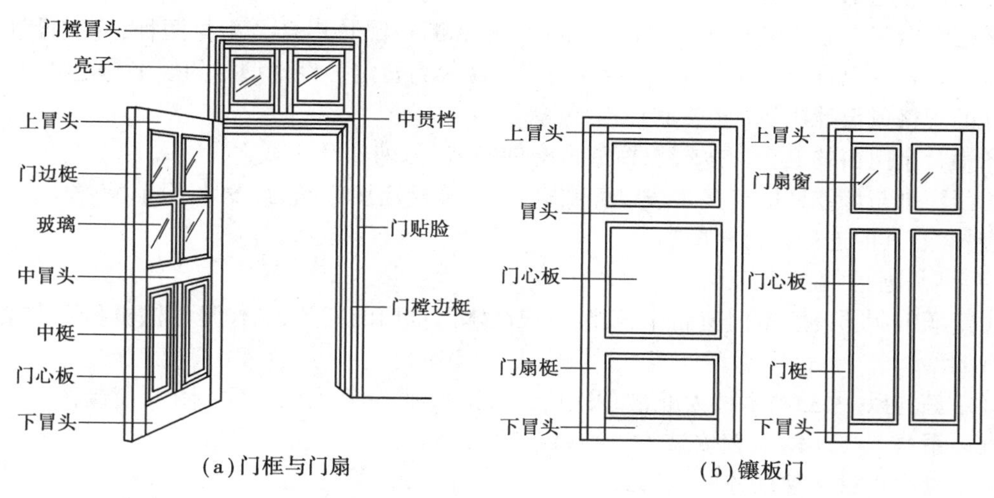

图3.81 木门

b. 连门窗(图3.82)的工程量应分别计算，套用相应门、窗定额，窗的宽度算至门框外侧。

c. 普通窗上部带有半圆窗(图 3.83)的工程量应按普通窗和半圆窗分别计算,其分界线以普通窗和半圆窗之间的横框上边线为分界线。

d. 无框窗扇按扇的外围面积计算。

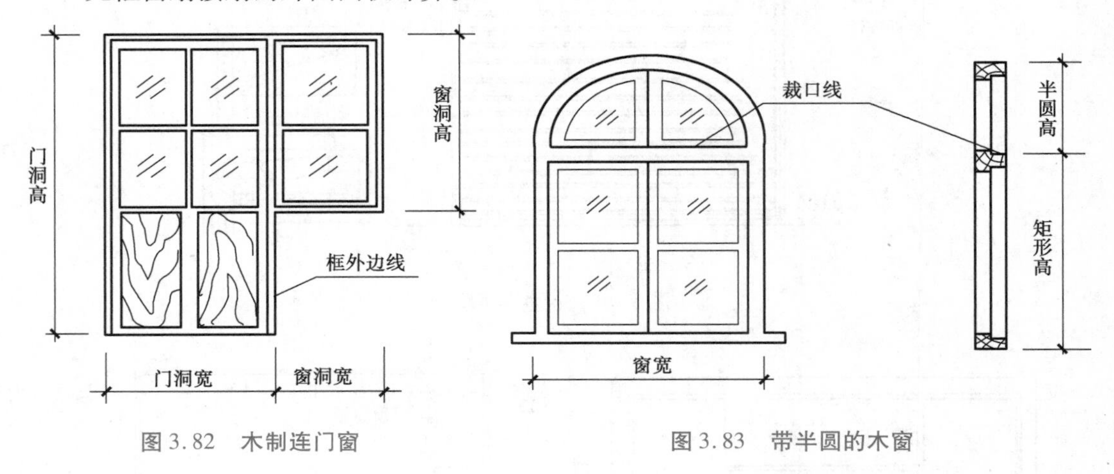

图 3.82 木制连门窗

图 3.83 带半圆的木窗

3)套用定额说明

门窗工程分为购入构件成品安装,铝合金门窗制作、安装,木门窗、框扇制作安装,装饰木门扇及门窗五金配件安装 5 部分。

(1)购入构件成品安装

购入构件成品安装门窗单价中,除地弹簧、门夹、管子、拉手等特殊五金外,玻璃及一般五金已包括在相应的成品单价中,一般五金的安装人工已包括在定额内,特殊五金和安装人工应按"门、窗配件安装"的相应子目执行。

(2)铝合金门窗制作、安装

①铝合金门窗制作、安装是按在构件厂制作,现场安装编制的,但构件厂至现场的运输费用应按当地交通部门的规定运费执行(运费不进入取费基价)。

②铝合金门窗制作型材分为普通铝合金型材和断桥隔热铝合金型材两种,应按设计分别套用定额。各种铝合金型材规格、含量的取定定额仅为暂定。设计型材的规格与定额不符,应按设计的规格或设计用量加 6% 制作损耗调整。

③铝合金门窗的五金应按"门、窗五金配件安装"另列项目计算。

④门窗框与墙或柱的连接是按镀锌铁脚、膨胀螺栓连接考虑的,设计不同,定额中的铁脚、螺栓应扣除,其他连接件另外增加。

(3)木门窗、框扇制作安装

①定额编制了一般木门窗制作、安装及成品木门框扇的安装,制作是按机械和手工操作综合编制的。

②定额均以一、二类木种为准,如采用三、四类木种,分别乘以系数:木门、窗制作人工和机械费乘以系数 1.30,木门、窗安装人工乘以系数 1.15。

③定额中木材木种划分见表 3.30。

表 3.30 木材种类划分表

一类	红松、水桐木、樟子松
二类	白松、杉木(方杉、冷杉)、杨木、铁杉、柳木、花旗松、椴木
三类	青松、黄花松、秋子松、马尾松、东北榆木、柏木、苦楝木、梓木、黄菠萝、椿木、楠木(桢南、润楠)、柚木、樟木、山毛榉、栓木、白木、云香木、枫木
四类	栎木(柞木)、檀木、色木、槐木、荔木、麻栗木(麻栎、青刚)、桦木、荷木、水曲柳、柳桉、华北榆木、核桃楸、克隆、门格里斯

④木材规格是按已成型的两个切断面规格料编制的,两个切断面以前的锯缝损耗按总说明规定应另外计算。

⑤定额中注明的木材断面或厚度均以毛料为准,如设计图纸注明的断面或厚度为净料时,应增加断面刨光损耗:一面刨光加 3 mm,两面刨光加 5 mm,圆木按直径增加 5 mm。

⑥定额中的木材是以自然干燥条件下的木材编制的,需要烘干时,其烘干费用及损耗由各地确定。

⑦定额中门、窗框扇断面除注明者外,均是按标准图集中常用项目的Ⅲ级断面编制的,其具体取定尺寸见表 3.31。门窗框的固定方式如图 3.84 所示。

表 3.31 门、窗框扇断面尺寸参考表

门窗	门窗类型	边框断面(含刨光损耗)		扇立梃断(含刨光损耗)	
		定额取定断面/mm	截面积/cm^2	定额取定断面/mm	截面积/cm^2
门	半截玻璃门	55×100	55	50×100	50
	冒头板门	55×100	55	45×100	45
	双面胶合板门	55×100	55	38×60	22.80
	纱 门	—	—	35×100	35
	全玻自由门	70×140(Ⅰ级)	98	50×120	60
	拼板门	55×100	55	50×100	50
	平开、推拉木门	—	—	60×120	72
窗	平开窗	55×100	55	45×65	29.25
	纱 窗	—	—	35×65	22.75
	工业木窗	55×120(Ⅱ级)	66	—	—

设计框、扇断面与定额不同时,应按比例换算。框料以边立框断面为准(框裁口处如为钉条者,应加贴条断面),扇料以立梃断面为准。换算公式如下:

$$\frac{\text{设计断面(净料加刨光损耗)}}{\text{定额断面积}} \times \text{相应项目定额材积}$$

或

$$(\text{设计断面积} - \text{定额断面积}) \times \text{相应项目框、扇每增减 } 10\ cm^2 \text{ 的材积}$$

上式断面积均以 10 m^2 为计量单位。

⑧胶合板门的基价是按四八尺(1 220 mm×2 440 mm)编制的,剩余的边角料残值已考虑回收,如建设单位供应胶合板,按 2 倍门扇数量张数供应,每张裁下的边角料全部退还给建设单位(但残值回收取消)。若使用三七尺(910 mm×2 130 mm)胶合板,定额基价应按括号内

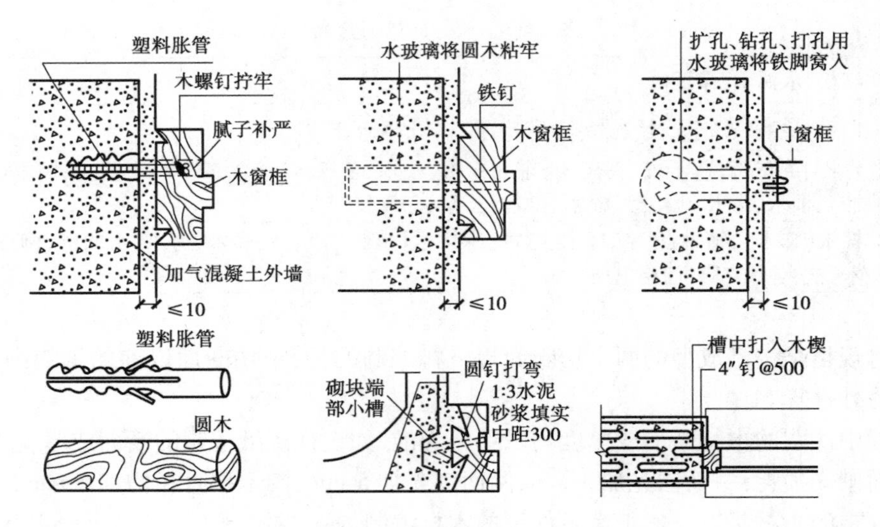

图 3.84 门窗框的固定方式

的含量换算，并相应扣除定额中的胶合板边角料残值回收值。

⑨门窗制作安装的五金、铁件配件按"门窗五金配件安装"相应项目执行，安装人工已包括在相应定额内。设计门、窗玻璃品种、厚度与定额不符，单价应调整，数量不变。

⑩木质送、回风口的制作、安装按百叶窗定额执行。

⑪设计门、窗有艺术造型等有特殊要求时，因设计差异变化较大，其制作、安装应按实际情况另行处理。

⑫门窗工程子目如涉及钢骨架或者铁件的制作安装，另行套用相应子目。

⑬"门窗五金配件安装"的子目中，五金规格、品种与设计不符时应调整。

下面所有例题中，为简化计算、突出重点，除题目说明之外，人工、材料、机械按定额预算价不调整；管理费费率、利润率按定额执行不调整；题目未注明者不考虑垂直运输及超高费用。

【例 3.16】 某工程门窗表见表 3.32，其中木门为现场制作安装，并刮腻子、刷调和漆 2 遍，M1 配地插销 1 副、执手锁 1 把；M2 配门吸 1 副、执手锁 1 把。请计算该工程门窗的分部分项工程费，除注明外人工、材料、机械的单价及管理费、利润率均执行计价定额，不作调整。

表 3.32 门窗表

门窗编号	洞口尺寸 宽×高/mm	门窗种类	数量/樘	备注
M1	1 200×2 400	有腰双扇胶合板门、带纱门扇	1	框断面 60 mm×120 mm
M2	800×2 100	有腰单扇胶合板门	2	同上
C1	1 500×1 500	塑钢窗	2	推拉窗，成品购入，单价 200 元/m^2
C2	1 800×1 500	塑钢窗	2	推拉窗，成品购入，单价 200 元/m^2

【分析要点】 (1)本例为购入成品塑钢窗及现场制作胶合板木门，中低档的工装及家装都适用。本例明确要求不调整人、材、机单价及管理费、利润，应按中档工装计算。

(2)列项时应注意:

①现场制作的木门窗列项较烦琐,主要列项如下:框制作、框安装、扇制作、扇安装、普通五金配件、油漆、特殊五金配件等。另外,如果框、扇的断面尺寸设计与定额不同,需要换算,也可以单独列项计算。

②塑钢窗因是成品购入,五金配件一般含在成品价中,不再单独列项计算。另外,像这类成品购入的门窗,在采购时往往选择送到工地并包安装的方式,这样单价中含所有费用,就不需要再套用定额,而是直接作为一项单独分包的专业工程计费。

(3)工程量计算时应注意:

①木门窗除了五金配件按樘计算、特殊五金按实计算外,其他均按安装洞口面积计算。

②木门油漆虽然是按洞口面积计算工程量,但是在定额中包含了所有面的油漆费用。

(4)套用定额时应注意:

①定额中的所有边框、扇立梃的断面均按一定尺寸考虑,设计不同时,套用定额应换算成材含量,其他不变。

②在换算成材含量时要注意,定额中的尺寸均按毛料尺寸表示,而设计尺寸往往是按成品净料尺寸给出,因此二者对比换算时,应在设计断面基础上加上刨光损耗,按定额规定执行。

③门框制作为单裁口,断面以55 cm^2 为准。如做双裁口,每10 m^2 增加制作人工0.15工日。

④塑钢门窗是不需要油漆的,应注意。

【解】 (1)列项,计算工程量,见表3.33。

表3.33 工程量计算表

序号	项目名称	计量单位	工程量	计算公式	备注
1	有腰双扇双面胶合板门制作、安装	m^2	2.88	M1 1.2×2.4×1=2.88	
2	有腰单扇双面胶合板门框扇制作、安装	m^2	3.36	M2 0.8×2.1×2=3.36	
3	有腰双扇双面胶合板门五金配件	樘	1.00	M1 1	
4	有腰单扇双面胶合板门五金配件	樘	2.00	M2 2	
5	地插销	副	1.00	M1 1	
6	门吸	副	2.00	M2 1×2=2	
7	执手锁	把	3.00	M1 M2 1+2=3	
8	塑钢窗	m^2	9.90	C1 1.5×1.5×2+C2 1.5×1.8×2=9.90	
9	木门油漆	m^2	7.28	M1 2.88×1.36+M2 3.36=7.28	

(2)套用定额,计算分部分项工程费,见表3.34。

表 3.34　分部分项工程费计算表

序号	定额编号	项目名称	计量单位	工程量	综合单价/元	合价/元
1	16-215 换	有腰双扇胶合板门框制作	10 m^2	0.288	357.17	102.86
2	16-216	有腰双扇胶合板门扇制作	10 m^2	0.288	936.55	269.73
3	16-217	有腰双扇胶合板门框安装	10 m^2	0.288	44.36	12.78
4	16-218	有腰双扇胶合板门扇安装	10 m^2	0.288	207.34	59.71
5	16-219 换	框断面每增减 10 cm^2	10 m^2	0.288	91.20	26.27
6	16-247	纱门扇制作(双扇)	10 m^2	0.288	481.86	138.78
7	16-248	纱门扇安装(双扇)	10 m^2	0.288	67.55	19.45
8	16-340	有腰双扇门普通五金配件	樘	1.00	129.11	129.11
9	16-346	纱门五金配件	樘	1.00	126.80	126.80
10	16-313	插销	套	1.00	29.05	29.05
11	16-209	有腰单扇胶合板门框制作	10 m^2	3.36	476.18	1 599.96
12	16-210	有腰单扇胶合板门扇制作	10 m^2	3.36	849.34	2 853.78
13	16-211	有腰单扇胶合板门框安装	10 m^2	3.36	58.45	196.39
14	16-212	有腰单扇胶合板门扇安装	10 m^2	3.36	253.04	850.21
15	16-339	单扇门普通五金配件	樘	2.00	72.15	144.30
16	16-315	门吸	副	2.00	13.48	26.96
17	16-312	执手锁	把	3.00	96.34	289.02
18	17-1	木门调和漆	10 m^2	0.728	334.40	243.44
19	16-11 换	塑钢窗安装	10 m^2	0.99	2 826.13	2 797.87
		小　计				9 916.47

综合单价换算依据及过程	
	1. 16-215 换: ①换算依据:门框制作为单裁口,断面以 55 cm^2 为准。如做双裁口每 10 m^2 增加制作人工 0.15 工日。如设计断面不同时,制作成材可按比例调整。 ②综合单价:$339.70 + 0.15 \times 85.00 \times (1 + 25\% + 12\%) = 357.17$
	2. 16-219 换: ①定额框断面(毛料):55 mm × 100 mm ②设计框断面(净料):60 mm × 120 mm;折合成毛料后的断面:63 mm × 125 mm ③增加材积:$6.3 \times 12.5 - 5.5 \times 10 = 23.75$($cm^2$) ④断面每增减 10 cm^2 的综合单价:$38.40 \times 23.75/10 = 91.20$
	3. 16-11 换: 综合单价:$3\ 306.13 + 9.60 \times (200 - 250) = 2\ 826.13$

【拓展与思考】

(1)目前门窗工程基本上采用专业化生产，市场上均采用专业分包，门窗价格中包含制作、运费、现场安装等内容。在工程实践中，无论是前期的招投标还是后期的结算，门窗工程计价几乎不需要套用定额，仅需要前期根据市场价确定分包价即可。

(2)注意成品购入的门窗工程价格中均含普通五金件。

(3)若【例3.16】改为家装，请重新计算本题。

练一练

【练习1】 某宿舍楼木制门连窗，共100樘，如图3.85所示，图示尺寸为洞口尺寸(单位:mm)。门为三冒头镶板，门、窗均刷3遍调和漆，门锁1把，门吸1副。门连窗的框、扇断面均同定额取定。试计算门连窗的分部分项工程费。

门窗工程练一练参考答案

【练习2】 某单位车库安装遥控电动铝合金卷帘门(带卷筒罩)3樘，如图3.86所示。门洞口尺寸为3 700 mm×3 300 mm，卷帘门上有一活动小门，尺寸为750 mm×2 000 mm。试计算车库卷帘门的分部分项工程费。

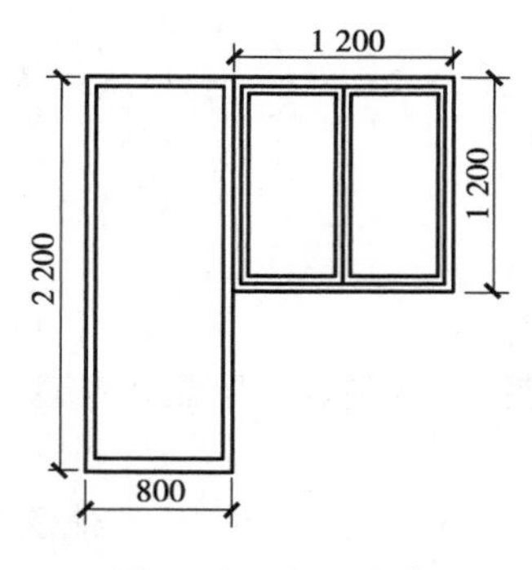

图3.85 木门连窗

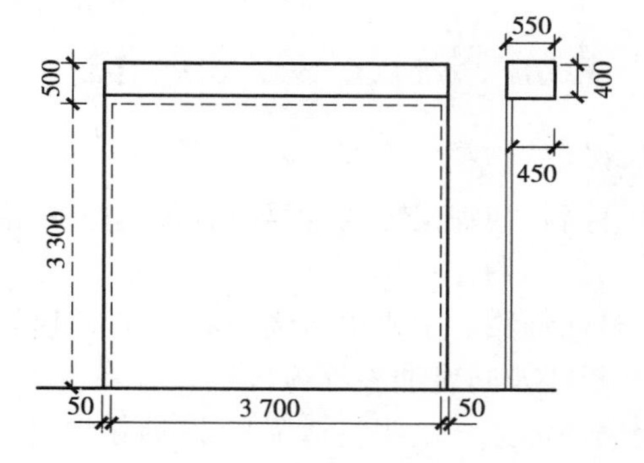

图3.86 电动卷帘门

【练习3】 某单元楼平面图如图3.87所示，共6层。所有门窗信息见表3.35，数量按图统计。试计算门窗工程的分部分项工程费。

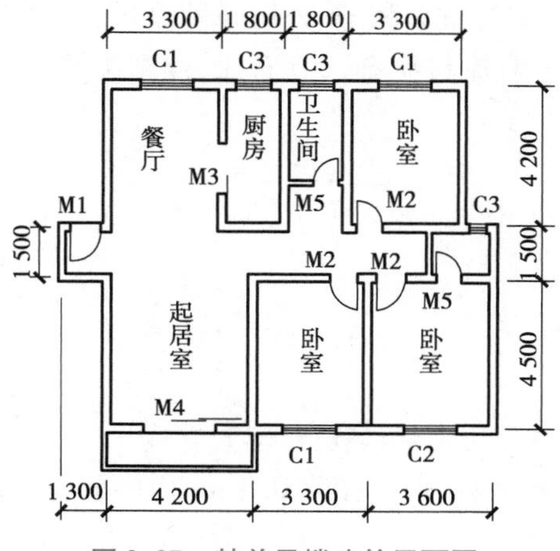

图3.87 某单元楼建筑平面图

表 3.35 门窗表

门窗编号	洞口尺寸 宽×高/mm	门窗种类	备注
M1	800×2 000	防盗门	专业分包 600 元/m^2,居中立樘
M2	800×2 000	无腰三冒头镶板门	框断面 55 mm×100 mm,扇立梃断面 45 mm×100 mm
M3	900×2 000	单扇全玻自由门	框断面 70 mm×140 mm(Ⅰ级),扇立梃断面 50 mm×120 mm
M4	1 200×2 000	双扇全玻自由门	同上
M5	750×2 000	无腰三冒头镶板门	框断面 55 mm×100 mm,扇立梃断面 45 mm×100 mm
C1	1 500×1 500	塑钢窗、带纱窗	推拉窗,成品购入,单价 200 元/m^2
C2	1 800×1 500	塑钢窗、带纱窗	推拉窗,成品购入,单价 200 元/m^2
C3	1 200×1 500	塑钢窗、带纱窗	推拉窗,成品购入,单价 200 元/m^2

3.2.5 油漆、涂料、裱糊工程计量与计价

1)油漆、涂料、裱糊工程主要内容

油漆、涂料、裱糊工程的主要内容包括如下几个方面:

(1)油漆、涂料

①木材面油漆。主要包括调和漆、磁漆、清漆、聚氨酯漆、硝基清漆、丙烯酸清漆、防火漆、地板漆、黑板漆及防腐油漆等项目。

②金属面油漆。主要包括调和漆、防锈漆、银粉漆、磁漆、防火漆、沥青漆、其他漆(磷化底漆及锌黄底漆、金属氟碳漆、环氧富锌漆)等项目。

③抹灰面油漆、涂料。主要包括调和漆、封油刮腻子、封底、贴胶带(混合腻子、901 胶白水泥腻子、板面钉眼封点防锈漆、清油封底、板缝贴自粘胶带)、乳胶漆(乳胶漆、水性水泥漆、外墙苯丙乳胶漆)、外墙涂料(外墙批抗裂腻子、外墙弹性涂料、外墙溶剂涂料)、喷涂(彩砂喷涂、砂胶喷涂、乳液型涂料喷涂、多彩涂料喷涂)、真石漆、浮雕喷涂料、刷(喷)浆(白水泥浆、石灰大白浆、防霉涂料)等项目。

(2)裱贴饰面

①金(银)、铜(铝)箔。

②墙纸。

③墙布。

2)工程量计算规则

(1)天棚、墙、柱、梁面的喷(刷)涂料和抹灰面乳胶漆

其工程量按实喷(刷)面积计算,但不扣除 0.3 m^2 以内的孔洞面积。

(2)木材面油漆

各种木材面的油漆工程量按构件的工程量乘以相应系数计算,其具体系数如下:

①套用单层木门定额的项目工程量乘以相应系数,见表 3.36。

表3.36 套用单层木门定额的项目工程量计算方法及系数

项目名称	系数	工程量计算方法
单层木门	1.00	按洞口面积计算
带上亮木门	0.96	
双层(一玻一纱)木门	1.36	
单层全玻门	0.83	
单层半玻门	0.90	
不包括门套的单层木扇	0.81	
凹凸线条几何图案造型单层木门	1.05	
木百叶门	1.50	
半木百叶门	1.25	
厂库房木大门、钢木大门	1.30	
双层(单裁口)木门	2.00	

注:①门、窗贴脸、披水条、盖口条的油漆已包括在相应定额内,不予调整;
②双扇木门按相应单扇木门项目乘以系数0.9;
③厂库房木大门、钢木大门上的钢骨架、零星铁件油漆已包含在系数内,不另计算。

②套用单层木窗定额的项目工程量乘以相应系数,见表3.37。

表3.37 套用单层木窗定额的项目工程量计算方法及系数

项目名称	系数	工程量计算方法
单层玻璃窗	1.00	按洞口面积计算
双层(一玻一纱)窗	1.36	
双层(单裁口)窗	2.00	
三层(二玻一纱)窗	2.60	
单层组合窗	0.83	
双层组合窗	1.13	
木百叶窗	1.50	
不包括窗套的单层木窗扇	0.81	

③套用木扶手定额的项目工程量乘以相应系数,见表3.38。

表 3.38　套用木扶手定额的项目工程量计算方法及系数

项目名称	系数	工程量计算方法
木扶手(不带托板)	1.00	按延长米
木扶手(带托板)	2.60	
窗帘盒(箱)	2.04	
窗帘棍	0.35	
装饰线条宽在 150 mm 内	0.35	
装饰线条宽在 150 mm 外	0.52	
封檐板、顺水板	1.74	

④套用其他木材面定额的项目工程量乘以相应系数,见表 3.39。

表 3.39　套用其他木材面定额的项目工程量计算方法及系数

项目名称	系数	工程量计算方法
纤维板、木板、胶合板天棚	1.00	长×宽
木方格吊顶天棚	1.20	
鱼鳞板墙	2.48	
暖气罩	1.28	
木间壁、木隔断	1.90	外围面积 长(斜长)×高
玻璃间壁露明墙筋	1.65	
木栅栏、木栏杆(带扶手)	1.82	
零星木装修	1.10	展开面积

⑤套用木墙裙定额的项目工程量乘以相应系数,见表 3.40。

表 3.40　套用木墙裙定额的项目工程量计算方法及系数

项目名称	系数	工程量计算方法
木墙裙	1.00	净长×高
有凹凸、线条几何图案的木墙裙	1.05	

⑥踢脚线按延长米计算,如踢脚线与墙裙油漆材料相同,应合并在墙裙工程量中。
⑦橱、台、柜工程量按展开面积计算。零星木装修、梁柱饰面按展开面积计算。
⑧窗台板、筒子板(门、窗套),不论有无拼花图案和线条均按展开面积计算。
⑨套用木地板定额的项目工程量乘以相应系数,见表 3.41。

表 3.41 套用木地板定额的项目工程量计算方法及系数

项目名称	系数	工程量计算方法
木地板	1.00	长×宽
木楼梯(不包括底面)	2.30	水平投影面积

(3)抹灰面、构件面油漆、涂料、刷浆

①抹灰面的油漆、涂料、刷浆工程量等于抹灰的工程量。

②混凝土板底、预制混凝土构件仅油漆、涂料、刷浆工程量按表 3.42 所示计算方法,计算套用抹灰面定额相应项目。

表 3.42 油漆、涂料及刷浆项目工程量计算方法及系数

项目名称		系数	工程量计算方法
槽形板、混凝土折板底面		1.30	长×宽
有梁板底(含梁底、侧面)		1.30	
混凝土板式楼梯底(斜板)		1.18	水平投影面积
混凝土板式楼梯底(锯齿形)		1.50	
混凝土花格窗、栏杆		2.00	长×宽
遮阳板、栏板		2.10	长×宽(高)
混凝土预制构件	屋架、天窗架	40 m^2	每 m^3 构件
	柱、梁、支撑	12 m^2	
	其他	20 m^2	

(4)金属面油漆

①套用单层钢门窗定额的项目工程量乘以相应系数,见表 3.43。

表 3.43 套用单层钢门窗定额的项目工程量计算方法及系数

项目名称	系数	工程量计算方法
单层钢门窗	1.00	按洞口面积计算
双层钢门窗	1.50	
单钢门窗带纱门窗扇	1.10	
钢百叶门窗	2.74	
半截百叶钢门	2.22	
满钢门或包铁皮门	1.63	
钢折叠门	2.30	框(扇)外围面积
射线防护门	3.00	
厂库房平开、推拉门	1.70	

续表

项目名称	系数	工程量计算方法
间壁	1.90	长×宽
平板屋面	0.74	斜长×宽
瓦垄板屋面	0.89	
镀锌铁皮排水、伸缩缝盖板	0.78	展开面积
吸气罩	1.63	水平投影面积

②其他金属面油漆,按构件油漆部分表面积计算。

③套用金属面定额的项目工程量乘以下列系数:

a. 原材料每米质量 5 kg 以内为小型构件,防火漆用量乘以系数 1.02,人工乘以系数 1.1。

b. 网架上刷防火涂料时,人工乘以系数 1.4。

(5)刷防火漆计算规则

①隔壁、护壁木龙骨按其面层正立面投影面积计算。

②柱木龙骨按其面层外围面积计算。

③天棚龙骨按其水平投影面积计算。

④木地板中木龙骨及木龙骨带毛地板按地板面积计算。

⑤隔壁、护壁、柱、天棚面层及木地板刷防火漆,执行其他木材面刷防火漆相应子目。

3)套用定额说明

①定额中涂料、油漆工程均采用手工操作,喷塑、喷涂、喷油采用机械喷枪操作,实际施工操作方法不同时,均按定额执行。

②油漆项目中,已包括钉眼刷防锈漆的工、料并综合了各种油漆的颜色,设计油漆颜色与定额不符时,人工、材料均不调整。

③定额已综合考虑分色及门窗内外分色的因素,如果需做美术图案者,可按实计算。

④定额中规定的喷、涂刷的遍数,如与设计不同时,可按每增减一遍相应定额子目执行。石膏板面套用抹灰面定额。

⑤定额对硝基清漆磨退出亮定额子目未具体要求刷理遍数,但应达到漆膜面上的白雾光消除、磨退出亮。

⑥色聚氨酯漆已经综合考虑不同色彩的因素,均按定额执行。

⑦定额中抹灰面乳胶漆、裱糊墙纸饰面是根据现行工艺,将墙面封油刮腻子、清油封底、乳胶漆涂刷及墙纸裱糊分列子目,定额中乳胶漆、裱糊墙纸子目已包括再次找补腻子在内。

⑧浮雕喷涂料小点、大点规格划分如下:

a. 小点:点面积在 1.2 cm^2 以下;

b. 大点:点面积在 1.2 cm^2 以上(含 1.2 cm^2)。

⑨涂料定额是按常规品种编制的,设计用的品种与定额不符,单价换算可以根据不同的涂料调整定额含量,其余不变。

⑩裱糊织绵缎定额中,已包括宣纸的裱糊工料费在内,不得另计。裱糊类饰面构造如图 3.88 所示。

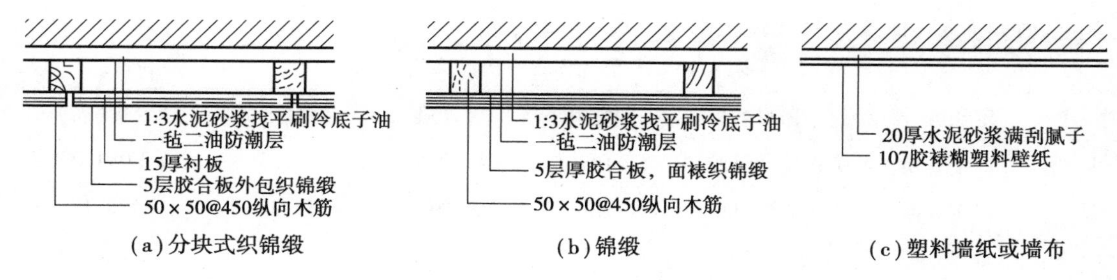

图 3.88　裱糊类饰面构造

⑪木材面油漆设计有漂白处理时，由甲、乙双方另行协商。

⑫涂刷金属面防火涂料厚度应达到国家防火规范要求。

【例 3.17】　某传达室的平面图及详细尺寸详见【例 3.8】。已知室内墙面及天棚均批刷 901 胶混合腻子及乳胶漆各 2 遍。人工、材料、机械单价以及管理费费率、利润率按计价定额不调整，其余未作说明的均按计价定额规定执行。请计算室内批腻子刷乳胶漆的分部分项工程费。

【分析要点】　(1)本例为常见的抹灰面刷乳胶漆，是最普通的装饰，中低档的工装和家装都适用。本例明确要求不调整人、材、机单价及管理费、利润，应按中档工装计算。

(2)列项及工程量计算时应注意：

①本例主要考查在一个定额子目中包含刮腻子与刷乳胶漆两道工序，以及涂刷遍数不同的换算，列项时只需列一项即可。

②计算工程量时应注意计算规则为按实刷面积计算，但同时又特别规定：抹灰面刷涂料的工程量 = 抹灰工程量。

③在门洞侧壁是否计算方面内外墙不同。

(3)套用定额时应注意：

①抹灰面批腻子及刷乳胶漆在一个定额子目中均包含，遍数不同按定额说明增加人工及材料。

②计价定额按墙面、天棚及柱梁面、天棚复杂面、内墙刮糙等区分抹灰面。

③腻子区分 901 胶混合腻子及 901 胶白水泥腻子。

【解】　(1)列项，计算工程量，见表 3.44。

表 3.44　工程量计算表

序号	项目名称	计量单位	工程量	计算公式	备注
1	内墙面乳胶漆	m^2	129.16	[(3.3 − 0.24) + (5.4 − 0.24) + 垛 0.12] × 2 × 3.60 = 60.05 [(3.9 − 0.24) + (2.7 − 0.24)] × 2 × 2 × 3.60 = 88.13 扣洞口：M_1 1.0 × 2.4 × 1 + M_2 0.8 × 2.1 × 4 + C_1 1.5 × 1.5 × 2 + C_2 1.8 × 1.5 × 2 = 19.02 合计：129.16 m^2	不增洞口侧壁
2	天棚面乳胶漆	m^2	33.80	(3.3 − 0.24) × (5.4 − 0.24) = 15.79 (3.9 − 0.24) × (2.7 − 0.24) × 2 = 18.01 合计：33.80	不扣垛所占面积

(2)套用定额,计算分部分项工程费,见表3.45。

表3.45 分部分项工程费计算表

序号	定额编号	项目名称	计量单位	工程量	综合单价(元)	合价(元)
1	17-176换	内墙面乳胶漆	10 m²	12.916	161.35	2 084.00
2	17-176换	天棚面乳胶漆	10 m²	3.380	172.24	582.17
		小计				2666.17
综合单价换算依据及过程	1.内墙面乳胶漆:17-176换 ①换算依据:17-176是按内墙面批刷3遍901胶混合腻子及3遍乳胶漆编制的。附注1:每增减1遍腻子,人工增减0.32工日,腻子材料增减30%。附注2:每增减1遍乳胶漆,人工增减0.165工日,乳胶漆增减1.20 kg。 ②实际做法:内墙面批刷901胶混合腻子及乳胶漆各2遍。 ③换算过程: 综合单价:[(1.42 - 0.32 - 0.165) × 85.00 + 0] × (1 + 25% + 12%) + 71.07 - (3.75 + 0.88 + 4.36 + 3.18 + 1.82) × 30% - 1.2 × 12.00 = 161.35 2.天棚面乳胶漆:17-176换 ①换算依据:17-176是内墙面按批刷3遍901胶混合腻子及3遍乳胶漆编制的。附注1和附注2:同上。附注4:柱、梁、天棚面批腻子、刷乳胶漆按相应子目执行,人工乘以系数1.1,其他不变。 ②实际做法:天棚面批刷901胶混合腻子及乳胶漆各2遍。 ③换算过程: 综合单价:[(1.42 - 0.32 - 0.165) × 1.1 × 85.00 + 0] × (1 + 25% + 12%) + 71.07 - (3.75 + 0.88 + 4.36 + 3.18 + 1.82) × 30% - 1.2 × 12.00 = 172.24						

【拓展与思考】

(1)抹灰面批刷油漆、涂料是十分常见的装饰,由于单位价值较低,在工程实践中经常出现算量、计价不太准确的情况,所以要求学生应准确理解计算规则以及定额附注的说明。

(2)请计算【例3.14】中天棚批刷2遍901胶混合腻子及乳胶漆的分部分项工程量。

(3)若【例3.17】改为家装,请重新计算本题。

练一练

【练习1】 请对墙柱面工程、天棚工程中相关的例题、习题中墙面、天棚面刷乳胶漆计算出分部分项工程费。

【练习2】 请对墙柱面工程、天棚工程、门窗工程中相关的例题、习题中墙面、天棚面、门窗刷油漆计算出分部分项工程费。

· 3.2.6 其他零星装饰工程计量与计价 ·

1)其他零星装饰工程主要内容

其他零星装饰工程的主要内容包括如下几个方面:

①招牌、灯箱面层。主要包括有机玻璃、灯箱布、镀锌钢板、铝塑板等项目。

②美术字安装。主要包括有机玻璃字、金属字等项目。

③压条、装饰条线。主要包括成品装饰条安装(木装饰条、金属装饰条、橡塑线条、石膏装

饰线)、石材装饰线、磨边、开孔、打胶加工[石材磨边加工(45°斜边、一阶半圆、指甲圆)、墙地砖45°倒角磨边抛光、胶合板刨边45°角、石材面开孔、瓷砖面开孔、打胶)等项目。

④镜面玻璃。

⑤卫生间配件。主要包括不锈钢管(浴帘杆、浴缸拉手、毛巾架)、石材洗漱台等项目。

⑥门窗套。

⑦木窗台板(图3.89)。

⑧木盖板。

⑨暖气罩。

⑩天棚面零星项目。主要包括天棚浮雕石膏艺术灯盘、天棚墙面石膏浮雕艺术角花、检修孔、格式灯孔、筒灯孔等项目。

⑪灯带、灯槽。主要包括平顶灯带、回光灯槽两个项目。

⑫窗帘盒。

⑬窗帘、窗帘轨道。主要包括提花窗纱、窗帘布、成品窗帘安装(亚麻布垂直百叶窗帘、塑料平行百叶窗帘)、水波幔帘、窗帘轨道安装等项目。

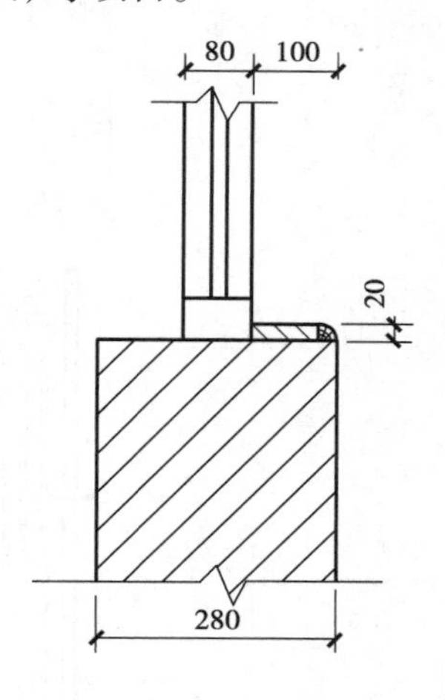

图3.89 木窗台板

⑭石材面防护剂。

⑮成品保护。根据保护部位(石材、木地板面、墙面、金属饰面、铝合金幕墙、铝合金门窗等)分列项目。

⑯隔断。主要包括铝合金玻璃隔断、不锈钢包边框全玻璃隔断、铝合金板隔断板条、玻璃砖隔断(全砖、木格式嵌砖)、浴厕隔断(木骨架三夹板面层)、成品卫生间(隔断、小便斗挡板)、塑钢隔断(全玻、半玻、全塑钢板)等项目。

⑰柜类、货架。主要包括柜台(不锈钢、木质宝笼)、货架、收银台、酒吧台、酒吧吊柜、吧台石材面板、吧台背柜、嵌入式木壁柜、附墙矮柜、隔断木衣柜、附墙书柜、附墙衣柜、附墙酒柜等项目。

2)工程量计算规则

①灯箱面层按展开面积以 m^2 计算。

②招牌字按每个字面积在0.2 m^2 内、0.5 m^2 内、0.5 m^2 外3个子目划分,字安装不论安装在何种墙面或其他部位均按字的个数计算。

③单线木压条、木花式线条、木曲线条、金属装饰条及多线木装饰条、石材线等安装,均按延长米计算。

④石材及块料磨边、胶合板刨边、打硅酮密封胶均按延长米计算。

⑤门窗套、筒子板按面层展开面积计算。窗台板按 m^2 计算。如图纸未注明窗台板长度时,可按窗框外围两边共加100 mm计算;窗口凸出墙面的宽度,按抹灰面另加30 mm计算。

⑥暖气罩(图3.90)按外框投影面积计算。

⑦窗帘盒及窗帘轨按延长米计算,如设计图纸未注明尺寸,可按洞口尺寸加30 cm计算。明设和暗设窗帘盒的3种做法分别如图3.91和图3.92所示。窗帘轨道构造及安装如图3.93所示。

⑧窗帘装饰布:

a. 窗帘布、窗纱布、垂直窗帘的工程量按展开面积计算;

b. 窗水波幔帘按延长米计算。

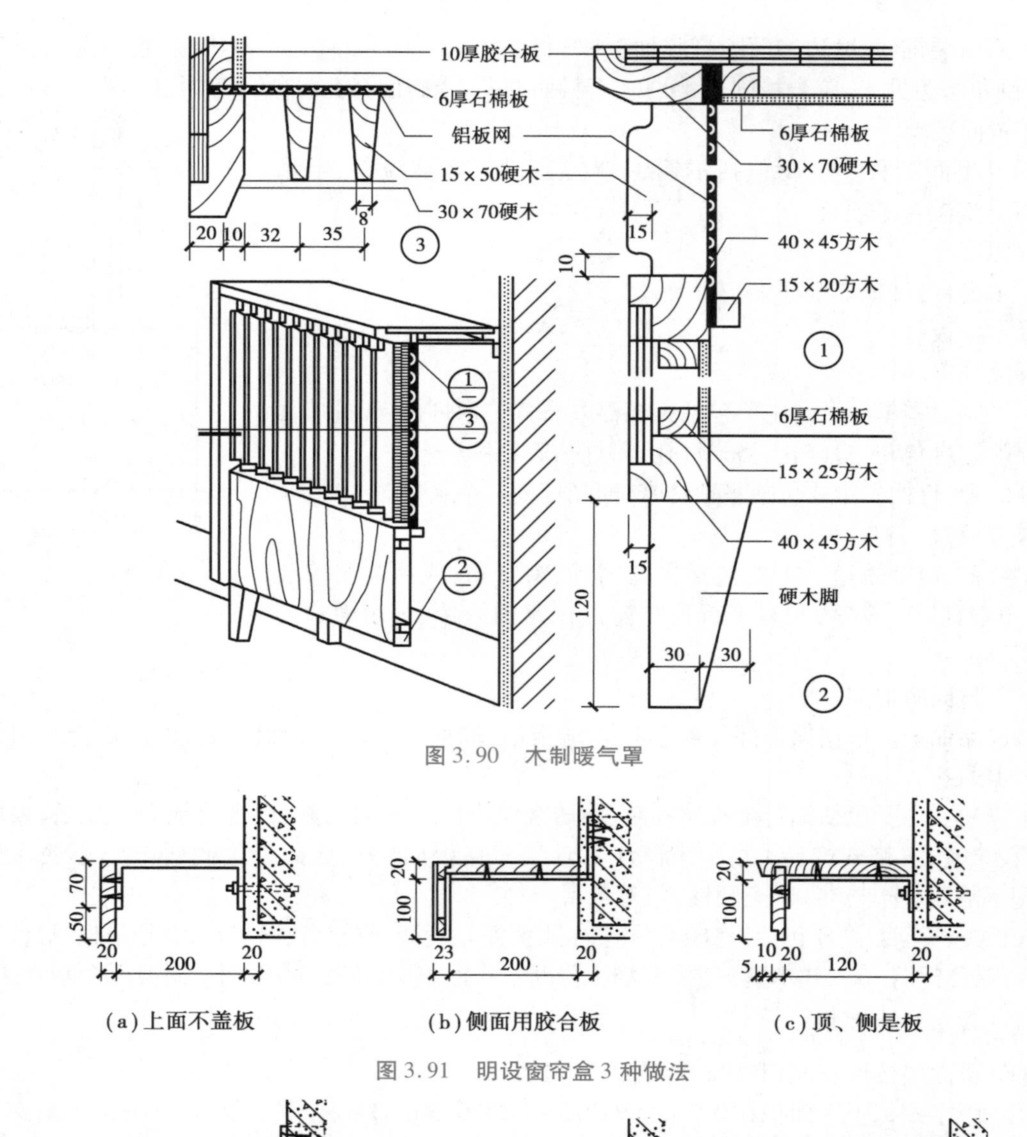

图3.90　木制暖气罩

图3.91　明设窗帘盒3种做法

图3.92　暗设窗帘盒3种做法

⑨石膏浮雕灯盘、角花按个数计算,检修孔、灯孔、开洞按个数计算,灯带按延长米计算,灯槽按中心线延长米计算。

⑩石材防护剂按实际涂刷面积计算。成品保护层按相应子目工程量计算。台阶、楼梯按水平投影面积计算。

⑪卫生间配件:

a. 石材洗漱台板工程量按展开面积计算;

b. 浴帘杆、浴缸拉手及毛巾架按副计算;

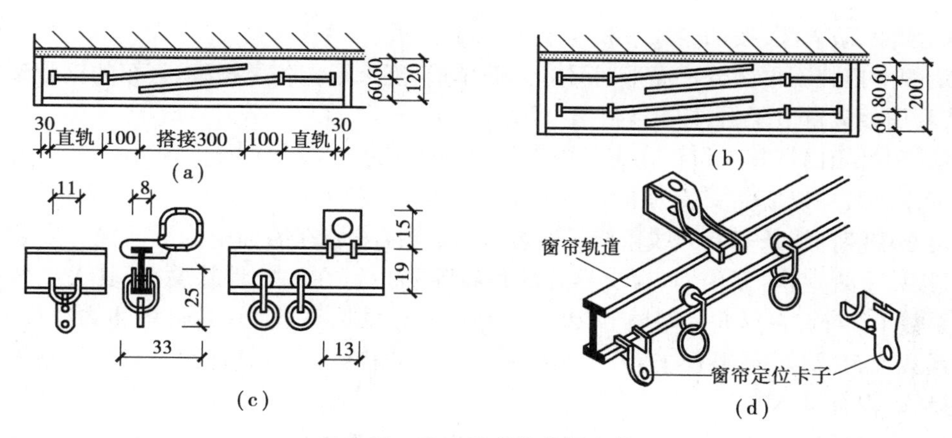

图 3.93 窗帘轨道构造及安装

c. 无基层成品镜面玻璃、有基层成品镜面玻璃均按玻璃外围面积计算，镜框线条另计。

⑫隔断的计算：

a. 半玻璃隔断是指上部为玻璃隔断，下部为其他墙体，其工程量按半玻璃设计边框外边线以 m^2 计算；

b. 全玻璃隔断是指其高度自下横档底算至上横档顶面，宽度按两边立框外边以 m^2 计算；

c. 玻璃砖隔断按玻璃砖格式框外围面积计算；

d. 浴厕木隔断，其高度自下横档底算至上横档顶面以 m^2 计算，门扇面积并入隔断面积内计算；

e. 塑钢隔断按框外围面积计算。

⑬货架、柜橱类（图 3.94）均以正立面的高（包括脚的高度在内）乘以宽以 m^2 计算。收银台以个计算，其他以延长米为单位计算。

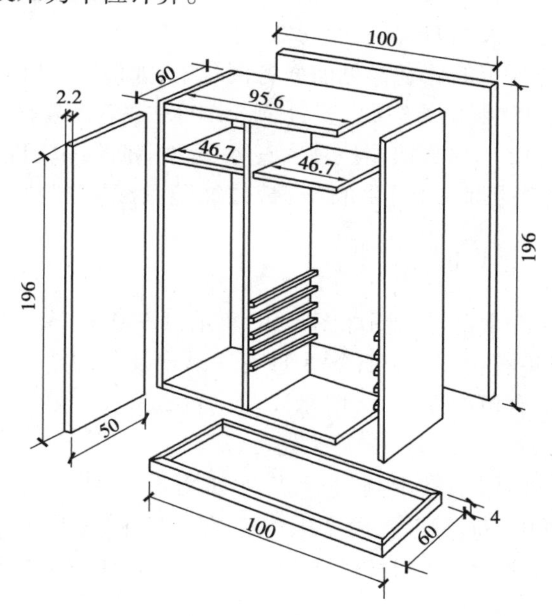

图 3.94 橱柜的拼装示意图（单位：cm）

3）套用定额说明

①定额中除铁件、钢骨架已包含刷防锈漆一遍外，其余均未包含油漆、防火漆的工料。如

设计涂刷油漆、防火漆,按油漆章节相应定额子目套用。

②定额中招牌不再区分平面形、箱体形、简单形、复杂形。各类招牌、灯箱的钢骨架基层制作、安装套用相应章节子目,按 t 计量。

③招牌、灯箱内灯具未包括在定额内。

④字体安装均以成品安装为准,不分字体,均按定额执行。

⑤定额中装饰线条安装为线条成品安装,定额均以安装在墙面上为准。设计安装在天棚面层时,按以下规定执行(但墙、顶交界处的角线除外):钉在木龙骨基层上,其人工按相应定额乘以系数 1.34;钉在钢龙骨基层上,人工按相应子目乘以系数 1.68;钉木装饰线条图案,人工乘以系数 1.50(木龙骨基层上)及 1.80(钢龙骨基层上)。设计装饰线条成品规格与定额不同时应换算,但含量不变。

⑥石材装饰线条均以成品安装为准。石材装饰线条磨边、磨圆边、异形加工等均包含在成品线条的单价中,不再另计。

⑦定额中的石材磨边是按在工厂无法加工而必须在现场制作加工考虑的,实际由外单位加工时,应另行计算。

⑧成品保护是指在已做好的项目面层上覆盖保护层,保护层的材料不同不得换算,实际施工中未覆盖的不得计算成品保护。

⑨货柜、柜类定额中未考虑面板拼花及饰面板上贴其他材料的花饰、造型艺术品,货架、柜类图见计价定额。该部分定额子目仅供参考使用。

⑩石材的镜面处理另行计算。

⑪石材面刷防护剂是指通过刷、喷、涂、滚等方法,使石材防护剂均匀分布在石材表面或渗透到石材内部形成一种保护,使石材具有防水、防污、耐酸碱、抗老化、抗冻融、抗生物侵蚀等功能,从而达到提高石材使用寿命和装饰性能的效果。

零星装饰工程计量与计价的例题详见前面各例题中,如【例 3.3】至【例 3.6】中的“成品保护”;【例 3.9】中的“瓷砖 45°倒角磨边抛光”;【例 3.10】中的“板缝打胶”;【例 3.11】中的“镜面不锈钢装饰条”;【例 3.12】中的“墙裙压顶木线条”和“踢脚线包阳角木线条”;【例 3.14】中的“格式灯孔”和“检修孔”;【例 3.15】中的“石膏装饰阴角线”和“拱形处石膏装饰线”“筒灯孔”等。

练一练

其他零星装饰工程练一练参考答案

【练习 1】 某卫生间洗漱台平面图如图 3.95 所示,1 500 mm×1 050 mm 车边镜,20 mm 厚孔雀绿大理石台饰。试计算大理石洗漱台及装饰线工程量。

【练习 2】 某木制窗台板如图 3.89 所示。门洞:1 500 mm×1 800 mm,塑钢窗居中立樘。试计算窗台板分部分项工程费。

【练习 3】 某起居室门洞上做木制门套,尺寸如图 3.96 所示,该门洞的洞口尺寸为3 000 mm×2 000 mm。其中,筒子板构造:细木工板基层,柚木装饰面层,厚 30 mm。筒子板(图 3.96 中 A)宽 300 mm;贴脸(图 3.96 中 B)构造:80 mm 宽柚木装饰线脚。试计算筒子板、贴脸的分部分项工程费。

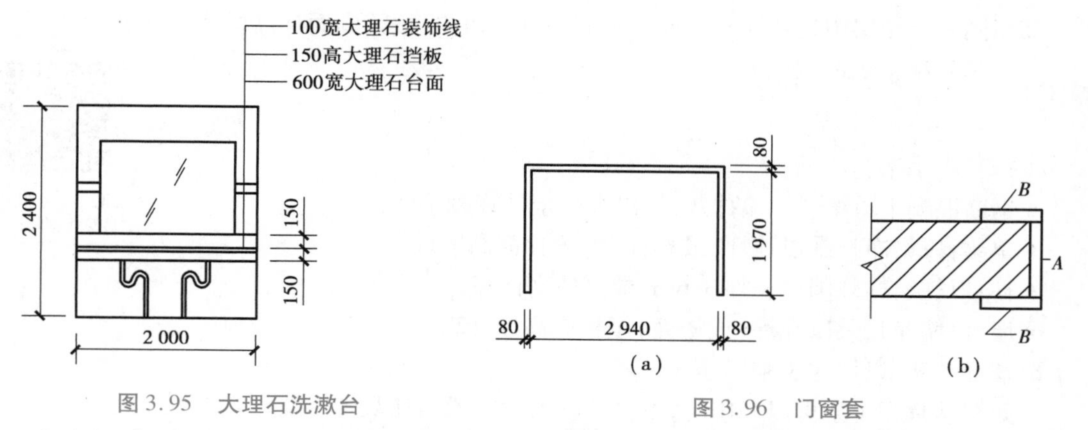

图3.95 大理石洗漱台

图3.96 门窗套

【练习4】 某厕所平面、立面图如图3.97所示,隔断及门采用某品牌成品全塑钢隔断。试计算厕所塑钢隔断分部分项工程费。

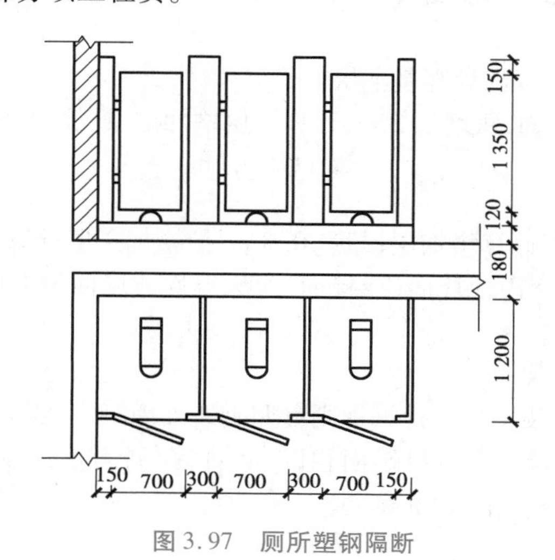

图3.97 厕所塑钢隔断

3.3 装饰工程措施项目计量与计价

·3.3.1 单价措施项目计量与计价·

1)单独装饰工程超高增加费

本部分是指单独装饰工程超高人工降效而增加的额外费用。

装饰工程计价定额中,仅考虑建筑物檐高在20 m以内或6层以内的费用,檐高超过20 m或层数超过6层以上部分应增加超高增加费。

(1)计算规则

单独装饰工程超高部分人工降效以超过20 m或6层部分的人工费按工日分段计算。

(2)定额套用说明

①"高度"和"层高",只要其中一个指标达到规定,即可套用该项目。

②当同一个楼层中的楼面和天棚不在同一计算段内，按天棚面标高段为准计算。

2）单独装饰工程脚手架费

脚手架工程量计算规则与计价

(1)工程量计算规则

①抹灰脚手架：

a. 钢筋混凝土单梁、柱、墙抹灰，按以下规定计算脚手架：

- 单梁：以梁净长乘以地坪（或楼面）至梁顶面高度计算。
- 柱：以柱结构外围周长加3.6 m乘以柱高计算。
- 墙：以墙净长乘以地坪（或楼面）至板底高度计算。

b. 墙面抹灰：以墙净长乘以净高计算。

c. 如有满堂脚手架可以利用时，不再计算墙、柱、梁面抹灰脚手架。

d. 天棚抹灰高度在3.60 m以内，按天棚抹灰面（不扣除柱、梁所占的面积）以 m^2 计算。

②满堂脚手架：天棚抹灰高度超过3.60 m，按室内净面积计算满堂脚手架，不扣除柱、垛、附墙烟囱所占面积。

a. 基本层：高度在8 m以内计算基本层。

b. 增加层：高度超过8 m，每增加2 m，计算一层增加层，计算式如下：

$$增加层数 = \frac{室内净高(m) - 8.0\ m}{2.0\ m}$$

余数在0.6 m以内，不计算增加层；超过0.6 m，按增加一层计算。

c. 满堂脚手架高度以室内地坪面（或楼面）至天棚面或屋面板的底面为准（斜的天棚或屋面板按平均高度计算）。

③外墙镶（挂）贴脚手架：

a. 外墙镶（挂）贴脚手架工程量计算规则参照砌筑外墙脚手架相关规定。

b. 吊篮脚手架按装修墙面垂直投影面积以 m^2 计算（计算高度从室外地坪至设计高度）。吊篮数量按施工组织设计或实际数量确定。

(2)套用定额说明

①凡计算了外墙砌筑脚手架均已包括一面抹灰脚手架在内，外墙的抹灰脚手架不再单独计算，但另一面墙抹灰时可以计算抹灰脚手架。

②室内挑台栏板外侧共享空间的装饰如无满堂脚手架利用时，按地面（或楼面）至顶层栏板顶面高度乘以栏板长度以 m^2 计算，套相应抹灰脚手架定额。

③外墙镶（挂）贴脚手架定额适用于单独外装饰工程脚手架搭设，如装饰单位利用土建单位脚手架应另行处理。单独搭设幕墙脚手架时，按外墙镶（挂）贴脚手架乘以系数0.6。

④高度在3.60 m以内的墙面、天棚、柱、梁抹灰（包括钉间壁、钉天棚）用的脚手架费用，套用3.60 m以内的抹灰脚手架。如室内（包括地下室）净高超过3.60 m时，天棚需抹灰（包括钉天棚）应按满堂脚手架计算，但其内墙抹灰不再计算脚手架。高度在3.60 m以上的内墙面抹灰，如无满堂脚手架可以利用时，可按墙面垂直投影面积计算抹灰脚手架。

⑤建筑物室内净高超过3.60 m的钉板间壁以其净长乘以高度可计算一次脚手架（按抹灰脚手架定额执行），天棚吊筋与面层按其水平投影面积计算一次满堂脚手架。

⑥建筑物室内天棚面层净高在3.60 m内，吊筋与楼层的连接点高度超过3.60 m，应按满堂脚手架相应项目基价乘以系数0.60计算。

⑦建筑物室内天棚面层净高3.60 m以内的钉天棚、钉间壁的脚手架，与其抹灰的脚手架合并计算一次脚手架，套用3.60 m以内的抹灰脚手架；建筑物室内天棚面层净高超过3.60 m的钉天棚、钉间壁的脚手架，与其抹灰的脚手架合并计算一次满堂脚手架。

⑧室内天棚净高超过3.60 m的板下勾缝、刷浆、油漆可另行计算一次脚手架费用，按满堂脚手架相应项目乘以系数0.10计算；墙、柱、梁面刷浆、油漆的脚手架按抹灰脚手架相应项目乘以系数0.10计算。室内天棚净高3.60 m以内的墙、柱、梁、板面刷浆、油漆按抹灰脚手架相应项目乘以系数0.10计算。

⑨天棚不抹灰而满批腻子可计算一次脚手架，套相应抹灰脚手架子目。

⑩建筑物外墙设计采用幕墙装饰，不需要砌筑墙体，根据施工方案需搭设外围防护脚手架的，且幕墙施工不利用外防护架，应按砌筑脚手架相应子目另计防护脚手架费。

3)单独装饰工程垂直运输费

垂直运输费计算

(1)工程量计算

单独装饰工程垂直运输机械台班用量，区分不同施工机械、垂直运输高度、层数，按定额工日分别计算。计量单位为“工日”。

(2)套用定额说明

①“檐高”是指设计室外地坪至檐口的高度，突出主体建筑物顶的女儿墙、电梯间、楼梯间、水箱等不计入檐口高度以内；“层数”是指地面以上建筑物的层数，地下室、地面以上部分净高小于2.1 m的半地下室不计入层数。

②垂直运输费定额工作内容包括地区调整后的国家工期定额内完成单位工程全部工程项目所需的垂直运输机械台班，不包括机械的场外运输、一次安装、拆卸、路基铺垫和轨道铺拆等费用。施工塔吊与电梯基础、施工塔吊和电梯与建筑物连接的费用单独计算。

③定额项目划分是以建筑物“檐高”“层数”两个指标界定的，只要其中一个指标达到定额规定，即可套用该定额子目。

④一个工程出现两个或两个以上檐口高度(层数)，使用同一台垂直运输机械时，定额不作调整；使用不同垂直运输机械时，应依照国家工期定额(TY01-89—2016)分别计算。

⑤当建筑物垂直运输机械数量与定额不同时，可按比例调整定额含量。定额按卷扬机施工配两台卷扬机，塔式起重机施工配一台塔吊一台卷扬机(施工电梯)考虑。如仅采用塔式起重机施工，不采用卷扬机时，塔式起重机台班含量按卷扬机含量取定，卷扬机扣除。

⑥建筑物高度超过定额取定高度，每增加20 m，人工、机械按最上两档之差递增；不足20 m者，按20 m计算。

·3.3.2 总价措施项目计价·

1)部分总价措施项目说明

①现场安全文明施工措施费。现行标准包含环境保护、安全施工、文明施工、绿色施工，以及标准化施工及增列的扬尘污染防治增加费。该费用为不可竞争费，按照《建设工程工程量清单计价规范》(GB 50500—2013)还包括临时设施费用，但有些地区将临时设施费用单独列项计算。因此，安全文明施工费的计算一般列出三项：基本费、标准化增加费、扬尘污染防治增加费。

②临时设施费。按照《建设工程工程量清单计价规范》(GB 50500—2013)，临时设施费包含在安全文明施工措施费中，有的地区单独列项计算。

③检验试验费。有些地区单独列项,有些地区放入管理费中。

④赶工措施费。仅在建设单位有缩短工期的要求,同时施工单位实际达到要求工期的条件下,才能按约定费率计算。

⑤按质论价费。仅在建设单位有质量要求,同时施工单位实际达到要求质量的条件下,才能按约定费率计算。

⑥住宅分户验收费。仅住宅工程可以计算。

⑦二次搬运费。可以列入总价措施费中,也可以列入单价措施费中按实际搬运的方案计算。

2)总价措施项目计价方法

总价措施项目,由于无法准确地确定这些费用必须发生多少才是合理的,因此往往按照一定的费用包干使用。最常见的一种计价方法是按照一定的费率包干计取,费用的计算基础一般为分部分项工程项目费用的合计。而费率的确定往往由各地区主管部门制定出一个合理的幅度范围,选取时再根据实际情况确定。

但是现场安全文明施工措施费属于不可竞争费,不得随意降低费率标准。当然,除了安全文明施工措施项目以外,其他的措施项目均属于可竞争范畴,总价项目在某些条件下也可由双方约定按照一定的固定费用包干使用,但这必须在合同中明确约定。

总价措施项目费的计算公式一般为:

总价措施项目费用 =(分部分项工程费合计 + 单价措施项目费合计 - 除税工程设备费)× 费率

在第1章中已列出某地区现行的措施项目的内容及费率,供参考。

本节“单独装饰工程超高费”的例题详见【例3.5】和【例3.13】。

【例3.18】 某工程一层餐厅室内墙面及天棚同时装饰施工,平面尺寸详见【例3.15】。人工、材料、机械单价以及管理费费率、利润率按计价定额不调整。请计算室内装饰工程脚手架费。

【分析要点】 (1)本例为常见的计算室内装饰工程脚手架费,工装和家装都适用。本例明确要求不调整人、材、机单价及管理费、利润,应按中档工装计算。

(2)列项及工程量计算时应注意:

①本例主要考查墙面、天棚同时装饰,只需要计算一次满堂脚手架费用,列项时只需列一项即可。

②计算工程量时依据计算规则按室内水平投影净面积计算。

③计算工程量时还要明确室内净高,超过8 m时还需要计算增加项。

(3)套用定额时应注意:

①套用定额时需要根据室内净高不同分别选套。

②室内天棚吊顶时,室内净高应分别判断天棚面层的净高,以及吊筋与楼层的连接点高度。

③当室内天棚面层的净高在3.6 m以内,但吊筋与楼层的连接点高度超过3.6 m时,应按满堂脚手架相应定额综合单价乘以系数0.6计算。

【解】 (1)列项,计算工程量,见表3.46。

表 3.46 工程量计算表

序号	项目名称	计量单位	工程量	计算公式	备注
1	室内装饰用满堂脚手架	m^2	210.04	11.80×17.80=210.04	

(2)套用定额,计算单价措施项目费,见表 3.47。

表 3.47 单价措施项目费计算表

序号	定额编号	项目名称	计量单位	工程量	综合单价/元	合价/元
1	20-20	室内装饰用满堂脚手架	10 m^2	21.004	156.85	3 294.48
		小计				3 294.48

【拓展与思考】

(1)本例在工程实践中可以存在如下几种情况:①墙面未装饰,仅天棚装饰;②墙面装饰,而天棚未装饰;③墙面、天棚同时装饰。第③种情况在【例 3.18】中已解答,请计算第①和②种情况的脚手架费用。

(2)若【例 3.18】改为家装,请重新计算本题。

【例 3.19】 某传达室工程室内地面铺贴地砖详见【例 3.2】,室内墙面、天棚及室外墙面抹灰详见【例 3.8】,室内墙面刮腻子及刷乳胶漆详见【例 3.17】。人工、材料、机械单价以及管理费费率、利润率按计价定额不调整。本工程垂直运输机械采用 1 台卷扬机(带塔),牵引力为 1 t,最高可达 $H=40$ m。请计算该装饰工程的垂直运输机械费。

【分析要点】 (1)本例为 6 层或 20 m 以下的装饰工程计算垂直运输机械费,工装和家装都适用。本例明确要求不调整人、材、机单价及管理费、利润,应按中档工装计算。

(2)列项及工程量计算时应注意:

①需要注意两个问题:一是"6 层或 20 m 以下";二是"本工程垂直运输机械采用卷扬机(带塔)"。列项时因是卷扬机,无需考虑基础及与建筑物的连接件,只需列一项即可。

②计算工程量时只需把本工程套用的每一个定额子目所需要的工日数统计出来即可。

③计量单位最终汇总应按"10 工日"。

(3)套用定额时应注意:

①套用定额时需要根据垂直运输机械及垂直运输高度(层数)选套。

②本工程采用 1 台卷扬机,而计价定额子目是按 2 台考虑的,应按比例换算。

③如果卷扬机的型号不同,应换算单价,本工程实际用卷扬机型号与定额相同,无需换算。

【解】 (1)列项,计算工程量,见表 3.48。

表 3.48 工程量计算表

序号	定额编号	项目名称	计量单位	工程量	定额工日数/工日	合计工日数/工日
		地面				
1	13-83 换	地面地砖面层	10 m^2	3.440	3.31	11.386
2	13-9	地面碎石垫层	m^3	2.700	0.53	1.431

续表

序号	定额编号	项目名称	计量单位	工程量	定额工日数/工日	合计工日数/工日
3	13-11	地面C15混凝土垫层	m^3	2.030	1.29	2.619
4	13-95换	地砖踢脚线	10 m	3.796	0.3	1.139
		墙面及天棚				
1	14-38换	内墙面混合砂浆	10 m^2	12.916	1.36	17.566
2	14-67	外墙面干粘石	10 m^2	9.216	2.97	27.372
3	14-70	窗台线干粘石	10 m^2	0.219	9.97	2.183
		油漆涂料				
1	17-176换	内墙面乳胶漆	10 m^2	12.916	1.42－0.32－0.165＝0.935	12.076
2	17-176换	天棚面乳胶漆	10 m^2	3.380	(1.42－0.32－0.165)×1.1＝1.028 5	3.476
		合计				79.248

(2)套用定额,计算单价措施项目费,见表3.49。

表3.49 单价措施项目费计算表

序号	定额编号	项目名称	计量单位	工程量	综合单价/元	合价/元
1	23-30换	单独装饰工程垂直运输费	工日	7.925	24.05	190.60
		小计				190.60
综合单价换算依据及过程	单独装饰工程垂直运输费:23-30换 ①换算依据:计价定额子目是按2台卷扬机考虑的,实际数量不同时应按比例换算。 ②23-30子目中卷扬机含量为0.175台班,这是2台卷扬机的含量,实际用1台,按比例换算。另外,该子目中只有机械费用,无人工及材料费用,管理费费率及利润率分别为40%和15%。 ③换算过程: 综合单价:0.175/2×177.33×(1+40%+15%)=24.05					

【拓展与思考】

(1)计价定额中单独装饰工程的垂直运输机械列出两种:卷扬机(带塔)和施工电梯。根据垂直运输高度选套定额,并根据实际所用机械数量换算定额。

(2)若选用施工电梯,列项中应增加施工电梯基础及与建筑物的连接件。

(3)若【例3.19】改为家装,只需要将所用工日数乘以总说明中的系数即可。

【例3.20】 某工程一层餐厅室内装饰工程的分部分项工程费详见【例3.15】,合计为33 932.49元;脚手架费用详见【例3.18】,合计为3 294.48元。

已知某省装饰工程费用定额详见教材1.6节。(1)本工程拟计算的总价措施项目费有安全文明施工措施费、临时设施费、建筑工人实名制费用三项。其中,安全文明施工措施费包含三项：基本费、省级标准化增加费（按省级标准化三星级）、扬尘污染防治增加费；临时设施费的费率按上限执行。(2)本工程采用简易计税法计税。

请计算上述三项总价措施项目费。

【分析要点】　(1)本例计算总价措施项目费需要先做好如下几个方面的工作：一是已经计算完成分部分项工程费和单价措施项目费；二是确定需要计算的总价措施项目；三是确定计税方式；四是查费用定额确定各项总价措施项目的费率。

(2)需要明确采用简易计税法计算分部分项工程费及单价措施项目费时采用的人、材、机单价均为含税价，而采用一般计税法时应为不含税价。管理费、扬尘污染防治增加费等费用的费率因计税方式不同会发生变化。

(3)总价措施项目需要根据实际情况参考费用定额列项，并非固定不变。

(4)省级标准化增加费需要先确定：省级或市级；创建的星级（分1～3星级），然后才能确定费率。

(5)临时设施费等的费率是有区间的，一般需要先确定是取下限、上限，还是中间值。

【解】　(1)计算本工程分部分项工程费与单价措施项目费的合计金额，具体如下：

33 932.49 元 +3 294.48 元 =37 226.97 元

(2)总价措施项目费计算表，见表3.50。

表3.50　总价措施项目费计算表

序号	总价措施项目名称	计费基础	费率/%	计算过程	金额/元
1	安全文明施工措施费	37 226.97	100.00	(1)+(2)+(3)	886.00
	(1)基本费		1.70	37 226.97 ×1.70%	632.86
	(2)省级标准化增加费		0.48	37 226.97 ×0.48%	178.69
	(3)扬尘污染防治增加费		0.20	37 226.97 ×0.20%	74.45
2	临时设施费费		1.30	37 226.97 ×1.30%	483.95
3	建筑工人实名制费用		0.03	37 226.97 ×0.03%	11.17
	合计				1 381.12

【拓展与思考】

(1)根据某省费用定额，单独装饰工程的总价措施项目费有：安全文明施工措施费（包括基本费、标准化施工增加费、扬尘污染防治增加费）；夜间施工增加费；非夜间施工照明；冬雨季施工增加费；已完工程及设备保护费；临时设施费；赶工措施费；按质论价费；住宅分户验收费；建筑工人实名制费用。实际工程实践中，招标清单全部列项，但投标报价一般不会全部选择，除安全文明施工费、临时设施费、建筑工人实名制费用外，其他根据情况选择。

(2)请根据本省费用定额确定按质论价费、赶工措施费的计取条件，本工程可以计取吗？

练一练

【练习1】　设定【例3.4】【例3.6】【例3.9】【例3.12】【例3.14】【例3.15】是位于6层以上的某一层，计价结果会有何种区别？选择两题练一练。

【练习2】　设定上述【练习1】中所列的6个例题中某一个例题位于9层，采用自升式电梯作为垂直运输机械,请计算该装饰工程的垂直运输机械费。

【练习3】 设定【例3.8】【例3.9】【例3.12】仅对墙面进行装饰,计算所需装饰脚手架费用。计算【例3.10】【例3.11】柱装饰所需脚手架费用。设定【例3.14】【例3.15】仅对天棚进行装饰,计算所需装饰脚手架费用。

【练习4】 利用上述练习的计算结果,计算自己选定的总价措施项目费用。

3.4 装饰工程消耗量及单价

完整的施工图预算不仅包含各项费用,而且还应反映综合单价及合价的组成,人工、材料、机械台班消耗的数量及单价。这就需要在对单位工程中每一分项工程套用定额的同时,把综合单价、合价的各项组成,以及人工、材料、机械台班的数量计算出来并汇总,同时列出计算造价时所采用的人工、材料、机械台班单价。这在现阶段使用计价软件的情况下变得十分轻松,在手工计算时需要耗费大量的人力、物力及时间。

另外,在现阶段的信息化水平下,只要汇总出人工、材料、机械台班的数量,再将采集到的市场单价输入,即可计算出分部分项工程费和单价项目的措施费,再修改各项费率即可汇总出单位工程造价。

如果套用定额中的人工、材料、机械台班预算价,也可快速地计算出人工、材料、机械台班的市场价与预算价的价差。

·3.4.1 工程单价及合价·

工程单价包括工料单价与综合单价两种。工料单价是指包括人工费、材料费和机械台班使用费三者的工程单价;综合单价除上述三者外,还包括管理费和利润。

分部分项工程项目及单价措施项目经过计算工程量及套用计价定额,并输入采集到的人工、材料、机械台班的单价后,即可计算出各个项目的工程单价及实际合价,进一步汇总出分部分项工程费及单价措施项目费的合计。实际工作中,在打印成果文件的相应表格时,分部分项工程费计算表及单价措施项目费计算表中仅显示出每一项目的工程单价及合价,不显示具体构成及计算过程。当使用中需要了解每一项目的工程单价及合价的构成时,需要提供工程单价及合价的分析表,表格样式详见3.5节。

·3.4.2 人工、材料、机械台班的数量·

1)人工、材料、机械台班的数量计算

目前使用计算机及计价软件,即可轻松地完成人工、材料、机械台班数量的计算,但是这里仍然对手工计算方法进行介绍,主要目的是帮助初学者理解计算过程。

采用手工进行人工、材料、机械台班数量计算的总体思路是:各分项工程套用计价定额中的人工、材料、机械台班的单位消耗量后,再分别乘以工程量,得出各自的用量,然后分别汇总为单位工程的总用量。

(1)计算人工、材料、机械台班用量的数学模型

$$\text{单位工程人工总数量} = \sum_{i=1}^{n} (\text{分项工程量} \times \text{定额单位用工量})_i$$

$$\text{单位工程某种材料总数量} = \sum_{i=1}^{n} (\text{分项工程量} \times \text{定额某种材料的单位消耗量})_i$$

$$\text{单位工程某种机械台班总数量} = \sum_{i=1}^{n} (\text{分项工程量} \times \text{定额某种机械台班的单位消耗量})_i$$

(2)计算人工、材料、机械台班用量的方法

采用工程计价软件计算工程造价时,人工、材料、机械台班用量的计算全部由计算机完成,并可以直接输出结果,代替了人工大量的烦琐、重复工作。但是从教学的要求来说,还是要让学生掌握人工、材料、机械台班用量的计算过程,以更好地理解工程造价的计算过程。下面介绍采用手工计算人材机消耗量的步骤。

第1步:将需要计算的分项工程的名称填入表3.51中。

第2步:查本工程选用的地区计价定额,将需要计算的分项工程的定额编号填入分析表内,并根据定额规定将计量单位及按照定额计量单位确定的工程量分别填入表3.51中。

表3.51 人工、材料、机械台班数量分析表

工程名称: 第 页共 页

<table>
<tr><td colspan="2">定额编号</td><td colspan="2"></td><td colspan="2"></td><td colspan="2"></td><td colspan="2"></td><td rowspan="4">合计</td></tr>
<tr><td colspan="2">分项工程名称</td><td colspan="2"></td><td colspan="2"></td><td colspan="2"></td><td colspan="2"></td></tr>
<tr><td colspan="2">计量单位</td><td colspan="2"></td><td colspan="2"></td><td colspan="2"></td><td colspan="2"></td></tr>
<tr><td colspan="2">工程量</td><td colspan="2"></td><td colspan="2"></td><td colspan="2"></td><td colspan="2"></td></tr>
<tr><td>名称、规格</td><td>单位</td><td>含量</td><td>数量</td><td>含量</td><td>数量</td><td>含量</td><td>数量</td><td>含量</td><td>数量</td><td></td></tr>
<tr><td></td><td></td><td></td><td></td><td></td><td></td><td></td><td></td><td></td><td></td><td></td></tr>
<tr><td></td><td></td><td></td><td></td><td></td><td></td><td></td><td></td><td></td><td></td><td></td></tr>
</table>

第3步:将该定额子目中的人工、材料、机械台班的名称、规格、计量单位、定额消耗量(含量)分别填入分析表中定额含量栏对应位置。

第4步:用工程量分别乘以定额含量后将计算结果填入数量栏对应位置上。

重复进行上述4步操作,将单位工程中所有分项工程全部计算完毕后,逐页汇总,然后全部汇总,得出单位工程的全部用量。

第5步:上述汇总后的材料中出现如砂浆、混凝土等半成品时,如果需要原材料的数量,仍要进行二次分析。

二次分析的过程与上述相同,一般在计价定额的附录中列出所有砂浆、混凝土等半成品的配合比。

2)人工、材料、机械台班数量汇总

二次分析完成后,将二次分析的结果再进行汇总,即得出单位工程所有的人工、材料、机械台班总数量,填入汇总表中,表格样式见表3.52。

表 3.52　人工、材料、机械台班汇总表

工程名称：　　　　　　　　　　　　　　　　　　　　　　　　　　　　第　页共　页

序号	名称	规格	计量单位	数量	序号	名称	规格	计量单位	数量

采用工程计价软件进行计算的过程不必叙述，其计算结果和打印出的表格的格式和手工计算的基本相同，可以自由选择打印样式甚至重新编辑。

但需要说明的是，在进行钢筋、铁件汇总时，一般按一定规格的范围得出总量，不能列出各种详细的规格。当实际需要按各种规格分别统计时，直接按钢筋、铁件计算表汇总出来的数字再乘以损耗率即可。

·3.4.3　人工、材料、机械台班单价·

人工、材料、机械台班的单价是计算工程造价十分重要的依据，如果价格数据确定不准确，将直接影响工程造价的准确性。因此，人工、材料、机械台班单价的确定过程是编制工程造价的一项十分重要的环节。

1）人工单价

我国目前在编制工程造价文件时，对人工单价的确定主要以地方主管部门发布的人工指导价为主，再加上市场竞争机制的调节。人工工日的指导价一般是地方主管部门定期发布分专业及类别的指导价，还有的地区发布价格指数，根据实际情况采用。

表 3.53 为某地区 2019 年发布的下半年人工工资指导价，自 2019 年 9 月 1 开始执行。

表 3.53　××地区建设工程人工工资指导价　　　　单位：元/工日

序号	地区	工种		建筑工程	装饰工程	安装、市政工程	修缮加固工程	城市轨道交通工程	古建园林工程			机械台班	点工
									第一册	第二册	第三册		
1	××市	包工包料工程	一类工	107	107～139	97	95	103	92	105	89	101	115
			二类工	103		92							
			三类工	95		87							
		包工不包料工程		135	139～168	123	128	135	126	136	126	/	/
2	××市 ××市 ××市	包工包料工程	一类工	105	105～136	95	94	101	91	104	88	101	114
			二类工	101		91							
			三类工	94		86							
		包工不包料工程		133	136～164	120	127	133	124	135	124	/	/

续表

<table>
<tr><th rowspan="2">序号</th><th rowspan="2">地区</th><th rowspan="2" colspan="2">工种</th><th rowspan="2">建筑工程</th><th rowspan="2">装饰工程</th><th rowspan="2">安装、市政工程</th><th rowspan="2">修缮加固工程</th><th rowspan="2">城市轨道交通工程</th><th colspan="3">古建园林工程</th><th rowspan="2">机械台班</th><th rowspan="2">点工</th></tr>
<tr><th>第一册</th><th>第二册</th><th>第三册</th></tr>
<tr><td rowspan="4">3</td><td rowspan="4">××市
××市
××市
××市</td><td rowspan="3">包工
包料工程</td><td>一类工</td><td>104</td><td rowspan="3">104～135</td><td>95</td><td rowspan="3">94</td><td rowspan="3">100</td><td rowspan="3">90</td><td rowspan="3">103</td><td rowspan="3">87</td><td rowspan="3">101</td><td rowspan="3">113</td></tr>
<tr><td>二类工</td><td>100</td><td>90</td></tr>
<tr><td>三类工</td><td>94</td><td>86</td></tr>
<tr><td colspan="2">包工不包料工程</td><td>133</td><td>135～163</td><td>119</td><td>126</td><td>133</td><td>122</td><td>134</td><td>122</td><td></td><td></td></tr>
<tr><td rowspan="4">4</td><td rowspan="4">××市
××市
××市
××市
××市</td><td rowspan="3">包工
包料工程</td><td>一类工</td><td>104</td><td rowspan="3">103～134</td><td>94</td><td rowspan="3">92</td><td rowspan="3">99</td><td rowspan="3">90</td><td rowspan="3">103</td><td rowspan="3">86</td><td rowspan="3">101</td><td rowspan="3">111</td></tr>
<tr><td>二类工</td><td>99</td><td>90</td></tr>
<tr><td>三类工</td><td>92</td><td>84</td></tr>
<tr><td colspan="2">包工不包料工程</td><td>132</td><td>134～162</td><td>119</td><td>124</td><td>132</td><td>121</td><td>133</td><td>122</td><td></td><td></td></tr>
</table>

2)材料单价

材料单价的确定方法,实际工作中主要有以下几种情况:

(1)各地定期发布建设工程材料指导价

这种指导价由各地建设主管部门定期发布,一般是每月发布一次,这给实际工作带来极大的方便,也给材料定价减少了大量纠纷,节省了时间。

在发布材料指导价的同时,各地会利用媒体同时发布一些材料的信息价,供使用者参考,但这种信息价仅供询价参考,一般甲乙双方很难按此价格达成一致意见。

(2)发包方与承包方共同成立询价小组定价

在合同实施阶段,材料定价的一个重要途径是发承包双方共同定价,在施工过程中共同参与材料的选购、招标、询价等过程,及时确定材料单价,为结算做充分的准备。

(3)甲供材及甲控材

甲供材主要是在合同中约定,某些材料由发包方负责采购,不需要承包方的参与,发包方采购完成,送到承包方的施工现场,由承包方负责保管。在结算时按发包方提供的单价进行结算,但税后在退还甲供材的费用的同时,应扣除承包方的保管费用。

而甲控材仍属于乙供材料,只是乙方在采购甲控材时,需要满足甲方对质量、品牌、规格等的要求,经甲方确认后方可采购。其定价方式仍需要甲方认价。

(4)信息中心集中采价

某些大型单位、团体在建设任务较重时,专门成立信息中心,负责收集材料的信息资料,不仅仅包括单价,还包括质量、运输、信誉等多个方面的指标,为材料采购、成本核算、结算等提供及时、准确的第一手数据。

3)机械台班单价

机械台班单价的确定,目前仍以地区指导价为主,一般是由省级主管部门编制出地区的机械台班指导价,在一定的时间期限内使用。由于机械台班的指导价适应时间期限较长,在实际使用过程中,在适应期限内只要及时把机械台班中所含的人工、燃油、电等价格按实调整即可。

【例3.21】 某传达室工程室内地面铺贴地砖详见【例3.2】,室内墙面、天棚及室外墙面抹灰详见【例3.8】,室内墙面刮腻子及刷乳胶漆详见【例3.17】。请计算本工程所有的人工工日数量及乳胶漆的数量。

【分析要点】 (1)本例主要考查工料分析及汇总,具体做法:第1步根据工程实际情况确定本工程所有选套的定额子目并换算,人工按表3.51进行工料分析或使用计算机与计价软件自动计算;第2步汇总工料机数量,人工填入表3.52中,或计算机自动汇总。

(2)目前的工程实践中,由于信息化技术的普及与发展,年轻一代的造价人员对于工料分析与汇总几乎无感,所需数据可以直接从软件中调用,但要求弄清楚这一过程。

【解】 (1)计算本工程人工工日数量。

使用表格3.51的计算过程及最终结果与【例3.19】基本相同,汇总结果:79.25工日。

(2)计算乳胶漆数量。使用表3.51演示工料分析的过程,具体见表3.54。

表3.54 人工、材料、机械台班分析表

<table>
<tr><td colspan="2">定额编号</td><td colspan="2">17-176换</td><td colspan="2">17-176换</td><td colspan="2"></td><td colspan="2"></td><td rowspan="5">合计</td></tr>
<tr><td colspan="2">分项工程名称</td><td colspan="2">内墙面乳胶漆</td><td colspan="2">天棚面乳胶漆</td><td colspan="2"></td><td colspan="2"></td></tr>
<tr><td colspan="2">计量单位</td><td colspan="2">10 m²</td><td colspan="2">10 m²</td><td colspan="2"></td><td colspan="2"></td></tr>
<tr><td colspan="2">工程量</td><td colspan="2">12.916</td><td colspan="2">3.380</td><td colspan="2"></td><td colspan="2"></td></tr>
<tr><td>名称、规格</td><td>单位</td><td>含量</td><td>数量</td><td>含量</td><td>数量</td><td>含量</td><td>数量</td><td>含量</td><td>数量</td></tr>
<tr><td>内墙乳胶漆</td><td>kg</td><td>3.43</td><td>44.302</td><td>3.43</td><td>11.593</td><td></td><td></td><td></td><td></td><td>55.895</td></tr>
<tr><td>材料消耗量换算过程</td><td colspan="10">1. 内墙乳胶漆的换算(17-176换):4.63 − 1.20 = 3.43
2. 天棚乳胶漆的换算(17-176换):4.63 − 1.20 = 3.43</td></tr>
</table>

(3)进行工料汇总,详见表3.55。

表3.55 人工、材料、机械台班汇总表

序号	名称	规格	计量单位	数量
1	人工	综合	工日	79.25
2	内墙乳胶漆		kg	55.90

【拓展与思考】

(1)利用【例3.2】【例3.8】【例3.17】的结果,计算【例3.21】装饰工程的全部人工、材料、机械台班数量(其中的人工与内墙乳胶漆数量在【例3.21】已计算完成)。

(2)手工填写表3.51的过程中,一定要注意换算的定额子目是否涉及该种材料数量的换算,但如果使用计价软件自动计算就不会出现这种问题。

练一练

【练习1】 对【例3.1】至【例3.17】中的两个项目分别进行工料分析及汇总。

【练习2】 请查找所在地级市当地最新的人工单价及材料单价，并思考工程所用的机械台班单价应如何确定？

3.5 定额计价表格样式与应用

一份完整的装饰工程施工图预算书是由各项计算表格组成的。采用工程量清单计价时，所需要的各种表格样式及应用方法在《建设工程工程量清单计价规范》(GB 50500—2013)中都已非常明确；采用定额计价方法编制时，表格样式与使用方法与清单计价类似，但不尽相同。下面就采用定额计价方法编制施工图预算书需要的表格及其应用介绍如下。

1)工程量计算表

目前工程量计算方法有手工计算和软件计算两种，这两种方法实际输出的表格略有区别。

采用算量软件计算，可以直接打印出工程量计算表，或者导出到Excel中。算量软件导出的工程量计算表分两种情况：一种是表格算量的工程量计算表，另一种是图形算量的工程量计算表。这两种方法输出的表格稍微有些区别，但都可以通过设置及调整来达到需要的结果。

使用算量软件计算工程量，往往不需要打印出详细的工程量计算过程，因为在核对工程量时，可以采用模型图快捷方便地核对。一般选择局部或某一单项构件打印出详细的工程量计算过程。

使用手工计算工程量时，必须要有详细的计算过程及简要的标注才能便于核对，全部计算过程都在工程量计算表格中显示。这种工程量计算表格的表现形式在实际应用中略有不同，但其需要表现的内容大体相同，主要包括项目名称、计量单位、计算过程等信息。表3.56是最常用的一种工程量计算表格样式。

表3.56 工程量计算表

工程名称： 第 页共 页

序号	定额编号	项目名称	计量单位	工程量	计算过程

2)分部分项工程费计算表

分部分项工程费的计算主要是在按照定额的计算规则计算出工程量后，套用预算定额计算出分部分项工程费，这个计算过程可以在表3.57中进行。

表3.57 分部分项工程费计算表

工程名称： 第 页共 页

序号	定额编号	分部分项工程名称	计量单位	工程量	综合单价/元	合价/元
本页小计						
合 计						

3)措施项目费计算表

措施项目包括两种形式,因此措施项目费计算表也有两种形式,即单价措施项目费计算表和总价措施项目费计算表。除此以外,也可以用措施项目费汇总表来将两种措施项目费进行汇总合计。

单价措施项目费计算表用于计算脚手架、超高增加费等单价措施项目,其表格和分部分项工程费计算表相似,见表3.58。

表3.58 单价措施项目费计算表

工程名称: 第 页共 页

序号	定额编号	措施项目名称	计量单位	工程量	综合单价/元	合价/元
本页小计						
合 计						

总价措施项目费计算表用于计算临时设施费、现场安全文明施工费等,一般按照分部分项工程费乘以费率计算,可以利用表3.59进行计算。

表3.59 总价措施项目费计算表

工程名称: 第 页共 页

序号	措施项目名称	计费基础	费率	计算过程	金额/元

上述两种措施费计算完成后,可以使用表3.60来汇总措施项目费。不过由于内容单一,也可以在单位工程造价汇总表中直接汇总。

表3.60 措施项目费汇总表

工程名称: 第 页共 页

序号	措施项目名称	金额/元	备注
1	单价措施项目费合计		
2	总价措施项目费合计		
	合 计		

4)其他项目费计算表

其他项目费根据需要或约定计算,具体内容参见工程量清单计价部分的其他项目费计算。

5)规费、税金计算表

规费、税金计算表的样式见表3.61。由于规费、税金的计算项目较少,也可以直接在单位工程造价汇总表中汇总计算。

表 3.61 规费、税金计算表

工程名称： 第 页共 页

序号	项目名称	计费基础	费率	计算过程	金额/元
1	规 费				
1.1					
1.2					
1.3					
	小 计				
2	税 金				
2.1					
2.2					
2.3					
	小 计				
	合 计				

6）工程单价的组成

当实际工作中需要提供工程单价及合价的组成时，其表格样式见表 3.62 和表 3.63。当然，当有这种需要时，还可以直接用这些表来替代分部分项工程费计算表及单价措施项目费计算表。

表 3.62 分部分项工程综合单价分析表

工程名称： 第 页共 页

序号	定额编号	分部分项工程名称	计量单位	工程量	综合单价/元						合价/元					
					合计	其 中					合计	其 中				
						人工费	材料费	机械费	管理费	利润		人工费	材料费	机械费	管理费	利润

表 3.63 单价措施项目综合单价分析表

工程名称： 第 页共 页

<table>
<tr><td rowspan="3">序号</td><td rowspan="3">定额编号</td><td rowspan="3">措施项目名称</td><td rowspan="3">计量单位</td><td rowspan="3">工程量</td><td colspan="6">综合单价/元</td><td colspan="6">合价/元</td></tr>
<tr><td rowspan="2">合计</td><td colspan="5">其 中</td><td rowspan="2">合计</td><td colspan="5">其 中</td></tr>
<tr><td>人工费</td><td>材料费</td><td>机械费</td><td>管理费</td><td>利润</td><td>人工费</td><td>材料费</td><td>机械费</td><td>管理费</td><td>利润</td></tr>
<tr><td></td><td></td><td></td><td></td><td></td><td></td><td></td><td></td><td></td><td></td><td></td><td></td><td></td><td></td><td></td><td></td><td></td></tr>
<tr><td></td><td></td><td></td><td></td><td></td><td></td><td></td><td></td><td></td><td></td><td></td><td></td><td></td><td></td><td></td><td></td><td></td></tr>
</table>

有的地区装饰工程预算定额基价不是综合单价而是工料单价，工料单价仅包括人工费、材料费、机械费，表格中比上述少两列，具体见表 3.64 和表 3.65。

表 3.64 分部分项工程工料单价分析表

工程名称： 第 页共 页

<table>
<tr><td rowspan="3">序号</td><td rowspan="3">定额编号</td><td rowspan="3">分部分项工程名称</td><td rowspan="3">计量单位</td><td rowspan="3">工程量</td><td colspan="4">单价/元</td><td colspan="4">合价/元</td></tr>
<tr><td rowspan="2">合计</td><td colspan="3">其 中</td><td rowspan="2">合计</td><td colspan="3">其 中</td></tr>
<tr><td>人工费</td><td>材料费</td><td>机械费</td><td>人工费</td><td>材料费</td><td>机械费</td></tr>
<tr><td></td><td></td><td></td><td></td><td></td><td></td><td></td><td></td><td></td><td></td><td></td><td></td><td></td></tr>
<tr><td></td><td></td><td></td><td></td><td></td><td></td><td></td><td></td><td></td><td></td><td></td><td></td><td></td></tr>
</table>

表 3.65 单价措施项目工料单价分析表

工程名称： 第 页共 页

<table>
<tr><td rowspan="3">序号</td><td rowspan="3">定额编号</td><td rowspan="3">措施项目名称</td><td rowspan="3">计量单位</td><td rowspan="3">工程量</td><td colspan="4">单价/元</td><td colspan="4">合价/元</td></tr>
<tr><td rowspan="2">合计</td><td colspan="3">其 中</td><td rowspan="2">合计</td><td colspan="3">其 中</td></tr>
<tr><td>人工费</td><td>材料费</td><td>机械费</td><td>人工费</td><td>材料费</td><td>机械费</td></tr>
<tr><td></td><td></td><td></td><td></td><td></td><td></td><td></td><td></td><td></td><td></td><td></td><td></td><td></td></tr>
<tr><td></td><td></td><td></td><td></td><td></td><td></td><td></td><td></td><td></td><td></td><td></td><td></td><td></td></tr>
</table>

7）**人工、材料、机械台班数量及单价汇总表**

该表格不仅全面反映出单位工程所消耗的人工、材料、机械台班的数量，同时把编制预算时所取定的人工、材料、机械台班单价显示出来，而且表格中的合价表现出单位工程的人工费、材料费及机械费。具体表格样式见表 3.66。

表 3.66 人工、材料、机械台班数量及单价汇总表

工程名称： 第 页共 页

序号	代码	名称	规格	计量单位	数量	单价	合价	备注
合 计								

上述表格与 3.4.2 节中的不同点是增加了人、材、机的代码，同时增加了单价、合价与备注，这是一张比较完整的表格。

8）人工、材料、机械台班数量分析表

详见 3.4.2 节。

9）单位工程造价汇总表

一个单位工程的预算造价通过汇总表计算后，各种费用在汇总表中一目了然，为使用者提供方便。虽然前面的计量、套定额过程复杂，费时较多，但汇总造价是我们需要确定的最重要指标。单位工程造价汇总表的格式见表 3.67。

表 3.67 单位工程造价汇总表

工程名称： 第 页共 页

<table>
<tr><th>序号</th><th colspan="2">费用名称</th><th>计算公式</th><th>金额/元</th></tr>
<tr><td rowspan="6">一</td><td colspan="2">分部分项工程费</td><td>1 +2 +3 +4 +5</td><td rowspan="6"></td></tr>
<tr><td rowspan="5">其中</td><td>1. 人工费</td><td></td></tr>
<tr><td>2. 材料费</td><td></td></tr>
<tr><td>3. 机械费</td><td></td></tr>
<tr><td>4. 管理费</td><td></td></tr>
<tr><td>5. 利润</td><td></td></tr>
<tr><td>二</td><td colspan="2">措施项目费</td><td>详见措施项目费汇总表</td><td></td></tr>
<tr><td>三</td><td colspan="2">其他项目费用</td><td>详见其他项目费汇总表</td><td></td></tr>
<tr><td>四</td><td colspan="2">规费</td><td>详见规费、税金计算表</td><td></td></tr>
<tr><td>五</td><td colspan="2">税金</td><td>详见规费、税金计算表</td><td></td></tr>
<tr><td>六</td><td colspan="2">工程造价</td><td>一 + 二 + 三 + 四 + 五</td><td></td></tr>
</table>

也可以采用表 3.68 所示表格形式，不仅能够省去前面的一些汇总表，而且使费用计算过程一目了然。

表 3.68　单位工程造价汇总表

工程名称：　　　　　　　　　　　　　　　　　　　　　　　　　　第　页共　页

<table>
<tr><th>序号</th><th colspan="2">费用名称</th><th>计算公式</th><th>金额/元</th></tr>
<tr><td rowspan="6">一</td><td colspan="2">分部分项工程费</td><td>1 +2 +3 +4 +5</td><td rowspan="6"></td></tr>
<tr><td rowspan="5">其中</td><td>1. 人工费</td><td></td></tr>
<tr><td>2. 材料费</td><td></td></tr>
<tr><td>3. 机械费</td><td></td></tr>
<tr><td>4. 管理费</td><td></td></tr>
<tr><td>5. 利润</td><td></td></tr>
<tr><td rowspan="3">二</td><td colspan="2">措施项目费</td><td>1 +2</td><td rowspan="3"></td></tr>
<tr><td rowspan="2">其中</td><td>1. 单价措施项目费</td><td>详见单价措施项目费计算表</td></tr>
<tr><td>2. 总价措施项目费</td><td>详见总价措施项目费计算表</td></tr>
<tr><td rowspan="5">三</td><td colspan="2">其他项目费用</td><td>1 +2 +3 +4</td><td rowspan="5"></td></tr>
<tr><td rowspan="4">其中</td><td>1. 暂列金额</td><td></td></tr>
<tr><td>2. 暂估价</td><td></td></tr>
<tr><td>3. 计日工</td><td></td></tr>
<tr><td>4. 总承包服务费</td><td></td></tr>
<tr><td rowspan="4">四</td><td colspan="2">规费</td><td>1 +2 +3</td><td rowspan="4"></td></tr>
<tr><td rowspan="3">其中</td><td>1. 环境保护税</td><td>(一 + 二 + 三) × 费率 1</td></tr>
<tr><td>2. 社会保险费</td><td>(一 + 二 + 三) × 费率 2</td></tr>
<tr><td>3. 住房公积金</td><td>(一 + 二 + 三) × 费率 3</td></tr>
<tr><td>五</td><td colspan="2">税金</td><td>(一 + 二 + 三 + 四) × 税率</td><td></td></tr>
<tr><td>六</td><td colspan="2">工程造价</td><td>一 + 二 + 三 + 四 + 五</td><td></td></tr>
</table>

10)总说明及封面

(1)总说明

总说明就是施工图预算的编制说明,是施工图预算书的重要组成部分,但是实际工作中往往不够重视,把总说明写得过于简单,或敷衍了事。编制说明不需要特别的格式,只需要把需要说明的内容用简洁的语言表达清晰即可,具体要求详见第 1 章。

(2)封面

施工图预算书的封面填写同样很重要,封面反映了预算书的主要信息,如果填写得不好,会给使用者或审批部门造成重大误解或不便,因此必须认真填写,并签章。

封面的参考格式如下。

工程编号________

施工图预算书

工程名称______________________________
工程造价(小写):______________________
(大写):______________________

工程编号____________	建筑面积____________
建设单位(盖章)________	法定代表人(盖章)________
编制单位(盖章)________	法定代表人(盖章)________
编制人(盖章)________	编制时间____________
审核人(盖章)________	审核时间____________

3.6 课内综合案例(定额计价)

1)施工图设计说明

本工程为××公司经理室室内装饰工程,位于××市××大厦的9层。图中尺寸均经现场实地测量,墙体厚度除B立面墙为180 mm厚外,其他三面墙体均为120 mm厚。Z1,Z2和Z3的断面均为700 mm×700 mm。M4:850 mm×2 100 mm×1樘,M9:1 200 mm×2 100 mm×1樘,C:2 960 mm×2 000 mm×3樘。

(1)地面

地面为600 mm×600 mm抛光地砖铺贴,120 mm成品木质踢脚线,刷聚氨酯清漆3遍。

(2)墙柱面

室内墙面对花贴墙纸。柱面用24 mm×30 mm龙骨,9 mm胶合板基层,用万能胶粘贴3 mm胶合板面层。龙骨和基层均刷2遍防火漆,面层刷3遍聚氨酯清漆。

(3)顶棚

天棚吊顶:室内地面至楼板底净高3.1m,ϕ8钢筋吊筋,不上人型装配式U形轻钢龙骨,面层规格600 mm×400 mm,纸面石膏板面层,石膏板面批901胶白水泥腻子、乳胶漆3遍;局部叠级处采用木吊筋、木龙骨,9 mm胶合板面,面层批901胶白水泥腻子、乳胶漆3遍。

(4)其他说明

①B立面为铝合金推拉窗成品购入,M4为装饰木门扇成品购入,M9为有腰双扇半玻木门现场制作(玻璃5 mm厚),刷聚氨酯漆3遍。

②门窗贴脸用60 mm×20 mm成品凹线,筒子板为9 mm厚胶合板基层、切片板面层,木窗台板宽100 mm(18 mm厚细木工板上贴切片板),均刷3遍聚氨酯清漆。

③室内沙发、茶几、办公桌椅等家具,盆花,灯具等后期由业主自行采购,不包括在设计范围。装饰前,地面、墙面、天棚面已由土建单位做水泥砂浆基层。

2)××公司经理室室内装饰施工图

××公司经理室室内装饰施工图如图3.98至图3.102所示。

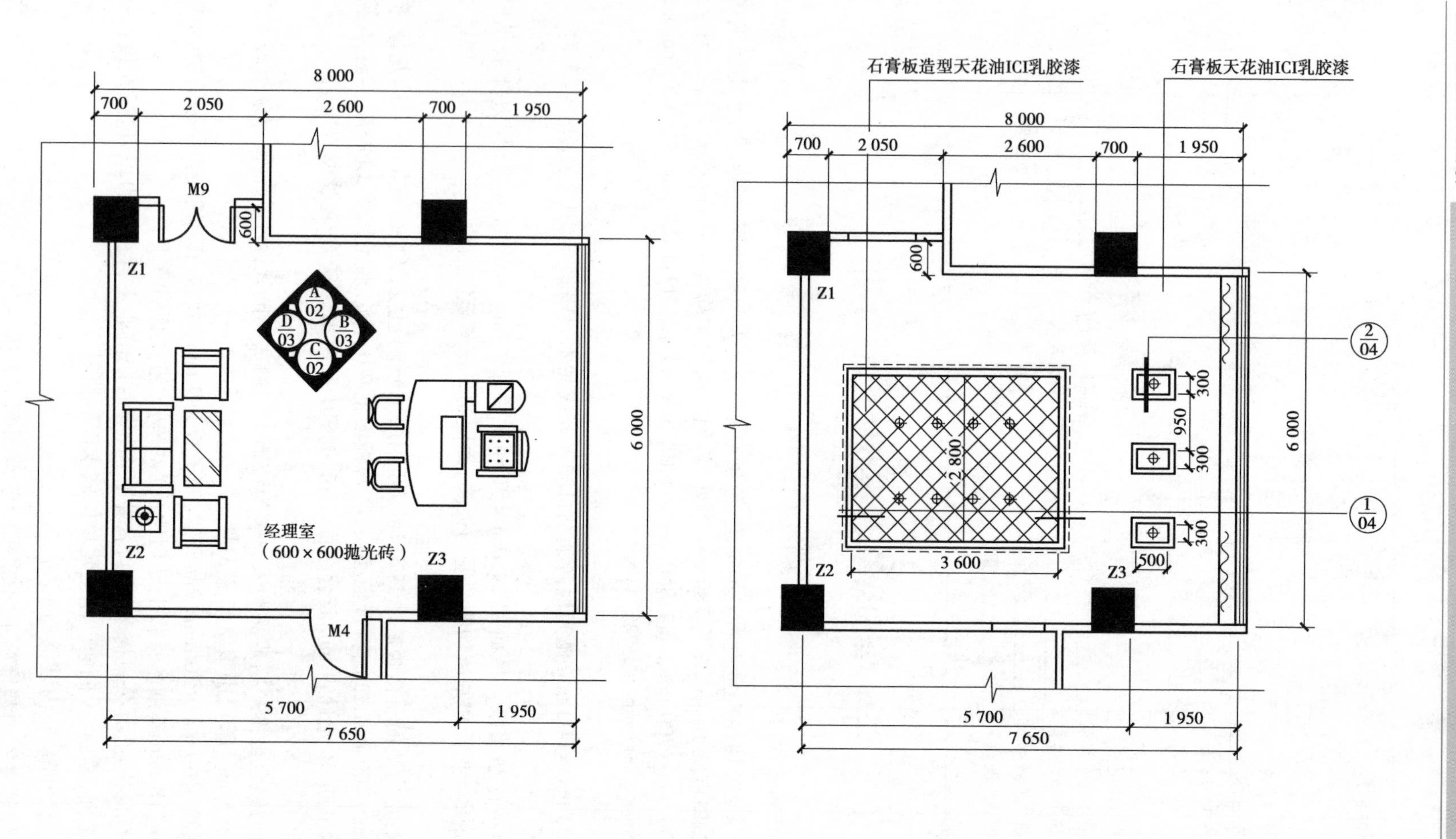

图3.98 经理室建筑平面图和天花平面图

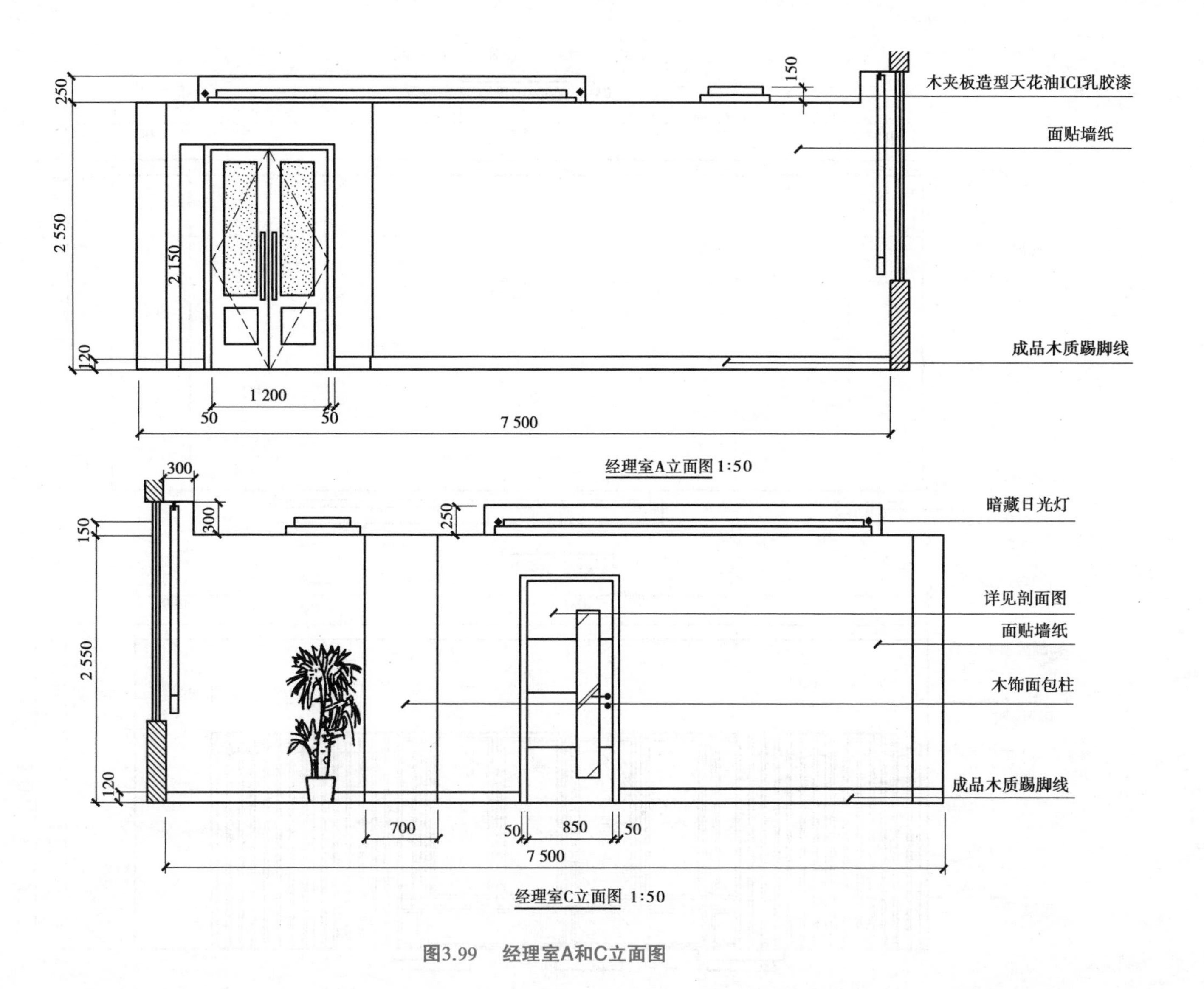

图3.99 经理室A和C立面图

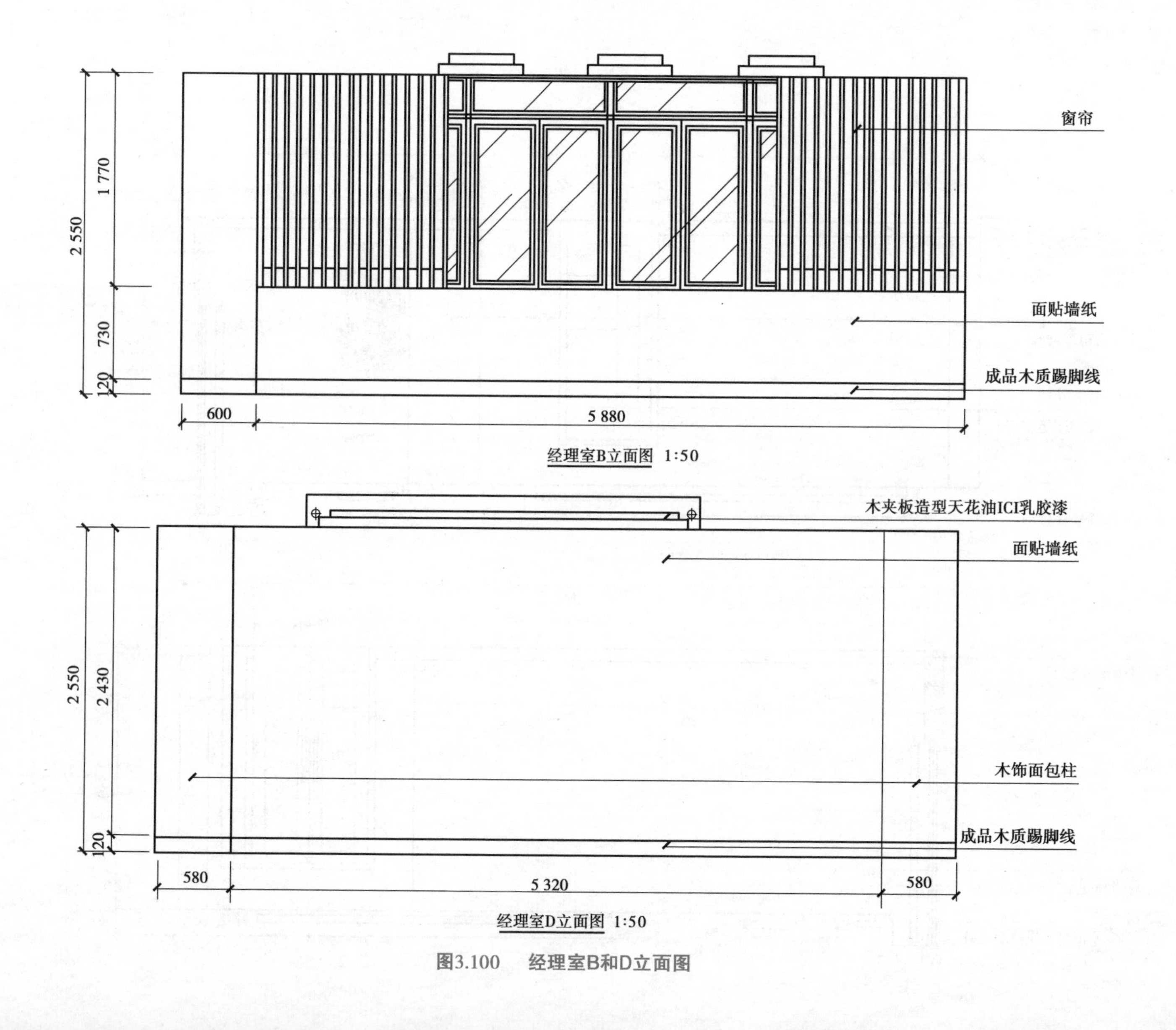

图3.100 经理室B和D立面图

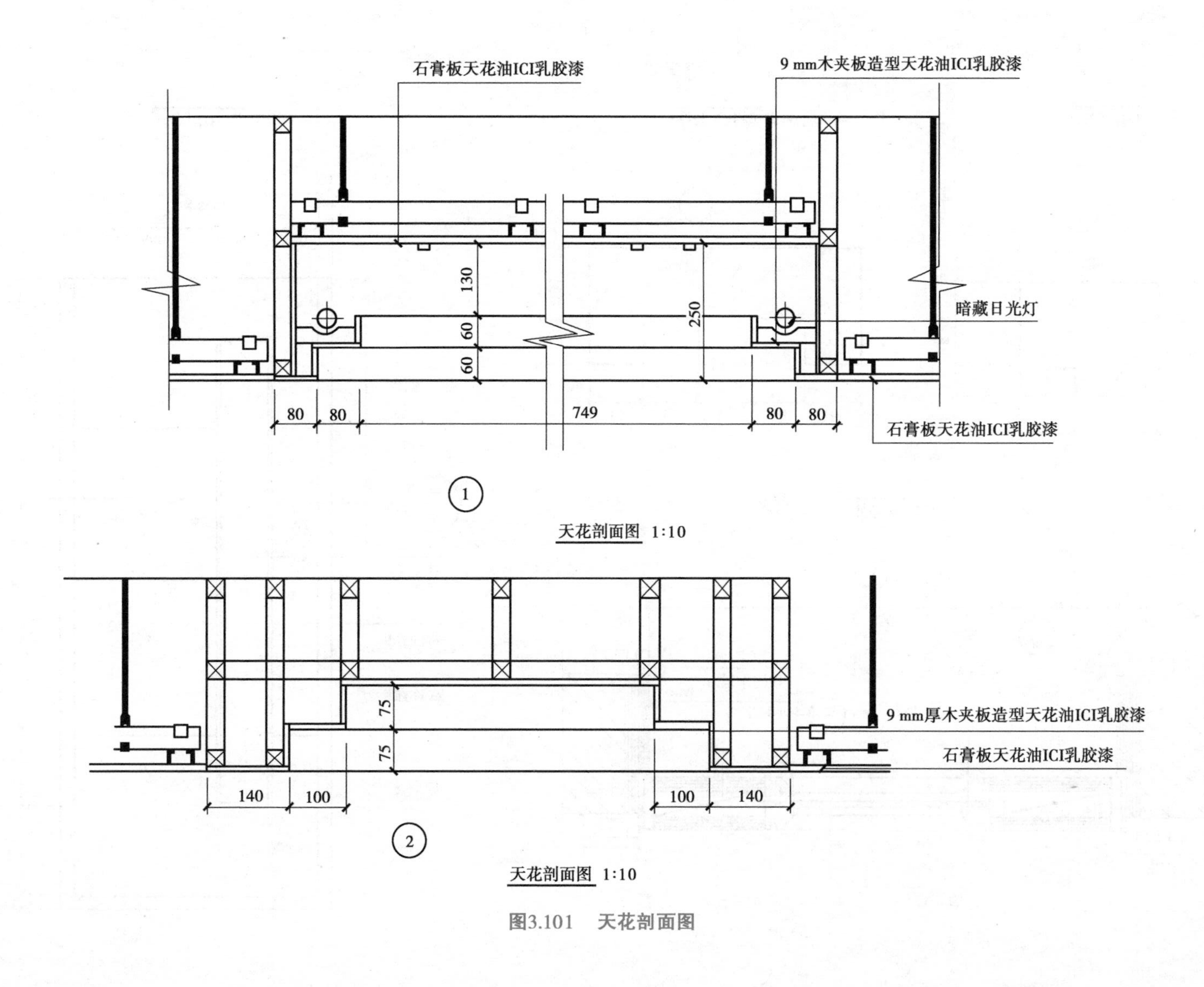
石膏板天花油ICI乳胶漆
9 mm木夹板造型天花油ICI乳胶漆
130
60
60
250
暗藏日光灯
80
80
749
80
80
石膏板天花油ICI乳胶漆
①
天花剖面图 1:10
75
75
9 mm厚木夹板造型天花油ICI乳胶漆
石膏板天花油ICI乳胶漆
140
100
100
140
②
天花剖面图 1:10

图3.101 天花剖面图

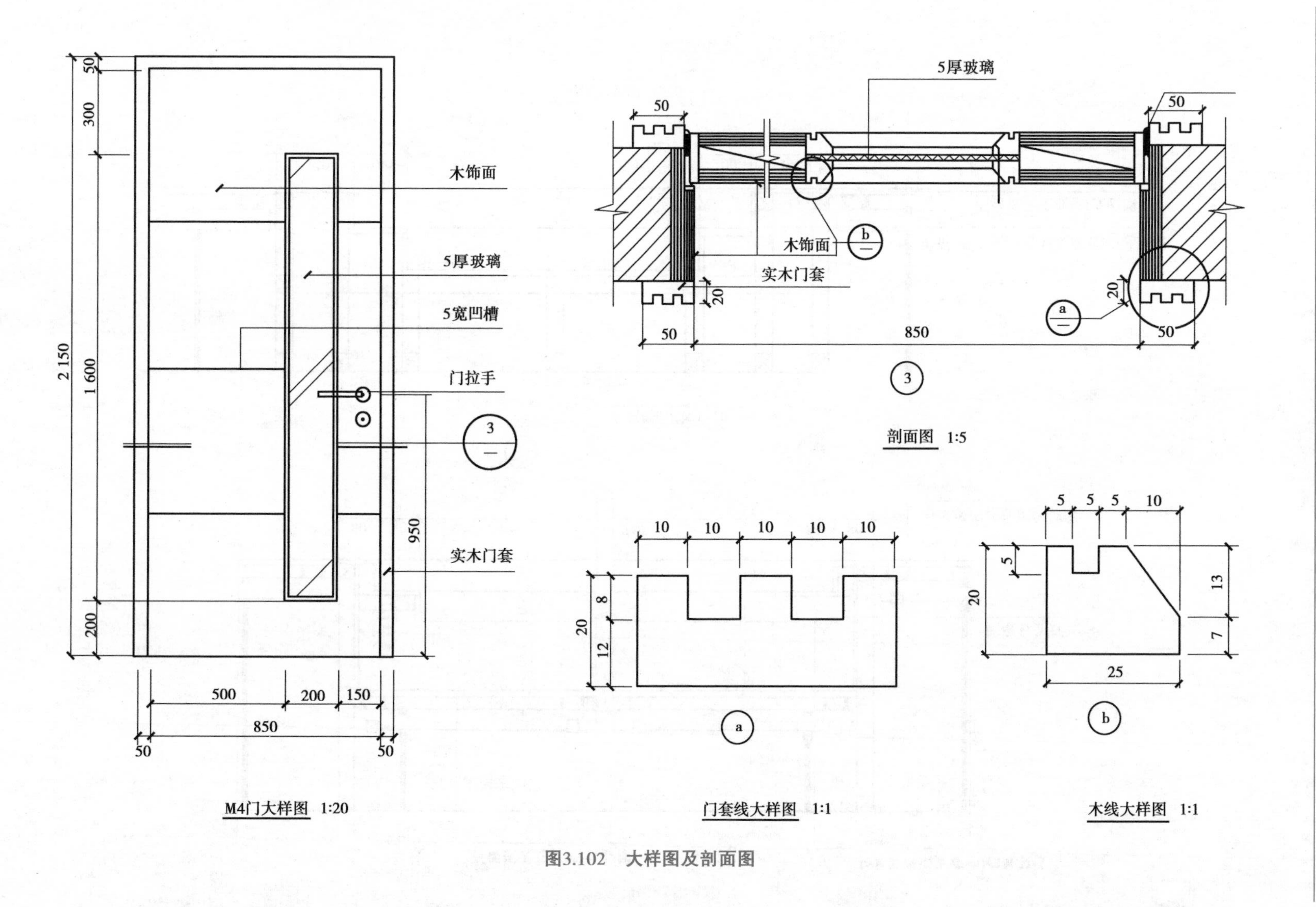

图3.102　大样图及剖面图

3)装饰工程施工图预算书

施 工 图 预 算 书

工程名称：××公司经理室室内装饰工程

工程造价(小写)：59 534.09 元

(大写)：伍万玖仟伍佰叁拾肆圆零玖分

工程编号______ 建筑面积______

建设单位(盖章) ××公司 法定代表人(盖章) ×××

编制单位(盖章) ××公司 法定代表人(盖章) ×××

编制人(盖章) ××× 编制时间 2023 年 6 月 1 日

复核人(盖章) ××× 复核时间 2023 年 6 月 1 日

施工图预算总说明

工程名称：××公司经理室室内装饰工程　　第1页 共1页

一、工程概况

本工程位于××市××大厦的9层，建设单位与施工单位签订了单独装饰工程的施工合同，并约定了单独装饰工程的人工工日单价，以及材料单价、费用标准的执行依据；施工合同约定本工程需创建市级标准化工地（一星级）。本施工图预算为建设单位委托中介机构编制，是测定本工程预算造价的依据。具体工程概况如下：

1. 地面

地面为600 mm×600 mm抛光地砖铺贴，120 mm高成品木质踢脚线，刷聚氨酯清漆3遍。

2. 墙柱面

墙面用墙纸贴面。柱面用24 mm×30 mm龙骨，9 mm胶合板基层，上贴3 mm胶合板面层。龙骨和基层均刷2遍防火漆，面层刷3遍聚氨酯清漆。

3. 顶棚

天棚吊顶：室内地面至楼板底净高3.1 m，$\phi 8$钢筋吊筋，不上人型装配式U形轻钢龙骨，面层规格为600 mm×400 mm，纸面石膏板面层，石膏板面批901胶白水泥腻子、乳胶漆3遍；局部叠级处采用木吊筋、木龙骨，9 mm胶合板面，面层刷白色调和漆3遍。

4. 其他

（1）门窗贴脸用60 mm×20 mm成品凹线，筒子板为9 mm厚胶合板基层、切片板面层，木窗台板宽100 mm（18 mm厚细木工板上贴切片板），均刷3遍聚氨酯清漆。

（2）室内沙发、茶几、办公桌椅等家具，盆花，灯具等不计入本次装饰工程造价。装饰前，地面、墙面、天棚面已由土建单位做水泥砂浆基层。

二、编制范围

本装饰工程施工图纸全部内容。

三、编制依据

1.《建设工程工程量清单计价规范》（GB 50500—2013）。

2. 国家或省级、行业建设主管部门颁发的计价办法。

3.《××省建筑与装饰工程计价定额》（2014）及其配套的费用定额（2014）（营改增后）。

4. ××公司经理室室内装饰工程施工图纸及设计说明。

5. 施工现场情况、工程特点及拟定的施工组织设计或施工方案。

6. 与本工程相关的标准、规范等及有关技术规程。

7. 现场勘验获取的资料及经实际测量的尺寸数据等。

8. 本工程施工合同。

9. 施工合同约定的人工、材料、机械台班单价的执行依据为：材料单价执行2023年5月××市装饰工程材料指导价；人工单价执行“×建函价[2023]×××号”文，并约定装饰人工工日单价为120元/工日；机械台班单价执行《××省建筑工程施工机械台班费用定额》，并需要按实调整人工、燃油、电力等单价。

10. 本装饰工程施工单位具有装饰企业二级资质。

11. 其他的相关资料。

四、其他说明

1. 本次装修是在土建工程竣工后的基础上进行的二次装饰；

2. 单价措施项目费只计脚手架、垂直运输、超高费，总价措施项目费按约定；

3. 指导价中没有的材料按照市场询价后计入；

4. 总价措施项目费仅计取：安全文明施工措施费基本费、市级标准化增加费（一星级）、扬尘污染防治增加费、临时设施费、建筑工人实名制费用，其他未计；

5. 临时设施费按照费用定额确定的费用标准区间取中间值计算；环境保护税按照××市的规定按0.1%计算。

6. 根据施工合同约定本工程安全文明工地需创建市级标准化工地（一星级），根据费用定额规定，按省级标准化增加费率乘以0.7计算；

7. 其他项目费双方无约定，本预算未计。

单位工程造价汇总表

工程名称：××公司经理室室内装饰工程　　　　第1页 共1页

序号	项目名称	公式	金额/元
1	分部分项工程费合计	(分部分项工程费合计)	37 415.72
2	措施项目费合计	2.1+2.2	2 543.10
	2.1 单价措施项目费合计	(单价措施项目费合计)	1 367.96
	2.2 总价措施项目费合计	(总价措施项目费合计)	1 175.14
3	其他项目费合计	(其他项目费合计)	13 110.00
4	规费	4.1+4.2+4.3	1 549.61
	4.1 环境保护税	(分部分项工程费+措施项目费+其他项目费-除税工程设备费)×0.1%	53.07
	4.2 社会保险费	(分部分项工程费+措施项目费+其他项目费-除税工程设备费)×2.4%	1 273.65
	4.3 住房公积金	(分部分项工程费+措施项目费+其他项目费-除税工程设备费)×0.42%	222.89
5	税金	[1+2+3+4-(除税甲供材料费+除税甲供设备费)/1.01]×9.0%	4 915.66
6	工程造价	1+2+3+4-(除税甲供材料费+除税甲供设备费)/1.01+5	59 534.09

分部分项工程费计算表

工程名称：××公司经理室室内装饰工程　　　　第1页 共3页

序号	定额编号	定额名称	单位	工程量	金额/元	
					综合单价	合价
1		一、地面				
2	13-82	楼地面单块0.4 m^2以外地砖 干硬性水泥砂浆	10 m^2	4.476	1 674.88	7 496.76
3	13-110	块料面层酸洗打蜡 楼地面	10 m^2	4.476	87.50	391.65
4	13-130	成品木质踢脚线	10 m	2.687	285.79	767.92
5	17-39	润油粉、刮腻子、刷聚氨酯清漆 双组分混合型 3遍 踢脚线	10 m	2.687	180.67	485.46
6		二、墙面				
7	17-240	贴墙纸 墙面 对花	10 m^2	4.770	465.60	2 220.91
8	14-169 备注1	木龙骨基层 断面24 mm×30 mm 方形柱、梁面	10 m^2	0.967	673.29	651.07
9	14-187换	柱、梁面夹板基层 钉在龙骨上	10 m^2	0.985	516.79	509.04
10	14-190	胶合板面钉在木龙骨或夹板上 柱、梁	10 m^2	0.991	358.44	355.21
11	17-97	防火涂料2遍 隔墙、隔断(间壁)、护壁木龙骨单向	10 m^2	0.967	107.08	103.55
12	17-92	胶合板基层刷防火涂料2遍 其他木材面	10 m^2	1.8715	290.61	543.88
13	17-37	切片板面层润油粉、刮腻子、刷聚氨酯清漆 双组分混合型 3遍 其他木材面	10 m^2	1.882 9	891.97	1 679.49
14		三、天棚				
15	15-34换	天棚吊筋 吊筋规格 $\phi8$ mm $H=300$ mm	10 m^2	3.134	48.39	151.65
16	15-34换	天棚吊筋 吊筋规格 $\phi8$ mm $H=50$ mm	10 m^2	1.223	42.89	52.45
17	15-8	装配式U形(不上人型)轻钢龙骨 面层规格400 mm×600 mm 复杂	10 m^2	4.357	823.68	3 588.77
18	15-4 备注4	方木龙骨 吊在混凝土楼板上 面层规格400 mm×400 mm	10 m^2	0.444	608.69	270.26
19	15-46	纸面石膏板天棚面层 安装在U形轻钢龙骨上 凹凸	10 m^2	4.072	489.07	1 991.49
20	15-44换	胶合板面层安装在木龙骨上 凹凸	10 m^2	0.854	517.27	441.75
21	18-65	回光灯槽	10 m	1.312	661.89	868.40

分部分项工程费计算表

工程名称:××公司经理室室内装饰工程　　　　第2页 共3页

序号	定额编号	定额名称	单位	工程量	金额/元	
					综合单价	合价
22	17-179	天棚复杂面 在抹灰面上 901胶白水泥腻子批、刷乳胶漆各3遍	10 m^2	5.108	440.68	2 250.99
23	18-66换	暗窗帘盒 胶合板、纸面石膏板	100 m	0.088 2	4 680.86	412.85
24	17-35	润油粉、刮腻子、刷聚氨酯清漆 双组分混合型 3遍 木扶手	10 m	1.799	306.12	550.71
25		四、门窗及其他				
26	18-71	成品窗帘安装 塑料平行 百叶窗帘	10 m^2	1.176	637.17	749.31
27	16-3	铝合金窗 推拉窗	10 m^2	1.176	6 743.75	7 930.65
28	16-31	成品木门 实拼门夹板面	10 m^2	0.179	4 423.48	791.80
29	16-143	半截玻璃门(有腰双扇) 门框制作 框断面 55 mm×100 mm	10 m^2	0.252	476.45	120.07
30	16-144	半截玻璃门(有腰双扇) 门扇制作 扇断面 50 mm×100 mm 门肚板厚度17 mm	10 m^2	0.252	981.61	247.37
31	16-145	半截玻璃门(有腰双扇) 门框安装	10 m^2	0.252	74.31	18.73
32	16-146换	半截玻璃门(有腰双扇) 门扇安装	10 m^2	0.252	512.05	129.04
33	16-340	木门窗五金配件 半玻木门 半截玻璃门、镶板门、胶合板门、企口板门 有腰双扇	樘	1	110.76	110.76
34	18-14	木装饰条安装 条宽在50 mm外	100 m	0.217	1 624.41	352.50
35	18-50	门窗套 筒子板	10 m^2	0.125	1 373.96	171.75
36	16-312	门窗特殊五金 执手锁	把	1	154.12	154.12
37	17-31	润油粉、刮腻子、刷聚氨酯清漆 双组分混合型 3遍 单层木门	10 m^2	0.227	1 237.42	280.89
38	17-92	刷防火涂料2遍 其他木材面	10 m^2	0.137 5	290.61	39.96
39	17-37	润油粉、刮腻子、刷聚氨酯清漆 双组分混合型 3遍 其他木材面	10 m^2	0.137 5	891.97	122.65
40	17-35	润油粉、刮腻子、刷聚氨酯清漆 双组分混合型 3遍 木扶手	10 m	0.76	306.12	232.65

分部分项工程费计算表

工程名称：××公司经理室室内装饰工程 第3页 共3页

序号	定额编号	定额名称	单位	工程量	金额/元	
					综合单价	合价
41	18-63	天棚面零星项目 筒灯孔	10个	1.1	40.86	44.95
42	18-51	窗台板 细木工板、切片板	10 m^2	0.059	1 207.93	71.27
43	17-35	润油粉、刮腻子、刷聚氨酯清漆 双组分混合型 3遍 木扶手	10 m	0.205 8	306.12	63.00
合　计						37 415.72

单价措施项目费计算表

工程名称:××公司经理室室内装饰工程　　　　第1页 共1页

序号	项目编号	项目名称	单位	工程量	金额/元	
					综合单价	合价
1		一、超高人工降效				
2	19-19	装饰工程超高人工降效系数 建筑物高度在20~30 m(7~10层)	%	1.000	648.35	645.07
3		二、脚手架工程				
4	20-23	抹灰脚手架高3.60 m内	10 m^2	4.415	4.80	21.19
5	20-23	抹灰脚手架高3.60 m内	10 m^2	4.410	4.80	21.17
6		三、垂直运输费				
7	23-33	单独装饰工程垂直运输 施工电梯 垂直运输高度20~40 m(7~13层)	10工日	8.527	79.80	680.53
		合　计				1 367.96

总价措施项目费计算表

工程名称：××公司经理室室内装饰工程　　　　第1页 共1页

序号	项目名称	费率/%	计算基础	金额/元
1	现场安全文明施工		1.1+1.2	853.23
1.1	基本费	1.70	(分部分项工程费+单价措施项目费-除税工程设备费)×费率	659.32
1.2	标准化工地增加费(一星级)	0.40×0.70	(分部分项工程费+单价措施项目费-除税工程设备费)×费率	108.59
1.3	扬尘污染防治增加费	0.22	(分部分项工程费+单价措施项目费-除税工程设备费)×费率	85.32
2	临时设施	(0.30+1.30)/2=0.80	(分部分项工程费+单价措施项目费-除税工程设备费)×费率	310.27
3	建筑工人实名制费用	0.03	(分部分项工程费+单价措施项目费-除税工程设备费)×费率	11.64
合计				1 175.14

其他项目计价汇总表

工程名称：××公司经理室室内装饰工程　　　　标段：　　　　第1页 共1页

序号	项目名称	金额/元	结算金额/元	备注
1	暂列金额	5 000.00		
2	暂估价			
2.1	材料暂估价			
2.2	专业工程暂估价			
3	计日工	8 110.00		
4	总承包服务费			
合　计		13 110.00		

暂列金额明细表

工程名称：××公司经理室室内装饰工程　　　　标段：　　　　第1页 共1页

序号	项目名称	计量单位	暂定金额/元	备注
1	工程量清单中工程量偏差和设计变更		2 000.00	
2	政策性调整和材料价格风险		2 000.00	
3	其他		1 000.00	
合　计			5 000.00	

计日工表

工程名称:××公司经理室室内装饰工程　　标段:　　第1页 共1页

编号	项目名称	单位	暂定数量	实际数量	综合单价	合价/元	
						暂定	实际
一	人工					5 700.00	
1	零星点工	工日	50		114.00	5 700.00	
人工小计						5 700.00	
二	材料					90.00	
1	自粘胶带	m	100		0.90	90.00	
材料小计						90.00	
三	施工机械					2 320.00	
1	交流弧焊机 30 kV·A	台班	20		116.00	2 320.00	
机械小计						2 320.00	
四、企业管理费和利润							
合　计						8 110.00	

换算情况一览表

工程名称：××公司经理室室内装饰工程　　标段：　　第1页 共2页

序号	专业	类别	定额编号	项目名称	单位	原基价	新基价	原含量	新含量	说明
1	14土	单	14-169 备注1	木龙骨基层 断面24 mm × 30 mm 方形柱、梁面	10 m^2	498.55	331.02			
			05030600	普通木成材	m^3	1 372.08	1 372.08	0.109	0.069	材料换算：普通木成材 含量：0.109→0.069
2	14土	单	14-187	柱、梁面夹板基层 钉在龙骨上	10 m^2	554.78	267.22			
			05092103	细木工板	m^2	32.59		10.5		删除材料：细木工板 δ18 mm 单价：32.59 元 含量：10.5
			05050113	胶合板	m^2		14.58		10.5	新增材料：胶合板 2 440 mm×1 220 mm×9 mm 单价：14.58 元 含量：10.5
3	14土	单	15-34	天棚吊筋 吊筋规格 $\phi8$ $H=300$ mm	10 m^2	60.54	40.50			
			01090101	圆钢	kg	3.45	3.45	3.93	1.572	材料换算：圆钢 含量：3.93→1.572
4	14土	单	15-34	天棚吊筋 吊筋规格 $\phi8$ $H=50$ mm	10 m^2	60.54	35.98			
			01090101	圆钢	kg	3.45	3.45	3.93	0.262	材料换算：圆钢 含量：3.93→0.262
5	14土	单	15-4 备注4	方木龙骨 吊在混凝土楼板上 面层规格400 mm×400 mm	10 m^2	469.41	323.10			
			05030600	普通木成材	m^3	1 372.08	1 372.08	0.163	0.124	材料换算：普通木成材 含量：0.163→0.124
6	14土	单	15-44	胶合板面层 凹凸	10 m^2	279.55	268.48			
			05050105	胶合板	m^2	10.29		11		删除材料：胶合板 910 mm × 2 130 mm × 3 mm 单价：10.29 元 含量：11

换算情况一览表

工程名称：××公司经理室室内装饰工程　　标段：　　第2页 共2页

序号	专业	类别	定额编号	项目名称	单位	原基价	新基价	原含量	新含量	说明
			05050113	胶合板	m^2		14.58		11	新增材料：胶合板 2 440 mm×1 220 mm×9 mm 单价：14.58元 含量：11
7	14土	单	18-66	暗窗帘盒 胶合板、纸面石膏板	100 m	4 088.34	2 487.03			
			05092103	细木工板	m^2	32.59		47.25		删除材料：细木工板 δ18 mm 单价：32.59 含量：47.25
			05050113	胶合板	m^2		14.58		47.25	新增材料：胶合板 2 440 mm×1 220 mm×9 mm 单价：14.58元 含量：47.25
8	14土	单	16-146	半截玻璃门(有腰双扇)门扇安装	10 m^2	319.68	274.08			
			06010102	平板玻璃	m^2	20.58		4.55		删除材料：平板玻璃3 mm 单价：20.58元 含量：4.55
			06010104	平板玻璃	m^2		25.73		4.55	新增材料：平板玻璃5 mm 单价：25.73元 含量：4.55

人、材、机汇总表

工程名称：××公司经理室室内装饰工程　　　　标段：　　　　第1页 共3页

序号	材料编号	材料名称	规格、型号	单位	用量	单价	合价
1	00010202	装饰工程一类工	（一类工）	工日	10.627 36	120.00	1 275.28
2	00010202_01	泥工	（一类工）	工日	16.426 92	120.00	1 971.23
3	00010202_02	木工	（一类工）	工日	23.027 87	120.00	2 763.34
4	00010202_03	油漆工	（一类工）	工日	35.097 586	120.00	4 211.71
5	00010301_13	脚手架工	（二类工）	工日	0.088 25	120.00	10.59
		人工小计		元			10 232.15
1	01090101	圆钢		kg	5.247 074	4.20	22.04
2	01210315	等边角钢	∟40×4	kg	6.971 2	4.27	29.73
3	02270105	白布		m^2	0.045 982	3.43	0.16
4	03030115	木螺钉	M4×30	10个	2.4	0.26	0.62
5	03030167	木螺钉	L=19 mm	10个	3.7	0.17	0.63
6	03030169	木螺钉	L=25 mm	10个	0.8	0.26	0.21
7	03030173	木螺钉	L=38 mm	10个	3.2	0.26	0.83
8	03031206	自攻螺钉	M4×15	10个	229.059 3	0.26	59.56
9	03032113	塑料胀管螺钉		套	183.456	0.09	16.51
10	03070123	膨胀螺栓	M10×110	套	57.773 82	0.69	39.86
11	03110106	螺杆 L=250 mm	$\phi 8$	根	57.773 82	0.30	17.33
12	03510705	铁钉	70 mm	kg	1.622 37	5.16	8.37
13	03652403	合金钢切割锯片		片	0.111 9	68.60	7.68
14	04010611	水泥	32.5级	kg	760.548 492	0.43	327.04
15	04010701	白水泥		kg	43.143 56	0.74	31.75
16	04030107	中砂		t	2.184 883	199.00	434.79
17	04090801	石膏粉	325目	kg	5.598 038	0.36	2.02
18	05030600	普通木成材		m^3	0.312 255	2 218.00	692.58
19	05050107	胶合板	2 440 mm× 1 220 mm×3 mm	m^2	10.901	14.61	159.30
20	05050113	胶合板	2 440 mm× 1 220 mm×9 mm	m^2	23.903 95	25.33	605.46
21	05092103	细木工板	δ18 mm	m^2	7.336 94	47.40	347.77
22	05150102	普通切片板		m^2	0.649	20.16	13.08
23	05250402	木砖与拉条		m^3	0.007 812	2 218.00	17.33
24	05250502	锯（木）屑		m^3	0.268 56	47.17	12.67
25	06010104	平板玻璃	5 mm	m^2	1.146 6	41.70	47.81
26	06650101	同质地砖		m^2	45.655 2	84.30	3 848.73
27	08010200	纸面石膏板		m^2	10.884 89	19.50	212.26

人、材、机汇总表

工程名称:××公司经理室室内装饰工程　　标段:　　第2页 共3页

序号	材料编号	材料名称	规格、型号	单位	用量	单价	合价
28	08010211	纸面石膏板	1 200 mm×3 000 mm×9.5 mm	m^2	46.828	19.50	913.15
29	08310113	轻钢龙骨(大)	50 mm×15 mm×1.2 mm	m	81.214 48	8.50	690.32
30	08310122	轻钢龙骨(中)	50 mm×20 mm×0.5 mm	m	95.265 52	3.80	362.01
31	08310131	轻钢龙骨(小)	5 mm×20 mm×0.5 mm	m	14.813 8	1.80	26.66
32	08330107	大龙骨垂直吊件(轻钢)	45 mm	只	87.14	0.43	37.47
33	08330111	中龙骨垂直吊件		只	143.781	0.39	56.07
34	08330113	小龙骨垂直吊件		只	54.462 5	0.34	18.52
35	08330300	轻钢龙骨主接件		只	43.57	0.51	22.22
36	08330301	轻钢龙骨次接件		只	52.284	0.60	31.37
37	08330302	轻钢龙骨小接件		只	5.664 1	0.26	1.47
38	08330309	小龙骨平面连接件		只	54.462 5	0.51	27.78
39	08330310	中龙骨平面连接件		只	253.141 7	0.43	108.85
40	08330500	中龙骨横撑		m	89.667 06	3.80	340.73
41	08330501	边龙骨横撑		m	8.801 14	3.80	33.44
42	09010103	柳桉木框夹板门		m^2	1.807 9	380.00	687.00
43	09093511	铝合金全玻推拉窗		m^2	11.289 6	580.00	6 547.97
44	09410507	塑料平行百叶帘(成品)		m^2	11.877 6	56.00	665.15
45	09470302	执手锁		把	1.01	120.00	121.20
46	09491505	风钩	200 mm	套	2	0.69	1.38
47	09492305	合页	50 mm	只	4	5.15	20.60
48	09492310	合页	100 mm	只	4	11.15	44.60
49	09492505	插销	100 mm	套	2	4.29	8.58
50	09492509	插销	150 mm	套	1	6.00	6.00
51	09492513	插销	300 mm	套	1	12.86	12.86
52	09492705	拉手	150 mm	套	2	6.86	13.72
53	09493528	铁搭扣	100 mm	百个	0.01	72.89	0.73
54	09493560	镀锌铁脚		个	91.728	1.46	133.92
55	10011711	红松平线条	B=60 mm	m	23.436	11.20	262.48
56	10130305	成品木质踢脚线	h=120 mm	m	28.213 5	20.90	589.66
57	10310304	墙纸	中档	m^2	55.236 6	15.50	856.17
58	11010304	内墙乳胶漆		kg	24.824 88	13.30	330.17
59	11030505	防火涂料	X-60(饰面)	kg	4.465 66	22.00	98.24
60	11110304	聚氨酯清漆	(双组分混合型)	kg	11.209 836	39.00	437.18
61	11111715	酚醛清漆		kg	1.002 006	20.40	20.44

人、材、机汇总表

工程名称：××公司经理室室内装饰工程　　　　标段：　　　　第3页 共3页

序号	材料编号	材料名称	规格、型号	单位	用量	单价	合价
62	11430327	大白粉		kg	13.733 65	0.73	10.03
63	11590914	硅酮密封胶		L	1.788 36	68.60	122.68
64	12010903	煤油		kg	1.790 4	4.29	7.68
65	12030107	油漆溶剂油		kg	3.611 374	12.01	43.37
66	12030111	松节油		kg	0.237 228	12.01	2.85
67	12060318	清油	C01-1	kg	0.282 588	13.72	3.88
68	12060334	防腐油		kg	2.701 11	5.15	13.91
69	12070307	硬白蜡		kg	1.186 14	7.29	8.65
70	12310309	草酸		kg	0.447 6	3.86	1.73
71	12333521	催干剂		kg	0.019 34	15.09	0.29
72	12333551	PU 发泡剂		L	3.087	25.73	79.43
73	12410703	羧甲基纤维素		kg	0.715 5	2.14	1.53
74	12413518	901 胶		kg	18.644 2	2.14	39.90
75	12413523	乳胶		kg	0.178 92	7.29	1.30
76	12413535	万能胶		kg	0.265 5	17.15	4.55
77	12413544	聚醋酸乙烯乳液		kg	6.677 67	4.29	28.65
78	17310706	双螺母双垫片	$\phi8$	副	57.773 82	0.51	29.46
79	31110301	棉纱头		kg	0.975 81	5.57	5.44
80	31150101	水		m^3	1.390 469	6.02	8.37
81	32030105	工具式金属脚手		kg	1.473 775	4.08	6.01
82	32090101	周转木材		m^3	0.003 53	2 218.00	7.83
		材料小计		元			20 911.77
1	31130537	其他机械费		元	66.882 42	0.85	57.16
2	31130546	木工机械费		元	6.111	0.85	5.22
3	99050503	灰浆搅拌机	拌筒容量 200 L	台班	0.273 036	169.26	46.21
4	99070906	载货汽车	装载质量 4 t	台班	0.017 65	418.00	7.38
5	99092313	双笼施工电梯	提升质量 2×1 t，提升高度 100 m	台班	0.793 011	542.97	430.58
6	99192305	电锤	功率 520 W	台班	3.926 886	7.79	30.59
7	99210103	木工圆锯机	直径 500 mm	台班	0.096 414	27.02	2.61
8	99212321	木工裁口机	宽度（多面 400 mm）	台班	0.011 174	41.45	0.46
9	99230127	石料切割机		台班	0.447 6	13.84	6.19
		机械小计		元			586.40
		总合计		元			31 730.32

综合单价及合价组成分析表

工程名称：××公司经理室室内装饰工程　　　　标段：　　　　第1页 共4页

定额编号	定额名称	单位	工程量	金额/元		综合单价分析/元					合价分析/元				
				综合单价	合价	人工费	材料费	机械费	管理费	利润	人工费	材料费	机械费	管理费	利润
13-82	楼地面单块0.4 m^2以外地砖 干硬性水泥砂浆	10 m^2	4.476	1 674.88	7 496.76	388.80	1 042.08	11.70	172.22	60.08	1 740.27	4 664.35	52.37	770.86	268.92
13-110	块料面层酸洗打蜡 楼地面	10 m^2	4.476	87.50	391.65	51.60	5.97		22.19	7.74	230.96	26.72		99.32	34.64
13-130	成品木质踢脚线	10 m	2.687	285.79	767.92	36.00	227.98	0.59	15.73	5.49	96.73	612.58	1.59	42.27	14.75
17-39	润油粉、刮腻子、刷聚氨酯清漆 双组分混合型3遍 踢脚线	10 m	2.687	180.67	485.46	96.00	28.99		41.28	14.40	257.95	77.90		110.92	38.69
17-240	贴墙纸 墙面 对花	10 m^2	4.77	465.60	2 220.91	176.40	186.89		75.85	26.46	841.43	891.47		361.80	126.21
14-169 备注1	木龙骨基层 断面24 mm×30 mm方形柱、梁面	10 m^2	0.967	673.29	651.07	320.40	156.34	6.78	140.69	49.08	309.83	151.18	6.56	136.05	47.46
14-187 换	柱、梁面夹板基层 钉在龙骨上	10 m^2	0.985	516.79	509.04	156.00	269.76	0.35	67.23	23.45	153.66	265.71	0.34	66.22	23.10
14-190	胶合板面钉在木龙骨或夹板上 柱、梁	10 m^2	0.991	358.44	355.21	123.60	163.15		53.15	18.54	122.49	161.68		52.67	18.37
17-97	防火涂料2遍 隔墙、隔断(间壁)、护壁木龙骨 单向	10 m^2	0.967	107.08	103.55	54.00	21.76		23.22	8.10	52.22	21.04		22.45	7.83
17-92	胶合板基层刷防火涂料2遍 其他木材面	10 m^2	1.871 5	290.61	543.88	157.20	42.23		67.60	23.58	294.20	79.03		126.51	44.13
17-37	切片板面层润油粉、刮腻子、刷聚氨酯清漆 双组分混合型3遍 其他木材面	10 m^2	1.882 9	891.97	1 679.49	474.00	143.05		203.82	71.10	892.49	269.35		383.77	133.87

综合单价及合价组成分析表

工程名称：××公司经理室室内装饰工程　　　　标段：　　　　第2页 共4页

定额编号	定额名称	单位	工程量	金额/元		综合单价分析/元					合价分析/元				
				综合单价	合价	人工费	材料费	机械费	管理费	利润	人工费	材料费	机械费	管理费	利润
15-34换	天棚吊筋　吊筋规格ϕ8 mm H=300 mm	10 m^2	3.134	48.39	151.65		33.98	9.12	3.92	1.37		106.49	28.58	12.29	4.29
15-34换	天棚吊筋　吊筋规格ϕ8 mm H=50 mm	10 m^2	1.223	42.89	52.45		28.48	9.12	3.92	1.37		34.83	11.15	4.79	1.68
15-8	装配式U形(不上人型)轻钢龙骨 面层规格400 mm×600 mm 复杂	10 m^2	4.357	823.68	3 588.77	252.00	420.92	2.91	109.61	38.24	1 097.96	1 833.95	12.68	477.57	166.61
15-4备注4	方木龙骨 吊在混凝土楼板上 面层规格400 mm×400 mm	10 m^2	0.444	608.69	270.26	205.20	281.92	1.62	88.93	31.02	91.11	125.17	0.72	39.48	13.77
15-46	纸面石膏板天棚面层安装在U形轻钢龙骨上 凹凸	10 m^2	4.072	489.07	1 991.49	160.80	235.01		69.14	24.12	654.78	956.96		281.54	98.22
15-44换	胶合板面层安装在木龙骨上 凹凸	10 m^2	0.854	517.27	441.75	148.80	282.17		63.98	22.32	127.08	240.97		54.64	19.06
18-65	回光灯槽	10 m	1.312	661.89	868.40	189.60	355.12	4.56	83.49	29.12	248.76	465.92	5.98	109.54	38.21
17-179	天棚复杂面 在抹灰面上901胶白水泥腻子批、刷乳胶漆各3遍	10 m^2	5.108	440.68	2 250.99	228.00	80.44		98.04	34.20	1 164.62	410.89		500.79	174.69
18-66换	暗窗帘盒 胶合板、纸面石膏板	100 m	0.088 2	4 680.86	412.85	1 350.00	2 541.14	4.25	582.33	203.14	119.07	224.13	0.37	51.36	17.92
17-35	润油粉、刮腻子、刷聚氨酯清漆双组分混合型3遍 木扶手	10 m	1.799	306.12	550.71	176.40	27.41		75.85	26.46	317.34	49.31		136.45	47.60
18-71	成品窗帘安装 塑料平行百叶窗帘	10 m^2	1.176	637.17	749.31	43.20	566.89	1.28	19.13	6.67	50.80	666.66	1.51	22.50	7.84

综合单价及合价组成分析表

工程名称：××公司经理室室内装饰工程　　　　标段：　　　　第3页 共4页

定额编号	定额名称	单位	工程量	金额/元		综合单价分析/元					合价分析/元				
				综合单价	合价	人工费	材料费	机械费	管理费	利润	人工费	材料费	机械费	管理费	利润
16-3	铝合金窗 推拉窗	10 m^2	1.176	6 743.75	7 930.65	525.60	5 889.68	14.95	232.44	81.08	618.11	6 926.26	17.58	273.35	95.35
16-31	成品木门 实拼门夹板面	10 m^2	0.179	4 423.48	791.80	357.60	3 854.43	2.56	154.87	54.02	64.01	689.94	0.46	27.72	9.67
16-143	半截玻璃门(有腰双扇)门框制作 框断面55 mm×100 mm	10 m^2	0.252	476.45	120.07	72.00	356.97	3.62	32.52	11.34	18.14	89.96	0.91	8.20	2.86
16-144	半截玻璃门(有腰双扇)门扇制作 扇断面 50 mm × 100 mm 门肚板厚度 17 mm	10 m^2	0.252	981.61	247.37	189.60	655.02	17.10	88.88	31.01	47.78	165.07	4.31	22.40	7.81
16-145	半截玻璃门(有腰双扇)门框安装	10 m^2	0.252	74.31	18.73	40.80	9.85		17.54	6.12	10.28	2.48		4.42	1.54
16-146换	半截玻璃门(有腰双扇)门扇安装	10 m^2	0.252	512.05	129.04	189.60	212.48		81.53	28.44	47.78	53.54		20.55	7.17
16-340	木门窗五金配件 半玻木门有腰双扇	樘	1	110.76	110.76		110.76					110.76			
18-14	木装饰条安装 条宽在50 mm外	100 m	0.217	1 624.41	352.50	244.80	1 217.37	12.82	110.78	38.64	53.12	264.17	2.78	24.04	8.38
18-50	门窗套 筒子板	10 m^2	0.125	1 373.96	171.75	397.20	741.63	3.01	172.09	60.03	49.65	92.70	0.38	21.51	7.50
16-312	门窗特殊五金 执手锁	把	1	154.12	154.12	20.40	121.89		8.77	3.06	20.40	121.89		8.77	3.06
17-31	润油粉、刮腻子、刷聚氨酯清漆 双组分混合型 3遍 单层木门	10 m^2	0.227	1 237.42	280.89	591.60	302.69		254.39	88.74	134.29	68.71		57.75	20.14
17-92	其他木材面防火涂料 2遍	10 m^2	0.137 5	290.61	39.96	157.20	42.23		67.60	23.58	21.62	5.81		9.30	3.24
17-37	润油粉、刮腻子、刷聚氨酯清漆 双组分混合型 3遍	10 m^2	0.137 5	891.97	122.65	474.00	143.05		203.82	71.10	65.18	19.67		28.03	9.78

综合单价及合价组成分析表

工程名称：××公司经理室室内装饰工程　　　　标段：　　　　第4页 共4页

定额编号	定额名称	单位	工程量	金额/元		综合单价分析/元					合价分析/元				
				综合单价	合价	人工费	材料费	机械费	管理费	利润	人工费	材料费	机械费	管理费	利润
17-35	润油粉、刮腻子、刷聚氨酯清漆 双组分混合型 3遍 木扶手	10 m	0.76	306.12	232.65	176.40	27.41		75.85	26.46	134.06	20.83		57.65	20.11
18-63	天棚面零星项目 筒灯孔	10个	1.1	40.86	44.95	20.40	8.63		8.77	3.06	22.44	9.49		9.65	3.37
18-51	窗台板 细木工板、切片板	10 m²	0.059	1 207.93	71.27	248.40	811.79	2.32	107.81	37.61	14.66	47.90	0.14	6.36	2.22
17-35	润油粉、刮腻子、刷聚氨酯清漆 双组分混合型 3遍 木扶手	10 m	0.205 8	306.12	63.00	176.40	27.41		75.85	26.46	36.30	5.64		15.61	5.45
19-19	装饰工程超高人工降效系数 建筑物高度在20~30 m(7~10层)	%	1	645.07	645.07	408.27			175.56	61.24	408.27			175.56	61.24
20-23	墙面抹灰脚手架 高在3.60 m内	10 m²	4.415	4.80	21.19	1.20	1.57	0.84	0.88	0.31	5.30	6.93	3.71	3.89	1.37
20-23	天棚抹灰脚手架 高在3.60 m内	10 m²	4.41	4.80	21.17	1.20	1.57	0.84	0.88	0.31	5.29	6.92	3.70	3.88	1.37
23-33	单独装饰工程垂直运输施工电梯 垂直运输高度20~40 m(7~13层)	10工日	8.528	79.80	680.53			50.50	21.72	7.58			430.66	185.23	64.64
	合　计				38 783.68										

工程量计算表

工程名称：××公司经理室室内装饰工程　　　　第1页 共6页

序号	项目名称	计量单位	工程量	计算公式	备注
	一、地面工程				
1	600 mm×600 mm 地砖楼面	m^2	44.76	经理室:(7.65－0.06－0.09)×(6.00－0.06×2)=44.10	
				M9处:2.05×0.6=1.23	
				扣柱:Z2 (0.7－0.12)×(0.35－0.06)＋Z3 (0.7－0.12)×0.7=0.57	
				小计:44.76	
2	硬木踢脚线 120 mm 高	m	26.87	(7.65－0.06－0.09)×2＋(6.00－0.06×2)×2＋0.6×2=27.96	
				增柱侧壁:Z3 (0.7－0.12)×2=1.16	
				扣洞口处:M4 0.95＋M9 1.30=2.25	
				合计:26.87	
	二、墙柱面工程				
1	柱面木龙骨	m^2	9.67	Z1,Z2:[(0.7－0.12＋0.024)＋(0.35－0.06＋0.024)]×2×2.55=4.68	龙骨断面按24 mm×30 mm考虑
				Z2:[(0.7－0.12＋0.024)×2＋(0.7＋0.024×2)]×2.55=4.99	
				合计:9.67	
2	柱面木龙骨油漆	m^2	9.67	同上	
3	柱面9 mm厚胶合板基层	m^2	9.85	Z1,Z2:[(0.7－0.12＋0.024＋0.009)＋(0.35－0.06＋0.024＋0.009)]×2×2.55=4.77	胶合板厚9 mm

工程量计算表

工程名称：××公司经理室室内装饰工程　　　　第2页 共6页

序号	项目名称	计量单位	工程量	计算公式	备注
				Z2:[(0.7－0.12＋0.024＋0.009)×2＋(0.7＋0.024×2＋0.009×2)]×2.55＝5.08	
				合计:9.85	
4	柱面9 mm厚胶合板基层油漆	m^2	18.715	9.85×1.90(查其他木材面油漆系数表)＝18.715	
5	柱面3 mm厚切片胶合板面层	m^2	9.91	Z1、Z2:[(0.7－0.12＋0.024＋0.009＋0.003)＋(0.35－0.06＋0.024＋0.009＋0.003)]×2×2.55＝4.80	
				Z2:[(0.7－0.12＋0.024＋0.009＋0.003)×2＋(0.7＋0.024×2＋0.009×2＋0.003×2)]×2.55＝5.11	
				合计:9.91	
6	柱面3 mm厚切片胶合板面层油漆	m^2	18.829	9.91×1.90(查其他木材面油漆系数表)＝18.829	
7	墙面贴墙纸	m^2	47.70	A立面:(7.65－0.35－0.09＋0.6)×(2.55－0.12)－M9 1.30×(2.15－0.12)＝16.33	
				B立面:(0.73－0.12)×5.88＋洞口侧壁0.1×(5.88＋2.0×2)＝4.57	
				C立面:(7.65－0.35－0.7－0.09)×(2.55－0.12)－M4 0.95×(2.15－0.12)＝13.88	
				D立面:5.32×(2.55－0.12)＝12.93	
				合计:47.70	
	三、天棚工程				
1	天棚吊筋 $\phi8$ $h=550-250=300$ mm	m^2	31.34	总面积:(7.65－0.06－0.09)×(6.00－0.06×2)＋2.05×0.6－窗帘盒0.30×5.88＝43.57	
				1剖面:(3.60＋0.08×4)×(2.80＋0.08×4)＝12.23	
				2剖面(不扣):(0.50＋0.1×2＋0.14×2)×(0.30＋0.1×2＋0.14×2)×3＝2.29	
				合计:43.57－12.23＝31.34	

工程量计算表

工程名称：××公司经理室室内装饰工程　　　　第3页 共6页

序号	项目名称	计量单位	工程量	计算公式	备注
				已知：地面至楼板底高3.1 m(设计说明)，地面至天棚底高2.55 m(设计图纸)。则3 100 − 2 550 = 550，包括螺杆250 mm，吊筋净长 h = 300 mm	
2	天棚吊筋 $\phi 8$，h = 300 − 250 = 50(mm)	m^2	12.23	1剖面：12.23	
3	天棚U形轻钢龙骨(复杂)	m^2	43.57	详见上述第1项	
				其中少数面积：12.23	
				依据计价定额说明：高差大于100 mm，少数面积占总面积的百分比大于15%，天棚龙骨为复杂型	
				经计算：高差为550 mm；比重为12.23/43.57 = 28.07%	
4	天棚木龙骨(复杂)	m^2	4.44	1剖面：12.23 − 3.6 × 2.8 = 2.15	
				2剖面：2.29	
				合计：4.44	
5	天棚石膏板面层	m^2	40.72	总面积：43.57	
				扣1剖面：(3.60 + 0.32) × (2.80 + 0.32) − (3.60 + 0.24) × (2.80 + 0.24) = 0.56	
				扣2剖面：(0.50 + 0.1 × 2 + 0.14 × 2) × (0.30 + 0.1 × 2 + 0.14 × 2) × 3 = 2.29	
				合计：40.72	
6	木夹板面层9 mm厚	m^2	8.54	1剖面：(3.60 + 0.08 × 4) × (2.80 + 0.08 × 4) − (3.60 + 0.08 × 2) × (2.80 + 0.08 × 2) = 1.10	

工程量计算表

工程名称：××公司经理室室内装饰工程 第4页 共6页

序号	项目名称	计量单位	工程量	计算公式	备注
				[(3.60+0.08×2)+(2.80+0.08×2)]×2×0.06=0.81	
				[(3.60+0.08×2+0.04×2)+(2.80+0.08×2+0.04×2)]×2×0.25=3.44	
				2剖面：(0.50+0.1×2+0.14×2)×(0.30+0.1×2+0.14×2)×3=2.29	
				[(0.50+0.1×2)+(0.30+0.1×2)]×2×0.075×3=0.54	
				(0.50+0.30)×2×0.075×3=0.36	
				合计:8.54	
7	回光灯槽	m	13.12	[(3.60+0.08)+(2.80+0.08)]×2=13.12	
8	回光灯槽外侧乳胶漆	m^2	1.82	(3.60+0.08×2)×(2.80+0.08×2)−3.60×2.80=1.05	
				(3.60+2.80)×2×0.06=0.77	
				合计:1.82	
9	天棚面刮腻子、刷乳胶漆3遍	m^2	51.08	40.72+8.54+1.82=51.08	
	四、门窗工程及其他				
1	胶合板窗帘盒300 mm×300 mm	m	5.88	6.00−0.06×2=5.88	
2	胶合板窗帘盒油漆	m	17.99	5.88×2.04(窗帘盒油漆系数)×600/400(展开宽度换算成600)=17.99	

工程量计算表

工程名称：××公司经理室室内装饰工程　　　　第5页 共6页

序号	项目名称	计量单位	工程量	计算公式	备注
3	铝合金推拉窗	m^2	11.76	B立面：1.96×2.0×3樘=11.76或5.88×2.0=11.76	
4	百叶窗帘	m^2	11.76		
5	成品装饰木门扇	m^2	1.79	M4：0.85×2.1=1.79	
6	现场制作双扇半玻木门	m^2	2.52	M9：1.2×2.1=2.52	
7	半玻门油漆	m^2	2.27	2.52×0.9=2.27	
8	贴脸：60 mm×20 mm凹线	m	21.70	M4：0.95×2+2.15×4=10.50	
				M9：1.30×2+2.15×4=11.20	
				合计：21.70	
9	贴脸：60 mm×20 mm凹线油漆	m	7.60	21.70×0.35=7.60	
10	筒子板	m^2	1.25	M4：(0.85+2.10×2)×0.12=0.6	
				M9：(1.20+2.10×2)×0.12=0.65	
				合计：1.25	
11	筒子板油漆	m^2	1.375	1.25×1.10(查其他木材面油漆系数表)=1.375	
12	筒灯孔	个	11		
13	木质窗台板	m^2	0.588	5.88×0.1=0.588	

工程量计算表

工程名称：××公司经理室室内装饰工程　　　　第6页 共6页

序号	项目名称	计量单位	工程量	计算公式	备注
	五、脚手架工程				
1	3.6 m内墙面抹灰脚手架	m^2	44.15	[(7.65－0.06－0.09)＋(6.00－0.06×2)]×3.3＝44.15	
2	3.6 m内天棚抹灰脚手架	m^2	44.10	(7.65－0.06－0.09)×(6.00－0.06×2)＝44.10	
	六、其他				
1	垂直运输费用	工日	85.28	按全部分部分项工程所需要的人工工日数	

【拓展与讨论】

不论是设计人员、施工人员、工程管理人员还是工程造价人员等，只有勇于奉献，敢于担当，追求精益求精，才能成为一名优秀的建工人。

党的二十大报告提出要“加快建设国家战略人才力量，努力培养造就更多大师、战略科学家、一流科技领军人才和创新团队、青年科技人才、卓越工程师、大国工匠、高技能人才。”扫码观看“‘小瓦工’到‘大瓦工’”，并结合党的二十大精神，谈谈你如何理解“大国工匠”。

“小瓦工”到“大瓦工”

本章小结

本章首先介绍了装饰工程定额计价的基本概念及一般要求，并针对采用定额计价方法编制施工图预算造价的内容、要求、编制方法与步骤进行了详细阐述。然后分别介绍了分部分项工程项目计价、措施项目计价、工料机数量与单价、表格样式及应用等内容。特别是在装饰工程分部分项工程项目计价部分，列举了大量实例，详细解析并示范，内容贴合实际，分别按定额章节顺序进行阐述，这是需要掌握的重点内容，也是难点。其他部分由于内容相对较少，容易理解，讲解相对粗略。

复习思考题

3.1　采用定额计价方法编制装饰工程施工图预算书的依据、内容及装订顺序是什么？

3.2　采用定额计价方法编制装饰工程施工图预算书的方法及编制步骤是什么？

3.3　编制装饰工程施工图预算造价时如何计算人工、材料、机械台班的数量？

3.4　编制装饰工程施工图预算造价时如何确定人工、材料、机械台班的单价？

3.5　试概括一下编制装饰工程施工图预算造价中，各分部分项工程项目及单价措施项目的计量与计价要点。

4 装饰工程工程量清单计价

〖知识目标〗

(1)了解装饰工程工程量清单的一般概念;

(2)熟悉计价规范及计量规范对装饰工程工程量清单及工程量清单计价的相关规定、装饰工程工程量清单项目设置及工程量计算规则;

(3)掌握装饰工程工程量清单的内容、编制依据及编制方法,装饰工程工程量清单计价(最高投标限价、投标报价、竣工结算价等)的内容、编制依据及编制方法。

〖能力目标〗

(1)能够结合图纸,根据《房屋建筑与装饰工程工程量计算规范》编制装饰工程清单工程量计算表;

(2)能够编制装饰工程工程量清单并进行清单组价,计算分部分项工程费、单价措施项目费;

(3)能够编制装饰工程最高投标限价、投标报价等造价文件。

〖素质目标〗

(1)通过小组人员自评、互评,培养学生独立思考的能力,以及团队合作精神和与人沟通的能力。

(2)在编制装饰工程造价文件的过程中,通过强调任务成果的准确性、合理性,培养学生求真、务实、精心、细心的态度和严谨的工作作风。

(3)通过课前布置任务,让学生查阅相关资料,培养他们收集和处理信息的能力、获取新知识的能力、综合运用所学知识分析问题和解决问题的能力,提高职业素养。

4.1 装饰工程工程量清单计价概述

1)工程量清单计价主要术语

(1)工程量清单 bills of quantities(BQ)

载明建设工程分部分项工程项目、措施项目、其他项目的名称和相应数量以及规费、税金项目等内容的明细清单。

(2)招标工程量清单 BQ for tendering

招标人依据国家标准、招标文件、设计文件以及施工现场实际情况编制的,随招标文件发布供投标报价的工程量清单,包括其说明和表格。

(3)已标价工程量清单 priced BQ

构成合同文件组成部分的投标文件中已标明价格,经算术性错误修正(如有)且承包人已确认的工程量清单,包括其说明和表格。

(4)分部分项工程 work sections and trades

分部分项是单项或单位工程的组成部分,是按结构部位、路段长度及施工特点或施工任务将单项或单位工程划分为若干分部的工程;分项工程是分部工程的组成部分,是按不同施工方法、材料、工序及路段长度等将分部工程划分为若干个分项或项目的工程。

(5)措施项目 preliminaries

为完成工程项目施工,发生于该工程施工准备和施工过程中的技术、生活、安全、环境保护等方面的项目。

(6)项目编码 item code

分部分项工程和措施项目清单名称的阿拉伯数字标识。

(7)项目特征 item description

构成分部分项工程项目、措施项目自身价值的本质特征。

(8)综合单价 all-in unit rate

完成一个规定清单项目所需的人工费、材料和工程设备费、施工机具使用费和企业管理费、利润以及一定范围内的风险费用。

(9)风险费用 risk allowance

隐含于已标价工程量清单综合单价中,用于化解发承包双方在工程合同中约定内容和范围内的市场价格波动风险的费用。

(10)暂列金额 provisional sum

招标人在工程量清单中暂定并包括在合同价款中的一笔款项。用于工程合同签订时尚未确定或者不可预见的所需材料、工程设备、服务的采购,施工中可能发生的工程变更、合同约定调整因素出现时的合同价款调整以及发生的索赔、现场签证确认等的费用。

(11)暂估价 prime cost sum

招标人在工程量清单中提供的用于支付必然发生但暂时不能确定价格的材料、工程设备的单价以及专业工程的金额。

(12)计日工 dayworks

在施工过程中,承包人完成发包人提出的工程合同范围以外的零星项目或工作,按合同中约定的综合单价计价的一种方式。

(13)总承包服务费 main contractor's attendance

总承包人为配合协调发包人进行的专业工程分包,对发包人自行采购的材料、工程设备等进行保管以及施工现场管理、竣工资料汇总整理等服务所需的费用。

(14)利润 profit

承包人完成合同工程获得的盈利。

(15)规费 statutory fee

根据国家法律、法规规定,由省级政府或省级有关权力部门规定施工企业必须缴纳的,应计入建筑安装工程造价的费用。

(16)单价项目　unit rate project

工程量清单中以单价计价的项目,即根据合同工程图纸(含设计变更)和相关工程现行国家计量规范规定的工程量计算规则进行计量,与已标价工程量清单相应综合单价进行价款计算的项目。

(17)总价项目　lump sum project

工程量清单中以总价计价的项目,即此类项目在相关工程现行国家计量规范中无工程量计算规则,以总价(或计算基础乘费率)计算的项目。

(18)工程计量　measurement of quantities

发承包双方根据合同约定,对承包人完成合同工程的数量进行的计算和确认。

(19)工程结算　final account

发承包双方根据合同约定,对合同工程在实施中、终止时、已完工后进行的合同价款计算、调整和确认,包括期中结算、终止结算、竣工结算。

(20)最高投标限价　maximum bid price

招标人根据国家或省级、行业建设主管部门颁发的有关计价依据和办法,以及拟定的招标文件和招标工程量清单,结合工程具体情况编制的招标工程的最高投标限价。

(21)投标价　tender sum

投标人投标时响应招标文件要求所报出的对已标价工程量清单汇总后标明的总价。

(22)签约合同价(合同价款)　contract sum

发承包双方在工程合同中约定的工程造价,即包括分部分项工程费、措施项目费、其他项目费、规费和税金的合同总金额。

(23)合同价款调整　adjustment in contract sum

在合同价款调整因素出现后,发承包双方根据合同约定,对合同价款进行变动的提出、计算和确认。

(24)竣工结算价　final account at completion

发承包双方依据国家有关法律、法规和标准规定,按照合同约定确定的,包括在履行合同过程中按合同约定进行的合同价款调整,是承包人按合同约定完成了全部承包工作后,发包人应付给承包人的合同总金额。

2)有关工程计价的主要规定

①建设工程发承包及实施阶段的计价活动包括:招标工程量清单、最高投标限价、投标报价的编制,工程合同价款的约定,竣工结算的办理以及施工过程中的工程计量、合同价款支付、施工索赔与现场签证、合同价款调整和合同价款争议的解决等。

②建设工程发承包及实施阶段计价时,不论采用什么计价方式,工程造价由分部分项工程费、措施项目费、其他项目费、规费和税金5部分组成。

③招标工程量清单、最高投标限价、投标报价、工程计量、合同价款调整、合同价款结算与支付以及工程造价鉴定等工程造价文件的编制与核对,应由具有专业资格的工程造价人员承担。

④承担工程造价文件的编制与核对的工程造价人员及其所在单位,应对工程造价文件的质量负责。

⑤建设工程发承包及实施阶段的计价活动应遵循客观、公正、公平的原则。

建设工程计价活动的结果既是工程建设投资的价值表现,同时又是工程建设交易活动的价值表现。因此,建设工程计价活动不仅要客观反映工程建设的投资,还应体现工程建设交易活动的公正、公平性。

⑥建设工程发承包及实施阶段的计价活动,除应符合计价规范外,尚应符合国家现行有关标准的规定。

⑦房屋建筑与装饰工程计价必须按计量规范规定的工程量计算规则进行工程计量。除应遵守计量规范外,尚应符合国家现行有关标准的规定。

3)有关计价方式的规定

①使用国有资金投资的建设工程发承包,必须采用工程量清单计价。

a. 国有资金投资的工程建设项目包括:

- 使用各级财政预算资金的项目;
- 使用纳入财政管理的各种政府性专项建设资金的项目;
- 使用国有企事业单位自有资金,并且国有资产投资者实际拥有控制权的项目。

b. 国有融资资金投资的工程建设项目包括:

- 使用国家发行债券所筹资金的项目;
- 使用国家对外借款或者担保所筹资金的项目;
- 使用国家政策性贷款的项目;
- 国家授权投资主体融资的项目;
- 国家特许的融资项目。

c. 国有资金为主的工程建设项目是指国有资金占投资总额50%以上,或虽不足50%但国有投资者实质上拥有控股权的工程建设项目。

②非国有资金投资的建设工程,宜采用工程量清单计价。

③不采用工程量清单计价的建设工程,应执行计价规范除工程量清单等专门性规定外的其他规定。

④工程量清单应采用综合单价计价。实行工程量清单计价应采用综合单价法,不论分部分项工程项目、措施项目、其他项目,还是以单价或以总价形式表现的项目,其综合单价的组成内容应符合2013计价规范第2.0.8条的规定,包括除规费、税金以外的所有金额。

⑤措施项目中的安全文明施工费必须按国家或省级、行业建设主管部门的规定计算,不得作为竞争性费用。

根据《中华人民共和国安全生产法》《中华人民共和国建筑法》《建设工程安全生产管理条例》等法律、法规的规定,建设部(现住建部)印发了《建筑工程安全防护、文明施工措施费用及使用管理规定》(建办[2005]89号),将安全文明施工费纳入国家强制性标准管理范围,其费用标准不予竞争。2013计价规范规定措施项目清单中的安全文明施工费应按国家或省级、行业建设主管部门的规定费用标准计价,招标人不得要求投标人对该项费用进行优惠,投标人也不得将该项费用参与市场竞争。

措施项目清单中的安全文明施工费是由《建筑安装工程费用项目组成》(建标〔2013〕44号文)中措施费所含的文明施工费、环境保护费、临时设施费、安全施工费等组成。

⑥规费和税金必须按国家或省级、行业建设主管部门的规定计算,不得作为竞争性费用。

4）有关工程计量的规定

①工程量计算依据。工程量计算除依据计量规范各项规定外，尚应依据以下文件：

a. 经审定通过的施工设计图纸及其说明；

b. 经审定通过的施工组织设计或施工方案；

c. 经审定通过的其他有关技术经济文件。

②工程实施过程中的计量，应按照相关工程现行国家计量规范规定的工程量计算规则计算。

③计量规范附录中有两个或两个以上计量单位的项目，在工程计量时，应结合拟建工程项目的实际情况，选择其中一个作为计量单位，在同一个建设项目（或标段、合同段）中，有多个单位工程的相同项目的计量单位必须保持一致。

④工程计量时每一项目汇总的有效位数应遵守下列规定：

a. 以“t”为单位，应保留小数点后三位数字，第四位小数四舍五入；

b. 以“m”“m^2”“m^3”“kg”为单位，应保留小数点后两位数字，第三位小数四舍五入；

c. 以“个”“件”“根”“组”“系统”为单位，应取整数。

⑤计量规范各项目仅列出了主要工作内容，除另有规定和说明者外，应视为已经包括完成该项目所列或未列的全部工作内容。工作内容应按以下规定执行：

a. 计量规范对项目的工作内容进行了规定，除另有规定和说明外，应视为（或完成）已经包括所列的工作内容或该工作内容不发生，不应另行计量；

b. 计量规范附录工作内容列出了主要施工内容，施工过程中必然发生的机械移动、材料运输等辅助内容虽然未列出，也应包括；

c. 计量规范以成品考虑的项目，如采用现场预制的，应包括制作的工作内容。

练一练

【练习 1】 工程量的有效位数应遵守哪些规定？

【练习 2】 工程量清单、招标工程量清单以及已标价工程量清单的区别是什么？

4.2 装饰工程工程量清单编制

· 4.2.1 一般规定 ·

①招标人应负责编制招标工程量清单，若招标人不具有编制招标工程量清单的能力，可委托具有工程造价咨询资质的工程造价咨询企业编制。

②招标工程量清单必须作为招标文件的组成部分，其准确性和完整性应由招标人负责。

工程施工招标发包可采用多种方式，但采用工程量清单方式招标发包，招标人必须将工程量清单作为招标文件的组成部分，连同招标文件一并发（或售）给投标人。招标人对编制的招标工程量清单的准确性和完整性负责，投标人依据招标工程量清单进行投标报价。

③招标工程量清单是工程量清单计价的基础，应作为编制最高投标限价、投标报价，计算或调整工程量、索赔等的依据之一。

④招标工程量清单应以单位(项)工程为单位编制,应由分部分项工程项目清单、措施项目清单、其他项目清单、规费和税金项目清单组成。

⑤编制招标工程量清单应依据:

a. 计价规范和相关工程的现行国家计量规范;

b. 国家或省级、行业建设主管部门颁发的计价定额和办法;

c. 建设工程设计文件及相关资料;

d. 与建设工程有关的标准、规范、技术资料;

e. 拟定的招标文件;

f. 施工现场情况、地勘水文资料、工程特点及常规施工方案;

g. 其他相关资料。

⑥其他项目、规费和税金项目清单应按照现行国家标准计价规范的相关规定编制。

其他项目清单包括暂列金额、暂估价、计日工、总承包服务费。规费项目清单包括社会保险费、住房公积金、工程排污费。

⑦编制工程量清单出现附录中未包括的项目,编制人应做补充,并报省级或行业工程造价管理机构备案,省级或行业工程造价管理机构应汇总报住房和城乡建设部标准定额研究所。

补充项目的编码由计量规范的代码(如:建筑与装饰为 01)与 B 和三位阿拉伯数字组成,并应从 01B001 起顺序编制,同一招标工程的项目不得重码。

补充的工程量清单需附有补充项目的名称、项目特征、计量单位、工程量计算规则、工作内容。不能计量的措施项目,需附有补充项目的名称、工作内容及包含范围。

随着工程建设中新材料、新技术、新工艺等的不断涌现,计量规范附录所列的工程量清单项目不可能包含所有项目。在编制工程量清单时,当出现计量规范附录中未包括的清单项目时,编制人应作补充。

4.2.2 分部分项工程项目清单

1)编制要求

①分部分项工程项目清单必须载明项目编码、项目名称、项目特征、计量单位和工程量。本条规定了构成一个分部分项工程项目清单的 5 个要件,这 5 个要件在分部分项工程项目清单的组成中缺一不可。

②分部分项工程项目清单必须根据相关工程现行国家计量规范规定的项目编码、项目名称、项目特征、计量单位和工程量计算规则进行编制。

由于现行国家标准将计价与计量规范分设,因此,本条规定分部分项工程项目清单必须根据相关工程项目国家计量规范编制。

③项目编码应采用 12 位阿拉伯数字表示,1 ~9 位应按附录的规定设置,10 ~12 位应根据拟建工程的工程量清单项目名称和项目特征设置,同一招标工程的项目编码不得有重码。

12 位阿拉伯数字及其设置规定如下:

各位数字的含义是:1,2 位为专业工程代码(01—房屋建筑与装饰工程;02—仿古建筑工程;03—通用安装工程;04—市政工程;05—园林绿化工程;06—矿山工程;07—构筑物工程;08—城市轨道交通工程;09—爆破工程。以后进入国标的专业工程代码以此类推);3,4 位为附录分类顺序码;5,6 位为分部工程顺序码;7,8,9 位为分项工程项目名称顺序码;10 ~12 位为清单项目名称顺序码。

当同一标段(或合同段)的一份工程量清单中含有多个单位工程且工程量清单是以单位工程为编制对象时,在编制工程量清单时应特别注意对项目编码10~12位的设置不得有重码的规定。例如,一个标段(或合同段)的工程量清单中含有3个单位工程,每一单位工程中都有项目特征相同的实心砖墙砌体,在工程量清单中又需反映3个不同单位工程的实心砖墙砌体工程量时,则第1个单位工程的实心砖墙的项目编码应为010401003001,第2个单位工程的实心砖墙的项目编码应为010401003002,第3个单位工程的实心砖墙的项目编码应为010401003003,并分别列出各单位工程实心砖墙的工程量。

④工程量清单的项目名称应按计量规范附录的项目名称结合拟建工程的实际确定。

⑤工程量清单的项目特征应按计量规范附录中规定的项目特征,结合拟建工程项目的实际予以描述。

工程量清单的项目特征是确定一个清单项目综合单价不可缺少的重要依据,在编制工程量清单时,必须对项目特征进行准确和全面的描述。但有些项目特征用文字往往又难以准确和全面地描述清楚。因此,为达到规范、简捷、准确、全面描述项目特征的要求,在描述工程量清单项目特征时应按以下原则进行:

a.项目特征描述的内容应按计量规范附录中的规定,结合拟建工程的实际,能满足确定综合单价的需要。

b.若采用标准图集或施工图纸能够全部或部分满足项目特征描述的要求,项目特征描述可直接采用详见××图集或××图号的方式。对不能满足项目特征描述要求的部分,仍应用文字描述。

工程量清单项目特征描述的重要意义在于:

a.项目特征是区分清单项目的依据。工程量清单项目特征是用来表述分部分项清单项目的实质内容,用于区分计价规范中同一清单条目下各个具体的清单项目。没有项目特征的准确描述,对于相同或相似的清单项目名称,就无从区分。

b.项目特征是确定综合单价的前提。由于工程量清单项目的特征决定了工程实体的实质内容,必然直接决定工程实体的自身价值。因此,工程量清单项目特征描述得准确与否,直接关系到工程量清单项目综合单价的准确确定。

c.项目特征是履行合同义务的基础。实行工程量清单计价,工程量清单及其综合单价是施工合同的组成部分。因此,如果工程量清单项目特征的描述不清甚至漏项、错误,可能引起在施工过程中的更改,从而产生分歧,导致纠纷。

由此可见,清单项目特征的描述应根据计量规范附录中有关项目特征的要求,结合技术规范、标准图集、施工图纸,按照工程结构、使用材质及规格或安装位置等,予以详细而准确的表述和说明。可以说离开了清单项目特征的准确描述,清单项目就将没有生命力。

计量规范附录中"项目特征"与"工作内容"是两个不同性质的规定,决定一个分部分项工程量清单项目价值大小的是"项目特征",而非"工作内容"。项目特征必须描述,它是工程项目的实质,直接决定工程的价值;工作内容无需描述,它主要是指操作程序。

招标人应高度重视分部分项工程量清单项目特征的描述,任何不描述或描述不清,均会在施工合同履行过程中产生分歧,导致纠纷、索赔。

⑥工程量清单中所列工程量应按计量规范附录中规定的工程量计算规则计算。

⑦工程量清单的计量单位应按计量规范附录中规定的计量单位确定。

⑧计量规范现浇混凝土工程项目“工作内容”中包括模板工程的内容，同时又在措施项目中单列了现浇混凝土模板工程项目。对此，招标人应根据工程实际情况选用。若招标人在措施项目清单中未编列现浇混凝土模板项目清单，即表示现浇混凝土模板项目不单列，现浇混凝土工程项目的综合单价中应包括模板工程费用。

本条既考虑了各专业的定额编制情况，又考虑了使用者方便计价，对现浇混凝土模板采用两种方式进行编制，即：计量规范对现浇混凝土工程项目，一方面“工作内容”中包括模板工程的内容，以 m^3 计量，与混凝土工程项目一起组成综合单价；另一方面又在措施项目中单列了现浇混凝土模板工程项目，以 m^2 计量，单独组成综合单价。

对此，就有 3 层内容：一是招标人根据工程的实际情况在同一个标段（或合同段）中两种方式选择其一；二是招标人若采用单列现浇混凝土模板工程，必须按计量规范规定的计量单位、项目编码、项目特征描述列出清单，同时现浇混凝土项目中不含模板的工程费用；三是招标人若不单列现浇混凝土模板工程项目，不再编列现浇混凝土模板项目清单，现浇混凝土工程项目的综合单价中应包括模板的工程费用。

⑨计量规范对预制混凝土构件按现场制作编制项目，“工作内容”中包括模板工程，不再另列。若采用成品预制混凝土构件时，构件成品价（包括模板、钢筋、混凝土等所有费用）应计入综合单价。

这是为了与目前建筑市场衔接，计量规范中预制构件以成品构件编制项目，成品价计入综合单价，即成品的出厂价格及运杂费等计入综合单价。

针对现场预制和各省、自治区、直辖市的定额编制情况，明确了如下规定：一是若采用现场预制，综合单价中包括预制构件制作的所有费用（制作，现场运输，模板的制、安、拆）；二是编制最高投标限价时，可按省、自治区、直辖市或行业建设主管部门发布的计价定额和造价信息计算综合单价。

⑩金属结构构件按成品编制项目，构件成品价应计入综合单价。若采用现场制作，包括制作的所有费用。

即金属结构件以目前市场工厂成品生产的实际按成品编制项目，成品价应计入综合单价。若采用现场制作，包括制作的所有费用应计入综合单价。

⑪门窗（橱窗除外）按成品编制项目，门窗成品价应计入综合单价。若采用现场制作，包括制作的所有费用。

本条结合了目前“门窗均以工厂化成品生产”的市场情况，计量规范中门窗（橱窗除外）按成品编制项目，成品价（成品原价、运杂费等）应计入综合单价。若采用现场制作，包括制作的所有费，即制作的所有费用应计入综合单价。

2）楼地面装饰工程（附录 L）

《房屋建筑与装饰工程工程量计算规范》（GB 50854—2013）附录 L 楼地面装饰工程中共列了 8 节 43 个项目，包括整体面层及找平层、块料面层、橡塑面层、其他材料面层、踢脚线、楼梯面层、台阶装饰、零星装饰等。

（1）项目设置及工程量计算规则

①整体面层及找平层工程量清单项目的设置、项目特征描述的内容、计量单位及工程量计算规则应按表 L.1 的规定执行。

表 L.1　整体面层及找平层(编码:011101)

<table>
<tr><th>项目编码</th><th>项目名称</th><th>项目特征</th><th>计量单位</th><th>工程量计算规则</th><th>工作内容</th></tr>
<tr><td>011101001</td><td>水泥砂浆楼地面</td><td>1. 找平层厚度、砂浆配合比
2. 素水泥浆遍数
3. 面层厚度、砂浆配合比
4. 面层做法要求</td><td rowspan="6">m^2</td><td rowspan="5">按设计图示尺寸以面积计算。扣除凸出地面构筑物、设备基础、室内铁道、地沟等所占面积,不扣除间壁墙及≤0.3 m^2 柱、垛、附墙烟囱及孔洞所占面积。门洞、空圈、暖气包槽、壁龛的开口部分不增加面积</td><td>1. 基层清理
2. 抹找平层
3. 抹面层
4. 材料运输</td></tr>
<tr><td>011101002</td><td>现浇水磨石楼地面</td><td>1. 找平层厚度、砂浆配合比
2. 面层厚度、水泥石子浆配合比
3. 嵌条材料种类、规格
4. 石子种类、规格、颜色
5. 颜料种类、颜色
6. 图案要求
7. 磨光、酸洗、打蜡要求</td><td>1. 基层清理
2. 抹找平层
3. 面层铺设
4. 嵌缝条安装
5. 磨光、酸洗打蜡
6. 材料运输</td></tr>
<tr><td>011101003</td><td>细石混凝土楼地面</td><td>1. 找平层厚度、砂浆配合比
2. 面层厚度、混凝土强度等级</td><td>1. 基层清理
2. 抹找平层
3. 面层铺设
4. 材料运输</td></tr>
<tr><td>011101004</td><td>菱苦土楼地面</td><td>1. 找平层厚度、砂浆配合比
2. 面层厚度
3. 打蜡要求</td><td>1. 基层清理
2. 抹找平层
3. 面层铺设
4. 打蜡
5. 材料运输</td></tr>
<tr><td>011101005</td><td>自流平楼地面</td><td>1. 找平层砂浆配合比、厚度
2. 界面剂材料种类
3. 中层漆材料种类、厚度
4. 面漆材料种类、厚度
5. 面层材料种类</td><td>1. 基层处理
2. 抹找平层
3. 涂界面剂
4. 涂刷中层漆
5. 打磨、吸尘
6. 镘自流平面漆(浆)
7. 拌和自流平浆料
8. 铺面层</td></tr>
<tr><td>011101006</td><td>平面砂浆找平层</td><td>找平层厚度、砂浆配合比</td><td>按设计图示尺寸以面积计算</td><td>1. 基层清理
2. 抹找平层
3. 材料运输</td></tr>
</table>

注:①水泥砂浆面层处理是拉毛还是提浆压光应在面层做法要求中描述。

②平面砂浆找平层只适用于仅做找平层的平面抹灰。

③间壁墙指墙厚≤120 mm 的墙。

④楼地面混凝土垫层另按附录 E.1 垫层项目编码列项,除混凝土外的其他材料垫层按本规范表 D.4 垫层项目编码列项。

②块料面层工程量清单项目的设置、项目特征描述的内容、计量单位及工程量计算规则应按表 L.2 的规定执行。

表 L.2 块料面层(编码:011102)

项目编码	项目名称	项目特征	计量单位	工程量计算规则	工作内容
011102001	石材楼地面	1. 找平层厚度、砂浆配合比 2. 结合层厚度、砂浆配合比 3. 面层材料品种、规格、颜色 4. 嵌缝材料种类 5. 防护层材料种类 6. 酸洗、打蜡要求	m^2	按设计图示尺寸以面积计算。门洞、空圈、暖气包槽、壁龛的开口部分并入相应的工程量内	1. 基层清理 2. 抹找平层 3. 面层铺设、磨边 4. 嵌缝 5. 刷防护材料 6. 酸洗、打蜡 7. 材料运输
011102002	碎石材楼地面				
011102003	块料楼地面	1. 找平层厚度、砂浆配合比 2. 结合层厚度、砂浆配合比 3. 面层材料品种、规格、颜色 4. 嵌缝材料种类 5. 防护层材料种类 6. 酸洗、打蜡要求			

注:①在描述碎石材项目的面层材料特征时可不用描述规格、颜色。
②石材、块料与黏结材料的结合面刷防渗材料的种类在防护层材料种类中描述。
③本表工作内容中的磨边指施工现场磨边,后面章节工作内容中涉及的磨边含义同。

③橡塑面层工程量清单项目的设置、项目特征描述的内容、计量单位及工程量计算规则应按表 L.3 的规定执行。

表 L.3 橡塑面层(编码:011103)

项目编码	项目名称	项目特征	计量单位	工程量计算规则	工作内容
011103001	橡胶板楼地面	1. 黏结层厚度、材料种类 2. 面层材料品种、规格、颜色 3. 压线条种类	m^2	按设计图示尺寸以面积计算。门洞、空圈、暖气包槽、壁龛的开口部分并入相应的工程量内	1. 基层清理 2. 面层铺贴 3. 压缝条装钉 4. 材料运输
011103002	橡胶板卷材楼地面				
011103003	塑料板楼地面				
011103004	塑料卷材楼地面				

注:本表项目中如涉及找平层,另按本附录表 L.1 找平层项目编码列项。

④其他材料面层工程量清单项目的设置、项目特征描述的内容、计量单位及工程量计算规则应按表 L.4 的规定执行。

表 L.4　其他材料面层(编码:011104)

项目编码	项目名称	项目特征	计量单位	工程量计算规则	工作内容
011104001	地毯楼地面	1. 面层材料品种、规格、颜色 2. 防护材料种类 3. 黏结材料种类 4. 压线条种类	m^2	按设计图示尺寸以面积计算。门洞、空圈、暖气包槽、壁龛的开口部分并入相应的工程量内	1. 基层清理 2. 铺贴面层 3. 刷防护材料 4. 装钉压条 5. 材料运输
011104002	竹、木(复合)地板	1. 龙骨材料种类、规格、铺设间距 2. 基层材料种类、规格 3. 面层材料品种、规格、颜色 4. 防护材料种类			1. 基层清理 2. 龙骨铺设 3. 基层铺设 4. 面层铺贴 5. 刷防护材料 6. 材料运输
011104003	金属复合地板				
011104004	防静电活动地板	1. 支架高度、材料种类 2. 面层材料品种、规格、颜色 3. 防护材料种类			1. 基层清理 2. 固定支架安装 3. 活动面层安装 4. 刷防护材料 5. 材料运输

⑤踢脚线工程量清单项目的设置、项目特征描述的内容、计量单位及工程量计算规则应按表 L.5 的规定执行。

表 L.5　踢脚线(编码:011105)

项目编码	项目名称	项目特征	计量单位	工程量计算规则	工作内容
011105001	水泥砂浆踢脚线	1. 踢脚线高度 2. 底层厚度、砂浆配合比 3. 面层厚度、砂浆配合比	1. m^2 2. m	1. 以 m^2 计量,按设计图示长度乘高度以面积计算 2. 以 m 计量,按延长米计算	1. 基层清理 2. 底层和面层抹灰 3. 材料运输
011105002	石材踢脚线	1. 踢脚线高度 2. 粘贴层厚度、材料种类 3. 面层材料品种、规格、颜色 4. 防护材料种类			1. 基层清理 2. 底层抹灰 3. 面层铺贴、磨边 4. 擦缝 5. 磨光、酸洗、打蜡 6. 刷防护材料 7. 材料运输
011105003	块料踢脚线				

续表

项目编码	项目名称	项目特征	计量单位	工程量计算规则	工作内容
011105004	塑料板踢脚线	1. 踢脚线高度 2. 黏结层厚度、材料种类 3. 面层材料种类、规格、颜色	1. m^2 2. m	1. 以 m^2 计量，按设计图示长度乘高度以面积计算 2. 以 m 计量，按延长米计算	1. 基层清理 2. 基层铺贴 3. 面层铺贴 4. 材料运输
011105005	木质踢脚线	1. 踢脚线高度 2. 基层材料种类、规格 3. 面层材料品种、规格、颜色			
011105006	金属踢脚线				
011105007	防静电踢脚线				

注：石材、块料与黏结材料的结合面刷防渗材料的种类在防护材料种类中描述。

⑥楼梯面层工程量清单项目的设置、项目特征描述的内容、计量单位及工程量计算规则应按表 L.6 的规定执行。

表 L.6　楼梯面层（编码：011106）

项目编码	项目名称	项目特征	计量单位	工程量计算规则	工作内容
011106001	石材楼梯面层	1. 找平层厚度、砂浆配合比 2. 黏结层厚度、材料种类 3. 面层材料品种、规格、颜色 4. 防滑条材料种类、规格 5. 勾缝材料种类 6. 防护材料种类 7. 酸洗、打蜡要求	m^2	按设计图示尺寸以楼梯（包括踏步、休息平台及≤500 mm 的楼梯井）水平投影面积计算。楼梯与楼地面相连时，算至梯口梁内侧边沿；无梯口梁者，算至最上一层踏步边沿加 300 mm	1. 基层清理 2. 抹找平层 3. 面层铺贴、磨边 4. 贴嵌防滑条 5. 勾缝 6. 刷防护材料 7. 酸洗、打蜡 8. 材料运输
011106002	块料楼梯面层				
011106003	拼碎块料面层				
011106004	水泥砂浆楼梯面层	1. 找平层厚度、砂浆配合比 2. 面层厚度、砂浆配合比 3. 防滑条材料种类、规格			1. 基层清理 2. 抹找平层 3. 抹面层 4. 抹防滑条 5. 材料运输
011106005	现浇水磨石楼梯面层	1. 找平层厚度、砂浆配合比 2. 面层厚度、水泥石子浆配合比 3. 防滑条材料种类、规格 4. 石子种类、规格、颜色 5. 颜料种类、颜色 6. 磨光、酸洗打蜡要求			1. 基层清理 2. 抹找平层 3. 抹面层 4. 贴嵌防滑条 5. 磨光、酸洗、打蜡 6. 材料运输

续表

项目编码	项目名称	项目特征	计量单位	工程量计算规则	工作内容
011106006	地毯楼梯面层	1. 基层种类 2. 面层材料品种、规格、颜色 3. 防护材料种类 4. 黏结材料种类 5. 固定配件材料种类、规格	m²	按设计图示尺寸以楼梯(包括踏步、休息平台及≤500 mm 的楼梯井)水平投影面积计算。楼梯与楼地面相连时,算至梯口梁内侧边沿;无梯口梁者,算至最上一层踏步边沿加 300 mm	1. 基层清理 2. 铺贴面层 3. 固定配件安装 4. 刷防护材料 5. 材料运输
011106007	木板楼梯面层	1. 基层材料种类、规格 2. 面层材料品种、规格、颜色 3. 黏结材料种类 4. 防护材料种类			1. 基层清理 2. 基层铺贴 3. 面层铺贴 4. 刷防护材料 5. 材料运输
011106008	橡胶板楼梯面层	1. 黏结层厚度、材料种类 2. 面层材料品种、规格、颜色 3. 压线条种类			1. 基层清理 2. 面层铺贴 3. 压缝条装钉 4. 材料运输
011106009	塑料板楼梯面层				

注:①在描述碎石材项目的面层材料特征时可不用描述规格、颜色。

②石材、块料与黏结材料的结合面刷防渗材料的种类在防护材料种类中描述。

⑦台阶装饰工程量清单项目的设置、项目特征描述的内容、计量单位及工程量计算规则应按表 L.7 的规定执行。

表 L.7　台阶装饰(编码:011107)

项目编码	项目名称	项目特征	计量单位	工程量计算规则	工作内容
011107001	石材台阶面	1. 找平层厚度、砂浆配合比 2. 黏结材料种类 3. 面层材料品种、规格、颜色 4. 勾缝材料种类 5. 防滑条材料种类、规格 6. 防护材料种类	m²	按设计图示尺寸以台阶(包括最上层踏步边沿加 300 mm)水平投影面积计算	1. 基层清理 2. 抹找平层 3. 面层铺贴 4. 贴嵌防滑条 5. 勾缝 6. 刷防护材料 7. 材料运输
011107002	块料台阶面				
011107003	拼碎块料台阶面				
011107004	水泥砂浆台阶面	1. 找平层厚度、砂浆配合比 2. 面层厚度、砂浆配合比 3. 防滑条材料种类			1. 基层清理 2. 抹找平层 3. 抹面层 4. 抹防滑条 5. 材料运输

续表

<table>
<tr><th>项目编码</th><th>项目名称</th><th>项目特征</th><th>计量单位</th><th>工程量计算规则</th><th>工作内容</th></tr>
<tr><td>011107005</td><td>现浇水磨石台阶面</td><td>1. 找平层厚度、砂浆配合比
2. 面层厚度、水泥石子浆配合比
3. 防滑条材料种类、规格
4. 石子种类、规格、颜色
5. 颜料种类、颜色
6. 磨光、酸洗、打蜡要求</td><td rowspan="2">m^2</td><td rowspan="2">按设计图示尺寸以台阶(包括最上层踏步边沿加300 mm)水平投影面积计算</td><td>1. 清理基层
2. 抹找平层
3. 抹面层
4. 贴嵌防滑条
5. 打磨、酸洗、打蜡
6. 材料运输</td></tr>
<tr><td>011107006</td><td>剁假石台阶面</td><td>1. 找平层厚度、砂浆配合比
2. 面层厚度、砂浆配合比
3. 剁假石要求</td><td>1. 清理基层
2. 抹找平层
3. 抹面层
4. 剁假石
5. 材料运输</td></tr>
</table>

注:①在描述碎石材项目的面层材料特征时可不用描述规格、颜色。
②石材、块料与黏结材料的结合面刷防渗材料的种类在防护材料种类中描述。

⑧零星装饰项目工程量清单项目的设置、项目特征描述的内容、计量单位、工程量计算规则应按表 L.8 的规定执行。

表 L.8　零星装饰项目(编码:011108)

<table>
<tr><th>项目编码</th><th>项目名称</th><th>项目特征</th><th>计量单位</th><th>工程量计算规则</th><th>工作内容</th></tr>
<tr><td>011108001</td><td>石材零星项目</td><td rowspan="3">1. 工程部位
2. 找平层厚度、砂浆配合比
3. 贴结合层厚度、材料种类
4. 面层材料品种、规格、颜色
5. 勾缝材料种类
6. 防护材料种类
7. 酸洗、打蜡要求</td><td rowspan="4">m^2</td><td rowspan="4">按设计图示尺寸以面积计算</td><td rowspan="3">1. 清理基层
2. 抹找平层
3. 面层铺贴、磨边
4. 勾缝
5. 刷防护材料
6. 酸洗、打蜡
7. 材料运输</td></tr>
<tr><td>011108002</td><td>拼碎石材零星项目</td></tr>
<tr><td>011108003</td><td>块料零星项目</td></tr>
<tr><td>011108004</td><td>水泥砂浆零星项目</td><td>1. 工程部位
2. 找平层厚度、砂浆配合比
3. 面层厚度、砂浆厚度</td><td>1. 清理基层
2. 抹找平层
3. 抹面层
4. 材料运输</td></tr>
</table>

注:①楼梯、台阶牵边和侧面镶贴块料面层,不大于 0.5 m^2 的少量分散的楼地面镶贴块料面层,应按本表执行。
②石材、块料与黏结材料的结合面刷防渗材料的种类在防护材料种类中描述。

(2)项目划分的有关说明

①零星装饰适用于小面积(0.5 m^2 以内)少量分散的楼地面装饰,其工程部位或名称应在清单项目中进行描述。

②楼梯、台阶侧面装饰,可按零星装饰项目编码列项,并在清单项目中进行描述。

③扶手、栏杆、栏板适用于楼梯、阳台、走廊、回廊及其他装饰性扶手、栏杆、栏板。

(3)项目特征的有关说明

①楼地面:指构成的基层(楼板、夯实土基)、垫层(承受地面荷载并均匀传递给基层的构造层)、填充层(在建筑楼地面上起隔音、保温、找坡或敷设暗管、暗线等作用的构造层)、隔离层(起防水、防潮作用的构造层)、找平层(在垫层、楼板上或填充层上起找平、找坡或加强作用的构造层)、结合层(面层与下层相结合的中间层)、面层(直接承受各种荷载作用的表面层)等。

②垫层:指混凝土垫层,砂石人工级配垫层,天然级配砂石垫层,灰、土垫层,碎石、碎砖垫层,三合土垫层、炉渣垫层等材料垫层。

③找平层:指水泥砂浆找平层,有比较特殊要求的可采用细石混凝土、沥青砂浆、沥青混凝土找平层等材料铺设。

④隔离层:指卷材、防水砂浆、沥青砂浆或防水涂料等隔离层。

⑤填充层:指轻质的松散(炉渣、膨胀蛭石、膨胀珍珠岩等)或块体材料(加气混凝土、泡沫混凝土、泡沫塑料、矿棉、膨胀珍珠岩、膨胀蛭石块和板材等)以及整体材料(沥青膨胀珍珠岩、沥青膨胀蛭石,水泥膨胀珍珠岩、膨胀蛭石等)填充层。

⑥面层:指整体面层(水泥砂浆、现浇水磨石、细石混凝土、菱苦土等面层)、块料面层(石材、陶瓷地砖、橡胶、塑料、竹、木地板)等面层。

⑦面层中其他材料:

a. 防护材料:指耐酸、耐碱、耐臭氧、耐老化、防火、防油渗等材料。

b. 嵌条材料:用于水磨石的分格、作图案等的嵌条,如玻璃嵌条、铜嵌条、铝合金嵌条、不锈钢嵌条等。

c. 压线条:指地毯、橡胶板、橡胶卷材铺设的压线条,如铝合金、不锈钢、铜压线条等。

d. 颜料:用于水磨石地面、踢脚线、楼梯、台阶和块料面层勾缝所需配制石子浆或砂浆内加添的颜料(耐碱的矿物颜料)。

e. 防滑条:用于楼梯、台阶踏步的防滑设施,如水泥玻璃屑、水泥钢屑、铜、铁防滑条等。

f. 地毡固定配件:用于固定地毡的压棍脚和压棍。

g. 扶手固定配件:用于楼梯、台阶的栏杆柱、栏杆、栏板与扶手相连接的固定件,靠墙扶手与墙相连接的固定件。

h. 酸洗、打蜡、磨光:水磨石、菱苦土、陶瓷块料等均可用酸洗(草酸)清洗油渍、污渍,然后打蜡(蜡脂、松香水、鱼油、煤油等按设计要求配合)和磨光。

(4)工程量计算的有关说明

①“不扣除间壁墙和面积在 0.3 m^2 以内的柱、垛、附墙烟囱及孔洞所占面积”与基础定额不同。

②单跑楼梯不论其中间是否有休息平台,其工程量与双跑楼梯同样计算。

③台阶面层与平台面层是同一种材料时,平台计算面层后,台阶不再计算最上一层踏步面积,如台阶计算最上一层踏步(加 30 cm),平台面层中必须扣除该面积。

④包括垫层的地面和不包括垫层的楼面应分别计算工程量,分别编码(第五级编码)

列项。

【例 4.1】 水磨石地面工程量清单编制,题目参见【例 3.1】。

水磨石地面做法为:80 mm 厚碎石,60 mm 厚 C15 混凝土(不分格),20 mm 厚 1:3水泥砂浆找平层,12 mm 厚 1:2水泥白石子浆面层,嵌玻璃条,酸洗打蜡。水磨石踢脚线120 mm高。

【解】 (1)计算工程量(按照计量规范附录 L 计算规则计算,以下同),见表 4.1。

表 4.1 工程量计算表

序号	项目名称	计量单位	工程量	计算公式	备注
1	地面水磨石面层	m^2	33.80	同表 3.1	
2	地面碎石垫层	m^3	2.70	同表 3.1	可以并入土建工程计算
3	地面 C15 混凝土垫层	m^3	2.03	同表 3.1	
4	水磨石踢脚线	m	40.92	同表 3.1	

(2)编制工程量清单,见表 4.2。

表 4.2 分部分项工程量清单与计价表

序号	项目编码	项目名称	项目特征	计量单位	工程量	综合单价/元	合价/元
1	011101002001	现浇水磨石地面	1. 1:3水泥砂浆找平层 20 mm 厚 2. 1:2水泥白石子浆面层 12 mm 厚 3. 嵌玻璃条 3 mm 厚 4. 酸洗打蜡、成品保护	m^2	33.80		
2	011105001001	水磨石踢脚线	1. 踢脚线高度 120 mm 2. 底层 20 mm 厚 1:3水泥砂浆找平 3. 面层 12 mm 厚 1:2水泥白石子浆	m	40.92		
3	010404001001	垫层	1. 垫层材料种类:碎石 2. 配合比、厚度:80 mm	m^3	2.70		
4	010501001001	垫层	1. 混凝土种类:现浇自拌混凝土 2. 混凝土强度等级:C15	m^3	2.03		

【例 4.2】 室内地砖楼面工程量清单编制,题目参见【例 3.2】。

将【例 3.1】图中的面层改为 300 mm×300 mm 地砖,做法:在 20 mm 厚 1:3水泥砂浆找平层上用5 mm厚 1:2水泥砂浆黏结地砖。同质地砖踢脚线高度 150 mm,同质地砖踢脚线做法:30 mm 厚 1:3水泥砂浆打底,8 mm 厚 1:2水泥砂浆,2 mm 厚 901 胶素水泥浆黏结地砖踢脚线。

【解】 (1)计算工程量,见表 4.3。

表 4.3 工程量计算表

序号	项目名称	计量单位	工程量	计算公式	备注
1	地面地砖面层	m^2	34.40	同表 3.3	
2	地砖踢脚线	m	37.96	同表 3.3	

(2)编制工程量清单,见表 4.4。

表 4.4 分部分项工程量清单与计价表

序号	项目编码	项目名称	项目特征	计量单位	工程量	综合单价/元	合价/元
1	011102003001	块料楼地面	1. 1∶3水泥砂浆找平层 20 mm 厚 2. 1∶2水泥砂浆黏结层 5 mm 厚 3. 300 mm×300 mm 地砖面层 4. 酸洗打蜡、成品保护	m^2	34.40		
2	011105003001	块料踢脚线	1. 踢脚线高度 150 mm 2. 30 mm 厚 1∶3 水泥砂浆打底,8 mm厚 1∶2 水泥砂浆,2 mm 厚 901 胶素水泥浆黏结 3. 同质地砖踢脚线面层	m	37.96		

【例 4.3】 室内大理石楼面工程量清单编制,题目参见【例 3.3】。

做法:20 mm 厚 1∶3水泥砂浆找平,8 mm 厚 1∶1水泥砂浆粘贴大理石面层,贴好后酸洗打蜡,成品保护。

【解】 (1)计算工程量,见表 4.5。

表 4.5 工程量计算表

序号	项目名称	计量单位	工程量	计算公式
1	大理石楼面	m^2	15.64	$(4.8-0.1\times2)\times(3.6-0.1\times2)=15.64$

(2)编制工程量清单,见表 4.6。

表 4.6 分部分项工程量清单与计价表

序号	项目编码	项目名称	项目特征	计量单位	工程量	综合单价/元	合价/元
1	011102001001	石材楼地面	1. 1∶3水泥砂浆找平层 20 mm 厚 2. 1∶1水泥砂浆黏结层 8 mm 厚 3. 600 mm×600 mm 大理石面层,镶边为黑色,简单图案为红色,其他为白色 4. 酸洗打蜡 5. 成品保护	m^2	15.64		

【例4.4】 室内地砖楼面工程量清单编制,题目参见【例3.4】。

做法:20 mm 厚 1:3水泥砂浆找平,5 mm 厚 1:2水泥砂浆粘贴地砖面层,贴好后酸洗打蜡,成品保护。

【解】 (1)计算工程量,见表4.7。

表4.7 工程量计算表

序号	项目名称	计量单位	工程量	计算公式
1	地砖楼面	m^2	7.91	$(3.9-0.12\times2)\times(2.4-0.12\times2)=7.91$

(2)编制工程量清单,见表4.8。

表4.8 分部分项工程量清单与计价表

序号	项目编码	项目名称	项目特征	计量单位	工程量	综合单价/元	合价/元
1	011102003001	块料楼地面	1. 1:3水泥砂浆找平层20 mm厚 2. 1:2水泥砂浆黏结层5 mm厚 3. 300 mm×300 mm地砖面层,镶边为黑色,复杂图案为红色,其他为米黄色 4. 酸洗打蜡 5. 成品保护	m^2	7.91		

【例4.5】 室内花岗岩楼面工程量清单编制,题目参见【例3.5】。

做法:20 mm 厚 1:3水泥砂浆找平,8 mm 厚 1:1水泥砂浆粘贴大理石面层,贴好后酸洗打蜡,成品保护。要求对格对缝,施工单位现场切割,要考虑切割后剩余板材应充分使用,墙边用黑色板材镶边180 mm宽,具体分格见图3.28。门洞开口处不贴花岗岩。

【解】 (1)计算工程量,见表4.9。

表4.9 工程量计算表

序号	项目名称	计量单位	工程量	计算公式
1	花岗岩楼面	m^2	32.82	$(6.6-0.12\times2)\times(5.4-0.12\times2)=32.82$

(2)编制工程量清单,见表4.10。

表4.10 分部分项工程量清单与计价表

序号	项目编码	项目名称	项目特征	计量单位	工程量	综合单价/元	合价/元
1	011102001001	花岗岩楼面	1. 1:3水泥砂浆找平层20 mm厚 2. 1:1水泥砂浆黏结层8 mm厚 3. 花岗岩面层600 mm×600 mm,黑色镶边,图案由紫红色及芝麻灰组成,其他为白色 4. 酸洗打蜡 5. 成品保护	m^2	32.82		

【例4.6】 实木地板楼面、硬木踢脚线工程量清单编制，题目参见【例3.6】。

木地板具体做法如下：

①印茄木实木地板铺设，成品保护；

②50 mm×40 mm 木龙骨 400 mm 中距，40 mm×30 mm 横撑 800 mm 中距，木龙骨与现浇楼板用 M8×80 膨胀螺栓固定@400×800；

③30 mm×100 mm×100 mm 木垫块与木龙骨钉牢，400 mm 中距；

④混凝土楼板。

注：木龙骨、横撑、垫块均满涂氟化钠防腐漆。

【解】 (1)计算工程量，见表4.11。

表4.11 工程量计算表

序号	项目名称	计量单位	工程量	计算公式
1	实木地板	m^2	60.83	(10.8－0.12×2)×(6.0－0.12×2)＝60.83
2	硬木踢脚线	m	31.64	[(10.8－0.12×2)+(6.0－0.12×2)]×2－1.2+0.1×2＝31.64

(2)编制工程量清单，见表4.12。

表4.12 分部分项工程量清单与计价表

序号	项目编码	项目名称	项目特征	计量单位	工程量	综合单价/元	合价/元
1	011104002001	竹、木(复合)地板	1. 50 mm×40 mm 木龙骨 400 mm 中距，40 mm×30 mm 横撑 800 mm中距，M8×80 膨胀螺栓固定@400×800 2. 30 mm×100 mm×100 mm 木垫块与木龙骨钉牢，400 mm 中距 3. 免刨免漆印茄木实木地板面层 4. 成品保护	m^2	60.83		
2	011105005001	硬木踢脚线	成品硬木踢脚线钉在砖墙上	m	31.64		

【例4.7】 某楼梯型钢栏杆木扶手工程量清单编制，题目参见【例3.7】。

【解】 (1)计算工程量

已知工程量为：120.66 m。

(2)编制工程量清单，见表4.13。

表4.13 分部分项工程量清单与计价表

序号	项目编码	项目名称	项目特征	计量单位	工程量	综合单价/元	合价/元
1	011503001001	型钢栏杆木扶手	1. 型钢栏杆 2. 成品榉木扶手	m	120.66		

3）墙、柱面装饰与隔断、幕墙工程（附录 M）

《房屋建筑与装饰工程工程量计算规范》（GB 50854—2013）附录 M 中共列出墙面抹灰、柱（梁）面抹灰、零星抹灰、墙面块料面层、柱（梁）面镶贴块料、镶贴零星块料、墙饰面、柱（梁）饰面、幕墙工程、隔断 10 节内容。

（1）项目设置与工程量计算规则

①墙面抹灰工程量清单项目的设置、项目特征描述的内容、计量单位及工程量计算规则应按表 M.1 的规定执行。

表 M.1　墙面抹灰（编码：011201）

<table>
<tr><th>项目编码</th><th>项目名称</th><th>项目特征</th><th>计量单位</th><th>工程量计算规则</th><th>工作内容</th></tr>
<tr><td>011201001</td><td>墙面一般抹灰</td><td rowspan="2">1. 墙体类型
2. 底层厚度、砂浆配合比
3. 面层厚度、砂浆配合比
4. 装饰面材料种类
5. 分格缝宽度、材料种类</td><td rowspan="4">m^2</td><td rowspan="4">按设计图示尺寸以面积计算。扣除墙裙、门窗洞口及单个 >0.3 m^2 的孔洞面积，不扣除踢脚线、挂镜线和墙与构件交接处的面积，门窗洞口和孔洞的侧壁及顶面不增加面积。附墙柱、梁、垛、烟囱侧壁并入相应的墙面面积内
1. 外墙抹灰面积按外墙垂直投影面积计算
2. 外墙裙抹灰面积按其长度乘以高度计算
3. 内墙抹灰面积按主墙间的净长乘以高度计算
（1）无墙裙的，高度按室内楼地面至天棚底面计算
（2）有墙裙的，高度按墙裙顶至天棚底面计算
（3）有吊顶天棚抹灰，高度算至天棚底
4. 内墙裙抹灰面按内墙净长乘以高度计算</td><td rowspan="2">1. 基层清理
2. 砂浆制作、运输
3. 底层抹灰
4. 抹面层
5. 抹装饰面
6. 勾分格缝</td></tr>
<tr><td>011201002</td><td>墙面装饰抹灰</td></tr>
<tr><td>011201003</td><td>墙面勾缝</td><td>1. 勾缝类型
2. 勾缝材料种类</td><td>1. 基层清理
2. 砂浆制作、运输
3. 勾缝</td></tr>
<tr><td>011201004</td><td>立面砂浆找平层</td><td>1. 基层类型
2. 找平层砂浆厚度、配合比</td><td>1. 基层清理
2. 砂浆制作、运输
3. 抹灰找平</td></tr>
</table>

注：①立面砂浆找平项目适用于仅做找平层的立面抹灰。

②墙面抹石灰砂浆、水泥砂浆、混合砂浆、聚合物水泥砂浆、麻刀石灰浆、石膏灰浆等按本表中墙面一般抹灰列项；墙面水刷石、斩假石、干粘石、假面砖等按本表中墙面装饰抹灰列项。

③飘窗凸出外墙面增加的抹灰并入外墙工程量内。

④有吊顶天棚的内墙面抹灰，抹至吊顶以上部分在综合单价中考虑。

②柱（梁）面抹灰工程量清单项目的设置、项目特征描述的内容、计量单位及工程量计算规则应按表 M.2 的规定执行。

表 M.2　柱(梁)面抹灰(编码:011202)

项目编码	项目名称	项目特征	计量单位	工程量计算规则	工作内容
011202001	柱、梁面一般抹灰	1. 柱(梁)体类型 2. 底层厚度、砂浆配合比 3. 面层厚度、砂浆配合比 4. 装饰面材料种类 5. 分格缝宽度、材料种类	m^2	1. 柱面抹灰:按设计图示柱断面周长乘高度以面积计算 2. 梁面抹灰:按设计图示梁断面周长乘长度以面积计算	1. 基层清理 2. 砂浆制作、运输 3. 底层抹灰 4. 抹面层 5. 勾分格缝
011202002	柱、梁面装饰抹灰				
011202003	柱、梁面砂浆找平	1. 柱(梁)体类型 2. 找平的砂浆厚度、配合比			1. 基层清理 2. 砂浆制作、运输 3. 抹灰找平
011202004	柱面勾缝	1. 勾缝类型 2. 勾缝材料种类		按设计图示柱断面周长乘高度以面积计算	1. 基层清理 2. 砂浆制作、运输 3. 勾缝

注:①砂浆找平项目适用于仅做找平层的柱(梁)面抹灰。

②柱(梁)面抹石灰砂浆、水泥砂浆、混合砂浆、聚合物水泥砂浆、麻刀石灰浆、石膏灰浆等按本表中柱(梁)面一般抹灰编码列项;柱(梁)面水刷石、斩假石、干粘石、假面砖等按本表中柱(梁)面装饰抹灰项目编码列项。

③零星抹灰工程量清单项目的设置、项目特征描述的内容、计量单位及工程量计算规则应按表 M.3 的规定执行。

表 M.3　零星抹灰(编码:011203)

项目编码	项目名称	项目特征	计量单位	工程量计算规则	工作内容
011203001	零星项目一般抹灰	1. 基层类型、部位 2. 底层厚度、砂浆配合比 3. 面层厚度、砂浆配合比 4. 装饰面材料种类 5. 分格缝宽度、材料种类	m^2	按设计图示尺寸以面积计算	1. 基层清理 2. 砂浆制作、运输 3. 底层抹灰 4. 抹面层 5. 抹装饰面 6. 勾分格缝
011203002	零星项目装饰抹灰	1. 基层类型、部位 2. 底层厚度、砂浆配合比 3. 面层厚度、砂浆配合比 4. 装饰面材料种类 5. 分格缝宽度、材料种类			
011203003	零星项目砂浆找平	1. 基层类型、部位 2. 找平的砂浆厚度、配合比			1. 基层清理 2. 砂浆制作、运输 3. 抹灰找平

注:①零星项目抹石灰砂浆、水泥砂浆、混合砂浆、聚合物水泥砂浆、麻刀石灰浆、石膏灰浆等按本表中零星项目一般抹灰编码列项;水刷石、斩假石、干粘石、假面砖等按本表中零星项目装饰抹灰编码列项。

②墙、柱(梁)面≤0.5 m^2 的少量分散的抹灰按本表中零星抹灰项目编码列项。

④墙面块料面层工程量清单项目的设置、项目特征描述的内容、计量单位、工程量计算规则应按表 M.4 的规定执行。

表 M.4 墙面块料面层(编码:011204)

项目编码	项目名称	项目特征	计量单位	工程量计算规则	工作内容
011204001	石材墙面	1. 墙体类型 2. 安装方式 3. 面层材料品种、规格、颜色 4. 缝宽、嵌缝材料种类 5. 防护材料种类 6. 磨光、酸洗、打蜡要求	m^2	按镶贴表面积计算	1. 基层清理 2. 砂浆制作、运输 3. 黏结层铺贴 4. 面层安装 5. 嵌缝 6. 刷防护材料 7. 磨光、酸洗、打蜡
011204002	拼碎石材墙面				
011204003	块料墙面				
011204004	干挂石材钢骨架	1. 骨架种类、规格 2. 防锈漆品种遍数	t	按设计图示以质量计算	1. 骨架制作、运输、安装 2. 刷漆

注:①在描述碎块项目的面层材料特征时可不用描述规格、品牌、颜色。

②石材、块料与黏结材料的结合面刷防渗材料的种类在防护层材料种类中描述。

③安装方式可描述为砂浆或黏结剂粘贴、挂贴、干挂等,不论哪种安装方式,都要详细描述与组价相关的内容。

⑤柱(梁)面镶贴块料工程量清单项目的设置、项目特征描述的内容、计量单位、工程量计算规则应按表 M.5 的规定执行。

表 M.5 柱(梁)面镶贴块料(编码:011205)

项目编码	项目名称	项目特征	计量单位	工程量计算规则	工作内容
011205001	石材柱面	1. 柱截面类型、尺寸 2. 安装方式 3. 面层材料品种、规格、颜色 4. 缝宽、嵌缝材料种类 5. 防护材料种类 6. 磨光、酸洗、打蜡要求	m^2	按镶贴表面积计算	1. 基层清理 2. 砂浆制作、运输 3. 黏结层铺贴 4. 面层安装 5. 嵌缝 6. 刷防护材料 7. 磨光、酸洗、打蜡
011205002	块料柱面				
011205003	拼碎块柱面				
011205004	石材梁面	1. 安装方式 2. 面层材料品种、规格、颜色 3. 缝宽、嵌缝材料种类 4. 防护材料种类 5. 磨光、酸洗、打蜡要求			
011205005	块料梁面				

注:①在描述碎块项目的面层材料特征时可不用描述规格、品牌、颜色。

②石材、块料与黏结材料的结合面刷防渗材料的种类在防护层材料种类中描述。

③柱梁面干挂石材的钢骨架按表 M.4 相应项目编码列项。

⑥镶贴零星块料工程量清单项目的设置、项目特征描述的内容、计量单位、工程量计算规则应按表 M.6 的规定执行。

表 M.6　镶贴零星块料(编码:011206)

项目编码	项目名称	项目特征	计量单位	工程量计算规则	工作内容
011206001	石材零星项目	1. 基层类型、部位 2. 安装方式 3. 面层材料品种、规格、颜色 4. 缝宽、嵌缝材料种类 5. 防护材料种类 6. 磨光、酸洗、打蜡要求	m^2	按镶贴表面积计算	1. 基层清理 2. 砂浆制作、运输 3. 面层安装 4. 嵌缝 5. 刷防护材料 6. 磨光、酸洗、打蜡
011206002	块料零星项目				
011206003	拼碎块零星项目				

注:①在描述碎块项目的面层材料特征时可不用描述规格、品牌、颜色。

②石材、块料与黏结材料的结合面刷防渗材料的种类在防护材料种类中描述。

③零星项目干挂石材的钢骨架按表 M.4 相应项目编码列项。

④墙柱面≤0.5 m^2 的少量分散的镶贴块料面层按本表中零星项目执行。

⑦墙饰面工程量清单项目的设置、项目特征描述的内容、计量单位、工程量计算规则应按表 M.7 的规定执行。

表 M.7　墙饰面(编码:011207)

项目编码	项目名称	项目特征	计量单位	工程量计算规则	工作内容
011207001	墙面装饰板	1. 龙骨材料种类、规格、中距 2. 隔离层材料种类、规格 3. 基层材料种类、规格 4. 面层材料品种、规格、颜色 5. 压条材料种类、规格	m^2	按设计图示墙净长乘净高以面积计算。扣除门窗洞口及单个 > 0.3 m^2 的孔洞所占面积	1. 基层清理 2. 龙骨制作、运输、安装 3. 钉隔离层 4. 基层铺钉 5. 面层铺贴
011207002	墙面装饰浮雕	1. 基层类型 2. 浮雕材料种类 3. 浮雕样式		按设计图示尺寸以面积计算	1. 基层清理 2. 材料制作、运输 3. 安装成型

⑧柱(梁)饰面工程量清单项目的设置、项目特征描述的内容、计量单位、工程量计算规则应按表 M.8 的规定执行。

表 M.8　柱(梁)饰面(编码:011208)

项目编码	项目名称	项目特征	计量单位	工程量计算规则	工作内容
011208001	柱(梁)面装饰	1. 龙骨材料种类、规格、中距 2. 隔离层材料种类 3. 基层材料种类、规格 4. 面层材料品种、规格、颜色 5. 压条材料种类、规格	m^2	按设计图示饰面外围尺寸以面积计算。柱帽、柱墩并入相应柱饰面工程量内	1. 清理基层 2. 龙骨制作、运输、安装 3. 钉隔离层 4. 基层铺钉 5. 面层铺贴
011208002	成品装饰柱	1. 柱截面、高度尺寸 2. 柱材质	1. 根 2. m	1. 以根计量,按设计数量计算 2. 以 m 计量,按设计长度计算	柱运输、固定、安装

⑨幕墙工程工程量清单项目的设置、项目特征描述的内容、计量单位、工程量计算规则应按表M.9的规定执行。

表M.9 幕墙工程(编码:011209)

项目编码	项目名称	项目特征	计量单位	工程量计算规则	工作内容
011209001	带骨架幕墙	1.骨架材料种类、规格、中距 2.面层材料品种、规格、颜色 3.面层固定方式 4.隔离带、框边封闭材料品种、规格 5.嵌缝、塞口材料种类	m^2	按设计图示框外围尺寸以面积计算。与幕墙同种材质的窗所占面积不扣除	1.骨架制作、运输、安装 2.面层安装 3.隔离带、框边封闭 4.嵌缝、塞口 5.清洗
011209002	全玻(无框玻璃)幕墙	1.玻璃品种、规格、颜色 2.黏结塞口材料种类 3.固定方式		按设计图示尺寸以面积计算。带肋全玻幕墙按展开面积计算	1.幕墙安装 2.嵌缝、塞口 3.清洗

注:幕墙钢骨架按表M.4干挂石材钢骨架编码列项。

⑩隔断工程量清单项目的设置、项目特征描述的内容、计量单位、工程量计算规则应按表M.10的规定执行。

表M.10 隔断(编码:011210)

项目编码	项目名称	项目特征	计量单位	工程量计算规则	工作内容
011210001	木隔断	1.骨架、边框材料种类、规格 2.隔板材料品种、规格、颜色 3.嵌缝、塞口材料品种 4.压条材料种类	m^2	按设计图示框外围尺寸以面积计算。不扣除单个≤0.3 m^2的孔洞所占面积;浴厕门的材质与隔断相同时,门的面积并入隔断面积内	1.骨架及边框制作、运输、安装 2.隔板制作、运输、安装 3.嵌缝、塞口 4.装钉压条
011210002	金属隔断	1.骨架、边框材料种类、规格 2.隔板材料品种、规格、颜色 3.嵌缝、塞口材料品种			1.骨架及边框制作、运输、安装 2.隔板制作、运输、安装 3.嵌缝、塞口
011210003	玻璃隔断	1.边框材料种类、规格 2.玻璃品种、规格、颜色 3.嵌缝、塞口材料品种	m^2	按设计图示框外围尺寸以面积计算。不扣除单个≤0.3 m^2的孔洞所占面积	1.边框制作、运输、安装 2.玻璃制作、运输、安装 3.嵌缝、塞口
011210004	塑料隔断	1.边框材料种类、规格 2.隔板材料品种、规格、颜色 3.嵌缝、塞口材料品种			1.骨架及边框制作、运输、安装 2.隔板制作、运输、安装 3.嵌缝、塞口

续表

项目编码	项目名称	项目特征	计量单位	工程量计算规则	工作内容
11210005	成品隔断	1. 隔断材料品种、规格、颜色 2. 配件品种、规格	1. m^2 2. 间	1. 以 m^2 计量，按设计图示框外围尺寸以面积计算 2. 以间计量，按设计间的数量计算	1. 隔断运输、安装 2. 嵌缝、塞口
011210006	其他隔断	1. 骨架、边框材料种类、规格 2. 隔板材料品种、规格、颜色 3. 嵌缝、塞口材料品种	m^2	按设计图示框外围尺寸以面积计算。不扣除单个≤0.3 m^2 的孔洞所占面积	1. 骨架及边框安装 2. 隔板安装 3. 嵌缝、塞口

（2）项目划分的有关说明

①一般抹灰包括石灰砂浆、水泥混合砂浆、水泥砂浆、聚合物水泥砂浆、膨胀珍珠岩水泥砂浆和麻刀灰、纸筋石灰、石膏灰等。

②装饰抹灰包括水刷石、水磨石、斩假石（剁斧石）、干粘石、假面砖、拉条灰、拉毛灰、甩毛灰、扒拉石、喷毛灰、喷涂、喷砂、滚涂、弹涂等。

③柱面抹灰项目、石材柱面项目、块料柱面项目适用于矩形柱、异形柱（包括圆形柱、半圆形柱等）。

④零星抹灰和零星镶贴块料面层项目适用于小面积（0.5 m^2）以内少量分散的抹灰和块料面层。

⑤设置在隔断、幕墙上的门窗，可包括在隔墙、幕墙项目报价内，也可单独编码列项，并在清单项目中进行描述。

⑥主墙的界定以《房屋建筑与装饰工程工程量计算规范》（GB 50854—2013）附录 A“建筑工程工程量清单项目及计算规则”解释为准。

（3）项目特征的有关说明

①墙体类型指砖墙、石墙、混凝土墙、砌块墙以及内墙、外墙等。

②底层、面层的厚度应根据设计规定（一般采用标准设计图）确定。

③勾缝类型指清水砖墙、砖柱的加浆勾缝（平缝或凹缝），石墙、石柱的勾缝（如平缝、平凹缝、平凸缝、半圆凹缝、半圆凸缝和三角凸缝等）。

④块料饰面板是指石材饰面板（天然花岗石、大理石、人造花岗石、人造大理石、预制水磨石饰面板等）、陶瓷面砖（内墙彩釉面瓷砖、外墙面砖、陶瓷锦砖、大型陶瓷锦面板等）、玻璃面砖（玻璃锦砖、玻璃面砖等）、金属饰面板（彩色涂色钢板、彩色不锈钢板、镜面不锈钢饰面板、铝合金板、复合铝板、铝塑板等）、塑料饰面板（聚氯乙烯塑料饰面板、玻璃钢饰面板、塑料贴面饰面板、聚酯装饰板、复塑中密度纤维板等）、木质饰面板（胶合板、硬质纤维板、细木工板、刨花板、建筑纸面草板、水泥木屑板、灰板条等）。

⑤挂贴方式是对大规格的石材（大理石、花岗石、青石等）使用先挂后灌浆的方式固定于墙、柱面。

⑥干挂方式有直接干挂法和间接干挂法两种。直接干挂法是通过不锈钢膨胀螺栓、不锈钢挂件、不锈钢连接件、不锈钢钢针等,将外墙饰面板连接在外墙墙面;间接干挂法是通过固定在墙、柱、梁上的龙骨,再通过各种挂件固定外墙饰面板。

⑦嵌缝材料指嵌缝砂浆、嵌缝油膏、密封胶封水材料等。

⑧防护材料指石材等防碱背涂处理剂和面层防酸涂剂等。

⑨基层材料指面层内的底板材料,如木墙裙、木护墙、木板隔墙等,在龙骨上粘贴或铺钉一层加强面层的底板。

(4)工程计算的有关说明

①墙面抹灰不扣除与构件交接处的面积,是指墙与梁的交接处所占面积,不包括墙与楼板的交接。

②外墙裙抹灰面积按其长度乘高度计算,是指按外墙裙的长度。

③柱的一般抹灰和装饰抹灰及勾缝,以柱断面周长乘高度计算。柱断面周长是指结构断面周长。

④装饰板柱(梁)面按设计图示外围饰面尺寸乘高度(长度)以面积计算。外围饰面尺寸是饰面的表面尺寸。

⑤带肋全玻璃幕墙是指玻璃幕墙带玻璃肋,玻璃肋的工程量应合并在玻璃幕墙工程量内计算。

【例4.8】　传达室内外墙抹灰工程量清单编制,题目参见【例3.8】。

内墙踢脚线以上采用混合砂浆抹面,做法:混合砂浆1:1:6打底12 mm厚,混合砂浆1:0.3:3面层6 mm厚。内墙所有阳角处均做1.8 m高水泥砂浆护角线。外墙干粘石抹面,做法:水泥砂浆1:3打底12 mm厚,水泥砂浆1:3罩面6 mm厚,上做干粘石。

【解】　(1)计算工程量,见表4.14。

表4.14　工程量计算表

序号	项目名称	计量单位	工程量	计算公式
1	内墙面抹混合砂浆	m^2	129.16	同表3.14
2	外墙面干粘石抹面	m^2	92.16	同表3.14

(2)编制工程量清单,见表4.15。

表4.15　工程量清单表

序号	项目编码	项目名称	项目特征	计量单位	工程量	综合单价/元	合价/元
1	011201001001	墙面一般抹灰	1.黏土标准砖内墙 2.混合砂浆1:1:6打底12 mm厚 3.混合砂浆1:0.3:3 面层6 mm厚 4.不分格	m^2	129.16		
2	011201002001	墙面装饰抹灰	1.黏土标准砖外墙 2.水泥砂浆1:3打底12 mm厚 3.水泥砂浆1:3罩面6 mm厚 4.干粘石面层 5.黑烟子抹分格缝	m^2	92.16		

【例 4.9】 卫生间墙面瓷砖贴面工程量清单编制,题目参见【例 3.9】。

卫生间墙面做法:12 mm 厚 1∶2.5 防水砂浆底层、5 mm 厚素水泥浆结合层贴瓷砖,瓷砖规格为 200 mm×300 mm×8 mm。

【解】 (1)计算工程量,见表 4.16。

表 4.16 工程量计算表

序号	项目名称	计量单位	工程量	计算公式
1	卫生间墙面贴瓷砖	m^2	23.21 或 22.95	同表 3.16

(2)编制工程量清单,见表 4.17。

表 4.17 分部分项工程量清单与计价表

序号	项目编码	项目名称	项目特征	计量单位	工程量	综合单价/元	合价/元
1	011204003001	块料墙面	1. 黏土标准砖墙体 2. 12 mm 厚 1∶2.5 防水砂浆底层、5 mm厚素水泥浆结合层贴瓷砖 3. 200 mm × 300 mm × 8 mm 白色瓷砖 4. 密缝 5 酸洗、打蜡	m^2	23.21 或 22.95		

【例 4.10】 圆柱挂贴六拼花岗岩灌缝的工程量清单编制,题目参见【例 3.10】。

【解】 (1)计算工程量,见表 4.18。

表 4.18 工程量计算表

序号	项目名称	计量单位	工程量	计算公式
1	圆柱挂贴六拼花岗岩灌缝	m^2	18.31	柱帽 2.80 + 柱身 13.66 + 柱墩 1.85 = 18.31

(2)编制工程量清单,见表 4.19。

表 4.19 分部分项工程量清单与计价表

序号	项目编码	项目名称	项目特征	计量单位	工程量	综合单价/元	合价/元
1	011205001001	石材柱面	1. 混凝土圆柱面结构尺寸 D = 600 mm 2. 挂贴六拼花岗岩,砂浆灌缝 3. 柱身饰面尺寸 D = 750 mm 米黄色花岗岩,柱帽、柱墩挂贴进口黑金砂各 300 mm 高 4. 1∶2水泥砂浆 50 mm 厚灌缝,云石胶嵌缝 5. 石材面酸洗、打蜡	m^2	18.31		

【例4.11】 木龙骨普通切片板包圆柱工程量清单编制,题目参见【例3.11】。

某宾馆底层共享大厅有一混凝土独立圆柱,高8 m,直径$D=600$ mm,采用木龙骨普通切片板包柱装饰,横向木龙骨断面40 mm×50 mm@500 mm,10根竖向木龙骨断面50 mm×60 mm,采用膨胀螺栓固定,五夹板基层钉在木龙骨上,基层上贴普通切片三夹板和2根镜面不锈钢装饰条($\delta=1$ mm,宽60 mm)。木龙骨刷防火漆2遍,五夹板基层刷防火漆不计,切片板面的油漆做法:润油粉、刮腻子、刷聚氨酯清漆4遍。

【解】 (1)计算工程量,见表4.20。

表4.20 工程量计算表

序号	项目名称	计量单位	工程量	计算公式
1	木龙骨普通切片板包圆柱	m^2	17.99	$\pi\times(0.7+0.008\times2)\times8=17.99$

(2)编制工程量清单,见表4.21。

表4.21 分部分项工程量清单与计价表

序号	项目编码	项目名称	项目特征	计量单位	工程量	综合单价/元	合价/元
1	011208001001	柱面装饰	1. 横向木龙骨断面40 mm×50 mm@500 mm,10根竖向木龙骨断面50 mm×60 mm,采用膨胀螺栓固定 2. 五夹板基层钉在木龙骨上 3. 贴普通切片三夹板 4. 镜面不锈钢装饰条2根($\delta=1$ mm,宽60 mm)	m^2	17.99		

【例4.12】 木龙骨普通切片板凹凸木墙裙工程量清单编制,题目参见【例3.12】。

【解】 (1)计算工程量,见表4.22。

表4.22 工程量计算表

序号	项目名称	计量单位	工程量	计算公式
1	木龙骨普通切片板凹凸木墙裙	m^2	23.10	2.10×11.00=23.10

(2)编制工程量清单,见表4.23。

表4.23 分部分项工程量清单与计价表

序号	项目编码	项目名称	项目特征	计量单位	工程量	综合单价/元	合价/元
1	011207001001	墙面装饰板	1. 木龙骨30 mm×50 mm,间距350 mm×350 mm,用木针固定 2. 细木工板凹凸基层 3. 普通切片板润油粉2遍,刮腻子,漆片硝基清漆,磨退出亮 4. 成品压条50 mm×70 mm	m^2	23.10		

【例 4.13】 铝合金隐框玻璃幕墙工程的工程量清单编制,题目参见【例 3.13】。

某单位单独施工外墙铝合金隐框玻璃幕墙工程,室内地坪标高为 ±0.00,该工程的室内外高差为 1 m,主料采用 180 系列(180 mm ×50 mm),边框料 180 mm ×35 mm,5 mm 厚真空镀膜玻璃。

【解】 (1)计算工程量,见表 4.24。

表 4.24 工程量计算表

序号	项目名称	计量单位	工程量	计算公式
1	铝合金隐框玻璃幕墙	m^2	36.00	6.00 ×6.00 =36.00

(2)编制工程量清单,见表 4.25。

表 4.25 分部分项工程量清单与计价表

序号	项目编码	项目名称	项目特征	计量单位	工程量	综合单价/元	合价/元
1	011209001001	带骨架幕墙	1. 铝合金隐框主料采用 180 系列(180 mm × 50 mm),边框料 180 mm ×35 mm 2. 面层 5 mm 厚真空镀膜玻璃 3. 顶端采用 8K 不锈钢镜面板厚 1.2 mm封边	m^2	36.00		

4)天棚工程(附录 N)

《房屋建筑与装饰工程工程量计算规范》(GB 50854—2013)附录 N 共列出天棚抹灰、天棚吊顶、采光天棚、天棚其他装饰 4 节内容。

(1)项目设置及工程量计算规则

①天棚抹灰工程量清单项目的设置、项目特征描述的内容、计量单位、工程量计算规则应按表 N.1 的规定执行。

表 N.1 天棚抹灰(编码:011301)

项目编码	项目名称	项目特征	计量单位	工程量计算规则	工作内容
011301001	天棚抹灰	1. 基层类型 2. 抹灰厚度、材料种类 3. 砂浆配合比	m^2	按设计图示尺寸以水平投影面积计算。不扣除间壁墙、垛、柱、附墙烟囱、检查口和管道所占的面积,带梁天棚的梁两侧抹灰面积并入天棚面积内,板式楼梯底面抹灰按斜面积计算,锯齿形楼梯底板抹灰按展开面积计算	1. 基层清理 2. 底层抹灰 3. 抹面层

②天棚吊顶工程量清单项目的设置、项目特征描述的内容、计量单位、工程量计算规则应按表 N.2 的规定执行。

表 N.2 天棚吊顶(编码:011302)

项目编码	项目名称	项目特征	计量单位	工程量计算规则	工作内容
011302001	吊顶天棚	1. 吊顶形式、吊杆规格、高度 2. 龙骨材料种类、规格、中距 3. 基层材料种类、规格 4. 面层材料品种、规格 5. 压条材料种类、规格 6. 嵌缝材料种类 7. 防护材料种类	m^2	按设计图示尺寸以水平投影面积计算。天棚面中的灯槽及跌级、锯齿形、吊挂式、藻井式天棚面积不展开计算。不扣除间壁墙、检查口、附墙烟囱、柱垛和管道所占面积,扣除单个>0.3 m^2 的孔洞、独立柱及与天棚相连的窗帘盒所占的面积	1. 基层清理、吊杆安装 2. 龙骨安装 3. 基层板铺贴 4. 面层铺贴 5. 嵌缝 6. 刷防护材料
011302002	格栅吊顶	1. 龙骨材料种类、规格、中距 2. 基层材料种类、规格 3. 面层材料品种、规格 4. 防护材料种类	m^2	按设计图示尺寸以水平投影面积计算	1. 基层清理 2. 安装龙骨 3. 基层板铺贴 4. 面层铺贴 5. 刷防护材料
011302003	吊筒吊顶	1. 吊筒形状、规格 2. 吊筒材料种类 3. 防护材料种类			1. 基层清理 2. 吊筒制作安装 3. 刷防护材料
011302004	藤条造型悬挂吊顶	1. 骨架材料种类、规格 2. 面层材料品种、规格			1. 基层清理 2. 龙骨安装 3. 铺贴面层
011302005	织物软雕吊顶				
011302006	装饰网架吊顶	网架材料品种、规格			1. 基层清理 2. 网架制作安装

③采光天棚工程量清单项目的设置、项目特征描述的内容、计量单位、工程量计算规则应按表 N.3 的规定执行。

表 N.3 采光天棚(编码:011303)

项目编码	项目名称	项目特征	计量单位	工程量计算规则	工作内容
011303001	采光天棚	1. 骨架类型 2. 固定类型、固定材料品种、规格 3. 面层材料品种、规格 4. 嵌缝、塞口材料种类	m^2	按框外围展开面积计算	1. 清理基层 2. 面层制安 3. 嵌缝、塞口 4. 清洗

注:采光天棚骨架不包括在本节中,应单独按计量规范附录 F 相关项目编码列项。

④天棚其他装饰工程量清单项目的设置、项目特征描述的内容、计量单位、工程量计算规则应按表 N.4 的规定执行。

表 N.4　天棚其他装饰(编码:011304)

项目编码	项目名称	项目特征	计量单位	工程量计算规则	工作内容
011304001	灯带(槽)	1. 灯带形式、尺寸 2. 格栅片材料品种、规格 3. 安装固定方式	m^2	按设计图示尺寸以框外围面积计算	安装、固定
011304002	送风口、回风口	1. 风口材料品种、规格 2. 安装固定方式 3. 防护材料种类	个	按设计图示数量计算	1. 安装、固定 2. 刷防护材料

(2)项目划分的有关说明

①天棚的检查孔、天棚内的检修走道、灯槽等应包括在报价内。

②天棚吊顶的平面、跌级、锯齿形、阶梯形、吊挂式、藻井式以及矩形、弧形、拱形等应在清单项目中进行描述。

③采光天棚和天棚设置保温、隔热、吸声层时,按《房屋建筑与装饰工程工程量计算规范》(GB 50854—2013)附录 A 相关项目编码列项。

(3)项目特征的有关说明

①"天棚抹灰"项目基层类型是指混凝土现浇板、预制混凝土板、木板条等。

②龙骨类型指上人或不上人,以及平面、跌级、锯齿形、阶梯形、吊挂式、藻井式及矩形、圆弧形、拱形等类型。

③基层材料指底板或面层背后的加强材料。

④龙骨中距指相邻龙骨中线之间的距离。

⑤天棚面层适用于石膏板(包括装饰石膏板、纸面石膏板、吸声穿孔石膏板、嵌装式装饰石膏板等)、埃特板、装饰吸声罩面板(包括矿棉装饰吸声板、贴塑矿(岩)棉吸声板、膨胀珍珠岩装饰吸声板、玻璃棉装饰吸声板等)、塑料装饰罩面板(钙塑泡沫装饰吸声板、聚苯乙烯泡沫塑料装饰吸声板、聚氯乙烯塑料天花板等)、纤维水泥加压板(包括穿孔吸声石棉水泥板、轻质硅酸钙吊顶板等)、金属装饰板(包括铝合金罩面板、金属微孔吸声板、铝合金单体构件等)、木质饰板(胶合板、薄板、板条、水泥木丝板、刨花板等)、玻璃饰面(包括镜面玻璃、镭射玻璃等)。

⑥格栅吊顶面层适用于木格栅、金属格栅、塑料格栅等。

⑦吊筒吊顶适用于木(竹)质吊筒、金属吊筒、塑料吊筒以及吊筒形状是圆形、矩形、扁钟形等。

⑧灯带格栅有不锈钢格栅、铝合金格栅、玻璃类格栅等。

⑨送风口、回风口适用于金属、塑料、木质风口。

(4)工程量计算的有关说明

①天棚抹灰与天棚吊顶工程量计算规则有所不同:天棚抹灰不扣除柱和垛所占面积;天棚吊顶不扣除柱垛所占面积,但应扣除独立柱所占面积。柱垛是指与墙体相连的柱而突出墙体部分。

②天棚吊顶应扣除与天棚吊顶相连的窗帘盒所占的面积。

③格栅吊顶、吊筒吊顶、藤条造型悬挂吊顶、织物软吊顶、网架(装饰)吊顶均按设计图示的吊顶尺寸水平投影面积计算。

【例 4.14】 上人型装配式 U 形轻钢龙骨石膏板吊顶工程量清单编制,题目参见【例 3.14】。

某办公楼某层会议室天棚装饰工程做法:钢吊筋连接,上人型装配式 U 形轻钢龙骨,面层规格为 600 mm×400 mm,纸面石膏板面层,石膏板面批 901 胶白水泥腻子、刷乳胶漆 3 遍,自粘胶 100 m。

【解】 (1)计算工程量,见表 4.26。

表 4.26 工程量计算表

序号	项目名称	计量单位	工程量	计算公式
1	轻钢龙骨石膏板吊顶	m^2	103.02	11.76×8.76=103.02

(2)编制工程量清单,见表 4.27。

表 4.27 分部分项工程量清单与计价表

序号	项目编码	项目名称	项目特征	计量单位	工程量	综合单价/元	合价/元
1	011302001001	吊顶天棚	1. 叠级吊顶,ϕ8 吊筋 1.0 m、0.6 m 2. 上人型装配式 U 形轻钢龙骨,60 主龙骨,50 副龙骨 3. 纸面石膏板 600 mm×400 mm 4. 面层材料品种、规格 5. 石膏板面批 901 胶白水泥腻子、刷乳胶漆 3 遍,自粘胶 100 m	m^2	103.02		

【例 4.15】 餐厅轻钢龙骨石膏板吊顶工程量清单编制,参见【例 3.15】。

某工程底层餐厅装饰天棚吊顶,采用 ϕ10 mm 吊筋(理论质量 0.617 kg/m),天棚面层至楼板底平均高度按 1.8 m 计算。该天棚为双层装配式 U 形(不上人型)轻钢龙骨,规格为 500 mm×500 mm,经过计算,大龙骨(轻钢)设计总用量为 410 m,其余龙骨含量按计价定额,纸面石膏板面层。地面至天棚面高 3.7 m,拱高 1.3 m,接缝处不考虑粘贴自粘胶带。拱形面层的面积按水平投影面积增加 25% 计算,天棚面批 901 胶白水泥腻子、刷乳胶漆 3 遍。天棚与主墙相连处做断面为 120 mm×60 mm 的石膏装饰线(单价为 10 元/m),拱形处做断面为 100 mm×

30 mm的石膏装饰线。

【解】 (1)计算工程量,见表4.28。

表4.28 工程量计算表

序号	项目名称	计量单位	工程量	计算公式
1	轻钢龙骨石膏板吊顶	m^2	210.04	$(12-0.2)\times(18-0.2)=11.8\times17.8=210.04$

(2)编制工程量清单,见表4.29。

表4.29 分部分项工程量清单与计价表

序号	项目编码	项目名称	项目特征	计量单位	工程量	综合单价/元	合价/元
1	011302001001	吊顶天棚	1. ϕ10 mm 吊筋 1.8 m 高 2. 双层装配式U形(不上人型)轻钢龙骨,规格500 mm×500 mm 3. 纸面石膏板面层,拱高1.3 m 4. 天棚面批901胶白水泥腻子、刷乳胶漆3遍 5. 天棚与主墙相连处做断面为120 mm×60 mm的石膏装饰线,拱形处做断面为100 mm×30 mm的石膏装饰线	m^2	210.04		

5)门窗工程(附录H)

《房屋建筑与装饰工程工程量计算规范》(GB 50854—2013)附录H中共列出木门,金属门,金属卷帘(闸)门,厂库房大门、特种门,其他门,木窗,金属窗,门窗套,窗台板,窗帘、窗帘盒、轨共10节内容。

(1)项目设置及工程量计算规则

①木门工程量清单项目设置、项目特征描述的内容、计量单位及工程量计算规则应按表H.1的规定执行。

表H.1 木门(编码:010801)

项目编码	项目名称	项目特征	计量单位	工程量计算规则	工作内容
010801001	木质门	1. 门代号及洞口尺寸 2. 镶嵌玻璃品种、厚度	1. 樘 2. m^2	1. 以樘计量,按设计图示数量计算 2. 以 m^2 计量,按设计图示洞口尺寸以面积计算	1. 门安装 2. 玻璃安装 3. 五金安装
010801002	木质门带套				
010801003	木质连窗门				
010801004	木质防火门				

续表

项目编码	项目名称	项目特征	计量单位	工程量计算规则	工作内容
010801005	木门框	1. 门代号及洞口尺寸 2. 框截面尺寸 3. 防护材料种类	1. 樘 2. m	1. 以樘计量，按设计图示数量计算 2. 以 m 计量，按设计图示框的中心线以延长米计算	1. 木门框制作、安装 2. 运输 3. 刷防护材料
010801006	门锁安装	1. 锁品种 2. 锁规格	1. 个 2. 套	按设计图示数量计算	安装

注：①木质门应区分镶板木门、企口木板门、实木装饰门、胶合板门、夹板装饰门、木纱门、全玻门（带木质扇框）、木质半玻门（带木质扇框）等项目，分别编码列项。

②木门五金应包括折页、插销、门碰珠、弓背拉手、搭机、木螺丝、弹簧折页（自动门）、管子拉手（自由门、地弹门）、地弹簧（地弹门）、角铁、门轧头（地弹门、自由门）等。

③木质门带套计量按洞口尺寸以面积计算，不包括门套的面积，但门套应计算在综合单价中。

④以樘计量，项目特征必须描述洞口尺寸；以 m^2 计量，项目特征可不描述洞口尺寸。

⑤单独制作安装木门框按木门框项目编码列项。

②金属门工程量清单项目设置、项目特征描述的内容、计量单位及工程量计算规则应按表 H.2 的规定执行。

表 H.2　金属门（编码：010802）

项目编码	项目名称	项目特征	计量单位	工程量计算规则	工作内容
010802001	金属（塑钢）门	1. 门代号及洞口尺寸 2. 门框或扇外围尺寸 3. 门框、扇材质 4. 玻璃品种、厚度	1. 樘 2. m^2	1. 以樘计量，按设计图示数量计算 2. 以 m^2 计量，按设计图示洞口尺寸以面积计算	1. 门安装 2. 五金安装 3. 玻璃安装
010802002	彩板门	1. 门代号及洞口尺寸 2. 门框或扇外围尺寸			
010802003	钢质防火门	1. 门代号及洞口尺寸 2. 门框或扇外围尺寸 3. 门框、扇材质			
010802004	防盗门				1. 门安装 2. 五金安装

注：①金属门应区分金属平开门、金属推拉门、金属地弹门、全玻门（带金属扇框）、金属半玻门（带扇框）等项目，分别编码列项。

②铝合金门五金包括地弹簧、门锁、拉手、门插、门铰、螺丝等。

③金属门五金包括 L 形执手插锁（双舌）、执手锁（单舌）、门轨头、地锁、防盗门机、门眼（猫眼）、门碰珠、电子锁（磁卡锁）、闭门器、装饰拉手等。

④以樘计量，项目特征必须描述洞口尺寸，没有洞口尺寸的必须描述门框或扇外围尺寸；以 m^2 计量，项目特征可不描述洞口尺寸及框、扇的外围尺寸。

⑤以 m^2 计量，无设计图示洞口尺寸，按门框、扇外围以面积计算。

③金属卷帘（闸）门工程量清单项目设置、项目特征描述的内容、计量单位及工程量计算规则应按表 H.3 的规定执行。

表 H.3　金属卷帘(闸)门(编码:010803)

项目编码	项目名称	项目特征	计量单位	工程量计算规则	工作内容
010803001	金属卷帘(闸)门	1. 门代号及洞口尺寸 2. 门材质 3. 启动装置品种、规格	1. 樘 2. m^2	1. 以樘计量,按设计图示数量计算 2. 以 m^2 计量,按设计图示洞口尺寸以面积计算	1. 门运输、安装 2. 启动装置、活动小门、五金安装
010803002	防火卷帘(闸)门				

注:以樘计量,项目特征必须描述洞口尺寸;以 m^2 计量,项目特征可不描述洞口尺寸。

④厂库房大门、特种门工程量清单项目设置、项目特征描述的内容、计量单位及工程量计算规则应按表 H.4 的规定执行。

表 H.4　厂库房大门、特种门(编码:010804)

项目编码	项目名称	项目特征	计量单位	工程量计算规则	工作内容
010804001	木板大门	1. 门代号及洞口尺寸 2. 门框或扇外围尺寸 3. 门框、扇材质 4. 五金种类、规格 5. 防护材料种类	1. 樘 2. m^2	1. 以樘计量,按设计图示数量计算 2. 以 m^2 计量,按设计图示洞口尺寸以面积计算	1. 门(骨架)制作、运输 2. 门、五金配件安装 3. 刷防护材料
010804002	钢木大门				
010804003	全钢板大门				
010804004	防护铁丝门			1. 以樘计量,按设计图示数量计算 2. 以 m^2 计量,按设计图示门框或扇以面积计算	
010804005	金属格栅门	1. 门代号及洞口尺寸 2. 门框或扇外围尺寸 3. 门框、扇材质 4. 启动装置的品种、规格		1. 以樘计量,按设计图示数量计算 2. 以 m^2 计量,按设计图示洞口尺寸以面积计算	1. 门安装 2. 启动装置、五金配件安装
010804006	钢质花饰大门	1. 门代号及洞口尺寸 2. 门框或扇外围尺寸 3. 门框、扇材质		1. 以樘计量,按设计图示数量计算 2. 以 m^2 计量,按设计图示门框或扇以面积计算	1. 门安装 2. 五金配件安装
010804007	特种门			1. 以樘计量,按设计图示数量计算 2. 以 m^2 计量,按设计图示洞口尺寸以面积计算	

注:①特种门应区分冷藏门、冷冻间门、保温门、变电室门、隔音门、防射线门、人防门、金库门等项目,分别编码列项。

②以樘计量,项目特征必须描述洞口尺寸,没有洞口尺寸的必须描述门框或扇外围尺寸;以 m^2 计量,项目特征可不描述洞口尺寸及框、扇的外围尺寸。

③以 m^2 计量,无设计图示洞口尺寸,按门框、扇外围以面积计算。

⑤其他门工程量清单项目设置、项目特征描述的内容、计量单位及工程量计算规则应按表 H.5 的规定执行。

表 H.5　其他门(编码:010805)

<table>
<tr><th>项目编码</th><th>项目名称</th><th>项目特征</th><th>计量单位</th><th>工程量计算规则</th><th>工作内容</th></tr>
<tr><td>010805001</td><td>电子感应门</td><td rowspan="2">1. 门代号及洞口尺寸
2. 门框或扇外围尺寸
3. 门框、扇材质
4. 玻璃品种、厚度
5. 启动装置的品种、规格
6. 电子配件品种、规格</td><td rowspan="2">1. 樘
2. m^2</td><td rowspan="7">1. 以樘计量,按设计图示数量计算
2. 以 m^2 计量,按设计图示洞口尺寸以面积计算</td><td rowspan="4">1. 门安装
2. 启动装置、五金、电子配件安装</td></tr>
<tr><td>010805002</td><td>旋转门</td></tr>
<tr><td>010805003</td><td>电子对讲门</td><td rowspan="2">1. 门代号及洞口尺寸
2. 门框或扇外围尺寸
3. 门材质
4. 玻璃品种、厚度
5. 启动装置的品种、规格
6. 电子配件品种、规格</td><td rowspan="5">1. 樘
2. m^2</td></tr>
<tr><td>010805004</td><td>电动伸缩门</td></tr>
<tr><td>010805005</td><td>全玻自由门</td><td>1. 门代号及洞口尺寸
2. 门框或扇外围尺寸
3. 框材质
4. 玻璃品种、厚度</td><td rowspan="3">1. 门安装
2. 五金安装</td></tr>
<tr><td>010805006</td><td>镜面不锈钢饰面门</td><td rowspan="2">1. 门代号及洞口尺寸
2. 门框或扇外围尺寸
3. 框、扇材质
4. 玻璃品种、厚度</td></tr>
<tr><td>010805007</td><td>复合材料门</td></tr>
</table>

注:①以樘计量,项目特征必须描述洞口尺寸,没有洞口尺寸的必须描述门框或扇外围尺寸;以 m^2 计量,项目特征可不描述洞口尺寸及框、扇的外围尺寸。

②以 m^2 计量,无设计图示洞口尺寸,按门框、扇外围以面积计算。

⑥木窗工程量清单项目设置、项目特征描述、计量单位及工程量计算规则应按表 H.6 的规定执行。

表 H.6　木窗(编码:010806)

<table>
<tr><th>项目编码</th><th>项目名称</th><th>项目特征</th><th>计量单位</th><th>工程量计算规则</th><th>工作内容</th></tr>
<tr><td>010806001</td><td>木质窗</td><td rowspan="2">1. 窗代号及洞口尺寸
2. 玻璃品种、厚度</td><td rowspan="4">1. 樘
2. m^2</td><td>1. 以樘计量,按设计图示数量计算
2. 以 m^2 计量,按设计图示洞口尺寸以面积计算</td><td rowspan="2">1. 窗安装
2. 五金、玻璃安装</td></tr>
<tr><td>010806002</td><td>木飘(凸)窗</td><td rowspan="2">1. 以樘计量,按设计图示数量计算
2. 以 m^2 计量,按设计图示尺寸以框外围展开面积计算</td></tr>
<tr><td>010806003</td><td>木橱窗</td><td>1. 窗代号
2. 框截面及外围展开面积
3. 玻璃品种、厚度
4. 防护材料种类</td><td>1. 窗制作、运输、安装
2. 五金、玻璃安装
3. 刷防护材料</td></tr>
<tr><td>010801004</td><td>木纱窗</td><td>1. 窗代号及框的外围尺寸
2. 窗纱材料品种、规格</td><td>1. 以樘计量,按设计图示数量计算
2. 以 m^2 计量,按框的外围尺寸以面积计算</td><td>1. 窗安装
2. 五金安装</td></tr>
</table>

注:①木质窗应区分木百叶窗、木组合窗、木天窗、木固定窗、木装饰空花窗等项目,分别编码列项。

②以樘计量,项目特征必须描述洞口尺寸,没有洞口尺寸的必须描述窗框外围尺寸;以 m^2 计量,项目特征可不描述洞口尺寸及框的外围尺寸。

③以 m^2 计量,无设计图示洞口尺寸,按窗框外围以面积计算。

④木橱窗、木飘(凸)窗以樘计量,项目特征必须描述框截面及外围展开面积。

⑤木窗五金包括折页、插销、风钩、木螺丝、滑轮滑轨(推拉窗)等。

⑦金属窗工程量清单项目设置、项目特征描述的内容、计量单位及工程量计算规则应按表H.7的规定执行。

表H.7　金属窗（编码：010807）

<table>
<tr><th>项目编码</th><th>项目名称</th><th>项目特征</th><th>计量单位</th><th>工程量计算规则</th><th>工作内容</th></tr>
<tr><td>010807001</td><td>金属（塑钢、断桥）窗</td><td rowspan="2">1. 窗代号及洞口尺寸
2. 框、扇材质
3. 玻璃品种、厚度</td><td rowspan="9">1. 樘
2. m^2</td><td rowspan="3">1. 以樘计量，按设计图示数量计算
2. 以 m^2 计量，按设计图示洞口尺寸以面积计算</td><td rowspan="2">1. 窗安装
2. 五金、玻璃安装</td></tr>
<tr><td>010807002</td><td>金属防火窗</td></tr>
<tr><td>010807003</td><td>金属百叶窗</td><td>1. 窗代号及洞口尺寸
2. 框、扇材质
3. 玻璃品种、厚度</td><td rowspan="3">1. 窗安装
2. 五金安装</td></tr>
<tr><td>010807004</td><td>金属纱窗</td><td>1. 窗代号及框的外围尺寸
2. 框材质
3. 窗纱材料品种、规格</td><td>1. 以樘计量，按设计图示数量计算
2. 以 m^2 计量，按框的外围尺寸以面积计算</td></tr>
<tr><td>010807005</td><td>金属格栅窗</td><td>1. 窗代号及洞口尺寸
2. 框外围尺寸
3. 框、扇材质</td><td>1. 以樘计量，按设计图示数量计算
2. 以 m^2 计量，按设计图示洞口尺寸以面积计算</td></tr>
<tr><td>010807006</td><td>金属（塑钢、断桥）橱窗</td><td>1. 窗代号
2. 框外围展开面积
3. 框、扇材质
4. 玻璃品种、厚度
5. 防护材料种类</td><td rowspan="2">1. 以樘计量，按设计图示数量计算
2. 以 m^2 计量，按设计图示尺寸以框外围展开面积计算</td><td>1. 窗制作、运输、安装
2. 五金、玻璃安装
3. 刷防护材料</td></tr>
<tr><td>010807007</td><td>金属（塑钢、断桥）飘（凸）窗</td><td>1. 窗代号
2. 框外围展开面积
3. 框、扇材质
4. 玻璃品种、厚度</td><td rowspan="3">1. 窗安装
2. 五金、玻璃安装</td></tr>
<tr><td>010807008</td><td>彩板窗</td><td rowspan="2">1. 窗代号及洞口尺寸
2. 框外围尺寸
3. 框、扇材质
4. 玻璃品种、厚度</td><td rowspan="2">1. 以樘计量，按设计图示数量计算
2. 以 m^2 计量，按设计图示洞口尺寸或框外围以面积计算</td></tr>
<tr><td>010807009</td><td>复合材料窗</td></tr>
</table>

注：①金属窗应区分金属组合窗、防盗窗等项目，分别编码列项。

②以樘计量，项目特征必须描述洞口尺寸，没有洞口尺寸的必须描述窗框外围尺寸；以 m^2 计量，项目特征可不描述洞口尺寸及框的外围尺寸。

③以 m^2 计量，无设计图示洞口尺寸，按窗框外围以面积计算。

④金属橱窗、飘（凸）窗以樘计量，项目特征必须描述框外围展开面积。

⑤金属窗五金包括折页、螺丝、执手、卡锁、铰拉、风撑、滑轮、滑轨、拉把、拉手、角码、牛角制等。

⑧门窗套工程量清单项目设置、项目特征描述的内容、计量单位及工程量计算规则应按表 H.8 的规定执行。

表 H.8 门窗套(编码:010808)

<table>
<tr><th>项目编码</th><th>项目名称</th><th>项目特征</th><th>计量单位</th><th>工程量计算规则</th><th>工作内容</th></tr>
<tr><td>010808001</td><td>木门窗套</td><td>1. 窗代号及洞口尺寸
2. 门窗套展开宽度
3. 基层材料种类
4. 面层材料品种、规格
5. 线条品种、规格
6. 防护材料种类</td><td rowspan="5">1. 樘
2. m^2
3. m</td><td rowspan="5">1. 以樘计量,按设计图示数量计算
2. 以 m^2 计量,按设计图示尺寸以展开面积计算
3. 以 m 计量,按设计图示中心以延长米计算</td><td rowspan="3">1. 清理基层
2. 立筋制作、安装
3. 基层板安装
4. 面层铺贴
5. 线条安装
6. 刷防护材料</td></tr>
<tr><td>010808002</td><td>木筒子板</td><td rowspan="2">1. 筒子板宽度
2. 基层材料种类
3. 面层材料品种、规格
4. 线条品种、规格
5. 防护材料种类</td></tr>
<tr><td>010808003</td><td>饰面夹板筒子板</td></tr>
<tr><td>010808004</td><td>金属门窗套</td><td>1. 窗代号及洞口尺寸
2. 门窗套展开宽度
3. 基层材料种类
4. 面层材料品种、规格
5. 防护材料种类</td><td>1. 清理基层
2. 立筋制作、安装
3. 基层板安装
4. 面层铺贴
5. 刷防护材料</td></tr>
<tr><td>010808005</td><td>石材门窗套</td><td>1. 窗代号及洞口尺寸
2. 门窗套展开宽度
3. 黏结层厚度、砂浆配合比
4. 面层材料品种、规格
5. 线条品种、规格</td><td>1. 清理基层
2. 立筋制作、安装
3. 基层抹灰
4. 面层铺贴
5. 线条安装</td></tr>
<tr><td>010808006</td><td>门窗木贴脸</td><td>1. 门窗代号及洞口尺寸
2. 贴脸板宽度
3. 防护材料种类</td><td>1. 樘
2. m</td><td>1. 以樘计量,按设计图示数量计算
2. 以 m 计量,按设计图示尺寸以延长米计算</td><td>安装</td></tr>
<tr><td>010808007</td><td>成品木门窗套</td><td>1. 门窗代号及洞口尺寸
2. 门窗套展开宽度
3. 门窗套材料品种、规格</td><td>1. 樘
2. m^2
3. m</td><td>1. 以樘计量,按设计图示数量计算
2. 以 m^2 计量,按设计图示尺寸以展开面积计算
3. 以 m 计量,按设计图示中心以延长米计算</td><td>1. 清理基层
2. 立筋制作、安装
3. 板安装</td></tr>
</table>

注:①以樘计量,项目特征必须描述洞口尺寸、门窗套展开宽度。
②以 m^2 计量,项目特征可不描述洞口尺寸、门窗套展开宽度。
③以 m 计量,项目特征必须描述门窗套展开宽度、筒子板及贴脸宽度。
④木门窗套适用于单独门窗套的制作、安装。

⑨窗台板工程量清单项目设置、项目特征描述的内容、计量单位及工程量计算规则应按表H.9的规定执行。

表 H.9 窗台板(编码:010809)

项目编码	项目名称	项目特征	计量单位	工程量计算规则	工作内容
010809001	木窗台板	1. 基层材料种类 2. 窗台面板材质、规格、颜色 3. 防护材料种类	m^2	按设计图示尺寸以展开面积计算	1. 基层清理 2. 基层制作、安装 3. 窗台板制作、安装 4. 刷防护材料
010809002	铝塑窗台板				
010809003	金属窗台板				
010809004	石材窗台板	1. 黏结层厚度、砂浆配合比 2. 窗台板材质、规格、颜色			1. 基层清理 2. 抹找平层 3. 窗台板制作、安装

⑩窗帘、窗帘盒、轨工程量清单项目设置、项目特征描述的内容、计量单位及工程量计算规则应按表H.10的规定执行。

表 H.10 窗帘、窗帘盒、轨(编码:010810)

项目编码	项目名称	项目特征	计量单位	工程量计算规则	工作内容
010810001	窗帘	1. 窗帘材质 2. 窗帘高度、宽度 3. 窗帘层数 4. 带幔要求	1. m 2. m^2	1. 以m计量,按设计图示尺寸以成活后长度计算 2. 以m^2计量,按图示尺寸以成活后展开面积计算	1. 制作、运输 2. 安装
010810002	木窗帘盒	1. 窗帘盒材质、规格 2. 防护材料种类	m	按设计图示尺寸以长度计算	1. 制作、运输、安装 2. 刷防护材料
010810003	饰面夹板、塑料窗帘盒				
010810004	铝合金窗帘盒				
010810005	窗帘轨	1. 窗帘轨材质、规格 2. 轨的数量 3. 防护材料种类			

注:①窗帘若是双层,项目特征必须描述每层材质。

②窗帘以m计量,项目特征必须描述窗帘高度和宽度。

(2)项目划分的有关说明

①木门窗五金包括折页、插销、风钩、弓背拉手、搭扣、弹簧折页、管子拉手、地弹簧、滑轮、滑轨、门轧头、铁角、木螺丝等。

②铝合金门窗五金包括卡锁、滑轮、铰拉、执手、拉把、拉手、风撑、角码、牛角制、地弹簧、门

锁、门插、门铰、螺丝等。

③其他五金包括L形执手锁(双舌)、球形执手锁(单舌)、地锁、防盗门机、门眼(猫眼)、门碰珠、电子锁(磁卡锁)、闭门器、装饰拉手等。

④门窗框与洞口之间缝的填塞,应包括在报价内。

⑤实木装饰门项目也适用于竹压板装饰门。

⑥转门项目适用于电子感应和人力推动转门。

⑦“特殊五金”项目指贵重五金及业主认为应单独列项的五金配件。

(3)项目特征的有关说明

①项目特征中的门窗类型是指带亮子或不带亮子,带纱或不带纱,单扇、双扇或三扇,半百叶或全百叶,半玻或全玻,全玻自由门或半玻自由门,带门框或不带门框,单独门框和开启方式(平开、推拉、折叠)等。

②框截面尺寸(或面积)指边立梃截面尺寸或面积。

③凡面层材料有品种、规格、品牌、颜色要求的,应在工程量清单中进行描述。

④特殊五金名称是指拉手、门锁、窗锁等,用途是指具体使用的门或窗,应在工程量清单中进行描述。

⑤门窗套、贴脸板、筒子板和窗台板项目包括底层抹灰,如底层抹灰已包括在墙、柱面底层抹灰内,应在工程量清单中进行描述。

(4)工程量计算的有关说明

①门窗工程量均以樘计算,如遇框架结构的连续长窗也以樘计算,但对连续长窗的扇数和洞口尺寸应在工程量清单中进行描述。

②门窗套、门窗贴脸、筒子板以展开面积计算,即指按其铺钉面积计算。

③窗帘盒、窗台板,如为弧形时,其长度以中心线计算。

【例4.16】 胶合板门及塑钢窗工程量清单编制,题目参见【例3.16】。

某工程门窗表见表4.30,其中木门为现场制作安装,并刮腻子、刷调和漆2遍,M1配地插销1副、执手锁1把;M2配门吸1副、执手锁1把。

表4.30 门窗表

门窗编号	洞口尺寸 宽×高/mm	门窗种类	数量/樘	备注
M1	1 200×2 400	有腰双扇胶合板门、带纱门扇	1	框断面60 mm×120 mm
M2	800×2 100	有腰单扇胶合板门	2	同上
C1	1 500×1 500	塑钢窗	2	推拉窗,成品购入,单价200元/m^2
C2	1 800×1 500	塑钢窗	2	推拉窗,成品购入,单价200元/m^2

【解】 (1)计算工程量,见表4.31。

表 4.31　工程量计算表

序号	项目名称	计量单位	工程量	计算公式
1	有腰双扇胶合板门	m^2	2.88	M1　1.2×2.4×1=2.88
2	有腰单扇胶合板门	m^2	3.36	M2　0.8×2.1×2=3.36
3	塑钢窗	m^2	9.90	C1　1.5×1.5×2+C2 1.5×1.8×2=9.90

(2)编制工程量清单,见表4.32。

表 4.32　分部分项工程量清单与计价表

序号	项目编码	项目名称	项目特征	计量单位	工程量	综合单价/元	合价/元
1	010801001001	木质门	1. M1 洞口尺寸 1.2 m×2.4 m 2. 地插销 1 副、执手锁 1 把	m^2	2.88		
2	010801001002	木质门	1. M2 洞口尺寸 0.8 m×2.1 m 2. 门吸 1 副、执手锁 1 把	m^2	3.36		
3	010807001001	塑钢窗	1. C1,C2 2. 塑钢框扇 3. 浮法玻璃 5 mm	m^2	9.90		

6)油漆、涂料、裱糊工程(附录 P)

《房屋建筑与装饰工程工程量计算规范》(GB 50854—2013)附录 P 中共列出门油漆,窗油漆,木扶手及其他板条、线条油漆,木材面油漆,金属面油漆,抹灰面油漆,喷刷涂料,裱糊 8 节内容。

(1)项目设置及工程量计算规则

①门油漆工程量清单项目设置、项目特征描述的内容、计量单位及工程量计算规则应按表 P.1 的规定执行。

表 P.1　门油漆(编码:011401)

项目编码	项目名称	项目特征	计量单位	工程量计算规则	工作内容
011401001	木门油漆	1. 门类型 2. 门代号及洞口尺寸 3. 腻子种类 4. 刮腻子遍数 5. 防护材料种类 6. 油漆品种、刷漆遍数	1. 樘 2. m^2	1. 以樘计量,按设计图示数量计量 2. 以 m^2 计量,按设计图示洞口尺寸以面积计算	1. 基层清理 2. 刮腻子 3. 刷防护材料、油漆
011401002	金属门油漆				1. 除锈、基层清理 2. 刮腻子 3. 刷防护材料、油漆

注:①木门油漆应区分木大门、单层木门、双层(一玻一纱)木门、双层(单裁口)木门、全玻自由门、半玻自由门、装饰门及有框门或无框门等项目,分别编码列项。

②金属门油漆应区分平开门、推拉门、钢制防火门等项目,分别编码列项。

③以 m^2 计量,项目特征可不必描述洞口尺寸。

②窗油漆工程量清单项目设置、项目特征描述的内容、计量单位及工程量计算规则应按表P.2的规定执行。

表P.2 窗油漆(编码:011402)

项目编码	项目名称	项目特征	计量单位	工程量计算规则	工作内容
011402001	木窗油漆	1. 窗类型 2. 窗代号及洞口尺寸 3. 腻子种类 4. 刮腻子遍数 5. 防护材料种类 6. 油漆品种、刷漆遍数	1. 樘 2. m^2	1. 以樘计量,按设计图示数量计量 2. 以 m^2 计量,按设计图示洞口尺寸以面积计算	1. 基层清理 2. 刮腻子 3. 刷防护材料、油漆
011402002	金属窗油漆				1. 除锈、基层清理 2. 刮腻子 3. 刷防护材料、油漆

注:①木窗油漆应区分单层木门、双层(一玻一纱)木窗、双层框扇(单裁口)木窗、双层框三层(二玻一纱)木窗、单层组合窗、双层组合窗、木百叶窗、木推拉窗等项目,分别编码列项。

②金属窗油漆应区分平开窗、推拉窗、固定窗、组合窗、金属隔栅窗等项目,分别编码列项。

③以 m^2 计量,项目特征可不必描述洞口尺寸。

③木扶手及其他板条、线条油漆工程量清单项目设置、项目特征描述的内容、计量单位及工程量计算规则应按表P.3的规定执行。

表P.3 木扶手及其他板条、线条油漆(编码:011403)

项目编码	项目名称	项目特征	计量单位	工程量计算规则	工作内容
011403001	木扶手油漆	1. 断面尺寸 2. 腻子种类 3. 刮腻子遍数 4. 防护材料种类 5. 油漆品种、刷漆遍数	m	按设计图示尺寸以长度计算	1. 基层清理 2. 刮腻子 3. 刷防护材料、油漆
011403002	窗帘盒油漆				
011403003	封檐板、顺水板油漆				
011403004	挂衣板、黑板框油漆				
011403005	挂镜线、窗帘棍、单独木线油漆				

注:木扶手应区分带托板与不带托板,分别编码列项,若是木栏杆带扶手,木扶手不应单独列项,应包含在木栏杆油漆中。

④木材面油漆工程量清单项目设置、项目特征描述的内容、计量单位及工程量计算规则应按表P.4的规定执行。

表P.4 木材面油漆(编码:011404)

项目编码	项目名称	项目特征	计量单位	工程量计算规则	工作内容
011404001	木护墙、木墙裙油漆	1. 腻子种类 2. 刮腻子遍数 3. 防护材料种类 4. 油漆品种、刷漆遍数	m^2	按设计图示尺寸以面积计算	1. 基层清理 2. 刮腻子 3. 刷防护材料、油漆
011404002	窗台板、筒子板、盖板、门窗套、踢脚线油漆				

续表

<table>
<tr><th>项目编码</th><th>项目名称</th><th>项目特征</th><th>计量单位</th><th>工程量计算规则</th><th>工作内容</th></tr>
<tr><td>011404003</td><td>清水板条天棚、檐口油漆</td><td rowspan="5">1. 腻子种类
2. 刮腻子遍数
3. 防护材料种类
4. 油漆品种、刷漆遍数</td><td rowspan="13">m^2</td><td rowspan="5">按设计图示尺寸以面积计算</td><td rowspan="12">1. 基层清理
2. 刮腻子
3. 刷防护材料、油漆</td></tr>
<tr><td>011404004</td><td>木方格吊顶天棚油漆</td></tr>
<tr><td>011404005</td><td>吸音板墙面、天棚面油漆</td></tr>
<tr><td>011404006</td><td>暖气罩油漆</td></tr>
<tr><td>011404007</td><td>其他木材面</td></tr>
<tr><td>011404008</td><td>木间壁、木隔断油漆</td><td rowspan="7">1. 腻子种类
2. 刮腻子遍数
3. 防护材料种类
4. 油漆品种、刷漆遍数</td><td rowspan="3">按设计图示尺寸以单面外围面积计算</td></tr>
<tr><td>011404009</td><td>玻璃间壁露明墙筋油漆</td></tr>
<tr><td>011404010</td><td>木栅栏、木栏杆(带扶手)油漆</td></tr>
<tr><td>011404011</td><td>衣柜、壁柜油漆</td><td rowspan="4">按设计图示尺寸以油漆部分展开面积计算</td></tr>
<tr><td>011404012</td><td>梁柱饰面油漆</td></tr>
<tr><td>011404013</td><td>零星木装修油漆</td></tr>
<tr><td>011404014</td><td>木地板油漆木</td></tr>
<tr><td>011404015</td><td>地板烫硬蜡面</td><td>1. 硬蜡品种
2. 面层处理要求</td><td>按设计图示尺寸以面积计算。空洞、空圈、暖气包槽、壁龛的开口部分并入相应的工程量内</td><td>1. 基层清理
2. 烫蜡</td></tr>
</table>

⑤金属面油漆工程量清单项目设置、项目特征描述的内容、计量单位及工程量计算规则应按表 P.5 的规定执行。

表 P.5　金属面油漆(编码:011405)

项目编码	项目名称	项目特征	计量单位	工程量计算规则	工作内容
011405001	金属面油漆	1. 构件名称 2. 腻子种类 3. 刮腻子要求 4. 防护材料种类 5. 油漆品种、刷漆遍数	1. t 2. m^2	1. 以 t 计量,按设计图示尺寸以质量计算 2. 以 m^2 计量,按设计展开面积计算	1. 基层清理 2. 刮腻子 3. 刷防护材料、油漆

⑥抹灰面油漆工程量清单项目设置、项目特征描述的内容、计量单位及工程量计算规则应按表 P.6 的规定执行。

表 P.6 抹灰面油漆(编码:011406)

项目编码	项目名称	项目特征	计量单位	工程量计算规则	工作内容
011406001	抹灰面油漆	1. 基层类型 2. 腻子种类 3. 刮腻子遍数 4. 防护材料种类 5. 油漆品种、刷漆遍数 6. 部位	m^2	按设计图示尺寸以面积计算	1. 基层清理 2. 刮腻子 3. 刷防护材料、油漆
011406002	抹灰线条油漆	1. 线条宽度、道数 2. 腻子种类 3. 刮腻子遍数 4. 防护材料种类 5. 油漆品种、刷漆遍数	m	按设计图示尺寸以长度计算	
011406003	满刮腻子	1. 基层类型 2. 腻子种类 3. 刮腻子遍数	m^2	按设计图示尺寸以面积计算	1. 基层清理 2. 刮腻子

⑦喷刷涂料工程量清单项目设置、项目特征描述的内容、计量单位及工程量计算规则应按表 P.7 的规定执行。

表 P.7 喷刷涂料(编码:011407)

项目编码	项目名称	项目特征	计量单位	工程量计算规则	工作内容
011407001	墙面喷刷涂料	1. 基层类型 2. 喷刷涂料部位 3. 腻子种类 4. 刮腻子要求 5. 涂料品种、喷刷遍数	m^2	按设计图示尺寸以面积计算	1. 基层清理 2. 刮腻子 3. 刷、喷涂料
011407002	天棚喷刷涂料				
011407003	空花格、栏杆刷涂料	1. 腻子种类 2. 刮腻子遍数 3. 涂料品种、刷喷遍数		按设计图示尺寸以单面外围面积计算	
011407004	线条刷涂料	1. 基层清理 2. 线条宽度 3. 刮腻子遍数 4. 刷防护材料、油漆	m	按设计图示尺寸以长度计算	
011407005	金属构件刷防火涂料	1. 喷刷防火涂料构件名称 2. 防火等级要求 3. 涂料品种、喷刷遍数	1. m^2 2. t	1. 以 t 计量,按设计图示尺寸以质量计算 2. 以 m^2 计量,按设计展开面积计算	1. 基层清理 2. 刷防护材料、油漆
011407006	木材构件喷刷防火涂料		m^2	以 m^2 计量,按设计图示尺寸以面积计算	1. 基层清理 2. 刷防火材料

注:喷刷墙面涂料部位要注明内墙或外墙。

⑧裱糊工程量清单项目设置、项目特征描述的内容、计量单位及工程量计算规则应按表 P.8 的规定执行。

表 P.8 裱糊(编码:011408)

项目编码	项目名称	项目特征	计量单位	工程量计算规则	工作内容
011408001	墙纸裱糊	1. 基层类型 2. 裱糊部位 3. 腻子种类 4. 刮腻子遍数 5. 黏结材料种类 6. 防护材料种类 7. 面层材料品种、规格、颜色	m^2	按设计图示尺寸以面积计算	1. 基层清理 2. 刮腻子 3. 面层铺粘 4. 刷防护材料

(2)项目划分的有关说明

①有关项目中已包括油漆、涂料的不再单独按本章列项。

②连窗门可按门油漆项目编码列项。

③木扶手区别带托板与不带托板,分别编码(第五级编码)列项。

(3)项目特征的有关说明

①门类型应分镶板门、木板门、胶合板门、装饰实木门、木纱门、木质防火门、连窗门、平开门、推拉门、单扇门、双扇门、带纱门、全玻门(带木扇框)、半玻门、半百叶门、全百叶门以及带亮子、不带亮子,有门框、无门框和单独门框等油漆。

②窗类型应分平开窗、推拉窗、提拉窗、固定窗、空花窗、百叶窗以及单扇窗、双扇窗、多扇窗,单层窗、双层窗,带亮子、不带亮子等。

③腻子种类分石膏油腻子(熟桐油、石膏粉、适量水)、胶腻子(大白、色粉、羧甲基纤维素)、漆片腻子(漆片、酒精、石膏粉、适量色粉)、油腻子(矾石粉、桐油、脂肪酸、松香)等。

④刮腻子要求分刮腻子遍数(道数)或满刮腻子或找补腻子等。

(4)工程量计算的有关说明

①楼梯木扶手工程量按中心线斜长计算,弯头长度应计算在扶手长度内。

②博风板工程量按中心线斜长计算,有大刀头的,每个大刀头增加长度 50 cm。

③木板、纤维板、胶合板油漆,单面油漆按单面面积计算,双面油漆按双面面积计算。

④木护墙、木墙裙油漆按垂直投影面积计算。

⑤台板、筒子板、盖板、门窗套、踢脚线油漆按水平或垂直投影面积(门窗套的贴脸板和筒子板垂直投影面积合并)计算。

⑥清水板条天棚、檐口油漆、木方格吊顶天棚油漆以水平投影面积计算,不扣除空洞面积。

⑦暖气罩油漆,垂直面按垂直投影面积计算,凸出墙面的水平面按水平投影面积计算,不扣除空洞面积。

⑧工程量以面积计算的油漆、涂料项目,线角、线条、压条等不展开。

7)其他装饰工程(附录 Q)

《房屋建筑与装饰工程工程量计算规范》(GB 50854—2013)附录 Q 中共列出柜类、货架,压条、装饰线,扶手、栏杆、栏板装饰,暖气罩,浴厕配件,雨篷、旗杆,招牌、灯箱,美术字 8 节内容。

(1)项目设置及工程量计算规则

①柜类、货架工程量清单项目设置、项目特征描述的内容、计量单位及工程量计算规则应按表Q.1 的规定执行。

表 Q.1 柜类、货架(编码:011501)

项目编码	项目名称	项目特征	计量单位	工程量计算规则	工作内容
011501001	柜 台	1. 台柜规格 2. 材料种类、规格 3. 五金种类、规格 4. 防护材料种类 5. 油漆品种、刷漆遍数	1. 个 2. m 3. m^3	1. 以个计量,按设计图示数量计算 2. 以 m 计量,按设计图示尺寸以延长米计算 3. 以 m^3 计量,按设计图示尺寸以体积计算	1. 台柜制作、运输、安装(安放) 2. 刷防护材料、油漆 3. 五金件安装
011501002	酒 柜				
011501003	衣 柜				
011501004	存包柜				
011501005	鞋 柜				
011501006	书 柜				
011501007	厨房壁柜				
011501008	木壁柜				
011501009	厨房低柜				
011501010	厨房吊柜				
011501011	矮 柜				
011501012	吧台背柜				
011501013	酒吧吊柜				
011501014	酒吧台				
011501015	展 台				
011501016	收银台				
011501017	试衣间				
011501018	货 架				
011501019	书 架				
011501020	服务台				

②压条、装饰线工程量清单项目设置、项目特征描述的内容、计量单位及工程量计算规则应按表 Q.2 的规定执行。

表 Q.2　装饰线(编码:011502)

项目编码	项目名称	项目特征	计量单位	工程量计算规则	工作内容
011502001	金属装饰线	1. 基层类型 2. 线条材料品种、规格、颜色 3. 防护材料种类	m	按设计图示尺寸以长度计算	1. 线条制作、安装 2. 刷防护材料
011502002	木质装饰线				
011502003	石材装饰线				
011502004	石膏装饰线				
011502005	镜面玻璃线	1. 基层类型 2. 线条材料品种、规格、颜色 3. 防护材料种类			
011502006	铝塑装饰线				
011502007	塑料装饰线				
011502008	GRC 装饰线条	1. 基层类型 2. 线条规格 3. 线条安装部位 4. 填充材料种类			线条制作安装

③扶手、栏杆、栏板装饰工程量清单项目的设置、项目特征描述的内容、计量单位及工程量计算规则应按表 Q.3 执行。

表 Q.3　扶手、栏杆、栏板装饰(编码:011503)

项目编码	项目名称	项目特征	计量单位	工程量计算规则	工作内容
011503001	金属扶手、栏杆、栏板	1. 扶手材料种类、规格、品牌 2. 栏杆材料种类、规格、品牌 3. 栏板材料种类、规格、品牌、颜色 4. 固定配件种类 5. 防护材料种类	m	按设计图示以扶手中心线长度(包括弯头长度)计算	1. 制作 2. 运输 3. 安装 4. 刷防护材料
011503002	硬木扶手、栏杆、栏板				
011503003	塑料扶手、栏杆、栏板				
011503004	GRC 栏杆、扶手	1. 栏杆的规格 2. 安装间距 3. 扶手类型规格 4. 填充材料种类			
011503005	金属靠墙扶手	1. 扶手材料种类、规格、品牌 2. 固定配件种类 3. 防护材料种类			
011503006	硬木靠墙扶手				
011503007	塑料靠墙扶手				
011503008	玻璃栏板	1. 栏杆玻璃的种类、规格、颜色、品牌 2. 固定方式 3. 固定配件种类			

④暖气罩工程量清单项目设置、项目特征描述的内容、计量单位及工程量计算规则应按表 Q.4 的规定执行。

表 Q.4 暖气罩(编码:011504)

<table>
<tr><th>项目编码</th><th>项目名称</th><th>项目特征</th><th>计量单位</th><th>工程量计算规则</th><th>工作内容</th></tr>
<tr><td>011504001</td><td>饰面板暖气罩</td><td rowspan="3">1. 暖气罩材质
2. 防护材料种类</td><td rowspan="3">m^2</td><td rowspan="3">按设计图示尺寸以垂直投影面积(不展开)计算</td><td rowspan="3">1. 暖气罩制作、运输、安装
2. 刷防护材料、油漆</td></tr>
<tr><td>011504002</td><td>塑料板暖气罩</td></tr>
<tr><td>011504003</td><td>金属暖气罩</td></tr>
</table>

⑤浴厕配件工程量清单项目设置、项目特征描述的内容、计量单位及工程量计算规则应按表 Q.5 的规定执行。

表 Q.5 浴厕配件(编码:011505)

<table>
<tr><th>项目编码</th><th>项目名称</th><th>项目特征</th><th>计量单位</th><th>工程量计算规则</th><th>工作内容</th></tr>
<tr><td>011505001</td><td>洗漱台</td><td rowspan="9">1. 材料品种、规格、品牌、颜色
2. 支架、配件品种、规格、品牌</td><td>1. m^2
2. 个</td><td>1. 按设计图示尺寸以台面外接矩形面积计算。不扣除孔洞、挖弯、削角所占面积,挡板、吊沿板面积并入台面面积内
2. 按设计图示数量计算</td><td rowspan="5">1. 台面及支架、运输、安装
2. 杆、环、盒、配件安装
3. 刷油漆</td></tr>
<tr><td>011505002</td><td>晒衣架</td><td rowspan="4">个</td><td rowspan="8">按设计图示数量计算</td></tr>
<tr><td>011505003</td><td>帘子杆</td></tr>
<tr><td>011505004</td><td>浴缸拉手</td></tr>
<tr><td>011505005</td><td>卫生间扶手</td></tr>
<tr><td>011505006</td><td>毛巾杆(架)</td><td>套</td><td rowspan="4">1. 台面及支架制作、运输、安装
2. 杆、环、盒、配件安装
3. 刷油漆</td></tr>
<tr><td>011505007</td><td>毛巾环</td><td>副</td></tr>
<tr><td>011505008</td><td>卫生纸盒</td><td rowspan="2">个</td></tr>
<tr><td>011505009</td><td>肥皂盒</td></tr>
<tr><td>011505010</td><td>镜面玻璃</td><td>1. 镜面玻璃品种、规格
2. 框材质、断面尺寸
3. 基层材料种类
4. 防护材料种类</td><td>m^2</td><td>按设计图示尺寸以边框外围面积计算</td><td>1. 基层安装
2. 玻璃及框制作、运输、安装</td></tr>
<tr><td>011505011</td><td>镜箱</td><td>1. 箱体材质、规格
2. 玻璃品种、规格
3. 基层材料种类
4. 防护材料种类
5. 油漆品种、刷漆遍数</td><td>个</td><td>按设计图示数量计算</td><td>1. 基层安装
2. 箱体制作、运输、安装
3. 玻璃安装
4. 刷防护材料、油漆</td></tr>
</table>

⑥雨篷、旗杆工程量清单项目设置、项目特征描述的内容、计量单位及工程量计算规则应按表Q.6 的规定执行。

表 Q.6　雨篷、旗杆(编码:011506)

项目编码	项目名称	项目特征	计量单位	工程量计算规则	工作内容
011506001	雨篷吊挂饰面	1. 基层类型 2. 龙骨材料种类、规格、中距 3. 面层材料品种、规格、品牌 4. 吊顶(天棚)材料品种、规格、品牌 5. 嵌缝材料种类 6. 防护材料种类	m^2	按设计图示尺寸以水平投影面积计算	1. 底层抹灰 2. 龙骨基层安装 3. 面层安装 4. 刷防护材料、油漆
011506002	金属旗杆	1. 旗杆材料、种类、规格 2. 旗杆高度 3. 基础材料种类 4. 基座材料种类 5. 基座面层材料、种类、规格	根	按设计图示数量计算	1. 土石挖、填、运 2. 基础混凝土浇注 3. 旗杆制作、安装 4. 旗杆台座制作、饰面
011506003	玻璃雨篷	1. 玻璃雨篷固定方式 2. 龙骨材料种类、规格、中距 3. 玻璃材料品种、规格、品牌 4. 嵌缝材料种类 5. 防护材料种类	m^2	按设计图示尺寸以水平投影面积计算	1. 龙骨基层安装 2. 面层安装 3. 刷防护材料、油漆

⑦招牌、灯箱工程量清单项目设置、项目特征描述的内容、计量单位及工程量计算规则应按表 Q.7 的规定执行。

表 Q.7　招牌、灯箱(编码:011507)

<table>
<tr><th>项目编码</th><th>项目名称</th><th>项目特征</th><th>计量单位</th><th>工程量计算规则</th><th>工作内容</th></tr>
<tr><td>011507001</td><td>平面、箱式招牌</td><td rowspan="3">1. 箱体规格
2. 基层材料种类
3. 面层材料种类
4. 防护材料种类</td><td>m²</td><td>按设计图示尺寸以正立面边框外围面积计算。复杂形的凸凹造型部分不增加面积</td><td rowspan="4">1. 基层安装
2. 箱体及支架制作、运输、安装
3. 面层制作、安装
4. 刷防护材料、油漆</td></tr>
<tr><td>011507002</td><td>竖式标箱</td><td rowspan="2">个</td><td rowspan="3">按设计图示数量计算</td></tr>
<tr><td>011507003</td><td>灯　箱</td></tr>
<tr><td>011507004</td><td>信报箱</td><td>1. 箱体规格
2. 基层材料种类
3. 面层材料种类
4. 保护材料种类
5. 户数</td><td>个</td></tr>
</table>

⑧美术字工程量清单项目设置、项目特征描述的内容、计量单位及工程量计算规则应按表

Q.8 的规定执行。

表 Q.8 美术字(编码:011508)

项目编码	项目名称	项目特征	计量单位	工程量计算规则	工作内容
011508001	泡沫塑料字	1.基层类型 2.镌字材料品种、颜色 3.字体规格 4.固定方式 5.油漆品种、刷漆遍数	个	按设计图示数量计算	1.字制作、运输、安装 2.刷油漆
011508002	有机玻璃字				
011508003	木质字				
011508004	金属字				
011508005	吸塑字				

(2)项目划分的有关说明

①厨房壁柜和厨房吊柜以嵌入墙内为壁柜,以支架固定在墙上的为吊柜。

②压条、装饰线项目已包括在门扇、墙柱面、天棚等项目内的,不再单独列项。

③洗漱台项目适用于石质(天生石材、人造石材等)、玻璃等。

④旗杆的砌砖或混凝土台座,台座的饰面可按相关附录的章节另行编码列项,也可纳入旗杆报价内。

⑤美术字不分字体,按大小规格分类。

(3)项目特征的有关说明

①台柜的规格以能分离的成品单体长、宽、高来表示,如一个组合书柜,分上下两部分,下部为独立的矮柜,上部为敞开式的书柜,可以上、下两部分分别标注尺寸。

②镜面玻璃和灯箱等的基层材料是指玻璃背后的衬垫材料,如胶合板、油毡等。

③装饰线和美术字的基层类型是指装饰线、美术字依托体的材料,如砖墙、木墙、石墙、混凝土墙、墙面抹灰、钢支架等。

④旗杆高度是指旗杆台座上表面至杆顶的距离。

⑤美术字的字体规格以字的外接矩形长、宽和字的厚度表示。固定方式指粘贴、焊接以及铁钉、螺栓、铆钉固定等方式。

(4)工程量计算的有关说明

①台柜工程量以“个”计算,即能分离的同规格的单体个数计算。例如,柜台有规格为 1 500 mm×400 mm×1 200 mm 的 5 个单体,另有一个规格为 1 500 mm×400 mm×1 150 mm,其台底安装胶轮 4 个,以便柜台内营业员由此出入,这样 1 500 mm×400 mm×1 200 mm规格的柜台数为 5 个,1 500 mm×400 mm×1 150 mm 柜台数为 1 个。

②洗漱台放置洗面盆的地方必须挖洞,根据洗漱台摆放的位置有些还需选形,产生挖弯、削角,为此洗漱台的工程量按外接矩形计算。挡板指镜面玻璃下边沿至洗漱台面和侧墙与台面接触部位的竖挡板(一般挡板与台面使用同种材料品种,不同材料品种应另行计算)。吊沿指台面外边沿下方的竖挡板。挡板和吊沿均以面积并入台面面积内计算。

·4.2.3 措施项目清单·

1)编制要求

①措施项目清单必须根据相关工程现行国家计量规范的规定编制。

②措施项目清单应根据拟建工程的实际情况列项。

措施项目清单的编制需考虑多种因素,除工程本身的因素外,还涉及水文、气象、环境、安全等因素。影响措施项目设置的因素较多,计量规范不可能将施工中可能出现的措施项目一一列出。在编制措施项目清单时,因工程情况不同,出现计量规范附录中未列的措施项目,可根据工程的具体情况对措施项目清单作补充。

计量规范将措施项目划分为两类:一类是不能计算工程量的项目,如文明施工和安全防护、临时设施等,就以"项"计价,称为"总价项目";另一类是可以计算工程量的项目,如脚手架、降水工程等,就以"量"计价,更有利于措施费的确定和调整,称为"单价项目"。

③措施项目中列出了项目编码、项目名称、项目特征、计量单位、工程量计算规则的项目,编制工程量清单时,应按照《建设工程工程量清单计价规范》(GB 50500—2013)"4.2 分部分项工程项目"的规定执行。

④措施项目中仅列出项目编码、项目名称,未列出项目特征、计量单位和工程量计算规则的项目,编制工程量清单时,应按计量规范附录 S 措施项目规定的项目编码、项目名称确定。

2)项目设置及工程量计算规则(附录 S)

①脚手架工程。脚手架工程工程量清单项目设置、项目特征描述的内容、计量单位及工程量计算规则应按表 S.1 的规定执行。

表 S.1　脚手架工程(编码:011701)

项目编码	项目名称	项目特征	计量单位	工程量计算规则	工作内容
011701001	综合脚手架	1. 建筑结构形式 2. 檐口高度	m^2	按建筑面积计算	1. 场内、场外材料搬运 2. 搭、拆脚手架、斜道、上料平台 3. 安全网的铺设 4. 选择附墙点与主体连接 5. 测试电动装置、安全锁等 6. 拆除脚手架后材料的堆放
011701002	外脚手架	1. 搭设方式 2. 搭设高度 3. 脚手架材质	m^2	按所服务对象的垂直投影面积计算	1. 场内、场外材料搬运 2. 搭、拆脚手架、斜道、上料平台 3. 安全网的铺设 4. 拆除脚手架后材料的堆放
011701003	里脚手架				
011701004	悬空脚手架	1. 搭设方式 2. 悬挑宽度 3. 脚手架材质		按搭设的水平投影面积计算	
011701005	挑脚手架		m	按搭设长度乘以搭设层数以延长米计算	
011701006	满堂脚手架	1. 搭设方式 2. 搭设高度 3. 脚手架材质	m^2	按搭设的水平投影面积计算	
011701007	整体提升架	1. 搭设方式及启动装置 2. 搭设高度	m^2	按所服务对象的垂直投影面积计算	1. 场内、场外材料搬运 2. 选择附墙点与主体连接 3. 搭、拆脚手架、斜道、上料平台 4. 安全网的铺设 5. 测试电动装置、安全锁等 6. 拆除脚手架后材料的堆放

续表

项目编码	项目名称	项目特征	计量单位	工程量计算规则	工作内容
011701008	外装饰吊篮	1. 升降方式及启动装置 2. 搭设高度及吊篮型号	m^2	按所服务对象的垂直投影面积计算	1. 场内、场外材料搬运 2. 吊篮的安装 3. 测试电动装置、安全锁、平衡控制器等 4. 吊篮的拆卸

注:①使用综合脚手架时,不再使用外脚手架、里脚手架等单项脚手架;综合脚手架适用于能够按"建筑面积计算规则"计算建筑面积的建筑工程脚手架,不适用于房屋加层、构筑物及附属工程脚手架。

②同一建筑物有不同檐高时,按建筑物竖向切面分别按不同檐高编列清单项目。

③整体提升架已包括 2 m 高的防护架体设施。

④脚手架材质可以不描述,但应注明由投标人根据工程实际情况按照《建筑施工扣件式钢管脚手架安全技术规范》(JGJ 130—2011)、《建筑施工附着升降脚手架管理暂行规定》(建建[2000]230 号)等规范自行确定。

②垂直运输。垂直运输工程量清单项目设置、项目特征描述的内容、计量单位及工程量计算规则应按表 S.3 的规定执行。

表 S.3 垂直运输(编码:011703)

项目编码	项目名称	项目特征	计量单位	工程量计算规则	工作内容
011703001	垂直运输	1. 建筑物建筑类型及结构形式 2. 地下室建筑面积 3. 建筑物檐口高度、层数	1. m^2 2. 天	1. 按建筑面积计算 2. 按施工工期日历天数计算	1. 垂直运输机械的固定装置、基础制作、安装 2. 行走式垂直运输机械轨道的铺设、拆除、摊销

注:①建筑物的檐口高度是指设计室外地坪至檐口滴水的高度(平屋顶系指屋面板底高度),突出主体建筑物屋顶的电梯机房、楼梯出口间、水箱间、瞭望塔、排烟机房等不计入檐口高度。

②垂直运输指施工工程在合理工期内所需垂直运输机械。

③同一建筑物有不同檐高时,按建筑物的不同檐高做纵向分割,分别计算建筑面积,以不同檐高分别编码列项。

③超高施工增加。超高施工增加工程量清单项目设置、项目特征描述的内容、计量单位及工程量计算规则应按表 S.4 的规定执行。

表 S.4 超高施工增加(编码:011704)

项目编码	项目名称	项目特征	计量单位	工程量计算规则	工作内容
011704001	超高施工增加	1. 建筑物建筑类型及结构形式 2. 建筑物檐口高度、层数 3. 单层建筑物檐口高度超过 20 m,多层建筑物超过 6 层部分的建筑面积	m^2	按建筑物超高部分的建筑面积计算	1. 建筑物超高引起的人工工效降低以及由于人工工效降低引起的机械降效 2. 高层施工用水加压水泵的安装、拆除及工作台班 3. 通信联络设备的使用及摊销

注:①单层建筑物檐口高度超过 20 m,多层建筑物超过 6 层时,可按超高部分的建筑面积计算超高施工增加。计算层数时,地下室不计入层数。

②同一建筑物有不同檐高时,可按不同高度的建筑面积分别计算建筑面积,以不同檐高分别编码列项。

④大型机械设备进出场及安拆。大型机械设备进出场及安拆工程量清单项目设置、项目特征描述的内容、计量单位及工程量计算规则应按表S.5的规定执行。

表S.5　大型机械设备进出场及安拆(编码:011705)

项目编码	项目名称	项目特征	计量单位	工程量计算规则	工作内容
011705001	大型机械设备进出场及安拆	1.机械设备名称 2.机械设备规格型号	台次	按使用机械设备的数量计算	1.安拆费包括施工机械、设备在现场进行安装拆卸所需人工、材料、机械和试运转费用以及机械辅助设施的折旧、搭设、拆除等费用 2.进出场费包括施工机械、设备整体或分体自停放地点运至施工现场或由一施工地点运至另一施工地点所发生的运输、装卸、辅助材料等费用

⑤安全文明施工及其他措施项目。安全文明施工及其他措施项目工程量清单项目设置、计量单位、工作内容及包含范围应按表S.7的规定执行。

表S.7　安全文明施工及其他措施项目(编码:011707)

项目编码	项目名称	工作内容及包含范围
011707001	安全文明施工	1.环境保护包含范围:现场施工机械设备降低噪声、防扰民措施费用;水泥和其他易飞扬细颗粒建筑材料密闭存放或采取覆盖措施等费用;工程防扬尘洒水费用;土石方、建渣外运车辆冲洗、防撒漏等费用;现场污染源的控制、生活垃圾清理外运、场地排水排污措施的费用;其他环境保护措施费用 2.文明施工包含范围:“五牌一图”的费用;现场围挡的墙面美化(包括内外粉刷、刷白、标语等)、压顶装饰费用;现场厕所便槽刷白、贴面砖,水泥砂浆地面或地砖费用,建筑物内临时便溺设施费用;其他施工现场临时设施的装饰装修、美化措施费用;现场生活卫生设施费用;符合卫生要求的饮水设备、淋浴、消毒等设施费用;生活用洁净燃料费用;防煤气中毒、防蚊虫叮咬等措施费用;施工现场操作场地的硬化费用;现场绿化费用、治安综合治理费用;现场配备医药保健器材、物品费用和急救人员培训费用;用于现场工人的防暑降温费、电风扇、空调等设备及用电费用;其他文明施工措施费用 3.安全施工包含范围:安全资料、特殊作业专项方案的编制,安全施工标志的购置及安全宣传的费用;“三宝”(安全帽、安全带、安全网)、“四口”(楼梯口、电梯井口、通道口、预留洞口)、“五临边”(阳台围边、楼板围边、屋面围边、槽坑围边、卸料平台两侧),水平防护架、垂直防护架、外架封闭等防护的费用;施工安全用电的费用,包括配电箱三级配电、两级保护装置要求、外电防护措施;起重机、塔吊等起重设备(含井架、门架)及外用电梯的安全防护措施(含警示标志)费用及卸料平台的临边防护、层间安全门、防护棚等设施费用;建筑工地起重机械的检验检测费用;施工机具防护棚及其围栏的安全保护设施费用;施工安全防护通道的费用;工人的安全防护用品、用具购置费用;消防设施与消防器材的配置费用;电气保护、安全照明设施费;其他安全防护措施费用 4.临时设施包含范围:施工现场采用彩色、定型钢板,砖、混凝土砌块等围挡的安砌、维修、拆除费或摊销费;施工现场临时建筑物、构筑物的搭设、维修、拆除或摊销的费用,如临时宿舍、办公室、食堂、厨房、厕所、诊疗所、临时文化福利用房、临时仓库、加工场、搅拌台、临时简易水塔、水池等;施工现场临时设施的搭设、维修、拆除或摊销的费用,如临时供水管道、临时供电管线、小型临时设施等;施工现场规定范围内临时简易道路铺设,临时排水沟、排水设施安砌、维修、拆除;其他临时设施费搭设、维修、拆除或摊销的费用

续表

项目编码	项目名称	工作内容及包含范围
011707002	夜间施工	1. 夜间固定照明灯具和临时可移动照明灯具的设置、拆除 2. 夜间施工时,施工现场交通标志、安全标牌、警示灯等的设置、移动、拆除 3. 包括夜间照明设备摊销及照明用电、施工人员夜班补助、夜间施工劳动效率降低等费用
011707003	非夜间施工照明	为保证工程施工正常进行,在如地下室等特殊施工部位施工时所采用的照明设备的安拆、维护、摊销及照明用电等费用
011707004	二次搬运	包括由于施工场地条件限制而发生的材料、成品、半成品等一次运输不能到达堆放地点,必须进行二次或多次搬运的费用
011707005	冬雨季施工	1. 冬雨(风)季施工时增加的临时设施(防寒保温、防雨、防风设施)的搭设、拆除 2. 冬雨(风)季施工时,对砌体、混凝土等采用的特殊加温、保温和养护措施 3. 冬雨(风)季施工时,施工现场的防滑处理,对影响施工的雨雪的清除 4. 包括冬雨(风)季施工时增加的临时设施的摊销、施工人员的劳动保护用品、冬雨(风)季施工劳动效率降低等费用
011707006	地上、地下设施,建筑物的临时保护设施	在工程施工过程中,对已建成的地上、地下设施和建筑物进行的遮盖、封闭、隔离等必要保护措施所发生的费用
011707007	已完工程及设备保护	对已完工程及设备采取的覆盖、包裹、封闭、隔离等必要保护措施所发生的费用

注:本表所列项目应根据工程实际情况计算措施项目费用,需分摊的应合理计算摊销费用。

4.2.4　其他项目清单

1)其他项目清单内容

其他项目清单应按下列内容列项:

①暂列金额;

②暂估价,包括材料暂估单价、工程设备暂估单价、专业工程暂估价;

③计日工;

④总承包服务费。

2)编制要求

①暂列金额应根据工程特点按有关计价规定估算。

暂列金额在计价规范中已经定义为招标人暂定并包括在合同中的一笔款项。不管采用何种合同形式,其理想的标准是:一份合同的价格就是其最终的竣工结算价格,或者至少二者应尽可能接近。我国规定对政府投资工程实行概算管理,经项目审批部门批复的设计概算是工程投资控制的刚性指标,即使商业性开发项目也有成本的预先控制问题,否则无法相对准确地预测投资的收益和科学合理地进行投资控制。

但工程建设本身的特性决定了工程的设计需要根据工程进展不断地进行优化和调整，业主需求可能会随工程建设进展而出现变化，工程建设过程还会存在一些不能预见、不能确定的因素。消化这些因素必然会影响合同价格的调整，暂列金额正是应这类不可避免的价格调整而设立，以便达到合理确定和有效控制工程造价的目标。

②暂估价中的材料、工程设备暂估单价应根据工程造价信息或参照市场价格估算，列出明细表；专业工程暂估价应分不同专业，按有关计价规定估算，列出明细表。

暂估价是指招标阶段直至签订合同协议时，招标人在招标文件中提供的用于支付必然要发生但暂时不能确定价格的材料以及专业工程的金额。暂估价类似于 FIDIC 合同条款中的 Prime Cost Items，在招标阶段预见肯定要发生，只是因为标准不明确或者需要由专业承包人完成，暂时无法确定价格。

暂估价数量和拟用项目应当结合工程量清单中的“暂估价表”予以补充说明。

为方便合同管理，需要纳入分部分项工程项目清单综合单价中的暂估价应只是材料、工程设备费，以方便投标人组价。

专业工程的暂估价应是综合暂估价，包括除规费和税金以外的管理费、利润等。

③计日工应列出项目名称、计量单位和暂估数量。

计日工是为了解决现场发生的零星工作的计价而设立的。国际上常见的标准合同条款中，大多数都设立了计日工（Daywork）计价机制。计日工对完成零星工作所消耗的人工工时、材料数量、施工机械台班进行计量，并按照计日工表中填报的适用项目的单价进行计价支付。

计日工适用的所谓零星工作一般是指合同约定之外或者因变更而产生的、工程量清单中没有相应项目的额外工作，尤其是那些时间不允许事先商定价格的额外工作。

④总承包服务费应列出服务项目及其内容等。

总承包服务费是为了解决招标人在法律、法规允许的条件下进行专业工程发包以及自行供应材料、工程设备，并需要总承包人对发包的专业工程提供协调和配合服务，对甲供材料、工程设备提供收、发和保管服务以及进行施工现场管理时发生并向总承包人支付的费用。

招标人应预计该项费用，并按投标人的投标报价向投标人支付该项费用。

⑤出现上述未列的项目，应根据工程实际情况补充。

工程建设标准的高低、工程的复杂程度、工程的工期长短、工程的组成内容、发包人对工程的管理要求等都直接影响其他项目清单的具体内容，本节仅提供了上述 4 项内容作为列项参考，不足部分，可根据工程的具体情况进行补充。

·4.2.5 规费及税金项目清单·

1）规费项目清单编制要求

①规费项目清单应按照下列内容列项：

a. 社会保险费，包括养老保险费、失业保险费、医疗保险费、工伤保险费、生育保险费；

b. 住房公积金；

c. 工程排污费。

②出现上述未列的项目，应根据省级政府或省级有关部门的规定列项。

根据住建部、财政部印发的《建筑安装工程费用项目组成》（建标〔2013〕44 号）的规定，规费包括工程排污费、社会保险费（养老保险、失业保险、医疗保险、工伤保险、生育保险）、住房公积金。规费作为政府和有关权利部门规定必须缴纳的费用，编制人对《建筑安装工程费用项目组成》中未包括的规费项目，在编制规费项目清单时应根据省级政府或省级有关权利部门的规定列项。

2)税金项目清单编制要求

(1)一般计税方法

①根据住房和城乡建设部办公厅《关于做好建筑业营改增建设工程计价依据调整准备工作的通知》(建办标〔2016〕4 号)规定的计价依据调整要求，营改增后，采用一般计税方法的建设工程费用组成中的分部分项工程费、措施项目费、其他项目费、规费中均不包含增值税可抵扣进项税额。

②企业管理费组成内容中增加附加税：国家税法规定的应计入建筑安装工程造价内的城市建设维护税、教育费附加及地方教育附加。

③税金定义及包含内容调整为：税金是指根据建筑服务销售价格，按规定税率计算的增值税销项税额。

④税金以除税工程造价为计取基础，甲供材料和甲供设备费用应在计取现场保管费后，在税前扣除。

(2)简易计税方法

①营改增后，采用简易计税方式的建设工程费用组成中，分部分项工程费、措施项目费、其他项目费的组成均包含增值税可抵扣进项税额。

②税金定义及包含内容调整为：税金包含增值税应纳税额、城市建设维护税、教育费附加及地方教育附加。

③以上四项合计，以包含增值税可抵扣进项额的税前工程造价为计费基础，甲供材料和甲供设备费用应在计取现场保管费后，在税前扣除。

出现上述未列的项目，应根据税务部门的规定列项。如国家税法发生变化，税务部门依据职权增加了税种，应对税金项目清单进行补充。

练一练

【练习 1】 完成某大厦装修二楼会议室地面的清单编制，题目详见 P62【练习 5】。

【练习 2】 完成某办公室外墙花岗岩干挂的清单编制，题目详见 P84【练习 2】。

【练习 3】 完成某综合楼会议室天棚吊顶的清单编制，题目详见 P98【练习 1】。

4.3 装饰工程工程量清单计价

装饰工程工程量清单计价

· 4.3.1 装饰工程工程量清单计价概述 ·

1)概述

(1)招标工程量清单的数量问题

采用工程量清单计价，装饰工程造价由分部分项工程费、措施项目费、其他项目费、规费和税金组成。

招标文件中的工程量清单标明的工程量是投标人投标报价的共同基础，竣工结算的工程量按发承包双方在合同中约定应予计量且实际完成的工程量确定。

招标文件中的工程量清单标明的工程量是招标人根据拟建工程设计文件预计的工程量，不能作为承包人在履行合同义务中应予完成的实际和准确的工程量，这一点是毫无疑义的。招标文件中工程量清单所列的工程量一方面是各投标人进行投标报价的共同基础，另一方面也是对各投标人的投标报价进行评审的共同平台，是招投标活动应当遵循公开、公平、公正和诚实、信用原则的具体体现。

发承包双方进行工程竣工结算的工程量应按照经发承包双方认可的实际完成工程量确定，而非招标文件中工程量清单所列的工程量。此条与2013计价规范第4.1.2条相呼应，进一步明确了招标人或其委托的工程造价咨询人编制工程量清单的责任，体现了权责对等的原则。

(2)暂估价材料及专业工程的招标问题

招标人在工程量清单中提供了暂估价的材料和专业工程属于依法必须招标的，由承包人和招标人共同通过招标确定材料单价与专业工程分包价。若材料不属于依法必须招标的，经发承包双方协商确认单价后计价；若专业工程不属于依法必须招标的，由发包人、总承包人与分包人按有关计价依据进行计价。

根据《工程建设项目货物招标投标办法》(国家发展改革委、建设部等七部委27号令)第五条规定："工程建设项目招标人对项目实行总承包招标时，以暂估价形式包括在总承包范围内的货物达到国家规定规模标准的，应当由总承包中标人和工程建设项目招标人共同依法组织招标。双方当事人的风险和责任承担由合同约定。"

实践中，如何进行共同招标，一直缺少统一的认识。共同招标很容易被理解为双方共同作为招标人，最后共同与中标人签订合同。尽管这种做法很受一些工程建设项目招标人的欢迎，且也不是完全没有可操作性，但是与现行法规所提倡的责任主体一元化的施工总承包理念不相吻合，合同关系的线条也不清晰，不便于合同履行。恰当的做法应当是仍由总承包中标人作为招标人。首先，采购合同应当由总承包人签订。其原因如下：一是属于总承包范围内的材料设备，采购主体是总承包人；二是总承包范围内的工程的质量、安全和工期的责任主体是一元化的，均归于总承包人；三是根据要约承诺机理，如果招标人作为招标主体一方发出要约邀请，势必要作为合同的主体与中标人签约。

因此，为了避免出现两方作为共同招标人、一方作为合同主体的法律难题，招标主体仍应是施工总承包人，建设项目招标人参与的所谓共同招标可以通过恰当的途径体现建设项目招标人对这类招标组织的参与、决策和控制，实践中能够约束总承包人的最佳途径就是通过合同约定相关的程序。

具体约定应体现下列原则：一是由总承包人作为招标项目的招标人；二是建设项目招标人的参与主要体现在对相关项目招标文件、评标标准和方法等能够体现招标目的和招标要求的文件进行审批，未经审批不得发出招标文件，甚至可以在招标文件中明确约定，相关招标项目的招标文件只有经过建设项目招标人审批并加盖其法人印章后才能生效；三是评标时建设项目招标人可以依照国家发展改革委、建设部等七部委27号令规定，作为共同的招标组织者，可以派代表进入评标委员会参与评标，否则中标结果对建设项目招标人没有约束力，并且建设项目招标人有权拒绝对相应项目拨付工程款，对相关工程拒绝验收。

需要指出的是，达到现行法规规定的规模标准的重要材料设备，应当依法共同招标，其范围还包括延续到专业分包合同中的重要材料设备;对未达到法律、法规规定的规模标准的材料设备,需要约定定价程序,需要与材料样品报批程序相互衔接。

上述共同招标的操作原则同样适用于以暂估价形式出现的专业分包工程。

总承包招标时,专业工程设计深度往往是不够的,一般需要交由专业设计人设计,国际上,出于提高可建造性考虑,一般由专业承包人负责设计,以纳入其专业技能和专业施工经验。这类专业工程交由专业分包人完成是国际工程的良好实践,目前在我国工程建设领域也已经比较普遍。公开透明地合理确定这类暂估价的实际开支金额的最佳途径就是通过建设项目招标人与施工总承包人共同组织的招标。

(3)计价风险问题

采用工程量清单计价的工程,应在招标文件或合同中明确风险内容及其范围(幅度),不得采用无限风险、所有风险或类似语句规定风险内容及其范围(幅度)。这里所指的风险是指综合单价包含的内容。

本条所指的风险是工程建设施工阶段发承包双方在招投标活动和合同履约及施工中所面临的涉及工程计价方面的风险。

在工程施工阶段,发承包双方都面临许多风险,但不是所有的风险以及无限度的风险都应由承包人承担,而是应按风险共担的原则,对风险进行合理分摊。其具体体现则是应在招标文件或合同中对发承包双方各自应承担的风险内容及其风险范围或幅度进行界定和明确,而不能要求承包人承担所有风险或无限度风险。

根据国际惯例并结合我国社会主义市场经济条件下工程建设的特点,发承包双方对工程施工阶段的风险宜采用如下分摊原则:

①对于主要由市场价格波动导致的价格风险,如工程造价中的建筑材料、燃料等价格风险,发承包双方应当在招标文件中或在合同中对此类风险的范围和幅度予以明确约定,进行合理分摊。

根据工程特点和工期要求,2013 计价规范提出承包人可承担 5% 以内的材料价格风险,10% 的施工机械使用费的风险。

②对于法律、法规、规章或有关政策出台导致工程税金、规费、人工发生变化,并由省级、行业建设行政主管部门或其授权的工程造价管理机构根据上述变化发布的政策性调整,承包人不应承担此类风险,应按照有关调整规定执行。

③对于承包人根据自身技术水平、管理、经营状况能够自主控制的风险,如承包人的管理费、利润的风险,承包人应结合市场情况,根据企业自身实际合理确定、自主报价,该部分风险由承包人全部承担。

(4)投标报价表格与投标价问题

投标人应按招标人提供的工程量清单填报价格,填写的项目编码、项目名称、项目特征、计量单位、工程量必须与招标人提供的一致。

实行工程量清单招标,招标人在招标文件中提供工程量清单,其目的是使各投标人在投标报价中具有共同的竞争平台。因此,要求投标人在投标报价中填写的工程量清单的项目编码、项目名称、项目特征、计量单位、工程数量必须与招标人招标文件中提供的一致。需要说明的是,2013 计价规范已将“分部分项工程量清单”与“分部分项工程量清单计价表”两表合一为“分部分项工程量清单与计价表”,为避免出现差错,投标人最好按招标人提供的分部分项工程量清单与计价表直接填写价格。

投标总价应当与分部分项工程费、措施项目费、其他项目费和规费、税金的合计金额一致。

实行工程量清单招标，投标人的投标总价应当与组成工程量清单的分部分项工程费、措施项目费、其他项目费、规费和税金的合计金额相一致，即投标人在进行工程量清单招标的投标报价时，不能进行投标总价优惠（或降价、让利），投标人对投标报价的任何优惠（或降价、让利）均应反映在相应清单项目的综合单价中。

2）最高投标限价

（1）一般规定

①国有资金投资的建设工程招标，招标人必须编制最高投标限价。

我国对国有资金投资项目的投资控制实行的是投资概算审批制度，国有资金投资的工程原则上不能超过批准的投资概算。

国有资金投资的工程实行工程量清单招标，为了客观、合理地评审投标报价和避免哄抬标价，避免造成国有资产流失，招标人必须编制最高投标限价，规定最高投标限价。

②最高投标限价应由具有编制能力的招标人或受其委托的工程造价咨询人编制和复核。

招标人应当负责编制最高投标限价，当招标人不具有编制最高投标限价的能力时，可委托工程造价咨询人编制。

③工程造价咨询人接受招标人委托编制最高投标限价，不得再就同一工程接受投标人委托编制投标报价。

④最高投标限价应按照下面介绍的编制依据编制，不应上调或下浮。

⑤当最高投标限价超过批准的概算时，招标人应将其报原概算审批部门审核。

⑥招标人应在发布招标文件时公布最高投标限价，同时应将最高投标限价及有关资料报送工程所在地或有该工程管辖权的行业管理部门的工程造价管理机构备查。

最高投标限价的作用决定了最高投标限价不同于标底，无须保密。为体现招标的公平、公正性，防止招标人有意抬高或压低工程造价，招标人应在招标文件中如实公布最高投标限价；同时，招标人应将最高投标限价报工程所在地或有该工程管辖权的行业管理部门的工程造价管理机构备查。

（2）编制与审核

①最高投标限价应根据下列依据编制与复核：

a.《建设工程工程量清单计价规范》；

b. 国家或省级、行业建设主管部门颁发的计价定额和计价办法；

c. 建设工程设计文件及相关资料；

d. 拟定的招标文件及招标工程量清单；

e. 与建设项目相关的标准、规范、技术资料；

f. 施工现场情况、工程特点及常规施工方案；

g. 工程造价管理机构发布的工程造价信息，当工程造价信息没有发布时，参照市场价；

h. 其他的相关资料。

上述规定体现了最高投标限价如下的计价特点：

a. 使用的计价标准、计价政策应是国家或省级、行业建设主管部门颁发的计价定额和相关政策规定。

b.采用的材料价格应是工程造价管理机构通过工程造价信息发布的材料单价,工程造价信息未发布材料单价的材料,其价格应通过市场调查确定。

c.国家或省级、行业建设主管部门对工程造价计价中费用或费用标准有规定的,应按规定执行。

②综合单价中应包括招标文件中划分的应由投标人承担的风险范围及其费用。招标文件中没有明确的,如是工程造价咨询人编制,应提请招标人明确;如是招标人编制,应予明确。

③分部分项工程和措施项目中的单价项目,应根据拟定的招标文件和招标工程量清单项目中的特征描述及有关要求确定综合单价计算。

④措施项目中的总价项目应根据拟定的招标文件和常规施工方案按2013计价规范第3.1.4条和3.1.5条的规定计价。

最高投标限价中,措施项目中的总价项目的计价依据和原则如下:

a.措施项目依据招标文件中措施项目清单所列的内容;

b.措施项目费按2013计价规范关于措施项目费的规定计价。

⑤其他项目应按下列规定计价:

a.暂列金额应按招标工程量清单中列出的金额填写。暂列金额由招标人根据工程特点、工期长短,按有关计价规定进行估算确定,一般可以分部分项工程费的10%~15%作为参考。

b.暂估价中的材料、工程设备单价应按招标工程量清单中列出的单价计入综合单价,按照工程造价管理机构发布的工程造价信息或参考市场价格确定。

c.暂估价中的专业工程金额应按招标工程量清单中列出的金额填写,应分不同专业,按有关计价规定估算。

d.计日工应按招标工程量清单中列出的项目,根据工程特点和有关计价依据确定综合单价计算。

e.总承包服务费应根据招标工程量清单列出的内容和要求估算。根据招标文件中列出的内容和向总承包人提出的要求参照下列标准计算:

- 招标人仅要求对分包的专业工程进行总承包管理和协调时,按分包的专业工程估算造价的1.5%计算;
- 招标人要求对分包的专业工程进行总承包管理和协调并同时要求提供配合服务时,根据招标文件中列出的配合服务内容和提出的要求按分包的专业工程估算造价的3%~5%计算;
- 招标人自行供应材料的,按招标人供应材料价值的1%计算。

⑥规费和税金应按2013计价规范第3.1.6条的规定计算。

(3)投诉与处理

①投标人经复核认为招标人公布的最高投标限价未按照2013计价规范的规定进行编制的,应当在最高投标限价公布后5天内向招投标监督机构和工程造价管理机构投诉。

②投诉人投诉时,应当提交由单位盖章和法定代表人或其委托人签名或盖章的书面投诉书。投诉书应包括下列内容:

a.投诉人与被投诉人的名称、地址及有效联系方式;

b.投诉的招标工程名称、具体事项及理由;

c.投诉依据及有关证明材料;

d.相关的请求及主张。

③投诉人不得进行虚假、恶意投诉，阻碍招投标活动的正常进行。

④工程造价管理机构在接到投诉书后应在2个工作日内进行审查，对有下列情况之一的，不予受理：

a. 投诉人不是所投诉招标工程招标文件的收受人；

b. 投诉书提交的时间不符合2013计价规范第5.3.1条规定的；

c. 投诉书不符合2013计价规范第5.3.2条规定的；

d. 投诉事项已进入行政复议或行政诉讼程序的。

⑤工程造价管理机构应在不迟于结束审查的次日将是否受理投诉的决定书面通知投诉人、被投诉人以及负责该工程招投标监督的招投标管理机构。

⑥工程造价管理机构受理投诉后，应立即对最高投标限价进行复查，组织投诉人、被投诉人或其委托的最高投标限价编制人等单位人员对投诉问题逐一核对。有关当事人应当予以配合，并应保证所提供资料的真实性。

⑦工程造价管理机构应当在受理投诉的10天内完成复查，特殊情况下可适当延长，并作出书面结论通知投诉人、被投诉人及负责该工程招投标监督的招投标管理机构。

⑧当最高投标限价复查结论与原公布的最高投标限价误差大于±3%时，应当责成招标人改正。

⑨招标人根据最高投标限价复查结论需要重新公布最高投标限价的，其最终公布的时间至招标文件要求提交投标文件截止时间不足15天的，应相应延长投标文件的截止时间。

《中华人民共和国招标投标法》第二十三条规定："招标人对已发出的招标文件进行必要的澄清或者修改的，应当在招标文件要求提交投标文件截止时间至少十五日前，以书面形式通知所有招标文件收受人。该澄清或者修改的内容为招标文件的组成部分。"因此，本条规定与《中华人民共和国招标投标法》规定保持一致。

3）投标报价

（1）一般规定

①投标价应由投标人或受其委托的工程造价咨询人编制。

②投标人应依据2013计价规范第6.2.1条的规定自主确定投标报价。

③投标报价不得低于工程成本。

《中华人民共和国招标投标法》第四十一条规定："中标人的投标应当符合下列条件……（二）能够满足招标文件的实质性要求，并且经评审的投标价格最低；但是投标价格低于成本的除外。"《评标委员会和评标办法暂行规定》（国家发展计划委员会等七部委第12号令）第二十一条规定："在评标过程中，评标委员会发现投标人的报价明显低于其他投标报价或者在设有标底时明显低于标底，使得其投标报价可能低于其个别成本的，应当要求该投标人作出书面说明并提供相关证明材料。投标人不能合理说明或者不能提供相关证明材料的，由评标委员会认定该投标人以低于成本报价竞标，应当否决其投标。"根据上述法律、规章，计价规范规定投标人的投标报价不得低于工程成本。

④投标人必须按招标工程量清单填报价格。项目编码、项目名称、项目特征、计量单位、工程量必须与招标工程量清单一致。

⑤投标人的投标报价高于最高投标限价的应予废标。

国有资金投资的工程，招标人编制并公布的最高投标限价相当于招标人的采购预算，同时要求其不能超过批准的概算，因此，最高投标限价是招标人在工程招标时能接受投标人报价的最高限价。国有资金中的财政性资金投资的工程在招标时还应符合《中华人民共和国政府采购法》相关条款的规定，该法第三十六条规定："在招标采购中，出现下列情形之一的，应予废标……（三）投标人的报价均超过了采购预算，采购人不能支付的……"本条依据这一精神，规定了国有资金投资的工程，投标人的投标报价不能高于最高投标限价，否则，其投标作废标处理。

（2）编制与审核

①投标报价应根据下列依据编制和复核：

a.《建设工程工程量清单计价规范》；

b. 国家或省级、行业建设主管部门颁发的计价办法；

c. 企业定额，国家或省级、行业建设主管部门颁发的计价定额和计价方法；

d. 招标文件、招标工程量清单及其补充通知、答疑纪要；

e. 建设工程设计文件及相关资料；

f. 施工现场情况、工程特点及投标时拟定的施工组织设计或施工方案；

g. 与建设项目相关的标准、规范等技术资料；

h. 市场价格信息或工程造价管理机构发布的工程造价信息；

i. 其他的相关资料。

②综合单价中应包括招标文件中划分的应由投标人承担的风险范围及其费用，招标文件中没有明确的，应提请招标人明确。

综合单价中应考虑招标文件中要求投标人承担的风险内容及其范围（幅度）产生的风险费用。在施工过程中，当出现的风险内容及其范围（幅度）在合同约定的范围内时，合同价款不作调整。

③分部分项工程和措施项目中的单价项目，应根据招标文件和招标工程量清单中的特征描述确定综合单价计算。

④措施项目中的总价项目金额应根据招标文件及投标时拟定的施工组织设计或施工方案，按 2013 计价规范第 3.1.4 条的规定自主确定。其中，安全文明施工费应按照 2013 计价规范第 3.1.5 条的规定确定。

投标人对措施项目中的总价项目投标报价的原则：

a. 措施项目的内容应依据招标人提供的措施项目清单和投标人投标时拟定的施工组织设计或施工方案；

b. 措施项目费由投标人自主确定，但其中安全文明施工费必须按国家或省级、行业建设主管部门的规定确定。

⑤其他项目费应按下列规定报价：

a. 暂列金额应按招标工程量清单中列出的金额填写；

b. 材料、工程设备暂估价应按招标工程量清单中列出的单价计入综合单价；

c. 专业工程暂估价应按招标工程量清单中列出的金额填写；

d. 计日工应按招标工程量清单中列出的项目和数量，自主确定综合单价并计算计日工金额；

e. 总承包服务费应根据招标工程量清单中列出的内容和提出的要求自主确定。

应依据招标人在招标文件中列出的分包专业工程内容和供应材料、设备情况，按照招标人提出协调、配合与服务要求和施工现场管理需要自主确定。

⑥规费和税金应按2013计价规范第3.1.6条的规定确定。

⑦招标工程量清单与计价表中列明的所有需要填写单价和合价的项目,投标人均应填写且只允许有一个报价。未填写单价和合价的项目,可视为此项费用已包含在已标价工程量清单中其他项目的单价和合价之中。竣工结算时,此项目不得重新组价予以调整。

⑧投标总价应当与分部分项工程费、措施项目费、其他项目费和规费、税金的合计金额一致。

4)计价风险

①建设工程发承包,必须在招标文件、合同中明确计价中的风险内容及其范围,不得采用无限风险、所有风险或类似语句规定计价中的风险内容及范围。

工程施工发包是一种期货交易行为,工程建设本身又具有单件性和建设周期长的特点。在工程施工过程中影响工程施工及工程造价的风险因素有很多,但并非所有的风险都是承包人能预测、能控制和应承担其造成的损失。

基于市场交易的公平性和工程施工过程中发承包双方权责的对等性要求,发承包双方应合理分摊风险,因此要求招标人在招标文件中或在合同中禁止采用无限风险、所有风险或类似的语句规定投标人应承担的风险内容及其风险范围或风险幅度。

②由于下列因素出现,影响合同价款调整的,应由发包人承担:

a.国家法律、法规、规章和政策发生变化;

b.省级或行业建设主管部门发布的人工费调整,但承包人对人工费或人工单价的报价高于发布的除外;

c.由政府定价或政府指导价管理的原材料等价格进行了调整。

因承包人原因导致工期延误的,应按2013计价规范第9.2.2条、第9.8.3条的规定执行。

③由于市场物价波动影响合同价款的,应由发承包双方合理分摊,按2013计价规范附录L.2或L.3填写“承包人提供主要材料和工程设备一览表”作为合同附件;当合同中没有规定,发承包双方发生争议时,应按2013计价规范第9.8.1—9.8.3条的规定调整合同价款。

④由于承包人使用机械设备、施工技术以及组织管理水平等自身原因造成施工费用增加的,应由承包人全部承担。

根据我国工程建设特点,投标人应完全承担的风险是技术风险和管理风险,如管理费和利润;应有限度承担的是市场风险,如材料价格、施工机械使用费等的风险;应完全不承担的是法律、法规、规章和政策变化的风险。

计价规范定义的风险是综合单价包含的内容。根据我国目前工程建设的实际情况,各省、自治区、直辖市建设行政主管部门均根据当地人力资源和社会保障行政主管部门的有关规定发布人工成本信息或人工费调整,对此关系职工切身利益的人工费不宜纳入风险,材料价格的风险宜控制在5%以内,施工机械使用费的风险可控制在10%以内,超过者予以调整,管理费和利润的风险由投标人全部承担。

⑤当不可抗力发生,影响合同价款时,应按2013计价规范第9.10节的规定执行。

·4.3.2 分部分项工程量清单计价实例·

1)楼地面工程

①有填充层和隔离层的楼地面往往有二层找平层,应注意报价。

②当台阶面层与找平层材料相同,而最后一步台阶投影面积不计算时,应将最后一步台阶的踢脚板面层考虑在计价内。

【例4.17】 水磨石地面工程量清单计价的编制,题目参见【例3.1】及【例4.1】。

【解】 计价过程见表4.33。

表4.33 分部分项工程量清单组价过程

序号	项目编码	项目名称	项目特征	计量单位	数量	综合单价/元	合价/元
1	011101002001	现浇水磨石地面	略	m^2	33.800	2 758.18/33.80 = 81.60	2 758.18
	13-31 换	地面水磨石面层		10 m^2	3.380	816.03	2 758.18
		小　计					2 758.18
2	011105001001	水磨石踢脚线	略	m	40.920	1 101.36/40.920 = 26.92	1 101.36
	13-34	水磨石踢脚线		10 m	4.092	269.15	1 101.36
		小　计					1 101.36
3	010404001001	垫层	略	m^3	2.700	462.92/2.700 = 171.45	462.92
	13-9	地面碎石垫层		m^3	2.700	171.45	462.92
		小　计					462.92
4	010501001001	垫层	略	m^3	2.030	803.78/2.030 = 395.95	803.78
	13-11	地面 C15 混凝土垫层		m^3	2.030	395.95	803.78
		小　计					803.78

【例4.18】 室内地砖楼面工程量清单计价的编制,题目参见【例3.2】及【例4.2】。

【解】 计价过程见表4.34。(垫层不单独列项,在块料楼地面清单的项目特征中描述垫层特征,组价时计入。)

表4.34 分部分项工程量清单组价过程

序号	项目编码	项目名称	项目特征	计量单位	数量	综合单价/元	合价/元
1	011102003001	块料楼地面	略	m^2	34.400	4 830.64/34.40 = 140.43	4 830.64
	13-83 换	地面地砖面层		10 m^2	3.440	1 036.03	3 563.94
	13-9	地面碎石垫层		m^3	2.700	171.45	462.92
	13-11	地面 C15 混凝土垫层		m^3	2.030	395.95	803.78
		小　计					4 830.64
2	011105003001	块料踢脚线	略	m	37.960	811.89/37.960 = 21.39	811.89
	13-95 换	地砖踢脚线		10 m	3.796	213.88	811.89
		小　计					811.89

【例4.19】 室内大理石楼面工程量清单计价的编制,题目参见【例3.3】及【例4.3】。

【解】 计价过程见表4.35。

表4.35 分部分项工程量清单组价过程

序号	项目编码	项目名称	项目特征	计量单位	数量	综合单价/元	合价/元
1	011102001001	石材楼地面	略	m^2	15.64	4 915.03/15.64 = 314.26	4 915.03
	13-47 换	黑色大理石镶边		10 m^2	0.304	3 010.43	915.17
	13-47 换	白色大理石		10 m^2	0.720	2 806.43	1 970.11
	13-55 换	简单图案		10 m^2	0.540	3 460.89	1 868.88
	13-110 换	酸洗打蜡		10 m^2	1.564	81.67	127.73
	18-75 换	成品保护		10 m^2	1.564	21.19	33.14
		小 计					4 915.03

【例4.20】 室内地砖楼面工程量清单计价的编制,题目参见【例3.4】及【例4.4】。

【解】 计价过程见表4.36。

表4.36 分部分项工程量清单组价过程

序号	项目编码	项目名称	项目特征	计量单位	数量	综合单价/元	合价/元
1	011102003001	块料楼地面	略	m^2	7.910	1 484.48 /7.91 = 187.67	1 484.48
	13-83 换	黑色地砖镶边		10 m^2	0.197	1 793.26	353.27
	13-83 换	米黄色地砖		10 m^2	0.522	1 566.59	817.76
	13-88 换	复杂图案		10 m^2	0.072	3 223.41	232.09
	13-110 换	酸洗打蜡		10 m^2	0.791	81.67	64.60
	18-75 换	成品保护		10 m^2	0.791	21.19	16.76
		小 计					1 484.48

【例4.21】 室内花岗岩楼面工程量清单计价的编制,题目参见【例3.5】及【例4.5】。

【解】 计价过程见表4.37。

表4.37 分部分项工程量清单组价过程

序号	项目编码	项目名称	项目特征	计量单位	数量	综合单价/元	合价/元
1	011102001001	花岗岩楼面	略	m^2	32.820	7 572.05/32.82 = 230.71	7 572.05
	13-47 换	黑色花岗岩镶边		10 m^2	0.402	2 227.45	895.44
	13-47 换	白色花岗岩		10 m^2	2.016	1 819.45	3 668.01
	13-55 换	复杂图案		10 m^2	0.864	3 075.60	2 657.32
	13-110 换	酸洗打蜡		10 m^2	3.282	85.41	280.32
	18-75 换	成品保护		10 m^2	3.282	21.62	70.96
		小 计					7 572.05

【例 4.22】 实木地板楼面、硬木踢脚线工程量清单计价的编制,题目参见【例 3.6】及【例 4.6】。

【解】 计价过程见表 4.38。

表 4.38 分部分项工程量清单组价过程

序号	项目编码	项目名称	项目特征	计量单位	数量	综合单价/元	合价/元
1	011104002001	木地板	略	m^2	60.830	26 848.44/60.83 = 441.37	26 848.44
	13-112 换	楼面铺设木楞		10 m^2	6.083	372.62	2 266.65
	13-117 换	铺设免漆免刨实木地板		10 m^2	6.083	4 009.75	24 391.31
	13-118 换	木地板压口钉铜条		10 m	0.12	513.15	61.58
	18-75 换	成品保护		10 m^2	6.083	21.19	128.90
		小　计					26 848.44
2	011105005001	硬木木踢脚线		m	31.640	1 023.05/31.64 = 32.33	1 023.05
	13-130 换	贴成品木踢脚线		10 m	3.164	323.34	1 023.05
		小　计					1 023.05

【例 4.23】 楼梯型钢栏杆木扶手工程量清单计价的编制,题目参见【例 3.7】及【例 4.7】。

【解】 计价过程见表 4.39。

表 4.39 分部分项工程量清单组价过程

序号	项目编码	项目名称	计量单位	数　量	综合单价/元	合价/元
1	011503001001	型钢栏杆木扶手	m^2	120.660	28 388.28/120.66 = 235.28	28 388.28
	13-153 换	型钢栏杆成品木扶手安装	10 m	12.066	2 352.75	28 388.28
		小　计				28 388.28

2) 墙柱面工程

①"抹面层"是指一般抹灰的普通抹灰(一层底层和一层面层或不分层一遍成活),中级抹灰(一层底层、一层中层和一层面层或一层底层、一层面层),高级抹灰(一层底层、数层中层和一层面层)的面层。

②"抹装饰面"是指装饰抹灰(抹底灰、涂刷 901 胶溶液、刮或刷水泥浆液、抹中层、抹装饰面层)的面层。

【例 4.24】 墙面抹灰工程量清单计价的编制,题目参见【例 3.8】及【例 4.8】。

【解】 计价过程见表 4.40。

表 4.40 分部分项工程量清单组价过程

序号	项目编码	项目名称	项目特征	计量单位	数量	综合单价/元	合价/元
1	011201001001	墙面一般抹灰	略	m^2	129.16	2 653.08/129.16 = 20.54	2 653.08
	14-38 换	内墙面混合砂浆		10 m^2	12.916	205.41	2 653.08
		小　计					2 653.08

续表

序号	项目编码	项目名称	项目特征	计量单位	数量	综合单价/元	合价/元
2	011201002001	墙面装饰抹灰	略	m^2	92.16	4 046.06/92.16 = 43.90	4046.06
	14-67	外墙面干粘石		10 m^2	9.216	407.77	3 758.01
	14-70	窗台线干粘石		10 m^2	0.240	1 200.19	288.05
		小　计					4046.06

【例 4.25】　卫生间墙面瓷砖贴面工程量清单计价的编制,题目参见【例 3.9】及【例 4.9】。

【解】　计价过程见表 4.41。

表 4.41　分部分项工程量清单组价过程

序号	项目编码	项目名称	项目特征	计量单位	数量	综合单价/元	合价/元
1	011204003001	块料墙面	略	m^2	23.21	5 489.86/23.21 = 236.53	5 489.86
	14-80 换	墙面瓷砖面层		10 m^2	2.321	2 314.34	5 371.58
	18-34 换	瓷砖 45°倒角磨边抛光		10 m^2	1.00	118.28	118.28
		小　计					5 489.86

【例 4.26】　圆柱挂贴花岗岩工程量清单计价的编制,题目参见【例 3.10】及【例 4.10】。

【解】　计价过程见表 4.42。

表 4.42　分部分项工程量清单组价过程

序号	项目编码	项目名称	项目特征	计量单位	数量	综合单价/元	合价/元
1	011205001001	石材柱面	略	m^2	18.310	40 997.04/18.31 = 2 239.05	40 997.04
	14-135 换	柱帽挂贴黑金砂		10 m^2	0.280	32 731.19	9 164.73
	14-134 换	柱墩挂贴黑金砂		10 m^2	0.185	29 185.02	5 399.23
	14-132 换	六拼米黄花岗岩柱身		10 m^2	1.366	19 260.58	26 309.95
	18-38 换	板缝打胶		10 m^2	3.480	35.38	123.12
		小　计					40 997.04

【例 4.27】　圆柱包切片板工程量清单计价的编制,题目参见【例 3.11】及【例 4.11】。

【解】　计价过程见表 4.43。

表 4.43 分部分项工程量清单组价过程

序号	项目编码	项目名称	项目特征	计量单位	数量	综合单价/元	合价/元
1	011208001001	柱面装饰	略	m^2	17.990	4 928.31/17.99 = 273.95	4 928.31
	14-170 换	圆柱面木龙骨基层		10 m^2	1.758	822.61	1 446.15
	14-187 换	柱梁面五夹板基层钉在木龙骨上		10 m^2	1.784	336.57	600.44
	14-195 换	圆柱普通切片板贴在夹板基层上		10 m^2	1.703	506.91	863.27
	18-17 换	镜面不锈钢装饰条 60 mm		100 m	0.16	2 808.83	449.41
	17-96 换	双向木龙骨刷防火漆两遍		10 m^2	1.758	155.23	272.89
	17-37 + 17-47 换	柱面润油粉、刮腻子、聚氨酯清漆 4 遍		10 m^2	1.703	761.10	1 296.15
		小　计					4 928.31

【例 4.28】 墙面木装修工程量清单计价的编制，题目参见【例 3.12】及【例 4.12】。

【解】 计价过程见表 4.44。

表 4.44 分部分项工程量清单组价过程

序号	项目编码	项目名称	项目特征	计量单位	数量	综合单价/元	合价/元
1	011207001001	墙面装饰板	略	m^2	23.100	9 493.78/23.10 = 410.99	9 493.78
	14-168 换	墙裙木龙骨基层		10 m^2	2.310	504.81	1 166.11
	14-185 换	墙裙夹板基层（第一层）		10 m^2	2.145	340.73	730.87
	14-185 换	墙裙夹板基层（第二层）		10 m^2	1.066	433.67	462.29
	13-131 换	踢脚线		100 m	1.100	207.35	228.09
	18-22 换	墙裙压顶线条		100 m	1.100	1 219.58	1 341.54
	18-22 换	踢脚线包阳角木线条		100 m	1.100	889.58	978.54
	14-193 换	墙裙面普通切片板（3 mm）粘贴在凹凸夹板基层上		10 m^2	1.044	497.96	519.87
	14-193 换	墙裙面普通切片板 3 mm 斜拼粘贴在凹凸夹板基层上		10 m^2	1.200	580.66	696.79
	17-79 换	切片板油漆		10 m^2	2.244	1 239.12	2 780.59

续表

序号	项目编码	项目名称	项目特征	计量单位	数量	综合单价/元	合价/元
	17-80 换	踢脚线油漆		10 m	1.100	214.43	235.87
	17-78 换	木压顶线油漆		10 m	0.572	397.30	227.26
	17-78 换	踢脚线阳角木线条油漆		10 m	0.385	397.30	152.96
		小　计					9 493.78

【例 4.29】　玻璃幕墙工程量清单计价的编制，题目参见【例 3.13】及【例 4.13】。

【解】　计价过程见表 4.45。

表 4.45　分部分项工程量清单组价过程

序号	项目编码	项目名称	项目特征	计量单位	数量	综合单价/元	合价/元
1	011209001001	带骨架幕墙	略	m^2	36.00	37 727.59/36.00 = 1 047.99	37 727.59
	14-152 换	铝合金隐框玻璃幕墙		10 m^2	3.60	9 875.72	35 552.59
	详见计算规则	窗增加部分		10 m^2	0.60	1 404.51	842.71
	14-165 换	幕墙与建筑物的封边 自然层连接		10 m^2	0.60	830.82	498.49
	14-166 换	幕墙与建筑物的封边 顶端、侧边不锈钢		10 m^2	0.30	2 779.33	833.80
		小　计					37 727.59

3）天棚工程

“抹装饰线条”线角的道数以一个突出的棱角为一道线，应在报价时注意。

【例 4.30】　轻钢龙骨石膏板吊顶工程量清单计价的编制，题目参见【例 3.14】及【例 4.14】。

【解】　计价过程见表 4.46。

表 4.46　分部分项工程量清单组价过程

序号	项目编码	项目名称	项目特征	计量单位	数　量	综合单价/元	合价/元
1	011302001001	吊顶天棚	略	m^2	103.02	15 720.51/103.02 = 152.60	15 720.51
	15-12	复杂装配式 U 形（上人型）轻钢龙骨面层规格400 mm×600 mm		10 m^2	10.302	665.08	6 851.65

续表

序号	项目编码	项目名称	项目特征	计量单位	数 量	综合单价/元	合价/元
	15-34	吊筋规格(mm) $H=1\ 000$ mm $\phi 8$		10 m^2	6.802	60.54	411.79
	15-34 换	吊筋规格(mm) $H=600$ mm $\phi 8$		10 m^2	3.500	52.12	182.42
	15-46	纸面石膏板天棚面层安装在U形轻钢龙骨上 凹凸		10 m^2	11.262	306.47	3 451.47
	15-46 换	细木工板面层安装在U形轻钢龙骨上 凹凸		10 m^2	0.960	605.47	581.25
	17-175	天棚墙面板缝贴自粘胶带		10 m	10.000	77.11	771.10
	17-179	夹板面乳胶漆3遍		10 m^2	11.262	296.83	3 342.90
	18-62	格式灯孔		10 个	0.400	132.89	53.16
	18-60	检修孔 600 mm×600 mm		10 个	0.100	747.77	74.78
		小 计					15 720.51

【例4.31】 轻钢龙骨石膏板吊顶工程量清单计价的编制,参见【例3.15】及【例4.15】。

【解】 计价过程见表4.47。

表4.47 分部分项工程量清单组价过程

序号	项目编码	项目名称	项目特征	计量单位	数量	综合单价/元	合价/元
1	011302001001	吊顶天棚	略	m^2	210.04	33 932.49/210.04 = 161.55	33 932.49
	15-35 换	$\phi 10$ 吊筋		10 m^2	21.004	131.37	2 759.30
	15-8 换	拱形部分龙骨		10 m^2	7.200	852.55	6 138.36
	15-8 换	其余部分龙骨		10 m^2	13.804	653.20	9 016.77
	15-46 换	拱形部分面层		10 m^2	9.000	384.49	3 460.41
	15-46	其余部分面层		10 m^2	13.804	306.47	4 230.51
	18-26 换	石膏装饰阴角线		100 m	0.592	1 510.35	894.13
	18-26 换	拱形处石膏装饰线		100 m	0.360	1 715.87	617.71
	18-63	筒灯孔		10 个	1.600	28.99	46.38
	17-179	天棚面批腻子乳胶漆3遍		10 m^2	22.804	296.83	6 768.91
		小 计					33 932.49

4)门窗工程

①木门窗的制作应考虑木材的干燥损耗、刨光损耗、下料后备长度、门窗走头增加的体积等。

②防护材料分防火、防腐、防虫、防潮、耐磨、耐老化等材料,应根据清单项目要求报价。

【例4.32】 木门及塑钢窗工程量清单计价的编制,题目参见【例3.16】及【例4.16】。

【解】 计价过程见表4.48。

表4.48 分部分项工程量清单组价过程

序号	项目编码	项目名称	项目特征	计量单位	数量	综合单价/元	合价/元
1	010801001001	木质门	略	m^2	6.24	7 118.60/6.24 = 1 140.80	7 118.60
	16-215 换	有腰双扇胶合板门框制作		10 m^2	0.288	357.17	102.86
	16-216	有腰双扇胶合板门扇制作		10 m^2	0.288	936.55	269.73
	16-217	有腰双扇胶合板门框安装		10 m^2	0.288	44.36	12.78
	16-218	有腰双扇胶合板门扇安装		10 m^2	0.288	207.34	59.71
	16-219 换	框断面每增减10 cm^2		10 m^2	0.288	91.20	26.27
	16-247	纱门扇制作(双扇)		10 m^2	0.288	481.86	138.78
	16-248	纱门扇安装(双扇)		10 m^2	0.288	67.55	19.45
	16-340	有腰双扇门普通五金配件		樘	1.00	129.11	129.11
	16-346	纱门五金配件		樘	1.00	126.80	126.80
	16-313	插销		套	1.00	29.05	29.05
	16-209	有腰单扇胶合板门框制作		10 m^2	3.36	476.18	1 599.96
	16-210	有腰单扇胶合板门扇制作		10 m^2	3.36	849.34	2 853.78
	16-211	有腰单扇胶合板门框安装		10 m^2	3.36	58.45	196.39
	16-212	有腰单扇胶合板门扇安装		10 m^2	3.36	253.04	850.21
	16-339	单扇门普通五金配件		樘	2.00	72.15	144.30

续表

序号	项目编码	项目名称	项目特征	计量单位	数量	综合单价/元	合价/元
	16-315	门吸		副	2.00	13.48	26.96
	16-312	执手锁		把	3.00	96.34	289.02
	17-1	木门调和漆		10 m^2	0.728	334.40	243.44
		小　计					7 118.60
2	010807001001	塑钢窗	略	m^2	9.90	2 797.87/9.90 = 282.61	2 797.87
	16-11 换	塑钢窗安装		10 m^2	0.99	2 826.13	2 797.87
		小　计					2 797.87

5）油漆、涂料、裱糊工程

①有线角、线条、压条的油漆、涂料面的工料消耗应包括在报价内。

②抹灰面的油漆、涂料应注意基层的类型，如一般抹灰墙柱面与拉条灰、拉毛灰、甩毛灰等油漆、涂料的耗工量与材料消耗量的不同。

③空花格、栏杆刷涂料工程量按外框单面垂直投影面积计算，注意其展开面积工料消耗应包括在报价内。

④刮腻子应注意刮腻子遍数，是满刮，还是找补腻子。

⑤墙纸和织锦缎的裱糊，应注意是否要求对花还是不对花。

6）其他零星装饰工程

①台柜项目以"个"计算，应按设计图纸或说明，包括台柜、台面材料（石材、皮草、金属、实木等），内隔板材料，连接件、配件等，均应包括在报价内。

②洗漱台现场制作，切割、磨边等人工、机械的费用应包括在报价内。

③金属旗杆也可将旗杆台座及台座面层一并纳入报价。

练一练

【练习 1】　完成某大厦装修二楼会议室地面的清单计价编制，题目详见 P227【练习 1】。

【练习 2】　完成某办公室外墙花岗岩干挂的清单计价编制，题目详见 P227【练习 2】。

【练习 3】　完成某综合楼会议室天棚吊顶的清单计价编制，题目详见 P227【练习 3】。

4.4　装饰工程工程量清单计价表格

1）表格使用规定

①工程计价表宜采用统一格式。各省、自治区、直辖市建设行政主管部门和行业建设主管部门可根据本地区、本行业的实际情况，在《建设工程工程量清单计价规范》（GB 50500—2013）附录 B 至附录 L 计价表格的基础上补充完善。

②工程计价表格的设置应满足工程计价的需要,方便使用。

③工程量清单的编制应符合下列规定:

a. 工程量清单编制使用表格包括:封-1、扉-1、表-01、表-08、表-11、表-12(不含表-12-6 至表-12-8)、表-13、表-20、表-21 或表-22。

b. 扉页应按规定的内容填写、签字、盖章,由造价员编制的工程量清单应有负责审核的造价工程师签字、盖章。受委托编制的工程量清单,应有造价工程师签字、盖章以及工程造价咨询人盖章。

c. 总说明应按下列内容填写:

• 工程概况:建设规模、工程特征、计划工期、施工现场实际情况、自然地理条件、环境保护要求等;

• 工程招标和专业工程发包范围;

• 工程量清单编制依据;

• 工程质量、材料、施工等的特殊要求;

• 其他需要说明的问题。

④最高投标限价、投标报价、竣工结算的编制应符合下列规定:

a. 使用表格:

• 最高投标限价使用表格包括:封-2、扉-2、表-01、表-02、表-03、表-04、表-08、表-09、表-11、表-12(不含表-12-6 至表-12-8)、表-13、表-20、表-21 或表-22。

• 投标报价使用的表格包括:封-3、扉-3、表-01、表-02、表-03、表-04、表-08、表-09、表-11、表-12(不含表-12-6 至表-12-8)、表-13、表-16、招标文件提供的表-20、表-21 或表-22。

• 竣工结算使用的表格包括:封-4、扉-4、表-01、表-05、表-06、表-07、表-08、表-09、表-10、表-11、表-12、表-13、表-14、表-15、表-16、表-17、表-18、表-19、表-20、表-21 或表-22。

b. 扉页应按规定的内容填写、签字、盖章,除承包人自行编制的投标报价和竣工结算外,受委托编制的最高投标限价、投标报价、竣工结算,由造价员编制的应有负责审核的造价工程师签字、盖章以及工程造价咨询人盖章。

c. 总说明应按下列内容填写:

• 工程概况:建设规模、工程特征、计划工期、合同工期、实际工期、施工现场及变化情况、施工组织设计的特点、自然地理条件、环境保护要求等。

• 编制依据等。

⑤工程造价鉴定应符合下列规定:

a. 工程造价鉴定使用表格包括:封-5、扉-5、表-01、表-05 ~ 表-20、表-21 或表-22。

b. 扉页应按规定内容填写、签字、盖章,应有承担鉴定和负责审核的注册造价工程师签字、盖执业专用章。

c. 说明应按 2013 计价规范第 14.3.5 条第 1 款至第 6 款的规定填写。

⑥投标人应按招标文件的要求,附工程量清单综合单价分析表。

2)工程量清单计价表格式样

工程量清单计价表格式详见《建设工程工程量清单计价规范》(GB 50500—2013)。

4.5 课内综合案例(清单计价)

·4.5.1 工程量清单编制实例·

××公司经理室室内装饰 工程

招标工程量清单

招　标　人:×××有限公司

(单位盖章)

造价咨询人:××工程咨询有限公司

(单位盖章)

2023年5月1日

封-1

××公司经理室室内装饰 工程

招标工程量清单

招　标　人：________________　　造价咨询人：________________
（单位盖章）　　（单位资质专用章）

法定代表人
或其授权人：________________　　法定代表人
或其授权人：________________
（签字或盖章）　　（签字或盖章）

编　制　人：________________　　复　核　人：________________
（造价人员签字盖专用章）　　（造价工程师签字盖专用章）

编制时间:2023 年 5 月 1 日　　复核时间:2023 年 5 月 5 日

扉-1

招标工程量清单总说明

工程名称：××公司经理室室内装饰工程　　　　第1页 共1页

一、工程概况

本工程位于××市××大厦的9层，图中尺寸均经现场实地测量，建设单位拟要求本工程施工过程中创建市级标准化工地（一星级）。工程概况具体如下：

1. 地面

地面为600 mm×600 mm抛光地砖铺贴，120 mm高成品木质踢脚线，刷聚氨酯清漆3遍。

2. 墙柱面

墙面用墙纸贴面。柱面用24 mm×30 mm龙骨，9 mm胶合板基层，上贴3 mm厚胶合板面层。龙骨和基层均刷2遍防火漆，面层刷3遍聚氨酯清漆。

3. 顶棚

天棚吊顶：室内地面至楼板底净高3.1 m，ϕ 8钢筋吊筋，不上人型装配式U形轻钢龙骨，面层规格为600 mm×400 mm，纸面石膏板面层，石膏板面批901胶白水泥腻子、乳胶漆3遍；局部叠级处采用木吊筋、木龙骨，9 mm厚胶合板面，面层刷白色调和漆3遍。

4. 其他

门窗贴脸用60 mm×20 mm成品凹线，筒子板为9 mm厚胶合板基层、切片板面层；木窗台板宽100 mm（18 mm厚细木工板上贴切片板），均刷3遍聚氨酯清漆。

二、招标范围

本次招标范围为施工图纸范围内的室内装饰工程。

三、编制依据

1. ××公司经理室室内装饰工程施工图纸及相关资料；

2.《建设工程工程量清单计价规范》（GB 50500—2013）及《房屋建筑与装饰工程工程量计算规范》（GB 50854—2013）；

3. 国家或省级、行业建设主管部门颁发的计价定额和办法；

4. 与本工程有关的标准、规范及技术资料；

5. 本工程拟定的招标文件；

6. 常规施工方案；

7. 施工现场情况、地勘水文资料、工程特点；

8. 其他相关资料。

四、其他说明

1. 室内沙发、茶几、办公桌椅等家具，盆花，灯具等不包括在工程量清单内。

2. 装饰前，地面、墙面、天棚面已由土建单位做水泥砂浆基层。

3. 暂列金额为5 000元。

分部分项工程量清单与计价表

工程名称:××公司经理室室内装饰工程　　标段:　　第1页 共2页

序号	项目编码	项目名称	项目特征描述	计量单位	工程量	金额/元		
						综合单价	合价	其中:暂估价
1	011102003001	块料楼地面	1. 干硬性水泥砂浆结合层30 mm厚 2. 黑色抛光全瓷地面砖600 mm×600 mm 3. 酸洗、打蜡要求	m^2	44.76			
2	011105005001	木质踢脚线	1. 成品木质踢脚线 高度120 mm 2. 钉在墙上木针连接	m	26.87			
3	011404002001	踢脚线油漆	1. 润油粉、刮腻子 2. 聚氨酯清漆 双组分混合型3遍	m^2	3.22			
4	011408001001	墙纸裱糊	1. 抹灰墙面 2. 刮901白水泥胶腻子3遍 3. 贴对花墙纸	m^2	47.70			
5	011208001001	柱(梁)面装饰	1. 木龙骨24 mm×30 mm,间距300 mm×300 mm 2. 基层9 mm厚胶合板钉在木龙骨上 3. 面层3 mm厚榉木切片三夹板	m^2	9.91			
6	011404012001	梁柱饰面油漆	润油粉、刮腻子、刷聚氨酯漆3遍	m^2	9.91			
7	011302001001	吊顶天棚	1. 叠级吊顶,ϕ8吊筋从楼板底至吊顶面0.65 m、0.4 m 2. 不上人型装配式U形轻钢龙骨,60主龙骨,50副龙骨 3. 纸面石膏板600 mm×400 mm	m^2	43.57			
8	011302001002	吊顶天棚	1. 叠级吊顶,50 mm×40 mm木吊筋从楼板底至吊顶面0.4 m 2. 吊顶木龙骨 3.9 mm胶合板面层	m^2	8.54			
9	011304001001	灯带(槽)	1. 回光灯槽 2.9 mm厚胶合板 3. 镀锌薄钢板面	m^2	1.05			
10	011407002001	天棚喷刷涂料	1. 天棚石膏板基层 2.901胶白水泥腻子 3. 刮腻子 4. 乳胶漆3遍	m^2	51.08			

分部分项工程量清单与计价表

工程名称：××公司经理室室内装饰工程　　　　标段：　　　　第2页 共2页

序号	项目编码	项目名称	项目特征描述	计量单位	工程量	金额/元		
						综合单价	合价	其中：暂估价
11	010810002001	木窗帘盒	1. 细木工板、9 mm 厚胶合板，300 mm×300 mm 2. 铝合金窗帘单轨 3. 聚氨酯漆3遍	m	5.88			
12	011403002001	窗帘盒油漆	1. 润油粉、刮腻子 2. 聚氨酯清漆 双组分混合型 3遍	m	5.88			
13	010810001001	窗帘	1. 塑料平行百叶窗帘 2. 窗帘高度2.0 m 3. 单层	m^2	11.76			
14	010807001001	金属(塑钢、断桥)窗	1. C，洞口尺寸5.88 m×2.0 m 2. 铝合金框、扇 3. 浮法玻璃5 mm厚	樘	1			
15	010801001001	木质门	1. M4 洞口尺寸0.85 m×2.1 m 2. 镶嵌玻璃5 mm厚	樘	1			
16	010801001002	木质门	1. M9 洞口尺寸1.2 m×2.1 m 2. 镶嵌玻璃5 mm厚	樘	1			
17	010808001001	木门窗套	1. 筒子板用9 mm厚胶合板基层 钉在墙上 万能胶粘贴切片板面层 2. 贴脸用60 mm×20 mm凹线	m^2	2.34			
18	010801006001	门锁安装	1. 金属球形执手锁 2. 大50轴承不锈钢	个(套)	1			
19	011401001001	木门油漆	1. M9 双扇有腰半玻门 2. 润油粉、刮腻子、刷聚氨酯清漆 双组分混合型 3遍	樘	1			
20	011404002002	门窗套油漆	1. 润油粉、刮腻子 2. 聚氨酯清漆 双组分混合型 3遍	m^2	2.34			
21	011304002001	筒灯孔	筒灯孔	个	11			
22	010809001001	木窗台板	1. 18 mm厚细木工板100 mm宽 2. 万能胶粘贴切片板	m^2	0.59			
23	011404002003	窗台板油漆	润油粉、刮腻子、刷聚氨酯漆3遍	m^2	0.59			

单价措施项目清单与计价表

工程名称：××公司经理室室内装饰工程　　　　标段：　　　　第1页 共1页

序号	项目编码	项目名称	项目特征描述	计量单位	工程量	金额/元		
						综合单价	合价	其中：暂估价
1	011704001001	超高施工增加	1. 单独装饰工程 2. 层数:9层	m^2	49.29			
2	011701003001	抹灰脚手架	1. 内墙面 2. 搭设高度 <3.6 m 3. 钢管脚手架	m^2	44.15			
3	011701003001	抹灰脚手架	1. 天棚面 2. 搭设高度 <3.6 m 3. 钢管脚手架	m^2	44.10			
4	011703001001	垂直运输费	1. 檐口高度:14.82 m 2. 层数:9层	m^2	49.29			
合计								

总价措施项目清单与计价表

工程名称:××公司经理室室内装饰工程　　　　标段:　　　　第1页 共1页

序号	项目编码	项目名称	工作内容及包含范围	计算基础	费率/%	金额/元	备注
1	011707001001	现场安全文明施工		分部分项合计+单价措施项目合计-除税设备费			
		1.1 基本费	1. 环境保护包含范围:详见××省2014费用定额 2. 文明施工包含范围:详见××省2014费用定额 3. 安全施工包含范围:详见××省2014费用定额	分部分项合计+单价措施项目合计-除税设备费			
		1.2 标准化工地增加费		分部分项合计+单价措施项目合计-除税设备费			
		1.3 扬尘污染防治增加费	用于采取移动式降尘喷头、喷淋降尘系统、雾炮机、围墙绿植、环境监测智能化系统等环境保护措施所发生的费用,其他扬尘污染防治措施所需费用包含在安全文明施工费的环境保护费中	分部分项合计+单价措施项目合计-除税设备费			
2	011707008001	临时设施	临时设施包含范围:详见××省2014费用定额	分部分项合计+单价措施项目合计-除税设备费			
3	011707012001	建筑工人实名制费用	封闭式施工现场的进出场门禁系统和生物识别电子打卡设备,非封闭式施工现场的移动定位、电子围栏考勤管理设备,现场显示屏,实名制系统使用以及管理费用等	分部分项合计+单价措施项目合计-除税设备费			
合　计							

其他项目清单与计价汇总表

工程名称：××公司经理室室内装饰工程　　　标段：　　　第1页 共1页

序号	项目名称	计量单位	金额/元	备注
1	暂列金额	项	5 000.00	明细详见暂列金额表
2	暂估价			无
2.1	材料暂估价			无
2.2	专业工程暂估价	项		无
3	计日工			明细详见计日工表
4	总承包服务费			无
合　计			5 000.00	

暂列金额明细表

工程名称：××公司经理室室内装饰工程　　标段：　　第1页 共1页

序号	项目名称	计量单位	暂定金额/元	备注
1	工程量清单中工程量偏差和设计变更		2 000.00	
2	政策性调整和材料价格风险		2 000.00	
3	其他		1 000.00	
合　计			5 000.00	

计日工表

工程名称：××公司经理室室内装饰工程　　标段：　　第1页 共1页

序号	项目名称	单位	暂定数量	综合单价/元	合价/元
一	人工				
1.1	零星用点工	工日	20.000		
1.2					
人工小计					
二	材料				
2.1	自粘胶带	m	10.000		
2.2					
材料小计					
三	施工机械				
3.1	交流弧焊机 30 kV·A	台班	20.000		
3.2					
施工机械小计					
四	企业管理费和利润				
总　计					

规费、税金清单与计价表

工程名称：××公司经理室室内装饰工程　　　　标段：　　　　第1页 共1页

序号	项目名称	计算基础	费率/%	金额/元
1	规费	1.1+1.2+1.3		
1.1	工程排污费	分部分项工程费+措施项目费+其他项目费-除税工程设备费		
1.2	社会保险费	(1)+(2)+(3)+(4)+(5)		
(1)	养老保险费	分部分项工程费+措施项目费+其他项目费-除税工程设备费		
(2)	失业保险费	分部分项工程费+措施项目费+其他项目费-除税工程设备费		
(3)	医疗保险费	分部分项工程费+措施项目费+其他项目费-除税工程设备费		
(4)	工伤保险	分部分项工程费+措施项目费+其他项目费-除税工程设备费		
(5)	生育保险	分部分项工程费+措施项目费+其他项目费-除税工程设备费		
1.3	住房公积金	分部分项工程费+措施项目费+其他项目费-除税工程设备费		
2	税金	分部分项工程费+措施项目费+其他项目费+规费-(除税甲供材料费+除税甲供设备费)/1.01		
合计				

工程量计算表(工程量清单)

工程名称:××公司经理室室内装饰工程　　　　第1页 共5页

序号	项目名称	计量单位	工程量	计算公式	备注
1	块料楼地面	m^2	44.76	经理室:(7.65 − 0.06 − 0.09) × (6.00 − 0.06 × 2) = 44.10	
				M9 处:2.05 × 0.6 = 1.23	
				扣柱:Z2 (0.7 − 0.12) × (0.35 − 0.06) + Z3 (0.7 − 0.12) × 0.7 = 0.57	
				小计:44.76	
2	成品木踢脚线	m	26.87	(7.65 − 0.06 − 0.09) × 2 + (6.00 − 0.06 × 2) × 2 + 0.6 × 2 = 27.96	
				增柱侧壁:Z3 (0.7 − 0.12) × 2 = 1.16	
				扣洞口处:M4 0.95 + M9 1.30 = 2.25	
				合计:27.96 + 1.16 − 2.25 = 26.87	
3	木踢脚线油漆	m^2	3.22	26.87 × 0.12 = 3.22	
4	柱面木装饰	m^2	9.91	Z1,Z2:[(0.7 − 0.12 + 0.024 + 0.009 + 0.003) + (0.35 − 0.06 + 0.024 + 0.009 + 0.003)] × 2 × 2.55 = 4.80	龙骨断面按24 mm × 30 mm 考虑,基层胶合板厚9 mm,面层胶合板厚3 mm
				Z2:[(0.7 − 0.12 + 0.024 + 0.009 + 0.003) × 2 + (0.7 + 0.024 × 2 + 0.009 × 2 + 0.003 × 2)] × 2.55 = 5.11	
				小计:9.91	
5	墙纸裱糊	m^2	47.70	A 立面:(7.65 − 0.35 − 0.09 + 0.6) × (2.55 − 0.12) − M9 1.30 × (2.15 − 0.12) = 16.33	
				B 立面:(0.73 − 0.12) × 5.88 + 洞口侧壁 0.1 × (5.88 + 2.0 × 2) = 4.57	
				C 立面:(7.65 − 0.35 − 0.7 − 0.09) × (2.55 − 0.12) − M4 0.95 × (2.15 − 0.12) = 13.88	
				D 立面:5.32 × (2.55 − 0.12) = 12.93	
				合计:47.70	

工程量计算表(工程量清单)

工程名称:××公司经理室室内装饰工程　　　　第2页 共5页

序号	项目名称	计量单位	工程量	计算公式	备注
6	天棚吊顶(轻钢龙骨、石膏板)	m^2	31.34	总面积:(7.65 - 0.06 - 0.09) × (6.00 - 0.06 × 2) + 2.05 × 0.6 - 窗帘盒 0.30 × 5.88 = 43.57	
				1 剖面:(3.60 + 0.08 × 4) × (2.80 + 0.08 × 4) = 12.23	
				2 剖面(不扣):(0.50 + 0.1 × 2 + 0.14 × 2) × (0.30 + 0.1 × 2 + 0.14 × 2) × 3 = 2.29	
				小计:43.57 - 12.23 = 31.34	
7	天棚吊顶(木龙骨夹板面层)	m^2	8.54	1 剖面:(3.60 + 0.08 × 4) × (2.80 + 0.08 × 4) - (3.60 + 0.08 × 2) × (2.80 + 0.08 × 2) = 1.10	
				[(3.60 + 0.08 × 2) + (2.80 + 0.08 × 2)] × 2 × 0.06 = 0.81	
				[(3.60 + 0.08 × 2 + 0.04 × 2) + (2.80 + 0.08 × 2 + 0.04 × 2)] × 2 × 0.25 = 3.44	
				2 剖面:(0.50 + 0.1 × 2 + 0.14 × 2) × (0.30 + 0.1 × 2 + 0.14 × 2) × 3 = 2.29	
				[(0.50 + 0.1 × 2) + (0.30 + 0.1 × 2)] × 2 × 0.075 × 3 = 0.54	
				(0.50 + 0.30) × 2 × 0.075 × 3 = 0.36	
				合计:8.54	
8	木窗帘盒	m	5.88	6.00 - 0.06 × 2 = 5.88	
9	窗帘	m^2	11.76	B 立面:1.96 × 2.0 × 3 樘 = 11.76　或　5.88 × 2.0 = 11.76	
10	金属窗	樘	1.00	B 立面,洞口尺寸:5.88 m × 2.0 m	
11	木质门	樘	1.00	M4,洞口尺寸:0.85 m × 2.1 m	

工程量计算表(工程量清单)

工程名称:××公司经理室室内装饰工程　　　　第3页 共5页

序号	项目名称	计量单位	工程量	计算公式	备注
12	木质门	樘	1.00	M9,洞口尺寸:1.2 m×2.1 m	
13	门锁安装	套	1.00		
14	回光灯槽	m^2	1.05	[(3.60+0.08)+(2.80+0.08)]×2×0.08=1.05	
15	筒灯孔	个	11		
16	木门油漆	樘	1.00	M9,洞口尺寸:1.2 m×2.1 m	
17	门窗套	m^2	2.34		
	筒子板			M4:(0.85+2.10×2)×0.12=0.6	
				M9:(1.20+2.10×2)×0.12=0.65　小计:1.25	
	贴脸:60 mm × 20 mm 凹线			M4:0.95×2+2.15×4=10.50	
				M9:1.30×2+2.15×4=11.20　小计:21.70×0.05=1.085	
				合计:2.335	
18	门窗套油漆	m^2	2.34		
19	木质窗台板	m^2	0.588	5.88×0.1=0.588	
20	木质窗台板油漆	m^2	0.588		
21	梁柱饰面油漆	m^2	9.91	同3	
22	天棚喷刷涂料	m^2	51.08		

工程量计算表(工程量清单)

工程名称:××公司经理室室内装饰工程　　　　第4页 共5页

序号	项目名称	计量单位	工程量	计算公式	备注
	天棚石膏板面层	m^2	40.72	总面积:(7.65 - 0.06 - 0.09) × (6.00 - 0.06 × 2) + 2.05 × 0.6 - 窗帘盒 0.30 × 5.88 = 43.57	
				扣 1 剖面:(3.60 + 0.32) × (2.80 + 0.32) - (3.60 + 0.24) × (2.80 + 0.24) = 0.56	
				扣 2 剖面:(0.50 + 0.1 × 2 + 0.14 × 2) × (0.30 + 0.1 × 2 + 0.14 × 2) × 3 = 2.29	
				小计:40.72	
	木夹板面层 9 mm	m^2	8.54	1 剖面:(3.60 + 0.08 × 4) × (2.80 + 0.08 × 4) - (3.60 + 0.08 × 2) × (2.80 + 0.08 × 2) = 1.10	
				[(3.60 + 0.08 × 2) + (2.80 + 0.08 × 2)] × 2 × 0.06 = 0.81	
				[(3.60 + 0.08 × 2 + 0.04 × 2) + (2.80 + 0.08 × 2 + 0.04 × 2)] × 2 × 0.25 = 3.44	
				2 剖面:(0.50 + 0.1 × 2 + 0.14 × 2) × (0.30 + 0.1 × 2 + 0.14 × 2) × 3 = 2.29	
				[(0.50 + 0.1 × 2) + (0.30 + 0.1 × 2)] × 2 × 0.075 × 3 = 0.54	
				(0.50 + 0.30) × 2 × 0.075 × 3 = 0.36	
				小计:8.54	
	回光灯槽外侧乳胶漆		1.82	(3.60 + 0.08 × 2) × (2.80 + 0.08 × 2) - 3.60 × 2.80 = 1.05	
				(3.60 + 2.80) × 2 × 0.06 = 0.77	
				小计:1.82	
				合计:40.72 + 8.54 + 1.82 = 51.08	
23	超高施工增加	m^2	49.29	建筑面积:(7.65 + 0.06 + 0.09) × (6.00 + 0.06 × 2) + (2.05 + 0.35 + 0.06 + 0.12) × 0.6 = 49.29	

工程量计算表（工程量清单）

工程名称：××公司经理室室内装饰工程　　　　第5页 共5页

序号	项目名称	计量单位	工程量	计算公式	备注
24	抹灰脚手架	m^2	44.15	3.6 m内墙面抹灰脚手架：[(7.65－0.06－0.09)＋(6.00－0.06×2)]×3.3＝44.15	
25	抹灰脚手架	m^2	44.10	3.6 m内天棚抹灰脚手架：(7.65－0.06－0.09)×(6.00－0.06×2)＝44.10	
				合计：44.15＋44.10＝88.25	
26	垂直运输费	m^2	49.29	建筑面积：(7.65＋0.06＋0.09)×(6.00＋0.06×2)＋(2.05＋0.35＋0.06＋0.12)×0.6＝49.29	

·4.5.2 工程量清单计价编制实例·

××公司经理室室内装饰 工程

最高投标限价

招 标 人: ×××有限公司
(单位盖章)

造价咨询人: ××工程咨询有限公司
(单位盖章)

2023年5月26日

封-2

×× 公司经理室室内装饰 工程

最高投标限价

最高投标限价(小写):59 541.88

(大写):伍万玖仟伍佰肆拾壹元捌角捌分

招 标 人:______________ (单位盖章)

造价咨询人:______________ (单位资质专用章)

法定代表人
或其授权人:______________ (签字或盖章)

法定代表人
或其授权人:______________ (签字或盖章)

编 制 人:______________ (造价人员签字盖专用章)

复 核 人:______________ (造价工程师签字盖专用章)

编制时间:2023 年 5 月 26 日

复核时间:2023 年 5 月 26 日

扉-2

最高投标限价总说明

工程名称:××公司经理室室内装饰工程　　　　第1页 共1页

一、工程概况

本工程位于××市××大厦的9层,根据招标文件要求,本工程施工过程中需创建市级标准化工地(一星级)。工程概况具体如下:

1. 地面

地面为600 mm×600 mm抛光地砖铺贴,120 mm高成品木质踢脚线,刷聚氨酯清漆3遍。

2. 墙柱面

墙面用墙纸贴面。柱面用24 mm×30 mm龙骨,9 mm厚胶合板基层,上贴3 mm厚胶合板面层。龙骨和基层均刷2遍防火漆,面层刷3遍聚氨酯清漆。

3. 顶棚

天棚吊顶:ϕ 8钢筋吊筋,不上人型装配式U形轻钢龙骨,面层规格为600 mm×400 mm,纸面石膏板面层,石膏板面批901胶白水泥腻子、乳胶漆3遍;局部叠级处采用木吊筋、木龙骨,9 mm厚胶合板面,面层刷白色调和漆3遍。

4. 其他

门窗贴脸用60 mm×20 mm成品凹线,筒子板为9 mm厚胶合板基层、切片板面层;木窗台板宽100 mm(18 mm厚细木工板上贴切片板),均刷3遍聚氨酯清漆。

二、最高投标限价范围

最高投标限价范围为本次招标的施工图纸范围内的装饰工程。

三、编制依据

1.《建设工程工程量清单计价规范》(GB 50500—2013);

2. 国家或省级、行业建设主管部门颁发的计价办法;

3.《××省建筑与装饰工程计价定额》(2014)及其配套的营改增后的费用定额;

4. 招标文件、招标工程量清单及其补充通知、答疑纪要;

5. 施工现场情况、工程特点及拟定的常规施工组织设计或施工方案;

6. 与建设项目相关的标准、规范等技术资料;

7. 2023年4月××市装饰工程材料指导价;

8. 其他的相关资料。

四、其他说明

1. 室内沙发、茶几、办公桌椅等家具,盆花,灯具等不包括在报价内;

2. 装饰前,地面、墙面、天棚面已由土建单位做水泥砂浆基层。

单位工程最高投标限价汇总表

工程名称：××公司经理室室内装饰工程　　　　标段：　　　　第1页 共1页

序号	汇总内容	金额/元	其中：暂估价/元
1	分部分项工程量清单计价合计	37 418.70	
2	措施项目清单计价合计	2 547.06	
2.1	单价措施项目费	1 371.71	
2.2	总价措施项目费	1 175.35	
	其中：安全文明施工措施费	853.39	
3	其他项目清单计价合计	13 110.00	
3.1	暂列金额	5 000.00	
3.2	专业工程暂估价	0.00	
3.3	计日工	8 110.00	
3.4	总承包服务费	0.00	
4	规费	1 549.82	
5	税金	4 916.30	
最高投标限价合计＝1＋2＋3＋4＋5		59 541.88	

分部分项工程量清单与计价表

工程名称：××公司经理室室内装饰工程　　标段：　　第1页 共2页

序号	项目编码	项目名称	项目特征描述	计量单位	工程量	金额/元		
						综合单价	合价	其中：暂估价
1	011102003001	块料楼地面	1. 干硬性水泥砂浆结合层30 mm厚 2. 黑色抛光全瓷地面砖600 mm×600 mm 3. 酸洗、打蜡要求	m^2	44.76	176.24	7 888.50	
2	011105005001	木质踢脚线	1. 成品木质踢脚线 高度120 mm 2. 钉在墙上木针连接	m	26.87	28.58	767.94	
3	011404002001	踢脚线油漆	1. 润油粉、刮腻子 2. 聚氨酯清漆 双组分混合型3遍	m^2	3.22	150.77	485.48	
4	011408001001	墙纸裱糊	1. 抹灰墙面 2. 刮901白水泥胶腻子3遍 3. 贴对花墙纸	m^2	47.70	46.57	2 221.39	
5	011208001001	柱(梁)面装饰	1. 木龙骨24 mm×30 mm，间距300 mm×300 mm 2. 基层9 mm厚胶合板钉在木龙骨上 3. 面层3 mm厚榉木切片三夹板	m^2	9.91	152.91	1 515.34	
6	011404012001	梁柱饰面油漆	润油粉、刮腻子、刷聚氨酯漆3遍	m^2	9.91	235.08	2 329.64	
7	011302001001	吊顶天棚	1. 叠级吊顶，ϕ8吊筋从楼板底至吊顶面0.65 m、0.4 m 2. 不上人型装配式U形轻钢龙骨，60主龙骨，50副龙骨 3. 纸面石膏板600 mm×400 mm	m^2	43.57	87.05	3 792.77	
8	011302001002	吊顶天棚	1. 叠级吊顶，50 mm×40 mm木吊筋从楼板底至吊顶面0.4 m 2. 吊顶木龙骨 3. 9 mm胶合板面层	m^2	8.54	316.57	2 703.51	
9	011304001001	灯带(槽)	1. 回光灯槽 2. 9 mm厚胶合板 3. 镀锌薄钢板面	m^2	1.05	827.05	868.40	
10	011407002001	天棚喷刷涂料	1. 天棚石膏板基层 2. 901胶白水泥腻子 3. 刮腻子 4. 乳胶漆3遍	m^2	51.08	44.06	2 250.58	

分部分项工程量清单与计价表

工程名称：××公司经理室室内装饰工程　　标段：　　第2页 共2页

序号	项目编码	项目名称	项目特征描述	计量单位	工程量	金额/元		
						综合单价	合价	其中：暂估价
11	010810002001	木窗帘盒	1. 细木工板、9 mm 厚胶合板,300 mm×300 mm 2. 铝合金窗帘单轨 3. 聚氨酯漆3遍	m	5.88	70.21	412.83	
12	011403002001	窗帘盒油漆	1. 润油粉、刮腻子 2. 聚氨酯清漆 双组分混合型3遍	m	5.88	93.67	550.78	
13	010810001001	窗帘	1. 塑料平行百叶窗帘 2. 窗帘高度2.0 m 3. 单层	m^2	11.76	63.72	749.35	
14	010807001001	金属(塑钢、断桥)窗	1. C,洞口尺寸5.88 m×2.0 m 2. 铝合金框、扇 3. 浮法玻璃5 mm厚	樘	1	7 930.65	7 930.65	
15	010801001001	木质门	1. M4洞口尺寸0.85 m×2.1 m 2. 镶嵌玻璃5 mm厚	樘	1	791.80	791.80	
16	010801001002	木质门	1. M9洞口尺寸1.2 m×2.1 m 2. 镶嵌玻璃5 mm厚	樘	1	625.96	625.96	
17	010808001001	木门窗套	1. 筒子板用9 mm厚胶合板基层 钉在墙上 万能胶粘贴切片板面层 2. 贴脸用60 mm×20 mm凹线	m^2	2.34	224.03	524.23	
18	010801006001	门锁安装	1. 金属球形执手锁 2. 大50轴承不锈钢	个(套)	1	154.12	154.12	
19	011401001001	木门油漆	1. M9双扇有腰半玻门 2. 润油粉、刮腻子、刷聚氨酯清漆 双组分混合型 3遍	樘	1	320.86	320.86	
20	011404002002	门窗套油漆	1. 润油粉、刮腻子 2. 聚氨酯清漆 双组分混合型3遍	m^2	2.34	151.84	355.31	
21	011304002001	筒灯孔	筒灯孔	个	11	4.09	44.99	
22	010809001001	木窗台板	1. 18 mm厚细木工板100宽 2. 万能胶粘贴切片板	m^2	0.59	120.79	71.27	
23	011404002003	窗台板油漆	润油粉、刮腻子、刷聚氨酯漆3遍	m^2	0.59	106.78	63.00	
合　计							37 418.70	

单价措施项目清单与计价表

工程名称：××公司经理室室内装饰工程　　　　标段：　　　　第1页 共1页

序号	项目编码	项目名称	项目特征描述	计量单位	工程量	金额/元		
						综合单价	合价	其中：暂估价
1	011704001001	超高施工增加	1. 单独装饰工程 2. 层数:9层	m^2	49.29	13.16	648.66	
2	011701003001	抹灰脚手架	1. 内墙面 2. 搭设高度:3.6 m 3. 钢管脚手架	m^2	44.15	0.48	21.19	
3	011701003001	抹灰脚手架	1. 天棚面 2. 搭设高度:3.6 m 3. 钢管脚手架	m^2	44.10	0.48	21.17	
4	011703001001	垂直运输费	1. 檐口高度:14.82 m 2. 层数:9层	m^2	49.29	13.81	680.69	
合计							1 371.71	

总价措施项目清单与计价表

工程名称：××公司经理室室内装饰工程　　　　标段：　　　　第1页 共1页

序号	项目编码	项目名称	工作内容及包含范围	计算基础	费率/%	金额/元	备注
1	011707001001	现场安全文明施工		分部分项合计+单价措施项目合计-除税设备费	100.000	853.39	
		1.1 基本费	1.环境保护包含范围：详见××省2014费用定额 2.文明施工包含范围：详见××省2014费用定额 3.安全施工包含范围：详见××省2014费用定额	分部分项合计+单价措施项目合计-除税设备费	1.700	659.44	
		1.2 标准化工地增加费		分部分项合计+单价措施项目合计-除税设备费	0.280	108.61	
		1.3 扬尘污染防治增加费	用于采取移动式降尘喷头、喷淋降尘系统、雾炮机、围墙绿植、环境监测智能化系统等环境保护措施所发生的费用，其他扬尘污染防治措施所需费用包含在安全文明施工费的环境保护费中	分部分项合计+单价措施项目合计-除税设备费	0.220	85.34	
2	011707008001	临时设施	临时设施包含范围：详见××省2014费用定额	分部分项合计+单价措施项目合计-除税设备费	0.800	310.32	
3	011707012001	建筑工人实名制费用	封闭式施工现场的进出场门禁系统和生物识别电子打卡设备，非封闭式施工现场的移动定位、电子围栏考勤管理设备，现场显示屏，实名制系统使用以及管理费用等	分部分项合计+单价措施项目合计-除税设备费	0.030	11.64	
合　计						1 175.35	

其他项目清单与计价汇总表

工程名称：××公司经理室室内装饰工程　　　　标段：　　　　第 1 页 共 1 页

序号	项目名称	计量单位	金额/元	备注
1	暂列金额	项	5 000.00	明细详见暂列金额表
2	暂估价			无
2.1	材料暂估价			无
2.2	专业工程暂估价	项		无
3	计日工		8 110.00	明细详见计日工表
4	总承包服务费			无
合　计			13 110.00	

暂列金额明细表

工程名称：××公司经理室室内装饰工程　　　　标段：　　　　第1页 共1页

序号	项目名称	计量单位	暂定金额/元	备注
1	工程量清单中工程量偏差和设计变更		2 000.00	
2	政策性调整和材料价格风险		2 000.00	
3	其他		1 000.00	
合　计			5 000.00	

计日工表

工程名称：××公司经理室室内装饰工程　　标段：　　第1页 共1页

序号	项目名称	单位	暂定数量	综合单价	合价
一	人工				
1.1	零星用点工	工日	50.000	114.00	5 700.00
1.2					
人工小计					5 700.00
二	材料				
2.1	自粘胶带	m	100.000	0.90	90.00
2.2					
材料小计					90.00
三	施工机械				
3.1	交流弧焊机 30 kV·A	台班	20.000	116.00	2 320.00
3.2					
施工机械小计					2 320.00
四	企业管理费和利润				
总　计					8 110.00

规费、税金清单与计价表

工程名称：××公司经理室室内装饰工程　　　　标段：　　　　第1页 共1页

序号	项目名称	计算基础	计算基数	费率/%	金额/元
1	规费	1.1+1.2+1.3	1 549.82	100.000	1 549.82
1.1	工程排污费	分部分项工程费+措施项目费+其他项目费-除税工程设备费	53 075.76	0.100	53.08
1.2	社会保险费	(1)+(2)+(3)+(4)+(5)	53 075.76	2.400	1 273.82
	(1)养老保险费	分部分项工程费+措施项目费+其他项目费工程设备费-除税工程设备费			
	(2)失业保险费	分部分项工程费+措施项目费+其他项目费-除税工程设备费			
	(3)医疗保险费	分部分项工程费+措施项目费+其他项目费-除税工程设备费			
	(4)工伤保险	分部分项工程费+措施项目费+其他项目费-除税工程设备费			
	(5)生育保险	分部分项工程费+措施项目费+其他项目费-除税工程设备费			
1.3	住房公积金	分部分项工程费+措施项目费+其他项目费-除税工程设备费	53 075.76	0.420	222.92
2	税金	分部分项工程费+措施项目费+其他项目费+规费-(除税甲供材料费+除税甲供设备费)/1.01	54 625.58	9.000	4 916.30
合　计					6 466.12

承包人供应主要材料一览表

工程名称：××公司经理室室内装饰工程　　标段：　　第1页 共3页

序号	材料编码	材料名称	规格、型号等要求	单位	数量	单价/元	合价/元	备注
1	01090101	圆钢		kg	5.247 074	4.20	22.04	
2	01210315	等边角钢	∟40×4	kg	6.971 2	4.27	29.73	
3	02270105	白布		m^2	0.045 982	3.43	0.16	
4	03030115	木螺钉	M4×30	10个	2.4	0.26	0.62	
5	03030167	木螺钉	$L=19$ mm	10个	3.7	0.17	0.63	
6	03030169	木螺钉	$L=25$ mm	10个	0.8	0.26	0.21	
7	03030173	木螺钉	$L=38$ mm	10个	3.2	0.26	0.83	
8	03031206	自攻螺钉	M4×15	10个	229.059 3	0.26	59.56	
9	03032113	塑料胀管螺钉		套	183.456	0.09	16.51	
10	03070123	膨胀螺栓	M10×110	套	57.773 82	0.69	39.86	
11	03110106	螺杆	$L=250$ mm ϕ8	根	57.773 82	0.30	17.33	
12	03510705	铁钉	70 mm	kg	1.622 37	5.16	8.37	
13	03652403	合金钢切割锯片		片	0.111 9	68.60	7.68	
14	04010611	水泥	32.5级	kg	760.548 492	0.43	327.04	
15	04010701	白水泥		kg	43.143 56	0.74	31.75	
16	04030107	中砂		t	2.184 883	199.00	434.79	
17	04090801	石膏粉	325目	kg	5.598 038	0.36	2.02	
18	05030600	普通木成材		m^3	0.312 255	2 218.00	692.58	
19	05050107	胶合板	2 440 mm×1 220 mm×3 mm	m^2	10.901	14.61	159.30	
20	05050113	胶合板	2 440 mm×1 220 mm×9 mm	m^2	23.903 95	25.33	605.46	
21	05092103	细木工板	δ18 mm	m^2	7.336 94	47.40	347.77	
22	05150102	普通切片板		m^2	0.649	20.16	13.08	
23	05250402	木砖与拉条		m^3	0.007 812	2 218.00	17.33	
24	05250502	锯(木)屑		m^3	0.268 56	47.17	12.67	
25	06010104	平板玻璃	5 mm	m^2	1.146 6	41.70	47.81	
26	06650101	同质地砖		m^2	45.655 2	84.30	3 848.73	
27	08010200	纸面石膏板		m^2	10.884 89	19.50	212.26	
28	08010211	纸面石膏板	1 200 mm×3 000 mm×9.5 mm	m^2	46.828	19.50	913.15	

承包人供应主要材料一览表

工程名称：××公司经理室室内装饰工程　　标段：　　第2页 共3页

序号	材料编码	材料名称	规格、型号等要求	单位	数量	单价/元	合价/元	备注
29	08310113	轻钢龙骨(大)	50 mm×15 mm×1.2 mm	m	81.214 48	8.50	690.32	
30	08310122	轻钢龙骨(中)	50 mm×20 mm×0.5 mm	m	95.265 52	3.80	362.01	
31	08310131	轻钢龙骨(小)	25 mm×20 mm×0.5 mm	m	14.813 8	1.80	26.66	
32	08330107	大龙骨垂直吊件(轻钢)	45 mm	只	87.14	0.43	37.47	
33	08330111	中龙骨垂直吊件		只	143.781	0.39	56.07	
34	08330113	小龙骨垂直吊件		只	54.462 5	0.34	18.52	
35	08330300	轻钢龙骨主接件		只	43.57	0.51	22.22	
36	08330301	轻钢龙骨次接件		只	52.284	0.60	31.37	
37	08330302	轻钢龙骨小接件		只	5.664 1	0.26	1.47	
38	08330309	小龙骨平面连接件		只	54.462 5	0.51	27.78	
39	08330310	中龙骨平面连接件		只	253.141 7	0.43	108.85	
40	08330500	中龙骨横撑		m	89.667 06	3.80	340.73	
41	08330501	边龙骨横撑		m	8.801 14	3.80	33.44	
42	09010103	柳桉木框夹板门		m^2	1.807 9	380.00	687.00	
43	09093511	铝合金全玻推拉窗		m^2	11.289 6	580.00	6 547.97	
44	09410507	塑料平行百叶帘(成品)		m^2	11.877 6	56.00	665.15	
45	09470302	执手锁		把	1.01	120.00	121.20	
46	09491505	风钩	200 mm	套	2	0.69	1.38	
47	09492305	合页	50 mm	只	4	5.15	20.60	
48	09492310	合页	100 mm	只	4	11.15	44.60	
49	09492505	插销	100 mm	套	2	4.29	8.58	
50	09492509	插销	150 mm	套	1	6.00	6.00	
51	09492513	插销	300 mm	套	1	12.86	12.86	
52	09492705	拉手	150 mm	套	2	6.86	13.72	
53	09493528	铁搭扣	100 mm	百个	0.01	72.89	0.73	
54	09493560	镀锌铁脚		个	91.728	1.46	133.92	
55	10011711	红松平线条	B=60 mm	m	23.436	11.20	262.48	
56	10130305	成品木质踢脚线	h=100 mm	m	28.213 5	20.90	589.66	
57	10310304	墙纸	中档	m^2	55.236 6	15.50	856.17	

承包人供应主要材料一览表

工程名称：××公司经理室室内装饰工程　　　　标段：　　　　第3页 共3页

序号	材料编码	材料名称	规格、型号等要求	单位	数量	单价/元	合价/元	备注
58	11010304	内墙乳胶漆		kg	24.824 88	13.30	330.17	
59	11030505	防火涂料	X-60（饰面）	kg	4.487 74	22.00	98.73	
60	11110304	聚氨酯清漆（双组分混合型）		kg	11.209 836	39.00	437.18	
61	11111715	酚醛清漆		kg	1.002 006	20.40	20.44	
62	11430327	大白粉		kg	13.733 65	0.73	10.03	
63	11590914	硅酮密封胶		L	1.788 36	68.60	122.68	
64	12010903	煤油		kg	1.790 4	4.29	7.68	
65	12030107	油漆溶剂油		kg	3.613 774	12.01	43.40	
66	12030111	松节油		kg	0.237 228	12.01	2.85	
67	12060318	清油	C01-1	kg	0.282 588	13.72	3.88	
68	12060334	防腐油		kg	2.701 11	5.15	13.91	
69	12070307	硬白蜡		kg	1.186 14	7.29	8.65	
70	12310309	草酸		kg	0.447 6	3.86	1.73	
71	12333521	催干剂		kg	0.019 82	15.09	0.30	
72	12333551	PU 发泡剂		L	3.087	25.73	79.43	
73	12410703	羧甲基纤维素		kg	0.715 5	2.14	1.53	
74	12413518	901 胶		kg	18.644 2	2.14	39.90	
75	12413523	乳胶		kg	0.178 92	7.29	1.30	
76	12413535	万能胶		kg	0.265 5	17.15	4.55	
77	12413544	聚醋酸乙烯乳液		kg	6.677 67	4.29	28.65	
78	17310706	双螺母双垫片	ϕ 8	副	57.773 82	0.51	29.46	
79	31110301	棉纱头		kg	0.975 81	5.57	5.44	
80	31150101	水		m^3	1.390 469	6.02	8.37	
81	32030105	工具式金属脚手		kg	1.473 775	4.08	6.01	
82	32090101	周转木材		m^3	0.003 53	2 218.00	7.83	
合　计							20 912.30	

综合单价分析表

工程名称：××公司经理室室内装饰工程　　　　标段：　　　　第1页 共27页

项目编码	011102003001	项目名称	块料楼地面						计量单位	m²	工程量	44.76	
清单综合单价组成明细													
定额编号	定额项目名称	定额单位	数量	单价/元					合价/元				
				人工费	材料费	机械费	管理费	利润	人工费	材料费	机械费	管理费	利润
13-82	楼地面单块0.4 m² 以外地砖干硬性水泥砂浆	10 m²	0.1	388.8	1 042.08	11.7	172.22	60.08	38.88	104.21	1.17	17.22	6.01
13-110	块料面层酸洗打蜡 楼地面	10 m²	0.1	51.6	5.97		22.19	7.74	5.16	0.6		2.22	0.77
综合人工工日		小计							44.04	104.81	1.17	19.44	6.78
0.367 工日		未计价材料费											
清单项目综合单价									176.24				

材料费明细	主要材料名称、规格、型号	单位	数量	单价/元	合价/元	暂估单价/元	暂估合价/元
	同质地砖	m²	1.02	84.3	85.99		
	水泥 32.5 级	kg	16.991 7	0.43	7.31		
	白水泥	kg	0.1	0.74	0.07		
	合金钢切割锯片	片	0.002 5	68.6	0.17		
	锯(木)屑	m³	0.006	47.17	0.28		
	棉纱头	kg	0.02	5.57	0.11		
	水	m³	0.031 065	6.02	0.19		
	草酸	kg	0.01	3.86	0.04		
	硬白蜡	kg	0.026 5	7.29	0.19		
	煤油	kg	0.04	4.29	0.17		
	松节油	kg	0.005 3	12.01	0.06		
	清油 C01-1	kg	0.005 3	13.72	0.07		
	中砂	t	0.048 813	199	9.71		
	其他材料费			—	0.45	—	
	材料费小计			—	104.81	—	

综合单价分析表

工程名称：××公司经理室室内装饰工程　　　　标段：　　　　第2页 共27页

项目编码	011105005001	项目名称	木质踢脚线	计量单位	m	工程量	26.87

清单综合单价组成明细													
定额编号	定额项目名称	定额单位	数量	单价/元					合价/元				
				人工费	材料费	机械费	管理费	利润	人工费	材料费	机械费	管理费	利润
13-130	成品木质踢脚线	10 m	0.1	36	227.98	0.59	15.73	5.49	3.6	22.8	0.06	1.57	0.55
综合人工工日		小计							3.6	22.8	0.06	1.57	0.55
0.03 工日		未计价材料费											
清单项目综合单价									28.58				

材料费明细	主要材料名称、规格、型号	单位	数量	单价/元	合价/元	暂估单价/元	暂估合价/元
	普通木成材	m^3	0.000 2	2 218	0.44		
	成品木踢脚线 $h=120$	m	1.05	20.9	21.95		
	铁钉 70 mm	kg	0.012	5.16	0.06		
	防腐油	kg	0.037	5.15	0.19		
	棉纱头	kg	0.003	5.57	0.02		
	其他材料费			—	0.14	—	
	材料费小计			—	22.80	—	

综合单价分析表

工程名称：××公司经理室室内装饰工程　　　　标段：　　　　第 3 页 共 27 页

项目编码	011404002001	项目名称	踢脚线油漆						计量单位	m^2		工程量	3.22
清单综合单价组成明细													
定额编号	定额项目名称	定额单位	数量	单价/元					合价/元				
				人工费	材料费	机械费	管理费	利润	人工费	材料费	机械费	管理费	利润
17－39	润油粉、刮腻子、刷聚氨酯清漆 双组分混合型 3 遍踢脚线	10 m	0.834 472	96	28.99		41.28	14.4	80.11	24.19		34.45	12.02
综合人工工日		小计							80.11	24.19		34.45	12.02
0.667 6 工日		未计价材料费											
清单项目综合单价									150.77				

材料费明细	主要材料名称、规格、型号	单位	数量	单价/元	合价/元	暂估单价/元	暂估合价/元
	聚氨酯清漆（双组分混合型）	kg	0.525 717	39	20.5		
	酚醛清漆	kg	0.050 068	20.4	1.02		
	油漆溶剂油	kg	0.150 205	12.01	1.8		
	大白粉	kg	0.158 55	0.73	0.12		
	石膏粉 325 目	kg	0.041 724	0.36	0.02		
	其他材料费			—	0.73	—	
	材料费小计			—	24.19	—	

综合单价分析表

工程名称：××公司经理室室内装饰工程　　　　标段：　　　　第4页 共27页

项目编码	011408001001	项目名称	墙纸裱糊	计量单位	m²	工程量	47.7

清单综合单价组成明细													
定额编号	定额项目名称	定额单位	数量	单价/元					合价/元				
				人工费	材料费	机械费	管理费	利润	人工费	材料费	机械费	管理费	利润
17-240	贴墙纸 墙面对花	10 m²	0.1	176.4	186.89		75.85	26.46	17.64	18.69		7.59	2.65
综合人工工日		小计							17.64	18.69		7.59	2.65
0.147 工日		未计价材料费											
清单项目综合单价									46.57				

材料费明细	主要材料名称、规格、型号	单位	数量	单价/元	合价/元	暂估单价/元	暂估合价/元
	墙纸 中档	m²	1.158	15.5	17.95		
	聚醋酸乙烯乳液	kg	0.125	4.29	0.54		
	大白粉	kg	0.12	0.73	0.09		
	羧甲基纤维素	kg	0.015	2.14	0.03		
	其他材料费			—	0.08	—	
	材料费小计			—	18.69	—	

综合单价分析表

工程名称：××公司经理室室内装饰工程　　　　标段：　　　　第5页 共27页

项目编码	011208001001	项目名称	柱(梁)面装饰	计量单位	m^2	工程量	9.91

清单综合单价组成明细													
定额编号	定额项目名称	定额单位	数量	单价/元					合价/元				
				人工费	材料费	机械费	管理费	利润	人工费	材料费	机械费	管理费	利润
14-169 备注1	木龙骨基层断面24 mm×30 mm 方形柱梁面	10 m^2	0.097 578	320.4	156.34	6.78	140.69	49.08	31.26	15.26	0.66	13.73	4.79
14-187	柱、梁面夹板基层 钉在龙骨上	10 m^2	0.099 395	156	269.76	0.35	67.23	23.45	15.51	26.81	0.03	6.68	2.33
14-190	胶合板面钉在木龙骨或夹板上 柱、梁	10 m^2	0.1	123.6	163.15		53.15	18.54	12.36	16.32		5.32	1.85
综合人工工日		小计							59.13	58.39	0.69	25.73	8.97
0.492 7 工日		未计价材料费											
清单项目综合单价									152.91				

材料费明细	主要材料名称、规格、型号	单位	数量	单价/元	合价/元	暂估单价/元	暂估合价/元
	普通木成材	m^3	0.006 733	2 218	14.93		
	防腐油	kg	0.059 092	5.15	0.3		
	铁钉 70 mm	kg	0.087 971	5.16	0.45		
	胶合板 2 440 mm×1 220 mm×9 mm	m^2	1.043 648	25.33	26.43		
	胶合板 2 440 mm×1 220 mm×3 mm	m^2	1.1	14.61	16.07		
	聚醋酸乙烯乳液	kg	0.031	4.29	0.13		
	其他材料费			—	0.08	—	
	材料费小计			—	58.39	—	

综合单价分析表

工程名称：××公司经理室室内装饰工程　　标段：　　第6页 共27页

项目编码	011404012001	项目名称	梁柱饰面油漆					计量单位	m²	工程量	9.91	
清单综合单价组成明细												
定额编号	定额项目名称	定额单位	数量	单价/元					合价/元			
				人工费	材料费	机械费	管理费	利润	人工费	材料费	机械费	管理费	利润
17-97	防火涂料2遍 隔墙、隔断(间壁)、护壁木龙骨 单向	10 m²	0.1	54	21.76		23.22	8.1	5.4	2.18		2.32	0.81
17-92	胶合板基层刷防火涂料2遍 其他木材面	10 m²	0.188 85	157.2	42.23		67.6	23.58	29.69	7.98		12.77	4.45
17-37	切片板面层润油粉、刮腻子、刷聚氨酯清漆 双组分混合型3遍 其他木材面	10 m²	0.19	474	143.05		203.82	71.1	90.06	27.18		38.73	13.51
综合人工工日		小计							125.15	37.34		53.82	18.77
1.042 9 工日		未计价材料费											
清单项目综合单价									235.08				

材料费明细	主要材料名称、规格、型号	单位	数量	单价/元	合价/元	暂估单价/元	暂估合价/元
	防火涂料X-60(饰面)	kg	0.428 153	22	9.42		
	白布	m²	0.004 377	3.43	0.02		
	催干剂	kg	0.002	15.09	0.03		
	油漆溶剂油	kg	0.213 013	12.01	2.56		
	聚氨酯清漆(双组分混合型)	kg	0.596 6	39	23.27		
	酚醛清漆	kg	0.051 3	20.4	1.05		
	大白粉	kg	0.178 6	0.73	0.13		
	石膏粉325目	kg	0.051 3	0.36	0.02		
	其他材料费			—	0.84	—	
	材料费小计			—	37.34	—	

综合单价分析表

工程名称：××公司经理室室内装饰工程　　　　标段：　　　　第 7 页 共 27 页

项目编码	011302001001	项目名称		吊顶天棚				计量单位		m^2	工程量		43.57
清单综合单价组成明细													
定额编号	定额项目名称	定额单位	数量	单价/元					合价/元				
				人工费	材料费	机械费	管理费	利润	人工费	材料费	机械费	管理费	利润
15-34	天棚吊筋 吊筋规格 ϕ 8 H = 300 mm	10 m^2	0.071 93		33.98	9.12	3.92	1.37		2.44	0.66	0.28	0.1
15-34	天棚吊筋 吊筋规格 ϕ 8 H = 50 mm	10 m^2	0.028 07		28.48	9.12	3.92	1.37		0.8	0.26	0.11	0.04
15-8	装配式 U 形（不上人型）轻钢龙骨 面层规格400 mm×600 mm复杂	10 m^2	0.1	252	420.92	2.91	109.61	38.24	25.2	42.09	0.29	10.96	3.82
综合人工工日		小计							25.2	45.33	1.21	11.35	3.96
0.21 工日		未计价材料费											
清单项目综合单价									87.05				

材料费明细	主要材料名称、规格、型号	单位	数量	单价/元	合价/元	暂估单价/元	暂估合价/元
	圆钢	kg	0.120 428	4.2	0.51		
	等边角钢 ∟40×4	kg	0.16	4.27	0.68		
	膨胀螺栓 M10×110	套	1.326	0.69	0.91		
	螺杆 L=250 mm ϕ 8	根	1.326	0.3	0.4		
	双螺母双垫片 ϕ 8	副	1.326	0.51	0.68		
	普通木成材	m^3	0.000 7	2 218	1.55		
	轻钢龙骨（小）25 mm×20 mm×0.5 mm	m	0.34	1.8	0.61		
	轻钢龙骨（中）50 mm×20 mm×0.5 mm	m	2.136	3.8	8.12		
	轻钢龙骨（大）50 mm×15 mm×1.2 mm	m	1.864	8.5	15.84		
	轻钢龙骨主接件	只	1	0.51	0.51		
	轻钢龙骨次接件	只	1.2	0.6	0.72		
	轻钢龙骨小接件	只	0.13	0.26	0.03		
	小龙骨垂直吊件	只	1.25	0.34	0.43		
	小龙骨平面连接件	只	1.25	0.51	0.64		
	中龙骨横撑	m	2.058	3.8	7.82		
	中龙骨垂直吊件	只	3.3	0.39	1.29		
	中龙骨平面连接件	只	5.81	0.43	2.5		
	大龙骨垂直吊件（轻钢）45 mm	只	2	0.43	0.86		
	边龙骨横撑	m	0.202	3.8	0.77		
	其他材料费			—	0.46	—	
	材料费小计			—	45.33	—	

综合单价分析表

工程名称：××公司经理室室内装饰工程　　　　标段：　　　　第8页 共27页

项目编码	011302001002	项目名称	吊顶天棚					计量单位	m²		工程量	8.54	
清单综合单价组成明细													
定额编号	定额项目名称	定额单位	数量	单价/元					合价/元				
				人工费	材料费	机械费	管理费	利润	人工费	材料费	机械费	管理费	利润
15-4 备注4	方木龙骨 吊在混凝土楼板上 面层规格400 mm×400 mm	10 m²	0.051 991	205.2	281.92	1.62	88.93	31.02	10.67	14.66	0.08	4.62	1.61
15-46	纸面石膏板天棚面层 安装在U形轻钢龙骨上 凹凸	10 m²	0.476 815	160.8	235.01		69.14	24.12	76.67	112.06		32.97	11.5
15-44	胶合板面层安装在木龙骨上 凹凸	10 m²	0.1	148.8	282.17		63.98	22.32	14.88	28.22		6.4	2.23
综合人工工日		小计							102.22	154.94	0.08	43.99	15.34
0.851 8 工日		未计价材料费											
清单项目综合单价									316.57				

材料费明细	主要材料名称、规格、型号	单位	数量	单价/元	合价/元	暂估单价/元	暂估合价/元
	普通木成材	m³	0.006 547	2 218	14.52		
	防腐油	kg	0.004 679	5.15	0.02		
	铁钉 70 mm	kg	0.023 916	5.16	0.12		
	纸面石膏板 1 200 mm×3 000 mm×9.5 mm	m²	5.483 373	19.5	106.93		
	自攻螺钉 M4×15	10个	19.740 141	0.26	5.13		
	胶合板 2 440 mm×1 220 mm×9 mm	m²	1.1	25.33	27.86		
	聚醋酸乙烯乳液	kg	0.031	4.29	0.13		
	其他材料费			—	0.23	—	
	材料费小计			—	154.94	—	

综合单价分析表

工程名称：××公司经理室室内装饰工程　　　　标段：　　　　第9页 共27页

项目编码	011304001001	项目名称		灯带(槽)					计量单位		m²	工程量	1.05
清单综合单价组成明细													
定额编号	定额项目名称	定额单位	数量	单价/元					合价/元				
				人工费	材料费	机械费	管理费	利润	人工费	材料费	机械费	管理费	利润
18-65	回光灯槽	10 m	1.249 524	189.6	355.12	4.56	83.49	29.12	236.91	443.73	5.7	104.32	36.39
综合人工工日		小计							236.91	443.73	5.7	104.32	36.39
1.974 2 工日		未计价材料费											
清单项目综合单价									827.05				

	主要材料名称、规格、型号	单位	数量	单价/元	合价/元	暂估单价/元	暂估合价/元
材料费明细	细木工板 δ18 mm	m²	6.397 563	47.4	303.24		
	纸面石膏板	m²	6.397 563	19.5	124.75		
	自攻螺钉 M4×15	10 个	43.108 578	0.26	11.21		
	其他材料费			—	4.53	—	
	材料费小计			—	443.73	—	

综合单价分析表

工程名称：××公司经理室室内装饰工程　　　　标段：　　　　第10页 共27页

项目编码	011407002001	项目名称	天棚喷刷涂料				计量单位	m²			工程量	51.08	
清单综合单价组成明细													
定额编号	定额项目名称	定额单位	数量	单价/元					合价/元				
				人工费	材料费	机械费	管理费	利润	人工费	材料费	机械费	管理费	利润
17-179	天棚复杂面在抹灰面上901胶白水泥腻子批、刷乳胶漆各3遍	10 m²	0.1	228	80.44		98.04	34.2	22.8	8.04		9.8	3.42
综合人工工日		小计							22.8	8.04		9.8	3.42
0.19 工日		未计价材料费											
清单项目综合单价									44.06				

材料费明细	主要材料名称、规格、型号	单位	数量	单价/元	合价/元	暂估单价/元	暂估合价/元
	内墙乳胶漆	kg	0.486	13.3	6.46		
	901 胶	kg	0.365	2.14	0.78		
	石膏粉 325 目	kg	0.091	0.36	0.03		
	大白粉	kg	0.091	0.73	0.07		
	白水泥	kg	0.757	0.74	0.56		
	其他材料费			—	0.14	—	
	材料费小计			—	8.04	—	

综合单价分析表

工程名称：××公司经理室室内装饰工程　　　　标段：　　　　第11页 共27页

项目编码	010810002001	项目名称		木窗帘盒					计量单位	m	工程量	5.88	
清单综合单价组成明细													
定额编号	定额项目名称	定额单位	数量	单价/元					合价/元				
				人工费	材料费	机械费	管理费	利润	人工费	材料费	机械费	管理费	利润
18-66	暗窗帘盒 胶合板、纸面石膏板	100 m	0.015	1 350	2 541.14	4.25	582.33	203.14	20.25	38.12	0.06	8.73	3.05
综合人工工日		小计							20.25	38.12	0.06	8.73	3.05
0.168 8 工日		未计价材料费											
清单项目综合单价									70.21				

材料费明细	主要材料名称、规格、型号	单位	数量	单价/元	合价/元	暂估单价/元	暂估合价/元
	普通木成材	m^3	0.001 26	2 218	2.79		
	胶合板 2 440 mm×1 220 mm×9 mm	m^2	0.708 75	25.33	17.95		
	纸面石膏板	m^2	0.708 75	19.5	13.82		
	自攻螺钉 M4×15	10个	2.587 5	0.26	0.67		
	其他材料费			—	2.89	—	
	材料费小计			—	38.12	—	

综合单价分析表

工程名称：××公司经理室室内装饰工程　　　　标段：　　　　第12页 共27页

项目编码	011403002001	项目名称		窗帘盒油漆					计量单位	m	工程量	5.88	
清单综合单价组成明细													
定额编号	定额项目名称	定额单位	数量	单价/元					合价/元				
				人工费	材料费	机械费	管理费	利润	人工费	材料费	机械费	管理费	利润
17-35	润油粉、刮腻子、刷聚氨酯清漆 双组分混合型3遍 木扶手	10 m	0.305 952	176.4	27.41		75.85	26.46	53.97	8.39		23.21	8.1
综合人工工日		小计							53.97	8.39		23.21	8.1
0.449 7 工日		未计价材料费											
清单项目综合单价									93.67				
材料费明细	主要材料名称、规格、型号					单位	数量		单价/元	合价/元	暂估单价/元	暂估合价/元	
	聚氨酯清漆(双组分混合型)					kg	0.183 571		39	7.16			
	酚醛清漆					kg	0.018 357		20.4	0.37			
	油漆溶剂油					kg	0.052 012		12.01	0.62			
	大白粉					kg	0.055 071		0.73	0.04			
	石膏粉 325 目					kg	0.015 298		0.36	0.01			
	其他材料费								—	0.19	—		
	材料费小计								—	8.39	—		

综合单价分析表

工程名称：××公司经理室室内装饰工程　　　　　标段：　　　　　第13页 共27页

项目编码	010810001001	项目名称	窗帘	计量单位	m^2	工程量	11.76

清单综合单价组成明细													
定额编号	定额项目名称	定额单位	数量	单价/元					合价/元				
				人工费	材料费	机械费	管理费	利润	人工费	材料费	机械费	管理费	利润
18-71	成品窗帘安装 塑料平行百叶窗帘	10 m^2	0.1	43.2	566.89	1.28	19.13	6.67	4.32	56.69	0.13	1.91	0.67
综合人工工日		小计							4.32	56.69	0.13	1.91	0.67
0.036工日		未计价材料费											
清单项目综合单价									63.72				

材料费明细	主要材料名称、规格、型号	单位	数量	单价/元	合价/元	暂估单价/元	暂估合价/元
	塑料平行百叶窗帘（成品）	m^2	1.01	56	56.56		
	其他材料费			—	0.13	—	
	材料费小计			—	56.69	—	

综合单价分析表

工程名称：××公司经理室室内装饰工程　　　　标段：　　　　第 14 页 共 27 页

项目编码	010807001001	项目名称	金属(塑钢、断桥)窗	计量单位	樘	工程量	1

清单综合单价组成明细													
定额编号	定额项目名称	定额单位	数量	单价/元					合价/元				
				人工费	材料费	机械费	管理费	利润	人工费	材料费	机械费	管理费	利润
16-3	铝合金窗 推拉窗	10 m^2	1.176	525.6	5 889.68	14.95	232.44	81.08	618.11	6 926.26	17.58	273.35	95.35
综合人工工日		小计							618.11	6 926.26	17.58	273.35	95.35
5.150 9 工日		未计价材料费											
清单项目综合单价									7 930.65				

材料费明细	主要材料名称、规格、型号	单位	数量	单价/元	合价/元	暂估单价/元	暂估合价/元
	铝合金全玻推拉窗	m^2	11.289 6	580	6 547.97		
	硅酮密封胶	L	1.705 2	68.6	116.98		
	PU 发泡剂	L	3.087	25.73	79.43		
	镀锌铁脚	个	91.728	1.46	133.92		
	塑料胀管螺钉	套	183.456	0.09	16.51		
	其他材料费			—	31.45	—	
	材料费小计			—	6 926.26	—	

综合单价分析表

工程名称：××公司经理室室内装饰工程　　　　标段：　　　　第15页 共27页

项目编码	010801001001	项目名称	木质门	计量单位	樘	工程量	1

清单综合单价组成明细													
定额编号	定额项目名称	定额单位	数量	单价/元					合价/元				
				人工费	材料费	机械费	管理费	利润	人工费	材料费	机械费	管理费	利润
16-31	成品木门 实拼门夹板面	10 m^2	0.179	357.6	3 854.43	2.56	154.87	54.02	64.01	689.94	0.46	27.72	9.67
综合人工工日		小计							64.01	689.94	0.46	27.72	9.67
0.533 4 工日		未计价材料费											
清单项目综合单价									791.8				

材料费明细	主要材料名称、规格、型号	单位	数量	单价/元	合价/元	暂估单价/元	暂估合价/元
	柳桉木框夹板门	m^2	1.807 9	380	687		
	其他材料费			—	2.94	—	
	材料费小计			—	689.94	—	

综合单价分析表

工程名称：××公司经理室室内装饰工程　　　　　　标段：　　　　　　第 16 页 共 27 页

项目编码	010801001002	项目名称	木质门						计量单位	樘	工程量	1	
清单综合单价组成明细													
定额编号	定额项目名称	定额单位	数量	单价/元					合价/元				
				人工费	材料费	机械费	管理费	利润	人工费	材料费	机械费	管理费	利润
16-143	半截玻璃门(有腰双扇)门框制作 框断面55 mm×100 mm	10 m²	0.252	72	356.97	3.62	32.52	11.34	18.14	89.96	0.91	8.2	2.86
16-144	半截玻璃门(有腰双扇)门扇制作 扇断面50 mm×100 mm 门肚板厚度17 mm	10 m²	0.252	189.6	655.02	17.1	88.88	31.01	47.78	165.07	4.31	22.4	7.81
16-145	半截玻璃门(有腰双扇)门框安装	10 m²	0.252	40.8	9.85		17.54	6.12	10.28	2.48		4.42	1.54
16-146	半截玻璃门(有腰双扇)门扇安装	10 m²	0.252	189.6	212.48		81.53	28.44	47.78	53.54		20.55	7.17
16-340	木门窗五金配件 半玻木门 半截玻璃门、镶板门、胶合板门、企口板门 有腰双扇	樘	1		110.76					110.76			
综合人工工日		小计							123.98	421.81	5.22	55.57	19.38
1.033 3 工日		未计价材料费											
清单项目综合单价									625.96				

材料费明细	主要材料名称、规格、型号	单位	数量	单价/元	合价/元	暂估单价/元	暂估合价/元
	普通木成材	m³	0.105 84	2 218	234.75		
	木砖与拉条	m³	0.007 812	2 218	17.33		
	乳胶	kg	0.178 92	7.29	1.3		
	铁钉 70 mm	kg	0.176 4	5.16	0.91		
	清油 C01-1	kg	0.045 36	13.72	0.62		
	油漆溶剂油	kg	0.025 2	12.01	0.3		
	防腐油	kg	0.448 56	5.15	2.31		
	平板玻璃 5 mm	m²	1.146 6	41.7	47.81		
	硅酮密封胶	L	0.083 16	68.6	5.7		
	合页 100 mm	只	4	11.15	44.6		
	合页 50 mm	只	4	5.15	20.6		
	插销 300 mm	套	1	12.86	12.86		
	插销 150 mm	套	1	6	6		
	插销 100 mm	套	2	4.29	8.58		
	拉手 150 mm	套	2	6.86	13.72		
	铁搭扣 100 mm	百个	0.01	72.89	0.73		
	风钩 200 mm	套	2	0.69	1.38		
	木螺钉 $L=38$ mm	10 个	3.2	0.26	0.83		
	木螺钉 $L=25$ mm	10 个	0.8	0.26	0.21		
	木螺钉 $L=19$ mm	10 个	3.7	0.17	0.63		
	木螺钉 M4×30	10 个	2.4	0.26	0.62		
	其他材料费			—	0.02	—	
	材料费小计			—	421.81	—	

综合单价分析表

工程名称：××公司经理室室内装饰工程　　标段：　　第 17 页 共 27 页

项目编码	010808001001	项目名称	木门窗套					计量单位	m^2	工程量	2.34		
清单综合单价组成明细													
定额编号	定额项目名称	定额单位	数量	单价/元					合价/元				
				人工费	材料费	机械费	管理费	利润	人工费	材料费	机械费	管理费	利润
18-14	木装饰条安装条宽在50 mm外	100 m	0.092 735	244.8	1 217.37	12.82	110.78	38.64	22.7	112.89	1.19	10.27	3.58
18-50	门窗套 筒子板	10 m^2	0.053 419	397.2	741.63	3.01	172.09	60.03	21.22	39.62	0.16	9.19	3.21
综合人工工日		小计							43.92	152.51	1.35	19.46	6.79
0.366 工日		未计价材料费											
清单项目综合单价									224.03				

材料费明细	主要材料名称、规格、型号	单位	数量	单价/元	合价/元	暂估单价/元	暂估合价/元
	红松平线条 $B=60$	m	10.015 38	11.2	112.17		
	聚醋酸乙烯乳液	kg	0.061 205	4.29	0.26		
	普通木成材	m^3	0.017 308	2 218	38.39		
	铁钉 70 mm	kg	0.020 299	5.16	0.1		
	防腐油	kg	0.196 048	5.15	1.01		
	其他材料费			—	0.58	—	
	材料费小计			—	152.51	—	

综合单价分析表

工程名称：××公司经理室室内装饰工程　　　　标段：　　　　第18页 共27页

项目编码	010801006001	项目名称		门锁安装					计量单位	个(套)		工程量	1
清单综合单价组成明细													
定额编号	定额项目名称	定额单位	数量	单价/元					合价/元				
				人工费	材料费	机械费	管理费	利润	人工费	材料费	机械费	管理费	利润
16-312	门窗特殊五金 执手锁	把	1	20.4	121.89		8.77	3.06	20.4	121.89		8.77	3.06
综合人工工日		小计							20.4	121.89		8.77	3.06
0.17 工日		未计价材料费											
清单项目综合单价									154.12				

	主要材料名称、规格、型号	单位	数量	单价/元	合价/元	暂估单价/元	暂估合价/元
材料费明细	执手锁	把	1.01	120	121.2		
	其他材料费			—	0.69	—	
	材料费小计			—	121.89	—	

综合单价分析表

工程名称：××公司经理室室内装饰工程　　　　标段：　　　　第 19 页 共 27 页

项目编码	011401001001	项目名称		木门油漆					计量单位	樘		工程量	1
清单综合单价组成明细													
定额编号	定额项目名称	定额单位	数量	单价/元					合价/元				
				人工费	材料费	机械费	管理费	利润	人工费	材料费	机械费	管理费	利润
17-31	润油粉、刮腻子、刷聚氨酯清漆 双组分混合型 3 遍 单层木门	10 m^2	0.227	591.6	302.69		254.39	88.74	134.29	68.71		57.75	20.14
17-92	刷防火涂料 2 遍 其他木材面	10 m^2	0.137 5	157.2	42.23		67.6	23.58	21.62	5.81		9.3	3.24
综合人工工日		小计							155.91	74.52		67.05	23.38
1.299 2 工日		未计价材料费											
清单项目综合单价									320.86				

材料费明细	主要材料名称、规格、型号	单位	数量	单价/元	合价/元	暂估单价/元	暂估合价/元
	聚氨酯清漆（双组分混合型）	kg	1.514 09	39	59.05		
	酚醛清漆	kg	0.129 39	20.4	2.64		
	油漆溶剂油	kg	0.411 195	12.01	4.94		
	大白粉	kg	0.454	0.73	0.33		
	石膏粉 325 目	kg	0.131 66	0.36	0.05		
	防火涂料 X-60（饰面）	kg	0.244 75	22	5.38		
	白布	m^2	0.002 75	3.43	0.01		
	其他材料费			—	2.12	—	
	材料费小计			—	74.52	—	

综合单价分析表

工程名称：××公司经理室室内装饰工程　　标段：　　第20页 共27页

<table>
<tr><td>项目编码</td><td>011404002002</td><td>项目名称</td><td colspan="5">门窗套油漆</td><td colspan="2">计量单位</td><td>m²</td><td colspan="2">工程量</td><td>2.34</td></tr>
<tr><td colspan="14">清单综合单价组成明细</td></tr>
<tr><td rowspan="2">定额编号</td><td rowspan="2">定额项目名称</td><td rowspan="2">定额单位</td><td rowspan="2">数量</td><td colspan="5">单价/元</td><td colspan="5">合价/元</td></tr>
<tr><td>人工费</td><td>材料费</td><td>机械费</td><td>管理费</td><td>利润</td><td>人工费</td><td>材料费</td><td>机械费</td><td>管理费</td><td>利润</td></tr>
<tr><td>17-37</td><td>润油粉、刮腻子、刷聚氨酯清漆 双组分混合型3遍 其他木材面</td><td>10 m²</td><td>0.058 761</td><td>474</td><td>143.05</td><td></td><td>203.82</td><td>71.1</td><td>27.85</td><td>8.41</td><td></td><td>11.98</td><td>4.18</td></tr>
<tr><td>17-35</td><td>润油粉、刮腻子、刷聚氨酯清漆 双组分混合型3遍 木扶手</td><td>10 m</td><td>0.324 786</td><td>176.4</td><td>27.41</td><td></td><td>75.85</td><td>26.46</td><td>57.29</td><td>8.9</td><td></td><td>24.64</td><td>8.59</td></tr>
<tr><td colspan="2">综合人工工日</td><td colspan="7">小计</td><td>85.14</td><td>17.31</td><td></td><td>36.62</td><td>12.77</td></tr>
<tr><td colspan="2">0.709 5 工日</td><td colspan="7">未计价材料费</td><td colspan="5"></td></tr>
<tr><td colspan="9">清单项目综合单价</td><td colspan="5">151.84</td></tr>
<tr><td rowspan="9">材料费明细</td><td colspan="4">主要材料名称、规格、型号</td><td>单位</td><td colspan="3">数量</td><td>单价/元</td><td>合价/元</td><td colspan="2">暂估单价/元</td><td>暂估合价/元</td></tr>
<tr><td colspan="4">聚氨酯清漆（双组分混合型）</td><td>kg</td><td colspan="3">0.379 381</td><td>39</td><td>14.8</td><td colspan="2"></td><td></td></tr>
<tr><td colspan="4">酚醛清漆</td><td>kg</td><td colspan="3">0.035 353</td><td>20.4</td><td>0.72</td><td colspan="2"></td><td></td></tr>
<tr><td colspan="4">油漆溶剂油</td><td>kg</td><td colspan="3">0.103 398</td><td>12.01</td><td>1.24</td><td colspan="2"></td><td></td></tr>
<tr><td colspan="4">大白粉</td><td>kg</td><td colspan="3">0.113 697</td><td>0.73</td><td>0.08</td><td colspan="2"></td><td></td></tr>
<tr><td colspan="4">石膏粉 325 目</td><td>kg</td><td colspan="3">0.032 105</td><td>0.36</td><td>0.01</td><td colspan="2"></td><td></td></tr>
<tr><td colspan="4"></td><td></td><td colspan="3"></td><td></td><td></td><td colspan="2"></td><td></td></tr>
<tr><td colspan="8">其他材料费</td><td>—</td><td>0.46</td><td colspan="2">—</td><td></td></tr>
<tr><td colspan="8">材料费小计</td><td>—</td><td>17.31</td><td colspan="2">—</td><td></td></tr>
</table>

综合单价分析表

工程名称：××公司经理室室内装饰工程　　　　标段：　　　　第21页 共27页

项目编码	011304002001	项目名称	筒灯孔						计量单位	个		工程量	11
清单综合单价组成明细													
定额编号	定额项目名称	定额单位	数量	单价/元					合价/元				
				人工费	材料费	机械费	管理费	利润	人工费	材料费	机械费	管理费	利润
18-63	天棚面零星项目 筒灯孔	10个	0.1	20.4	8.63		8.77	3.06	2.04	0.86		0.88	0.31
综合人工工日		小计							2.04	0.86		0.88	0.31
0.017工日		未计价材料费											
清单项目综合单价									4.09				

材料费明细	主要材料名称、规格、型号	单位	数量	单价/元	合价/元	暂估单价/元	暂估合价/元
	轻钢龙骨(中) 50 mm×20 mm×0.5 mm	m	0.2	3.8	0.76		
	其他材料费			—	0.1	—	
	材料费小计			—	0.86	—	

综合单价分析表

工程名称：××公司经理室室内装饰工程　　　标段：　　　第 22 页 共 27 页

项目编码	010809001001	项目名称	木窗台板						计量单位	m^2	工程量	0.59	
清单综合单价组成明细													
定额编号	定额项目名称	定额单位	数量	单价/元					合价/元				
				人工费	材料费	机械费	管理费	利润	人工费	材料费	机械费	管理费	利润
18-51	窗台板 细木工板、切片板	10 m^2	0.1	248.4	811.79	2.32	107.81	37.61	24.84	81.18	0.23	10.78	3.76
综合人工工日		小计							24.84	81.18	0.23	10.78	3.76
0.207 工日		未计价材料费											
清单项目综合单价									120.79				

材料费明细	主要材料名称、规格、型号	单位	数量	单价/元	合价/元	暂估单价/元	暂估合价/元
	细木工板 δ18 mm	m^2	1.05	47.4	49.77		
	普通切片板	m^2	1.1	20.16	22.17		
	防腐油	kg	0.295	5.15	1.52		
	万能胶	kg	0.45	17.15	7.72		
	其他材料费			—		—	
	材料费小计			—	81.18	—	

综合单价分析表

工程名称：××公司经理室室内装饰工程　　　　标段：　　　　第 23 页 共 27 页

项目编码	011404002003	项目名称	窗台板油漆					计量单位	m²		工程量	0.59	
清单综合单价组成明细													
定额编号	定额项目名称	定额单位	数量	单价/元					合价/元				
				人工费	材料费	机械费	管理费	利润	人工费	材料费	机械费	管理费	利润
17-35	润油粉、刮腻子、刷聚氨酯清漆 双组分混合型 3遍 木扶手	10 m	0.348 814	176.4	27.41		75.85	26.46	61.53	9.56		26.46	9.23
综合人工工日		小计							61.53	9.56		26.46	9.23
0.512 8 工日		未计价材料费											
清单项目综合单价									106.78				

材料费明细	主要材料名称、规格、型号	单位	数量	单价/元	合价/元	暂估单价/元	暂估合价/元
	聚氨酯清漆（双组分混合型）	kg	0.209 288	39	8.16		
	酚醛清漆	kg	0.020 929	20.4	0.43		
	油漆溶剂油	kg	0.059 298	12.01	0.71		
	大白粉	kg	0.062 787	0.73	0.05		
	石膏粉 325 目	kg	0.017 441	0.36	0.01		
	其他材料费			—	0.2	—	
	材料费小计			—	9.56	—	

综合单价分析表

工程名称：××公司经理室室内装饰工程　　　　标段：　　　　第 24 页 共 27 页

项目编码	011704001001	项目名称	超高施工增加	计量单位	m^2	工程量	49.29

清单综合单价组成明细													
定额编号	定额项目名称	定额单位	数量	单价/元					合价/元				
				人工费	材料费	机械费	管理费	利润	人工费	材料费	机械费	管理费	利润
19-19	装饰工程超高人工降效系数 建筑物高度在 20 ~ 30 m(7 ~ 10 层)	%	0.020 288	410.42			176.48	61.56	8.33			3.58	1.25
综合人工工日		小计							8.33			3.58	1.25
0 工日		未计价材料费											
清单项目综合单价									13.16				

材料费明细	主要材料名称、规格、型号	单位	数量	单价/元	合价/元	暂估单价/元	暂估合价/元
	其他材料费			—		—	
	材料费小计			—		—	

综合单价分析表

工程名称：××公司经理室室内装饰工程　　　　标段：　　　　第25页 共27页

项目编码	011701003001	项目名称	抹灰脚手架						计量单位	m^2		工程量	44.15
清单综合单价组成明细													
定额编号	定额项目名称	定额单位	数量	单价/元					合价/元				
				人工费	材料费	机械费	管理费	利润	人工费	材料费	机械费	管理费	利润
20-23	墙面抹灰脚手架 高在3.60 m内	10 m^2	0.1	1.2	1.57	0.84	0.88	0.31	0.12	0.16	0.08	0.09	0.03
综合人工工日		小计							0.12	0.16	0.08	0.09	0.03
0.001 工日		未计价材料费											
清单项目综合单价									0.48				

材料费明细	主要材料名称、规格、型号	单位	数量	单价/元	合价/元	暂估单价/元	暂估合价/元
	工具式金属脚手	kg	0.016 7	4.08	0.07		
	周转木材	m^3	0.000 04	2 218	0.09		
	其他材料费			—		—	
	材料费小计			—	0.16	—	

综合单价分析表

工程名称：××公司经理室室内装饰工程　　标段：　　第 26 页 共 27 页

项目编码	011701003002	项目名称		抹灰脚手架				计量单位		m²		工程量	44.1
清单综合单价组成明细													
定额编号	定额项目名称	定额单位	数量	单价/元					合价/元				
				人工费	材料费	机械费	管理费	利润	人工费	材料费	机械费	管理费	利润
20-23	天棚抹灰脚手架 高在3.60 m内	10 m²	0.1	1.2	1.57	0.84	0.88	0.31	0.12	0.16	0.08	0.09	0.03
综合人工工日		小计							0.12	0.16	0.08	0.09	0.03
0.001 工日		未计价材料费											
清单项目综合单价									0.48				

材料费明细	主要材料名称、规格、型号	单位	数量	单价/元	合价/元	暂估单价/元	暂估合价/元
	工具式金属脚手	kg	0.016 7	4.08	0.07		
	周转木材	m³	0.000 04	2 218	0.09		
	其他材料费			—		—	
	材料费小计			—	0.16	—	

综合单价分析表

工程名称：××公司经理室室内装饰工程　　　　标段：　　　　第27页 共27页

项目编码	011703001001	项目名称	垂直运输					计量单位	m^2		工程量	49.29
清单综合单价组成明细												
定额编号	定额项目名称	定额单位	数量	单价/元					合价/元			
				人工费	材料费	机械费	管理费	利润	人工费	材料费	机械费	管理费	利润
23-33	单独装饰工程垂直运输施工电梯 垂直运输高度20~40 m(7~13层)	10工日	0.173 017			50.5	21.72	7.58			8.74	3.76	1.31
综合人工工日		小计									8.74	3.76	1.31
0工日		未计价材料费											
清单项目综合单价									13.81				
材料费明细	主要材料名称、规格、型号				单位		数量		单价/元	合价/元	暂估单价/元	暂估合价/元
	其他材料费								—		—	
	材料费小计								—		—	

4.6 课外大型综合案例

·4.6.1 工程概况·

①本工程为××经济技术开发区电子信息产业园高标准厂房(二期)建设项目 F-01 园区服务中心装饰工程。

②室内主要装饰做法:地面采用600 mm×600 mm 防滑地砖,局部采用600 mm×600 mm 防静电地板;墙面干挂600 mm×1 200 mm 超白岩板 YB-09,部分采用轻钢龙骨石膏板隔断及玻璃隔断;天棚采用 $\phi8$ 全丝吊筋穿孔铝板吊顶,部分采用600 mm×600 mm 高晶板吊顶;抹灰墙面及天棚刷乳胶漆;木质及不锈钢门套,铝合金窗,部分采用防火门等。

装饰工程CAD图纸

③建设单位为××经济技术开发区××城市投资有限公司,设计单位为××建筑设计院有限公司,施工单位为××建设工程有限公司。

④本装饰工程施工图纸可扫右侧二维码下载。

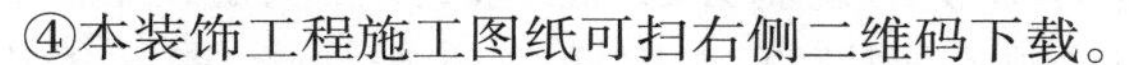

·4.6.2 招标工程量清单·

本工程招标工程量清单的主要内容包括封面,扉页,总说明,分部分项工程和单价措施项目清单与计价表,总价措施项目清单与计价表,其他项目清单与计价汇总表,规费、税金项目计价表等。

招标工程量清单

·4.6.3 最高投标限价·

本工程最高投标限价的内容包括封面,扉页,总说明,单位工程最高投标限价汇总表,分部分项工程和单价措施项目清单与计价表,综合单价分析表,总价措施项目清单与计价表,其他项目清单与计价汇总表,规费、税金项目计价表,承包人供应主要材料一览表等。

最高投标限价

·4.6.4 工程量计算表·

①本工程量计算表主要按工程量清单项目进行列项计算,也可用于对清单项目进行组价,因为组价时所用的工程量与清单项目的工程量相同。

②本工程量计算表是在计价软件中手工填入,少量的地面项目工程量直接用 CAD 图纸测量,这几个项目没有列出计算式。

工程量计算表

【拓展与讨论】

“以前没想过,‘刮腻子’还能走上世界舞台。”法国当地时间10月23日,2022年世界技能大赛特别赛法国赛区的比赛在法国西南部城市波尔多收官。中国代表团斩获2金2铜,其中,来自浙江建设技师学院16级建筑装饰技师班的学生马宏达,在“抹灰与隔墙系统”项目中夺冠,实现中国队在该项目上金牌“零”的突破。

扫码观看"世界技能大赛选拔赛开锣,'泥瓦匠'才俊各显神通"和"'刮腻子'刮成世界冠军",结合你对"装饰工程计量与计价"课程的学习,谈谈如何才能使自己成为高技能人才。

扫码阅读"争做有理想、敢担当、能吃苦、肯奋斗的新时代好青年",谈谈如何才能适应新时代的要求,做一个不断实现个人梦—专业梦—中国梦的新时代好青年。

世界技能大赛选拔赛开锣,"泥瓦匠"才俊各显神通

"刮腻子"刮成世界冠军

争做有理想、敢担当、能吃苦、肯奋斗的新时代好青年

本章小结

本章分别介绍了工程量清单与工程量清单计价的编制方法与要求,并提供了工程量清单计价的表格样式及使用方法。本章列举了大量的实例计算,内容翔实、步骤清晰、重点突出、结合实际。在工程量清单编制这部分内容,从清单的组成及编制要求开始,进一步叙述了分部分项工程量清单项目设置及计算规则、编制要求及方法,措施项目、其他项目、规费及税金项目工程量清单的编制要求及方法。在工程量清单计价编制这部分内容,首先叙述了装饰工程工程量清单计价的内容、依据和要求,然后以实例形式重点演示了分部分项工程量清单计价的编制方法,给读者提供了格式、方法与技巧。

复习思考题

4.1　什么是工程量清单?什么是招标工程量清单?什么是工程量清单计价?

4.2　工程量清单计价的依据是什么?

4.3　工程量清单计价适应的工程有哪些?

4.4　《建设工程工程量清单计价规范》(GB 50500—2013)的主要内容及特点是什么?

4.5　简述分部分项工程量清单的组成及编制要求。

4.6　简述措施项目工程量清单的组成及编制要求。

4.7　简述其他项目工程量清单的组成及编制要求。

5 装饰工程结算

〖知识目标〗

(1)了解工程价款结算分类、工程预付款、工程进度款、工程变更价款结算、工程款的计量支付、保修费用的处理等相关规定;

(2)熟悉结算款支付、质量保证金、最终结清、合同解除的价款结算与支付的一般规定;

(3)掌握竣工结算编制与审核的依据、内容、方法和要求等。

〖能力目标〗

(1)具有装饰工程计量与支付、结算,能处理预付款、进度款、结算款支付及处理索赔的能力;

(2)具有编制竣工结算文件的能力。

〖素质目标〗

(1)通过竣工结算规定的学习,培养学生实事求是、严肃认真的工作态度;

(2)通过学习预付款、进度款、结算款支付的处理,培养学生善于计划、有效落实、检查监督的工作方法。

5.1 工程价款结算

1)工程价款结算分类

工程价款结算是指装饰施工企业在施工过程中,按逐月(或形象进度,或控制界面等)完成的工程数量计算各项费用,向建设单位(业主)办理工程价款的支付。

具体地说,装饰工程价款结算有以下几种:

①按月结算。即实行每月结算一次工程款,竣工后清算的办法。跨年度竣工的工程,在年终进行工程盘点,办理年度结算。

②竣工后一次结算。建设项目或单项工程全部建筑安装工程建设工期在12个月以内,或者工程承包合同价在100万元以下的可以实行开工前支付一定的预付款,或者工程价款每月月中预支,竣工后一次结算的方式。

③分段结算。即按照工程形象进度,划分不同阶段进行结算。分段结算可以按月预支工程款。

④其他结算方式。结算双方可以约定采用并经开户银行同意的其他结算方式。

实行竣工后一次结算和分段结算的工程,当年结算的工程应与年度完成工程量一致,年终不另清算。

我国现行工程价款结算中，相当一部分是实行按月结算。这种结算办法是根据工程进度，按已完分部分项工程这一“假定建筑安装产品”为对象，按月结算（或预支），待工程竣工后再办理竣工结算，一次结清，找补余款。

预付款

2）工程预付款

（1）一般规定

①承包人应将预付款专用于合同工程。

②包工包料工程的预付款的支付比例不得低于签约合同价（扣除暂列金额）的10%，不宜高于签约合同价（扣除暂列金额）的30%。

③承包人应在签订合同或向发包人提供与预付款等额的预付款保函后向发包人提交预付款支付申请。

④发包人应在收到预付款支付申请的7天内进行核实，向承包人发出预付款支付证书，并在签发支付证书后的7天内向承包人支付预付款。

⑤发包人没有按合同约定按时支付预付款的，承包人可催告发包人支付；发包人在预付款期满后的7天内仍未支付的，承包人可在付款期满后的第8天起暂停施工。发包人应承担由此增加的费用和延误的工期，并应向承包人支付合理利润。

⑥预付款应从每一个支付期应支付给承包人的工程进度款中扣回，直到扣回的金额达到合同约定的预付款金额为止。

⑦承包人的预付款保函的担保金额根据预付款扣回的数额相应递减，但在预付款全部扣回之前一直保持有效。发包人应在预付款扣完后的14天内将预付款保函退还给承包人。

（2）预付款的拨付

施工企业承包工程，一般都实行包工包料，需要有一定数量的备料周转金。我国目前是由建设单位在开工前拨给施工企业一定数额的预付款（预付备料款），构成施工企业为该承包工程项目储备和准备主要材料、结构件所需要的流动资金。

《建设工程价款结算暂行办法》（财建[2004]369号）第十二条规定：

①包工包料工程的预付款按合同约定拨付，原则上预付比例不低于合同金额的10%，不宜高于合同金额的30%，对重大工程项目，按年度工程计划逐年预付。计价执行《建设工程工程量清单计价规范》（GB 50500—2013）的工程，实体性消耗和非实体性消耗部分应在合同中分别约定预付款比例。

②在具备施工条件的前提下，发包人应在双方签订合同后的一个月内或不迟于约定的开工日期前的7天内预付工程款，发包人不按约定预付，承包人应在预付时间到期后10天内向发包人发出要求预付的通知，发包人收到通知后仍不按要求预付，承包人可在发出通知14天后停止施工，发包人应从约定应付之日起向承包人支付应付款的利息（利率按同期银行贷款利率计），并承担违约责任。

③预付的工程款必须在合同中约定抵扣方式，并在工程进度款中进行抵扣。

④凡是没有签订合同或不具备施工条件的工程，发包人不得预付工程款，不得以预付款为名转移资金。

预付备料款的额度，应执行地方规定或由合同双方商定。预付备料款按下列公式计算：

$$预付备料款 = 年度建筑安装工作量或合同价款 \times 预付备料款额度(\%)$$

$$备料款数额 = \frac{全年施工工作量 \times 主要材料所占的比重}{年度施工日历天数} \times 材料储备天数$$

在实际工作中，备料款的数额要根据工作类型、合同工期、承包方式和供应方式等不同条件而定。一般不应超过当年工作量或合同价款的30%。工程施工合同中应当明确预付备料款的数额。

(3)预付备料款的扣回

建设单位拨付给施工企业的备料款，应根据周转情况陆续抵充工程款。备料款属于预付性质，在工程后期应随工程所需材料储备逐渐减少，以抵充工程价款的方式陆续扣回。具体如何逐次扣回，应在施工合同中约定。常用扣回办法有3种：一是按照公式计算起扣点和抵扣额；二是按照当地规定协商确定抵扣备料款；三是工程最后一次抵扣备料款。

在实际工作中，有些工程工期较短(例如在3个月以内)，就无须分期扣回；有些工程工期较长，如跨年度工程，其备料款的占用时间很长，根据需要可以少扣或不扣。在一般情况下，工程进度达到60%时，开始抵扣预付备料款。

①从未完工程尚需的主要材料和构配件的价值相当于备料款数额时起扣。这种方法是先计算出起扣点，完成工程的造价在起扣点均不需要扣备料款，超过起扣点后，于每次结算工程价款时，按材料比重扣抵工程价款，竣工前全部扣清。

起扣点计算公式推导如下：

$$未完成工程尚需主要材料总值 = 未完成工程价值 \times 主要材料比重$$

$$未完成工程价值 = \frac{预付备料款}{主要材料比重}$$

$$\begin{aligned}起扣点 = 起扣时已完工程价值 &= 施工合同总值 - 未完工程价值 \\ &= 施工合同总值 - \frac{预付备料款}{主要材料比重}\end{aligned}$$

应扣回的预付备料款，按下列公式计算：

$$第一次扣抵额 = (累计已完工程价值 - 起扣点) \times 主要材料比重$$

$$以后每次扣抵额 = 每次完成工程价值 \times 主要材料比重$$

②协商确定扣还备料款。按公式计算确定起扣点和抵扣额，理论上较为合理，但手续较繁。实践中参照上述公式计算出起扣点，在施工合同中采用协商的起扣点和采用固定的比例扣还备料款办法，承发包双方共同遵守。例如：规定工程进度达到60%开始抵扣备料款，扣回的比例按每完成10%进度扣预付备料款总额的25%。

③工程最后一次抵扣备料款。该法适合于造价不高、工程简单、施工期短的工程。备料款在施工前一次拨付，施工过程中不作抵扣，当备料款加已付工程款达到合同价款的90%时，停付工程款。

3)进度款

进度款

①发承包双方应按照合同约定的时间、程序和方法，根据工程计量结果，办理期中价款结算，支付进度款。

②进度款支付周期应与合同约定的工程计量周期一致。

③已标价工程量清单中的单价项目，承包人应按工程计量确认的工程量与综合单价计算；综合单价发生调整的，以发承包双方确认调整的综合单价计算进度款。

④已标价工程量清单中的总价项目和按照2013计价规范第8.3.2条规定形成的总价合同，承包人应按合同中约定的进度款支付分解，分别列入进度款支付申请中的安全文明施工费和本周期应支付的总价项目的金额中。

⑤发包人提供的甲供材料金额，应按照发包人签约提供的单价和数量从进度款支付中扣除，列入本周期应扣减的金额中。

⑥承包人现场签证和得到发包人确认的索赔金额应列入本周期应增加的金额中。

⑦进度款的支付比例按照合同约定，按期中结算价款总额计，不低于60%，不高于90%。

⑧承包人应在每个计量周期到期后的7天内向发包人提交已完工程进度款支付申请一式四份，详细说明此周期认为有权得到的款额，包括分包人已完工程的价款。支付申请应包括下列内容：

a. 累计已完成的合同价款；

b. 累计已实际支付的合同价款；

c. 本周期合计完成的合同价款：

- 本周期已完成单价项目的金额；
- 本周期应支付的总价项目的金额；
- 本周期已完成的计日工价款；
- 本周期应支付的安全文明施工费；
- 本周期应增加的金额。

d. 本周期合计应扣减的金额：

- 本周期应扣回的预付款；
- 本周期应扣减的金额。

e. 本周期实际应支付的合同价款。

⑨发包人应在收到承包人进度款支付申请后的14天内，根据计量结果和合同约定对申请内容予以核实，确认后向承包人出具进度款支付证书。若发承包双方对部分清单项目的计量结果出现争议，发包人应对无争议部分的工程计量结果向承包人出具进度款支付证书。

⑩发包人应在签发进度款支付证书后的14天内，按照支付证书列明的金额向承包人支付进度款。

⑪若发包人逾期未签发进度款支付证书，则视为承包人提交的进度款支付申请已被发包人认可。承包人可向发包人发出催告付款的通知。发包人应在收到通知后的14天内，按照承包人支付申请的金额向承包人支付进度款。

⑫发包人未按照2013计价规范第10.3.9—10.3.11条的规定支付进度款的，承包人可催告发包人支付，并有权获得延迟支付的利息；发包人在付款期满后的7天内仍未支付的，承包人可在付款期满后的第8天起暂停施工。发包人应承担由此增加的费用和延误的工期，向承包人支付合理利润，并应承担违约责任。

⑬发现已签发的任何支付证书有错、漏或重复的数额，发包人有权予以修正，承包人也有权提出修正申请。经发承包双方复核同意修正的，应在本次到期的进度款中支付或扣除。

4)工程变更价款结算

(1)工程变更的概念

全部合同文件的任何部分的改变,不论是形式的、质量的或数量的变化,称为工程变更。工程变更包括设计变更、施工条件变更、原招标文件和工程量清单中未包括的“新增工程”。其中,最常见的是设计变更和施工条件的变更。

(2)工程变更价款处理

工程变更通常涉及工程费用的变动和施工期的变化,对合同价款有较大的影响,需要调整合同价,应密切注意对工程变更价款的处理。《建设工程价款结算暂行办法》(财建[2004]369号)第八条规定调整因素包括:

①法律、行政法规和国家有关政策变化影响合同价款;

②工程造价管理机构的价格调整;

③经批准的设计变更;

④发包人更改经审定批准的施工组织设计(修正错误除外)造成费用增加;

⑤双方约定的其他因素。

(3)工程价款调整

《建设工程价款结算暂行办法》(财建[2004]369 号)第九条规定,承包人应当在合同规定的调整情况发生后 14 天内,将调整原因、金额以书面形式通知发包人,发包人确认调整金额后将其作为追加合同价款,与工程进度款同期支付。发包人收到承包人通知后 14 天内不予确认也不提出修改意见,视为已经同意该项调整。

当合同规定的调整合同价款的调整情况发生后,承包人未在规定时间内通知发包人,或者未在规定时间内提出调整报告,发包人可以根据有关资料,决定是否调整和调整的金额,并书面通知承包人。

《建设工程价款结算暂行办法》第十条规定,属于工程设计变更价款调整的有:

①施工中发生工程变更,承包人按照经发包人认可的变更设计文件,进行变更施工,其中,政府投资项目重大变更,需按基本建设程序报批后方可施工。

②在工程设计变更确定后 14 天内,设计变更涉及工程价款调整的,由承包人向发包人提出,经发包人审核同意后调整合同价款。

③工程设计变更确定后 14 天内,如承包人未提出变更工程价款报告,则发包人可根据所掌握的资料决定是否调整合同价款和调整的具体金额。重大工程变更涉及工程价款变更报告和确认的时限由发承包双方协商确定。

收到变更工程价款报告一方,应在收到之日起 14 天内予以确认或提出协商意见,自变更工程价款报告送达之日起 14 天内,对方未确认也未提出协商意见时,视为变更工程价款报告已被确认。

确认增(减)的工程变更价款作为追加(减)合同价款与工程进度款同期支付。

(4)变更合同价款调整原则

①合同中已有适用于变更工程的价格,按合同已有的价格变更合同价款。

②合同中只有类似于变更工程的价格,可以参照类似价格变更合同价款。

③合同中没有适用或类似于变更工程的价格,由承包人或发包人提出适当的变更价格,经对方确认后执行。如双方不能达成一致的,双方可提请工程所在地工程造价管理机构进行咨

询或按合同约定的争议或纠纷解决程序办理。

(5)工程竣工价款结算

《建设工程价款结算暂行办法》(财建[2004]369号)规定,发包人收到承包人递交的竣工结算报告及完整的结算资料后,应按本办法规定的期限(合同约定有期限的,从其约定)进行核实,给予确认或者提出修改意见。发包人根据确认的竣工结算报告向承包人支付工程竣工结算价款,保留质量保证金(依据建质[2017]138号规定,不得高于3%),待工程交付使用一年质保期到期后清算(合同另有约定的,从其约定),质保期内如有返修,发生费用应在质量保证金内扣除。

发包人收到竣工结算报告及完整的结算资料后,在本办法规定或合同约定期限内,对结算报告及资料没有提出意见,则视同认可。

承包人如未在规定时间内提供完整的工程竣工结算资料,经发包人催促后14天内仍未提供或没有明确答复,发包人有权根据已有资料进行审查,责任由承包人自负。

根据确认的竣工结算报告,承包人向发包人申请支付工程竣工结算款。发包人应在收到申请后15天内支付结算款,到期没有支付的应承担违约责任。承包人可以催告发包人支付结算价款,如达成延期支付协议,承包人应按同期银行贷款利率支付拖欠工程价款的利息;如未达成延期支付协议,承包人可以与发包人协商将该工程折价,或申请人民法院将该工程依法拍卖,承包人就该工程折价或者拍卖的价款优先受偿。

凡由发、承包双方授权的现场代表签字的现场签证以及发、承包双方协商确定的索赔等费用,应在工程竣工结算中如实办理,不得因发、承包双方现场代表的中途变更改变其有效性。

工程竣工结算以合同工期为准,实际施工工期比合同工期提前或延后,发、承包双方应按合同约定的奖惩办法执行。

(6)建设单位供应材料和水电的结算

①建设单位供应材料的一般结算方式。建设单位供料(甲供料),指建设单位组织材料和设备采购、运输,并按需要配套供应至施工现场。建设单位供应部分建筑材料和设备是一种常见形式。因为建设单位供应的材料已按预算进入工程造价中,所以双方进行结算时,应将甲供料的材料费返还给建设单位。

但由于甲供料的仓储、保管均由施工单位承担,因此施工单位退价时,应扣除现场保管费后退还给建设单位。如由施工单位代办运输的,运杂费应按双方协商的办法另行结算。

建设单位供料的费用返还方式应当在施工合同中予以规定,一般有以下几种方式:

a. 在供料的当月或次月起按比例在结算中扣除;

b. 参照备料款起扣点,在起扣点后按比例扣还;

c. 在建设单位供料费用加累计结算款到达90%合同价值时,停止支付工程款;

d. 根据建设单位的供料费用占合同价款的比例,在每期结算中扣还等。

应当指出:当材料为建设单位供应时,材料预算价格中的采购与保管费应当为双方共享,具体分配比例可按各地规定执行或由双方协商。

②施工用水电费的结算。施工用水电应由建设单位向供水供电部门申请装总表后,由施工单位在现场装分表计量,按预算价付给建设单位。如施工单位装表计量有困难,由建设单位提供水电。在竣工结算时,按定额含量乘以预算单价付给建设单位。施工现场内施工人员的

生活用水电按实际发生金额支付。

(7)设备、工器具费用的结算

按照我国现行规定,银行、单位和个人办理结算都必须遵守结算原则:一是恪守信用,及时付款;二是谁的钱进谁的账,由谁支配;三是银行不垫款。

建设单位对要采购的设备、工器具,一般不预付定金,只对制造期在半年以上的大型专用设备的价款,按合同分期付款。如某项合同对大型设备结算进度规定为:当设备开始制造时,收取 20% 的货款;设备制造进行 60% 时,收取 40% 货款;设备制造完毕托运时,再收取 40% 货款。有的合同规定,设备购置方扣留 5% 货款的质量保证金,待设备运抵现场验收合格或质量保证期满时再返回质量保证金。

建设单位收到设备、工器具后,应按合同规定及时结算付款,不应无故拖欠。如果资金不足而延期付款,要支付一定的赔偿金。

5)工程款的计量支付

(1)计量支付的概念

计量支付是指在施工过程中间结算时,工程师按照施工的有关规定,对施工单位已完的分项工程进行计量,根据计量结果和施工合同规定的应付给施工单位其他有关款项,由工程师出具证明向施工单位支付款项。

工程进度款应根据承发包双方在施工合同中约定的时间、方式和经工程师确认的已完工程量、构成合同价款相应的单价及有关计价依据计算、支付工程款。建设单位如不按合同约定支付工程款,则按合同约定承担相应的责任。

通过工程计量支付来控制合同价款,约束施工单位的行为,在施工的各个环节上发挥着重要作用。

造价控制的关键,一是控制工程付款与实际工程进度相对应,二是严格控制造价总额不超过合同价款总额。在目标控制中,着重于实际完成且符合质量的工程计量和支付工程款的综合单价的核定。

(2)计量支付流程

①施工单位和工程师按照施工合同规定的方式对质量合格的工程进行计量,确定出实际完成工程的数量。

②施工单位根据计量结果和合同约定申报本期应得的款额。

③工程师审核施工单位的申报材料,确定应支付的款额,向建设单位提供付款证明文件。

④建设单位收到工程师的证明文件后向施工单位付款。

(3)工程量的确认

《建设工程价款结算暂行办法》规定:

①承包人应当按照合同约定的方法和时间,向发包人提交已完工程量的报告。发包人接到报告后 14 天内核实已完工程量,并在核实前 1 天通知承包人,承包人应提供条件并派人参加核实,承包人收到通知后不参加核实,以发包人核实的工程量作为工程价款支付的依据。发包人不按约定时间通知承包人,致使承包人未能参加核实,核实结果无效。

②发包人收到承包人报告后 14 天内未核实完工程量,从第 15 天起,承包人报告的工程量即视为被确认,作为工程价款支付的依据,双方合同另有约定的,按合同执行。

③对承包人超出设计图纸(含设计变更)范围和因承包人原因造成返工的工程量,发包人不予计量。

(4)工程计量方法

①严格确定计量内容。工程师进行计量必须根据具体的设计图纸以及材料和设计明细表,并按照施工合同中所规定的计量方法进行,对施工单位超出设计图纸范围和自身原因造成返工的工程量,工程师不予计量。

②加强隐蔽工程的计量。为了切实做好工程计量工作,避免扯皮,工程师必须对隐蔽工程进行预先测量,测量结果必须经双方认可,并以签字为凭。

③所有工程分项的计量都要遵循一定的测量和计算方法。这是关系到计量准确性的一个重要因素,应在合同条款和工程量清单中说明计量方法。实际计量方法应与施工合同中规定的计量方法一致。正常情况下,预算工程量使用的计算方法,在工程的任何部分完成后,也应用同样的计量方法进行工程计量。

④工程计量的内容应是工程实物数量。

⑤当发现施工合同规定的计量方法存在不利于控制造价或前后矛盾等问题时,应尽早采取措施补救,可以通过谈判修改施工合同规定,也可以用变更合同等方式改变计量方式。例如,土方开挖等工程有可能出现超挖,当计量方法是按实际数量计算时,则造价将难以控制,应事先确定在此情况下的计量方法。

(5)装饰工程款的复核与支付

①复核支付的概念。工程师对核实的工程量填制中间计量表,作为施工单位取得工程款的凭证之一。施工单位根据施工合同规定的时间、方式和工程师所做的中间计量表,按照构成合同价款相应项目的单价和取费标准提出付款申请,经工程师签字后,由建设单位予以支付。

②工程款(进度款)支付。《建设工程价款结算暂行办法》(财建[2004]369 号)规定:

a. 根据确定的工程计量结果,承包人向发包人提出支付工程进度款申请,14 天内,发包人应按不低于工程价款的 60%,不高于工程价款的 90% 向承包人支付工程进度款。按约定时间发包人应扣回的预付款,与工程进度款同期结算抵扣。

b. 发包人超过约定的支付时间不支付工程进度款,承包人应及时向发包人发出要求付款的通知,发包人收到承包人通知后仍不能按要求付款,可与承包人协商签订延期付款协议,经承包人同意后可延期支付,协议应明确延期支付的时间和从工程计量结果确认后第 15 天起计算应付款的利息(利率按同期银行贷款利率计)。

c. 发包人不按合同约定支付工程进度款,双方又未达成延期付款协议,导致施工无法进行,承包人可停止施工,由发包人承担违约责任。

6)保修费用的处理

(1)保修的概念

建设项目竣工验收后,虽然通过了交工前的各种检验,但仍可能存在质量缺陷,这些缺陷大部分在使用过程中才能逐步暴露出来。例如:在建筑工程上,屋面是否漏雨、基础是否产生超过规定的不均匀沉降等,均需要在使用过程中检查和观测。为了使项目达到最佳的使用状态,降低生产运行费用,发挥最大的经济效益,国务院 2000 年 1 月颁发了《建设工程质量管理条例》(国务院令第 279 号),明确了工程建设单位、勘察设计单位、施工单位、工程监理单位的质量责任和义务，并规定建设工程实行质量保修制度。2017 年 6 月住建部、财政部又联合制定了《建设工程质量保证金管理办法》（建质[2017]138 号），以进一步规范质量保证金的管理，落实工程在缺陷责任期内的维修、保养责任。

建设工程质量保证金是指发包人与承包人在建设工程承包合同中约定，从应付的工程款中预留，用以保证承包人在缺陷责任期内对建设工程出现的缺陷进行维修的资金。"缺陷"是指建设工程质量不符合工程建设强制性标准、设计文件以及承包合同的约定。缺陷责任期一般为 1 年，最长不超过 2 年，由发承包双方在合同中约定。

（2）关于建设工程质量保证金的相关规定

①发包人应当在招标文件中明确保证金预留、返还等内容，并与承包人在合同条款中对涉及保证金的下列事项进行约定：a. 保证金预留、返还方式；b. 保证金预留比例、期限；c. 保证金是否计付利息，如计付利息，利息的计算方式；d. 缺陷责任期的期限及计算方式；e. 保证金预留、返还及工程维修质量、费用等争议的处理程序；f. 缺陷责任期内出现缺陷的索赔方式；g. 逾期返还保证金的违约金支付办法及违约责任。

②缺陷责任期内，实行国库集中支付的政府投资项目，保证金的管理应按国库集中支付的有关规定执行。其他政府投资项目，保证金可以预留在财政部门或发包方。缺陷责任期内，如发包方被撤销，保证金随交付使用资产一并移交使用单位管理，由使用单位代行发包人职责。社会投资项目采用预留保证金方式的，发、承包双方可以约定将保证金交由第三方金融机构托管。

③推行银行保函制度，承包人可以银行保函替代预留保证金。

④在工程项目竣工前，已经缴纳履约保证金的，发包人不得同时预留工程质量保证金。采用工程质量保证担保、工程质量保险等其他保证方式的，发包人不得再预留保证金。

⑤发包人应按照合同约定方式预留保证金，保证金总预留比例不得高于工程价款结算总额的 3%。合同约定由承包人以银行保函替代预留保证金的，保函金额不得高于工程价款结算总额的 3%。

⑥缺陷责任期从工程通过竣工验收之日起计。由于承包人原因导致工程无法按规定期限进行竣工验收的，缺陷责任期从实际通过竣工验收之日起计。由于发包人原因导致工程无法按规定期限进行竣工验收的，在承包人提交竣工验收报告 90 天后，工程自动进入缺陷责任期。

⑦缺陷责任期内，由承包人原因造成的缺陷，承包人应负责维修，并承担鉴定及维修费用。如承包人不维修也不承担费用，发包人可按合同约定从保证金或银行保函中扣除，费用超出保证金额的，发包人可按合同约定向承包人进行索赔。承包人维修并承担相应费用后，不免除对工程的损失赔偿责任。由他人原因造成的缺陷，发包人负责组织维修，承包人不承担费用，且发包人不得从保证金中扣除费用。

⑧缺陷责任期内，承包人认真履行合同约定的责任，到期后，承包人向发包人申请返还保证金。

⑨发包人在接到承包人返还保证金申请后，应于 14 天内会同承包人按照合同约定的内容进行核实。如无异议，发包人应当按照约定将保证金返还给承包人。对返还期限没有约定或者约定不明确的，发包人应当在核实后 14 天内将保证金返还承包人，逾期未返还的，依法承担违约责任。发包人在接到承包人返还保证金申请后 14 天内不予答复，经催告后 14 天内仍不予答复，视同认可承包人的返还保证金申请。

⑩发包人和承包人对保证金预留、返还以及工程维修质量、费用有争议的，按承包合同约定的争议和纠纷解决程序处理。

⑪建设工程实行工程总承包的，总承包单位与分包单位有关保证金的权利与义务的约定，参照《建设工程质量保证金管理办法》(建质[2017]138 号)关于发包人与承包人相应权利与义务的约定执行。

5.2 竣工结算

·5.2.1 竣工结算概述·

1)结算款支付

①承包人应根据办理的竣工结算文件向发包人提交竣工结算款支付申请。申请应包括下列内容：

a.竣工结算合同价款总额；

b.累计已实际支付的合同价款；

c.应预留的质量保证金；

d.实际应支付的竣工结算款金额。

②发包人应在收到承包人提交竣工结算款支付申请后 7 天内予以核实，向承包人签发竣工结算支付证书。

③发包人签发竣工结算支付证书后的 14 天内，应按照竣工结算支付证书列明的金额向承包人支付结算款。

④发包人在收到承包人提交的竣工结算款支付申请后 7 天内不予核实，不向承包人签发竣工结算支付证书的，视为承包人的竣工结算款支付申请已被发包人认可；发包人应在收到承包人提交的竣工结算款支付申请 7 天后的 14 天内，按照承包人提交的竣工结算款支付申请列明的金额向承包人支付结算款。

⑤发包人未按照 2013 计价规范第 11.4.3 条、第 11.4.4 条规定支付竣工结算款的，承包人可催告发包人支付，并有权获得延迟支付的利息。发包人在竣工结算支付证书签发后或者在收到承包人提交的竣工结算款支付申请 7 天后的 56 天内仍未支付的，除法律另有规定外，承包人可与发包人协商将该工程折价，也可直接向人民法院申请将该工程依法拍卖。承包人应就该工程折价或拍卖的价款优先受偿。

⑥安全文明施工费：

a.安全文明施工费包括的内容和使用范围，应符合国家有关文件和计量规范的规定。

b.发包人应在工程开工后的 28 天内预付不低于当年施工进度计划的安全文明施工费总额的 60%，其余部分应按照提前安排的原则进行分解，并应与进度款同期支付。

c.发包人没有按时支付安全文明施工费的，承包人可催告发包人支付；发包人在付款期满后的 7 天内仍未支付的，若发生安全事故，发包人应承担相应责任。

d.承包人对安全文明施工费应专款专用，在财务账目中单独列项备查，不得挪作他用，否则发包人有权要求其限期改正；逾期未改正的，造成的损失和延误的工期应由承包人承担。

2)质量保证金

①发包人应按照合同约定的质量保证金比例从结算款中预留质量保证金。

②承包人未按照合同约定履行属于自身责任的工程缺陷修复义务的，发包人有权从质量保证金中扣除用于缺陷修复的各项支出。经查验，工程缺陷属于发包人原因造成的，应由发包人承担查验和缺陷修复的费用。

③在合同约定的缺陷责任期终止后，发包人应按照2013计价规范第11.6节的规定，将剩余的质量保证金返还给承包人。

3)最终结清

①缺陷责任期终止后，承包人应按照合同约定向发包人提交最终结清支付申请。发包人对最终结清支付申请有异议的，有权要求承包人进行修正和提供补充资料。承包人修正后，应再次向发包人提交修正后的最终结清支付申请。

②发包人应在收到最终结清支付申请后的14天内予以核实，并应向承包人签发最终结清支付证书。

③发包人应在签发最终结清支付证书后的14天内，按照最终结清支付证书列明的金额向承包人支付最终结清款。

④发包人未在约定的时间内核实，又未提出具体意见的，应视为承包人提交的最终结清支付申请已被发包人认可。

⑤发包人未按期最终结清支付的，承包人可催告发包人支付，并有权获得延迟支付的利息。

⑥最终结清时，承包人被预留的质量保证金不足以抵减发包人工程缺陷修复费用的，承包人应承担不足部分的补偿责任。

⑦承包人对发包人支付的最终结清款有异议的，应按照合同约定的争议解决方式处理。

4)合同解除的价款结算与支付

①发承包双方协商一致解除合同的，应按照达成的协议办理结算和支付合同价款。

②由于不可抗力致使合同无法履行，解除合同的，发包人应向承包人支付合同解除之日前已完成工程但尚未支付的合同价款，此外，还应支付下列金额：

a.2013计价规范第9.11.1条规定的由发包人承担的费用；

b.已实施或部分实施的措施项目应付价款；

c.承包人为合同工程合理订购且已交付的材料和工程设备贷款；

d.承包人撤离现场所需的合理费用，包括员工遣送费和临时工程拆除、施工设备运离现场的费用；

e.承包人为完成合同工程而预期开支的任何合理费用，且该项费用未包括在本款其他各项支付之内。

发承包双方办理结算合同价款时，应扣除合同解除之日前发包人应向承包人收回的价款。当发包人应扣除的款项超过了应支付的金额，承包人应在合同解除后的56天内将其差额退还给发包人。

③因承包人违约解除合同的，发包人应暂停向承包人支付任何价款。发包人应在合同解

除后28天内核实合同解除时承包人已完成的全部合同价款以及按施工进度计划已运至现场的材料和工程设备货款,按合同规定核算承包人应支付的违约金以及造成损失的索赔金额,并将结果通知承包人。发承包双方应在28天内予以确认或提出意见,并应办理结算合同价款。如果发包人应扣除的金额超过了应支付的金额,承包人应在合同解除后的56天内将其差额退还给发包人。发承包双方不能就解除合同后的结算达成一致的,按照合同约定的争议解决方式处理。

④因发包人违约解除合同的,发包人除应按照2013计价规范第12.0.2条的规定向承包人支付各项价款外,应按合同约定核算发包人应支付的违约金以及给承包人造成损失或损害的索赔金额费用。该笔费用应由承包人提出,发包人核实后应与承包人协商确定后的7天内向承包人签发支付证书。协商不能达成一致的,应按照合同约定的争议解决方式处理。

·5.2.2 竣工结算编制与审核·

1)一般规定

①工程完工后,发承包双方必须在合同约定时间内办理工程竣工结算。

②工程竣工结算应由承包人或受其委托具有相应资质的工程造价咨询人编制,并应由发包人或受其委托具有相应资质的工程造价咨询人核对。

实行总承包的工程,由总承包人对竣工结算的编制负总责。

③当发承包双方或一方对工程造价咨询人出具的竣工结算文件有异议时,可向工程造价管理机构投诉,申请对其进行职业质量鉴定。

④工程造价管理机构对投诉的竣工结算文件进行质量鉴定,宜按2013计价规范第14章的相关规定进行。

⑤竣工结算办理完毕,发包人应将竣工结算文件报送工程所在地或有该工程管辖权的行业管理部门的工程造价管理机构备案,竣工结算文件应作为工程竣工验收备案、交付使用的必备文件。

2)主要依据

①《建设工程工程量清单计价规范》;

②工程合同;

③发承包双方实施过程中已确认的工程量及其结算的合同价款;

④发承包双方实施过程中已确认调整后追加(减)的合同价款;

⑤建设工程设计文件及相关资料;

⑥投标文件;

⑦其他依据。

3)主要内容和方法

①分部分项工程和措施项目中的单价项目应依据发承包双方确认的工程量与已标价工程量清单的综合单价计算;发生调整的,应以发承包双方确认调整的综合单价计算。

②措施项目中的总价项目应依据已标价工程量清单的项目和金额计算;发生调整的,应以发承包双方确认调整的金额计算,其中安全文明施工费应按2013计价规范第3.1.5条的规定计算。

③其他项目应按下列规定计价:

a. 计日工应按发包人实际签证确认的事项计算；

b. 暂估价应按 2013 计价规范第 9.9 节的规定计算；

c. 总承包服务费应依据已标价工程量清单金额计算，发生调整的，应以发承包双方确认调整的金额计算；

d. 索赔费用应依据发承包双方确认的索赔事项和金额计算；

e. 现场签证费用应依据发承包双方签证资料确认的金额计算；

f. 暂列金额应减去合同价款调整（包括索赔、现场签证）金额计算，如有余额归发包人。

④规费和税金应按 2013 计价规范第 3.1.6 条的规定计算。规费中的工程排污费应按工程所在地环境保护部门规定的标准缴纳后按实列入。

⑤发承包双方在合同工程实施过程中已经确认的工程计量结果和合同价款，在竣工结算办理中应直接进入结算。

4）相关要求

①合同工程完工后，承包人应在经发承包双方确认的合同工程期中价款结算的基础上汇总编制完成竣工结算文件，应在提交竣工验收申请的同时向发包人提交竣工结算文件。

承包人未在合同约定的时间内提交竣工结算文件，经发包人催告后 14 天内仍未提交或没有明确答复的，发包人有权根据已有资料编制竣工结算文件，作为办理竣工结算和支付结算款的依据，承包人应予以认可。

②发包人应在收到承包人提交的竣工结算文件后的 28 天内核对。发包人经核实，认为承包人还应进一步补充资料和修改结算文件，应在上述时限内向承包人提出核实意见，承包人在收到核实意见后的 28 天内应按照发包人提出的合理要求补充资料，修改竣工结算文件，并应再次提交给发包人复核后批准。

③发包人应在收到承包人再次提交的竣工结算文件后的 28 天内予以复核，将复核结果通知承包人，并应遵守下列规定：

a. 发包人、承包人对复核结果无异议的，应在 7 天内在竣工结算文件上签字确认，竣工结算办理完毕。

b. 发包人或承包人对复核结果认为有误的，无异议部分按照本条第 a 款规定办理不完全竣工结算；有异议部分由发承包双方协商解决，协商不成的，应按照合同约定的争议解决方式处理。

④发包人在收到承包人竣工结算文件后的 28 天内，不核对竣工结算或未提出核对意见的，应视为承包人提交的竣工结算文件已被发包人认可，竣工结算办理完毕。

⑤承包人在收到发包人提出的核实意见后的 28 天内，不确认也未提出异议的，应视为发包人提出的核实意见已被承包人认可，竣工结算办理完毕。

⑥发包人委托工程造价咨询人核对竣工结算的，工程造价咨询人应在 28 天内核对完毕，核对结论与承包人竣工结算文件不一致的，应提交给承包人复核；承包人应在 14 天内将同意核对结论或不同意见的说明提交工程造价咨询人。工程造价咨询人收到承包人提出的异议后，应再次复核，复核无异议的，应按 2013 计价规范第 11.3.3 条第 1 款的规定办理；复核后仍有异议的，按 2013 计价规范第 11.3.3 条第 2 款的规定办理。

承包人逾期未提出书面异议的，应视为工程造价咨询人核对的竣工结算文件已经承包人认可。

⑦对发包人或发包人委托的工程造价咨询人指派的专业人员与承包人指派的专业人员经核对后无异议并签名确认的竣工结算文件,除非发承包人能提出具体、详细的不同意见,发承包人都应在竣工结算文件上签名确认,如其中一方拒不签认的,按下列规定办理:

a. 若发包人拒不签认的,承包人可不提供竣工验收备案资料,并有权拒绝与发包人或其上级部门委托的工程造价咨询人重新核对竣工结算文件。

b. 若承包人拒不签认的,发包人要求办理竣工验收备案的,承包人不得拒绝提供竣工验收资料,否则,由此造成的损失,承包人应承担相应责任。

⑧合同工程竣工结算核对完成,发承包双方签字确认后,发包人不得要求承包人与另一个或多个工程造价咨询人重复核对竣工结算。

⑨发包人对工程质量有异议,拒绝办理工程竣工结算的,已竣工验收或已竣工未验收但实际投入使用的工程,其质量争议应按该工程保修合同执行,竣工结算应按合同约定办理;已竣工未验收且未实际投入使用的工程以及停工、停建工程的质量争议,双方应就有争议的部分委托有资质的检测鉴定机构进行检测,并应根据检测结果确定解决方案,或按工程质量监督机构的处理决定执行后办理竣工结算,无争议部分的竣工结算应按合同约定办理。

【拓展与讨论】

党的二十大报告中23次提到了"法治",充分体现了党中央对法治工作的高度重视。我国法治建设向科学立法、严格执法、公正司法、全民守法各个环节全面推进,使"法治化"贯穿在国家各方面的工作当中。

工程结算决定了建设投资或企业收入,涉及国家和集体的经济利益,工程结算人员必须严格遵守法纪,在结算过程中不仅要客观反映工程建设投资,还要体现工程建设交易活动的公正、公平性,不得利用职务之便徇私舞弊、弄虚作假,收红包、吃回扣、行贿等,触犯法纪,要承担相应的法律责任。

另外,工程结算人员一定要熟悉《中华人民共和国民法典》合同编部分,重视合同的订立和补充,用法治思维处理商务活动中的各项函件往来。

结合你对本章的学习,谈谈你在进行装饰工程结算时应该如何做。

本章小结

本章主要讲述工程价款结算及竣工结算的基本概念、分类、内容,竣工结算编制与审核的内容、方法和要求。其基本要点归纳如下:

①工程价款结算包括按月结算、竣工后一次结算、分段结算、其他结算方式4种方式。

②工程竣工后,承包人应在价款结算的基础上完成竣工结算文件,应在递交竣工验收申请的同时一并报送。

③工程竣工结算应由承包人或受其委托的工程造价咨询人编制,并应由发包人或受其委托的工程造价咨询人核对。

复习思考题

5.1 什么是工程价款结算？装饰工程价款结算有哪几种？

5.2 竣工结算编制与审核的内容是什么？

5.3 竣工结算编制与审核的依据是什么？

5.4 竣工结算编制与审核的方法有哪些？

5.5 某施工企业承包的某装饰工程，合同造价 500 万元，合同规定工程备料款额度为 24%，经测算主要材料费占造价的 80%，工程进度为 65% 后的当月完成 80 万元的工作量，试计算此工程施工企业应收取的工程备料款及当月施工企业应收取的工程进度款和应抵扣的工程备料款各是多少？

参考文献

[1] 江苏省住房和城乡建设厅.江苏省建筑与装饰工程计价定额[S].南京:凤凰出版传媒股份有限公司,2014.

[2] 中华人民共和国住房与城乡建设部.建设工程工程量清单计价规范:GB 50500—2013[S].北京:中国计划出版社,2013.

[3] 中华人民共和国住房与城乡建设部.房屋建筑与装饰工程工程量计算规范:GB 50854—2013[S].北京:中国计划出版社,2013.

[4] 江苏省住房和城乡建设厅.江苏省建设工程费用定额[S].合肥:安徽大学出版社,2016.

[5] 武育秦,杨宾.装饰工程定额与预算[M].重庆:重庆大学出版社,2004.

[6] 陈卫华.建筑装饰构造[M].北京:中国建筑工业出版社,2006.

[7] 刘钟莹,李蓉.装饰工程造价与投标报价[M].南京:东南大学出版社,2004.

[8] 李宏扬,时现.建筑装饰工程造价与审计[M].北京:中国建材工业出版社,2000.

[9] 刘全义.建筑与装饰工程定额预算[M].北京:中国建材工业出版社,2003.

[10] 侯国华.建筑装饰工程定额与预算[M].天津:天津科学技术出版社,1997.

[11] 袁建新,迟晓明.工程量清单计价实务[M].北京:科学出版社,2005.

[12] 卜章龙.装饰工程定额与预算[M].南京:东南大学出版社,2002.

[13] 赵延军.装饰装修工程预算[M].北京:机械工业出版社,2003.

[14] 刘念华.建筑装饰施工技术[M].北京:科学出版社,2002.

[15] 王春宁.建筑装饰工程定额与预算[M].北京:中国建筑工业出版社,2003.

[16] 李宏扬.装饰装修工程量清单计价与投标报价[M].北京:中国建材工业出版社,2005.

[17] 吴承辉,刘全义.建筑装饰工程概预算与投标报价[M].北京:北京工业大学出版社,2000.

[18] 张佳林,夏茂英.建筑装饰工程费用计算与工程量清单编制[M].南京:东南大学出版社,2005.

[19] 田永复.编制装饰装修工程量清单与定额[M].北京:中国建筑工业出版社,2004.

[20] 陈卫华.建筑装饰构造[M].北京:中国建筑工业出版社,2000.

[21] 本书编委会.建筑与装饰装修工程计价应用与案例[M].北京:中国建筑工业出版社,2004.

[22] 樊秋生.装饰工程施工技术丛书[M].北京:中国标准出版社,2004.

[23] 刘静.装饰装修工程量计算[M].北京:中国建筑工业出版社,2010.

[24]《装饰装修工程预算快速培训教材》编写组.装饰装修工程预算快速培训教材[M].北京:北京理工大学出版社,2009.